Craftsman **Loader Operator**

로더운전기능사
필기

도서출판 **책과 상상**
www.SangSangbooks.co.kr

[preface]
로더운전기능사 필기

　로더(Loader)는 굴착, 성토, 정지용 건설기계로 토목공사, 광산 등에서 주로 이용되며 토사나 자갈 등을 트럭에 적재하거나 이동시키는데 사용되는 장비입니다.

　이 책은 한국산업인력공단이 주관 및 시행하고 있는 로더운전기능사 자격시험을 준비하고자 하는 분들을 위해 최근 개정된 법령 및 한국산업인력공단의 전면 개편된 출제기준, 그간의 기출문제를 면밀히 분석하여 과목별 핵심이론과 함께 다음의 사항을 중심으로 집필하였습니다.

1. 국가직무능력표준(NCS)에 기반하여 현장직무 중심으로 2025년부터 전면 개편된 출제기준에 따라 본문을 구성함으로써 필기시험 기본 학습서로써의 역할을 충실히 하고자 하였습니다.
2. 이론 내용의 학습 정도를 바로바로 평가하고 그 내용을 좀 더 명확하게 이해하는 데 도움을 줄 수 있도록 출제예상문제를 상세한 해설과 함께 수록하였습니다.
3. 제4부에서는 한국산업인력공단이 주관하여 시행한 기출문제와 함께 CBT 시험에 출제되었던 문제를 복원하여 재구성한 7회분의 CBT 복원문제를 상세한 해설과 함께 수록하였습니다.

　국가에서 요구하는 기술인으로서의 국위선양에 일익을 담당할 여러분에게 영광이 있기를 빌며 본의 아니게 잘못된 내용은 앞으로 철저히 수정 보완하여 나가기로 약속드리며, 이 책의 출판에 적극 힘써 주신 (주)도서출판 책과상상 임직원 및 편집부 담당자들에게 감사의 인사를 전합니다.

저자 일동

출제기준

- 시행기관 : 한국산업인력공단
- 자격종목 : 로더운전기능사
- 직무내용 : 로더를 조종하여 토사, 자갈 등 재료 운반, 상차 및 덤프 작업 등을 수행하는 직무이다.
- 시험방법 : 필기_ 객관식(전과목 혼합, 60문항), 실기_ 작업형
- 합격기준 : (필기·실기) 100점을 만점으로 하여 60점 이상
- 시험시간 : 1시간

필기과목 : 로더 조종, 점검 및 안전관리

주요항목	세부항목	세세항목	
1. 장비구조 및 점검	1. 엔진구조	1. 엔진본체 구조와 기능 3. 연료장치 구조와 기능 5. 냉각장치 구조와 기능	2. 윤활장치 구조와 기능 4. 흡·배기장치 구조와 기능
	2. 전기장치	1. 기초 전기·전자 2. 시동 및 예열장치 구조와 기능 3. 축전지 및 충전장치 구조와 기능 4. 등화 및 계기장치 구조와 기능 5. 냉·난방장치 구조와 기능	
	3. 동력전달(차체)장치	1. 동력전달장치 구조와 기능 3. 조향장치 구조와 기능 5. 제동장치 구조와 기능	2. 변속장치 구조와 기능 4. 주행장치 구조와 기능 6. 기타 장치
	4. 유압장치	1. 유압펌프 구조와 기능 3. 유압 실린더 및 모터 구조와 기능 5. 유압유 및 기타 부속장치 등	2. 유압 밸브 구조와 기능 4. 유압 기호
	5. 로더 점검	1. 일일점검(작업전·중·후 점검)	2. 예방점검(정기점검)
2. 조종 및 작업	1. 로더 일반	1. 로더의 종류 및 구조	2. 로더의 종류별 특성
	2. 로더 조종 및 기능	1. 작업장치 조종 및 기능	2. 주행장치 조종 및 기능
	3. 로더 작업방법	1. 적하작업 3. 평탄작업 5. 기타작업	2. 운반작업 4. 선택장치작업
3. 로더안전·환경관리	1. 산업안전보건	1. 안전보호구 및 안전장치 확인 3. 안전표시 및 수칙 확인	2. 위험요소 파악 4. 환경오염방지
	2. 작업·장비 안전관리	1. 작업 안전관리 및 교육 2. 기계·기기 및 공구에 관한 안전사항 3. 작업 안전 및 기타 안전사항	
4. 건설기계 관리법규	1. 건설기계등록 및 검사	1. 건설기계 등록	2. 건설기계 검사
	2.. 면허·사업·벌칙	1. 건설기계 조종사의 면허 및 사업 2. 건설기계관리법의 벌칙	

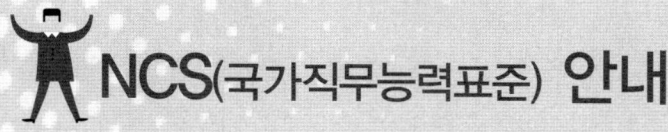 NCS(국가직무능력표준) 안내

NCS(국가직무능력표준)와 NCS 학습모듈

- 국가직무능력표준(NCS, National Competency Standards)이란 산업현장에서 직무를 수행하기 위해 요구되는 지식·기술·소양 등의 내용을 국가가 산업부문별·수준별로 체계화한 것으로 국가적 차원에서 표준화한 것을 의미합니다.
- NCS 학습모듈은 NCS 능력단위를 교육 및 직업훈련 시 활용할 수 있도록 구성한 교수·학습자료입니다. 즉, NCS 학습모듈은 학습자의 직무능력 제고를 위해 요구되는 학습 요소(학습 내용)를 NCS에서 규정한 업무 프로세스나 세부 지식, 기술을 토대로 재구성한 것입니다.

NCS 개념도

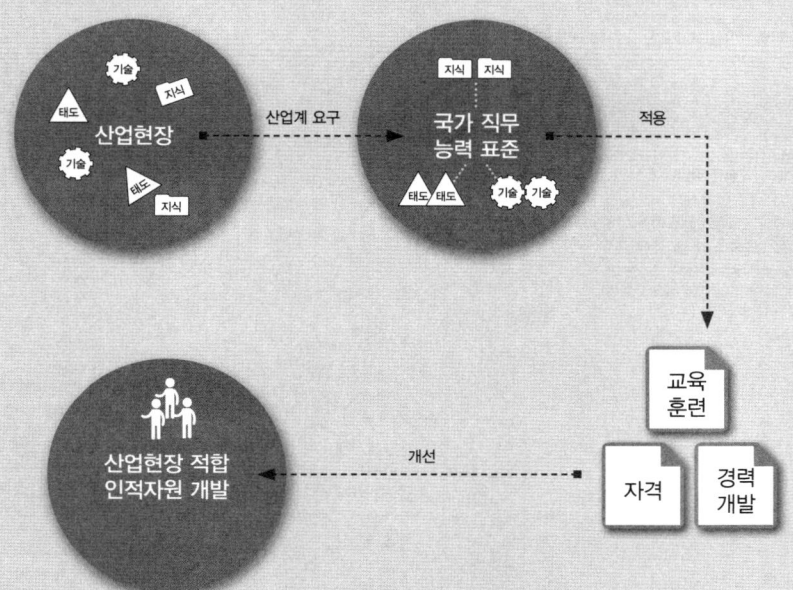

NCS의 활용영역

구분		활용 콘텐츠
산업현장	근로자	평생경력개발경로, 자가진단도구
	기업	현장수요 기반의 인력채용 및 인사관리기준, 직무기술서
교육훈련기관		직업교육 훈련과정 개발, 교수계획 및 매체·교재개발, 훈련기준 개발
자격시험기관		자격종목설계, 출제기준, 시험문항, 시험방법

NCS 학습모듈의 특징

- NCS 학습모듈은 산업계에서 요구하는 직무능력을 교육훈련 현장에 활용할 수 있도록 성취목표와 학습의 방향을 명확히 제시하는 가이드라인의 역할을 합니다.
- NCS 학습모듈은 특성화고, 마이스터고, 전문대학, 4년제 대학교의 교육기관 및 훈련기관, 직장 교육기관 등에서 표준교재로 활용할 수 있으며 교육과정 개편 시에도 유용하게 참고할 수 있습니다.

NCS와 NCS 학습모듈의 연결 체제

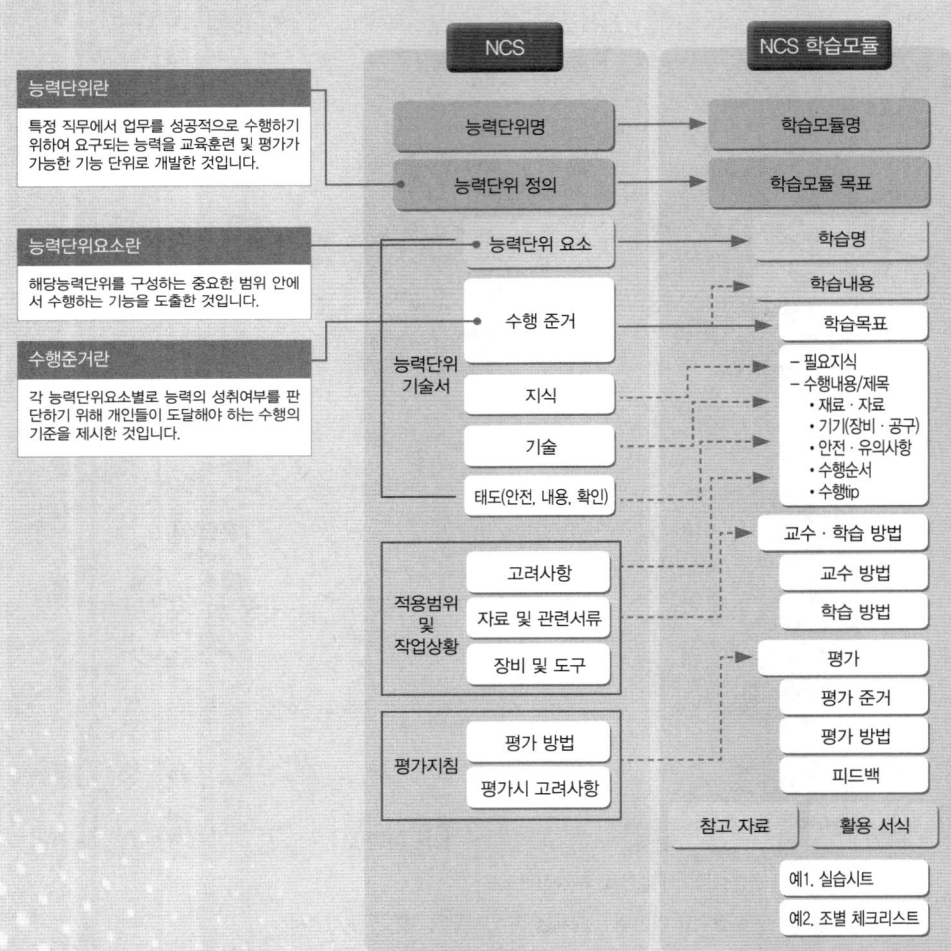

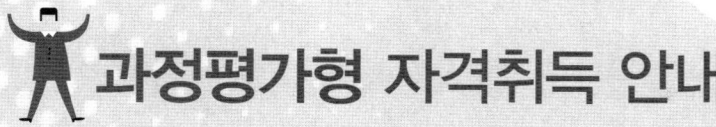
과정평가형 자격취득 안내

과정평가형 자격

과정평가형 자격은 국가기술자격법에 근거하여 국가직무능력표준(NCS)에 따라 설계된 교육·훈련과정을 체계적으로 이수한 교육·훈련생에게 내·외부 평가를 통해 국가기술자격증을 부여하는 새로운 개념의 국가기술자격 취득 제도로서 2015년부터 시행되고 있다.

과정평가형 자격 운영 절차

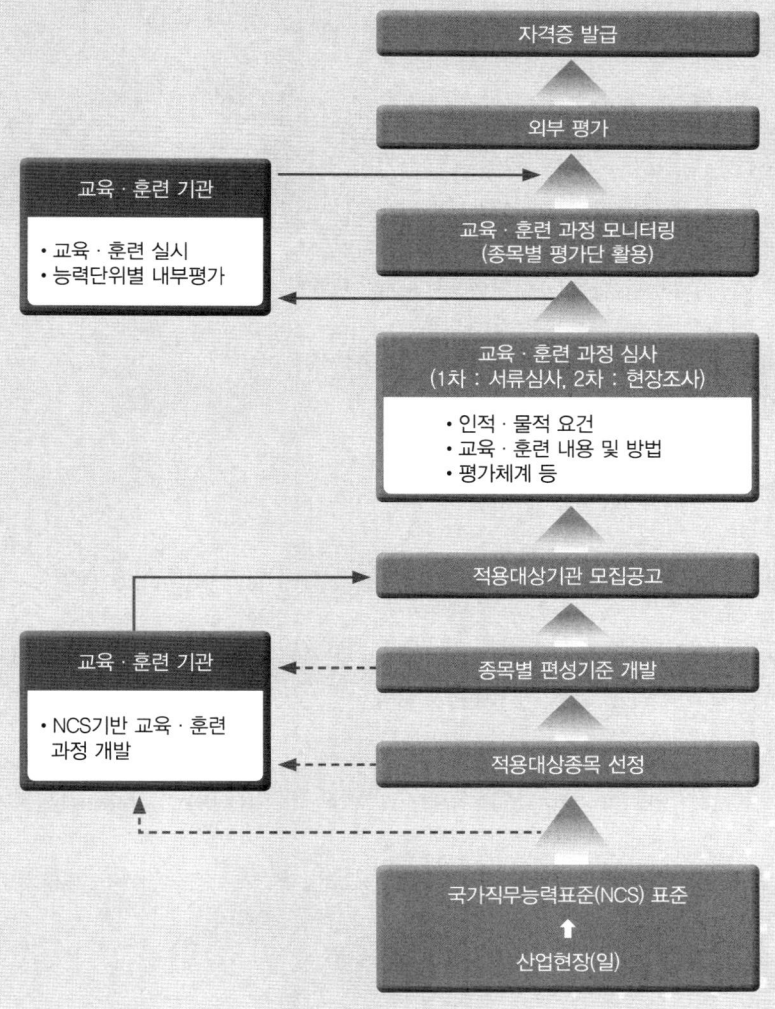

시행 대상

국가기술자격법의 과정평가형 자격 신청자격에 충족한 기관 중 공모를 통하여 지정된 교육·훈련기관의 단위과정별 교육·훈련을 이수하고 내부평가에 합격한 자

교육·훈련생 평가

① 내부평가(지정 교육·훈련기관)
  ㉮ 평가대상 : 능력단위별 교육·훈련과정의 75% 이상 출석한 교육·훈련생
  ㉯ 평가방법
    ㉠ 지정받은 교육·훈련과정의 능력단위별로 평가
    ㉡ 능력단위별 내부평가 계획에 따라 자체 시설·장비를 활용하여 실시
  ㉰ 평가시기
    ㉠ 해당 능력단위에 대한 교육·훈련이 종료된 시점에서 실시하고 공정성과 투명성이 확보되어야 함
    ㉡ 내부평가 결과 평가점수가 일정수준(40%) 미만인 경우에는 교육·훈련기관 자체적으로 재교육 후 능력단위별 1회에 한해 재평가 실시
② 외부평가(한국산업인력공단)
  ㉮ 평가대상 : 단위과정별 모든 능력단위의 내부평가 합격자
  ㉯ 평가방법 : 1차·2차 시험으로 구분 실시
    ㉠ 1차 시험 : 지필평가(주관식 및 객관식 시험)
    ㉡ 2차 시험 : 실무평가(작업형 및 면접 등)

합격자 결정 및 자격증 교부

① 합격자 결정 기준
  내부평가 및 외부평가 결과를 각각 100점을 만점으로 하여 평균 80점 이상 득점한 자
② 자격증 교부
  기업 등 산업현장에서 필요로 하는 능력보유 여부를 판단할 수 있도록 교육·훈련 기관명·기간·시간 및 NCS 능력단위 등을 기재하여 발급

> NCS 및 과정평가형 자격에 대한 내용은 NCS국가직무능력표준 홈페이지(www.ncs.go.kr)에서 보다 자세하게 살펴볼 수 있습니다.

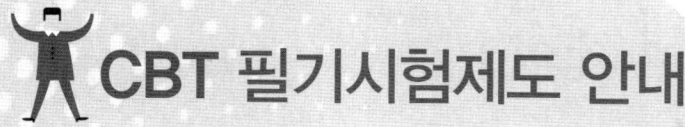
CBT 필기시험제도 안내

CBT 필기시험 개요

CBT(컴퓨터 기반 시험) 필기시험제도는 한국산업인력공단 상설시험장과 외부기관의 시설 및 장비를 임차하여 시행하기 때문에 시험장 사정에 따라 시험일자가 달라질 수 있으며, 수험생들이 선호하는 시험장은 조기 마감될 수 있으므로 주의하여야 합니다.

원서접수 기간 및 접수처

- 한국산업인력공단이 주관 및 시행하는 기능사 정기 CBT 필기시험 및 상시 CBT 필기시험과 관련한 정보는 큐넷 홈페이지(http://www.q-net.or.kr)를 방문하여 확인합니다.
- 기능사 필기시험의 원서접수는 인터넷으로만 가능하며 정기 및 상시시험 모두 큐넷 홈페이지(http://www.q-net.or.kr)에서 접수할 수 있습니다.
- 기능사 상시시험 종목 : 한식조리기능사, 양식조리기능사, 일식조리기능사, 중식조리기능사, 제과기능사, 제빵기능사, 미용사(일반), 미용사(피부), 미용사(네일), 미용사(메이크업), 굴착기운전기능사, 지게차운전기능사, 건축도장기능사, 방수기능사 [14종목]
  ※ 건축도장기능사, 방수기능사 2종목은 정기검정과 병행 시행

CBT 부별 시험시간 안내

구분	입실시간	시험시간	비고
1부	09:30	09:50 ~ 10:50	
2부	10:00	10:20 ~ 11:20	
3부	11:00	11:20 ~ 12:20	
4부	11:30	11:50 ~ 12:50	
5부	13:00	13:20 ~ 14:20	시험실 입실 시간은 시험 시작 20분 전
6부	13:30	13:50 ~ 14:50	
7부	14:30	14:50 ~ 15:50	
8부	15:00	15:20 ~ 16:20	
9부	16:00	16:20 ~ 17:20	
10부	16:30	16:50 ~ 17:50	

※ 시행지역별 접수인원에 따라 일일 시행횟수는 변동될 수 있으며, 지역에 따라 원거리 시험장으로 이동할 수 있습니다.

합격자 발표

종이 시험과 달리 CBT 필기시험은 시험이 종료된 후 시험점수와 함께 합격 여부를 확인할 수 있으며, 이 결과는 시험일정 상의 합격자 발표일에 최종 확인할 수 있습니다.

CBT 필기시험 체험하기

01 CBT 필기시험 응시를 위해 지정된 좌석에 앉으면 해당 컴퓨터 단말기가 시험감독관 서버에 연결되었음을 알리는 연결 성공 메시지가 나타납니다.

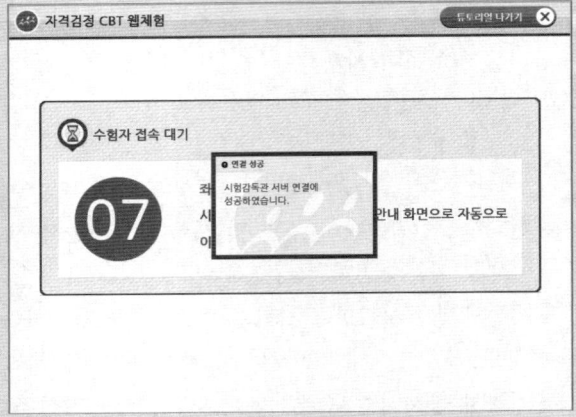

02 수험자 접속 대기 화면에서 좌석번호를 확인합니다. 좌석번호 확인이 끝나면 시험감독관의 지시에 따라 시험 안내 화면으로 자동으로 이동합니다.

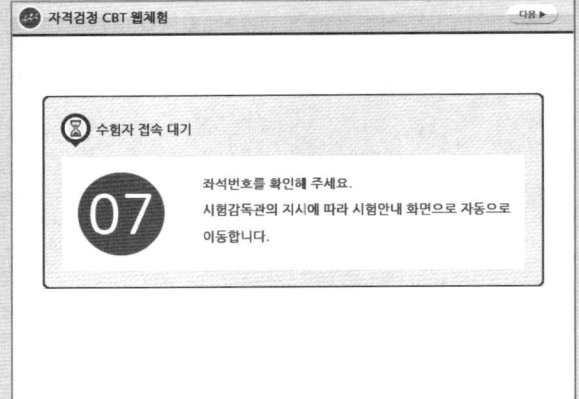

03 수험자 정보를 확인합니다. 감독관의 신분 확인 절차가 진행됩니다. 신분 확인이 모두 끝나면 시험을 시작할 수 있습니다.

04 CBT 필기시험에 대한 안내사항이 나타납니다. 화면은 예제이며, 실제 기능사 필기시험은 총 60문제로 구성되며, 60분간 진행됩니다.

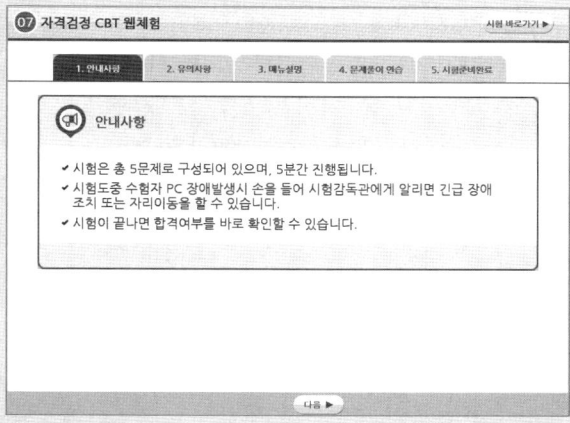

05 다음 항목에서 시험과 관련된 유의사항을 확인합니다. 특히, 시험과 관련한 부정행위 적발 시 퇴실과 함께 해당 시험은 무효처리되어 불합격 될 뿐만 아니라, 이후 3년간 국가기술자격검정에 응시할 수 있는 자격이 정지되므로 부정행위로 인정되는 내용을 꼼꼼히 확인하도록 합니다.

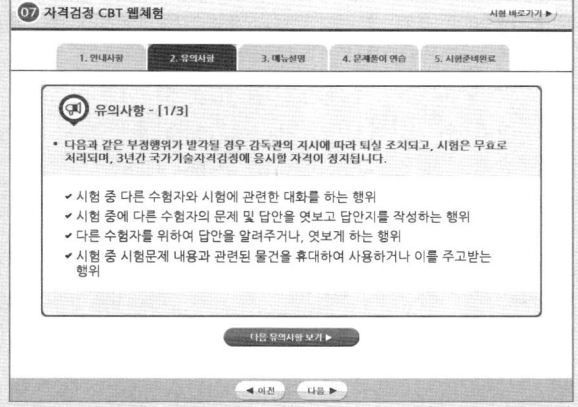

06 메뉴설명 항목에서는 문제풀이와 관련된 메뉴에 대한 설명을 확인할 수 있습니다. CBT 화면에서는 글자 크기를 크게 하거나 작게 할 수 있을 뿐 아니라, 화면 배치를 1단 또는 2단 화면 보기 혹은 한 문제씩 보기로 선택할 수 있습니다.

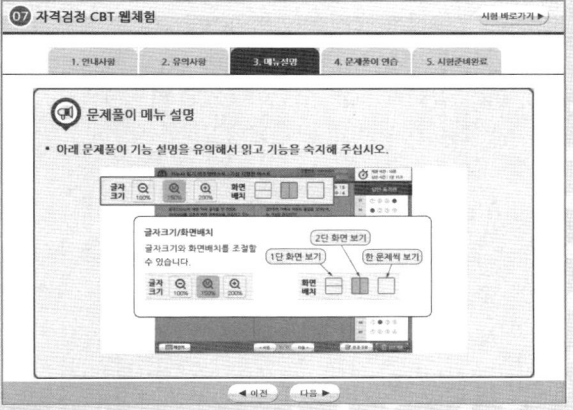

07 문제풀이 연습 항목에서는 실제 문제를 풀어보는 과정을 연습할 수 있습니다. 실제 시험에서 실수하지 않도록 하기 위해 [자격검정 CBT 문제풀이 연습] 버튼을 클릭합니다.

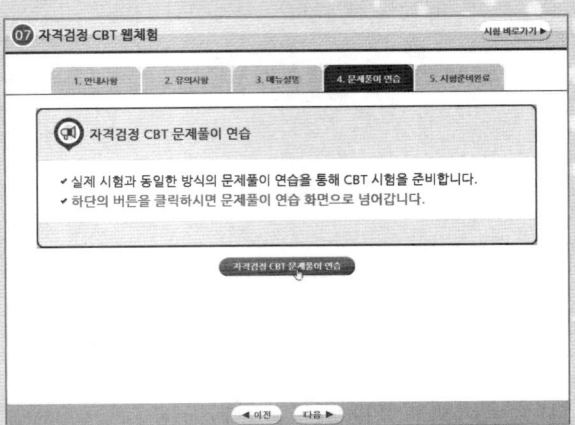

08 보기의 연습 문제는 국가기술자격시험의 정부 위탁기관인 한국산업인력공단의 본부 청사 소재지를 묻는 것입니다. 현재 한국산업인력공단 본부는 울산광역시에 소재하고 있습니다. 문제 아래의 보기에서 번호 항목을 클릭하거나 답안 표기란의 번호 항목에서 해당 답안을 클릭하여 답안을 체크합니다.

09 문제 아래의 보기를 클릭하거나 오른쪽 답안 표기란의 답안 항목을 클릭하면 화면과 같이 선택한 답안이 OMR 카드에 색칠한 것과 같이 색이 채워집니다.

답안을 수정할 때는 마찬가지 방법으로 수정하고자 하는 문제의 보기 항목이나 답안 표기란의 보기 항목에서 수정하고자 하는 답안을 클릭합니다.

10 문제를 풀고 나면 다음 문제를 풀기 위해 화면 하단의 [다음] 버튼을 클릭하여 문제를 계속 풀어나가면 됩니다. 참고로 하단 버튼 중 [계산기]를 클릭하면 간단한 공학용 계산기를 사용하여 계산 문제를 푸는 데 도움을 받을 수 있습니다.

계산이 끝나고 계산기를 화면에서 사라지게 하려면 계산기 창의 오른쪽 상단에 있는 닫기 ☒ 버튼을 클릭합니다.

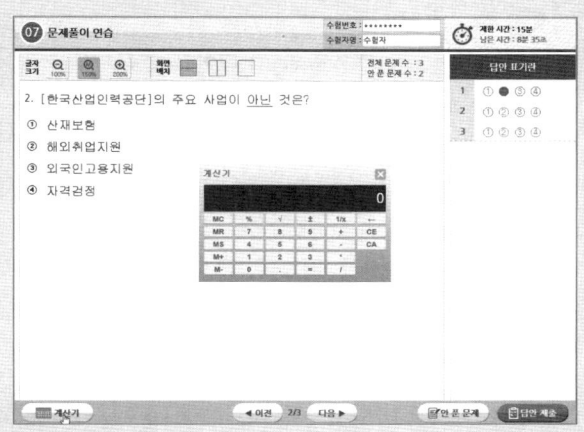

11 문제 풀이 연습이 끝나면 하단의 [답안 제출] 버튼을 클릭하여 답안을 제출합니다.

어려운 문제의 경우 하단의 [다음] 버튼을 클릭하여 다음 문제를 풀 수도 있습니다. 단, 이러한 경우 답안을 제출하기 전에 하단의 [안 푼 문제] 버튼을 클릭하여 혹시 풀지 않은 문제가 있는 지 최종적으로 확인하도록 합니다.

12 답안 제출을 클릭하면 나타나는 화면입니다. 수험생들이 실수로 답안을 모두 체크하지 않고 제출할 수 있는 실수를 방지하기 위해 2회에 걸쳐 주의 화면이 나타납니다. 답안을 제출하려면 [예] 버튼을 누릅니다.

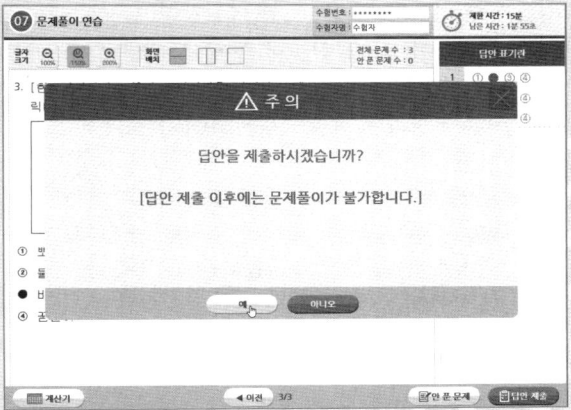

13 문제풀이 연습을 모두 마치면 나타나는 화면에서 [시험 준비 완료] 버튼을 클릭합니다. 이후 시험 시간이 되면 시험감독관의 지시에 따라 시험이 자동으로 시작됩니다.

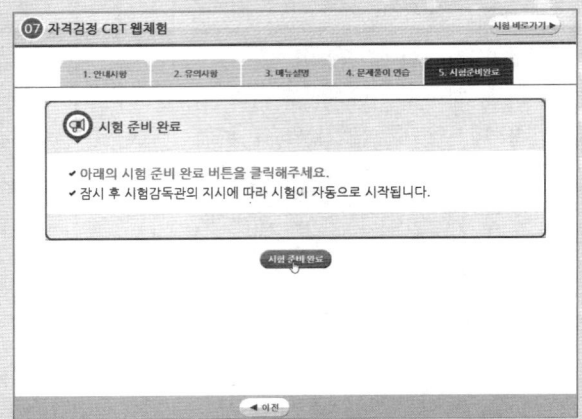

14 본 시험이 시작되면 첫 번째 문제가 화면에 나타납니다. 앞서 문제풀이 연습 때와 마찬가지 방법으로 문제의 보기에서 정답을 클릭하거나 답안 표기란에 해당 문제의 정답 항목을 클릭하여 답을 선택합니다.

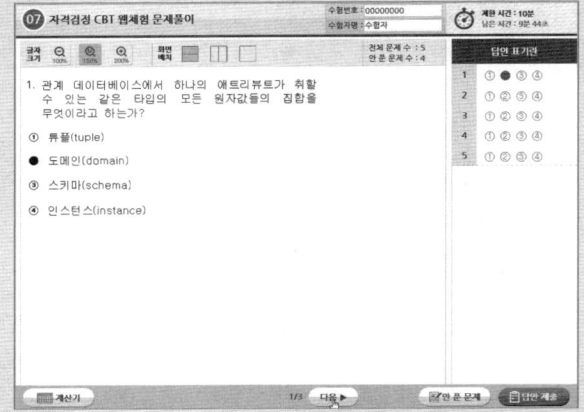

15 화면 하단의 [다음] 버튼을 클릭하면 다음 문제를 풀 수 있습니다. 앞서와 마찬가지 방법으로 답안에 체크하고 모든 문제를 풀었다면 [답안 제출] 버튼을 클릭합니다.

화면의 상단 오른쪽에 제한 시간과 남은 시간이 표시됩니다. 본 예제는 체험을 위한 것으로 실제 시험시간은 60분이며, 이에 따라 남은 시간도 표시됩니다.

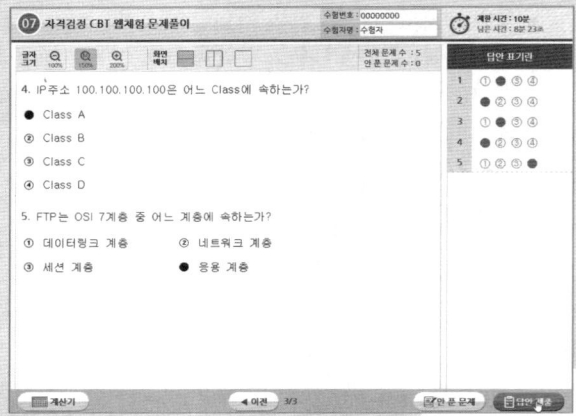

16 수험생의 실수를 방지하기 위해 2회에 걸쳐 주의 문구가 출력됩니다. 모든 문제를 이상없이 풀고 답안에 체크했다면 [예] 버튼을 클릭하여 답안을 제출하고 시험을 마무리합니다.

문제 화면으로 다시 돌아가고자 한다면 [아니오] 버튼을 클릭하여 이미 푼 문제들을 다시 확인하고 필요한 경우 답안을 수정할 수 있습니다.

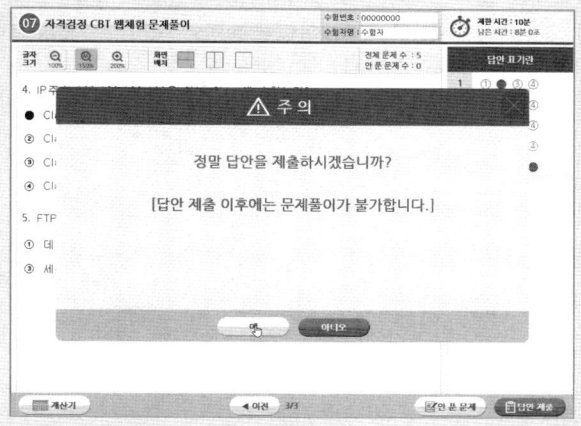

17 답안 제출 화면이 나타납니다. 잠시 기다립니다.

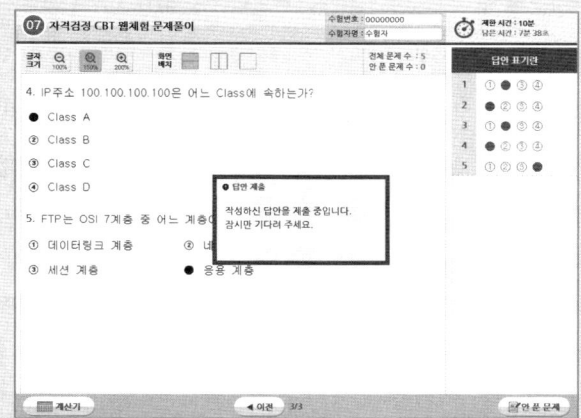

18 CBT 필기시험을 모두 끝내고 답안을 제출하면 곧바로 합격, 불합격 여부를 화면과 같이 확인할 수 있습니다. 독자분들은 꼭 화면과 같은 합격 축하 문구를 볼 수 있기를 기원합니다.

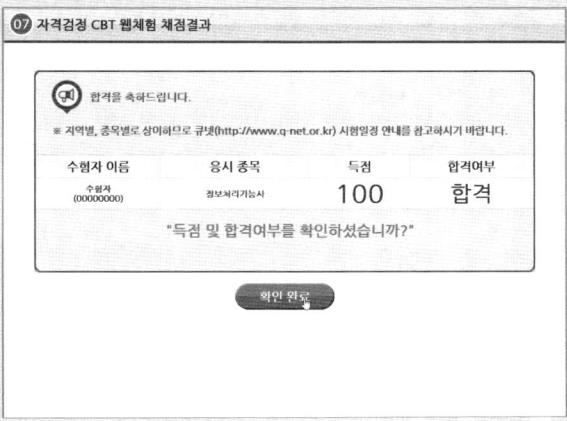

19 앞서의 합격 여부 화면에서 [확인 완료] 버튼을 클릭하면 CBT 필기시험이 종료됩니다. 고생하셨습니다.

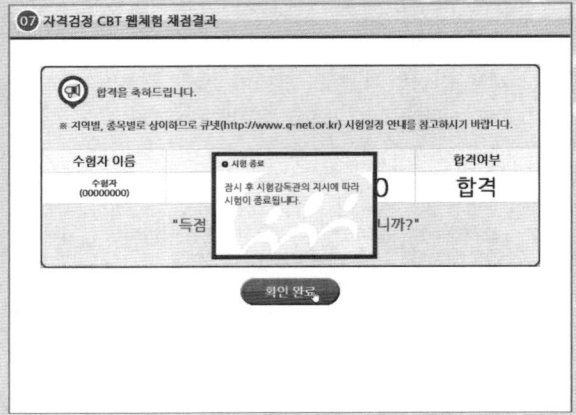

본 도서에 수록된 CBT 필기시험 체험하기 내용은 한국산업인력공단의 CBT 체험하기 과정을 인용하여 구성 및 정리한 것입니다. 직접 한국산업인력공단에서 제공하는 CBT 필기시험을 체험하고자 하는 독자께서는 한국산업인력공단이 운영하는 큐넷 홈페이지(www.q-net.or.kr)를 방문하시기 바랍니다.

차례 CONTENTS

INTRO 00

머리말
기술검정안내
NCS(국가직무능력표준) 안내
CBT 필기시험제도 안내

PART 01 장비구조 및 점검

CHAPTER 01 엔진구조
- 01 엔진본체 구조와 기능 ········ 22
- 02 윤활장치 구조와 기능 ········ 27
- 03 연료장치 구조와 기능 ········ 30
- 04 흡·배기장치 구조와 기능 ········ 33
- 05 냉각장치 구조와 기능 ········ 35
- ● 적중 예상문제 ········ 38

CHAPTER 02 전기장치
- 01 시동장치 구조와 기능 ········ 62
- 02 충전장치 구조와 기능 ········ 65
- 03 등화 및 계기장치 구조와 기능 ········ 67
- ● 적중 예상문제 ········ 72

CHAPTER 03 동력전달(차체)장치
- 01 동력전달 및 변속장치 구조와 기능 ········ 84
- 02 조향장치 구조와 기능 ········ 88
- 03 주행장치 구조와 기능 ········ 92
- 04 제동장치 구조와 기능 ········ 96
- ● 적중 예상문제 ········ 101

CHAPTER 04 **유압장치**
01 유압의 기초 ··· 120
02 유압 탱크와 유압 펌프 ······················ 122
03 유압 모터와 유압 실린더 ··················· 126
04 기타 부속장치 ···································· 128
05 유압유 및 제어(컨트롤) 밸브 ············ 129
◉ 적중 예상문제 ····································· 133

CHAPTER 05 **로더 점검**
01 일일점검(작업 전·중·후 점검) ········ 151
02 예방점검(정기점검) ·························· 156
◉ 적중 예상문제 ····································· 159

PART 02

조종 및 작업

CHAPTER 01 **로더 일반**
01 로더의 정의 및 개요 ·························· 166
02 로더의 구조 및 종류 ·························· 169
◉ 적중 예상문제 ····································· 174

CHAPTER 02 **로더 조종 및 기능**
01 작업장치 조종 및 기능 ······················ 180
02 주행장치 조종 및 기능 ······················ 183
◉ 적중 예상문제 ····································· 186

CHAPTER 03 **로더 작업방법**
01 로더 작업의 기초 ······························· 192
02 로더 작업방법 ···································· 194
◉ 적중 예상문제 ····································· 198

PART 03
법규 및 안전관리

CHAPTER 01 건설기계 관리법규
01 건설기계 관리법 ·············· 204
◉ 적중 예상문제 ·············· 215

CHAPTER 02 안전관리
01 산업안전 ·············· 221
02 작업 및 화재안전 ·············· 224
◉ 적중 예상문제 ·············· 232

PART 04

CBT 복원문제

01. CBT 복원문제 1회 ·········· 244
02. CBT 복원문제 2회 ·········· 252
03. CBT 복원문제 3회 ·········· 261
04. CBT 복원문제 4회 ·········· 270
05. CBT 복원문제 5회 ·········· 279
06. CBT 복원문제 6회 ·········· 288
07. CBT 복원문제 7회 ·········· 297

PART 01
장비구조 및 점검

Craftsman Loader Operator

Chapter 01. 엔진구조
Chapter 02. 전기장치
Chapter 03. 동력전달(차체)장치
Chapter 04. 유압장치
Chapter 05. 로더 점검

엔진구조

Craftsman Loader Operator

Lesson 01 엔진본체 구조와 기능

1 엔진의 정의 및 분류

1) 엔진의 정의
① 열에너지(힘)를 기계적인 에너지로 변화시키는 기계장치로 열기관이라고도 한다.
② **내연기관과 외연기관**
  ㉮ 내연기관 : 실린더 내부에서 연소물질을 연소시켜 동력을 발생(가솔린, 디젤, 가스, 제트 기관 등)
  ㉯ 외연기관 : 실린더 외부에서 연소물질을 연소시켜 동력을 발생(증기 기관 등)

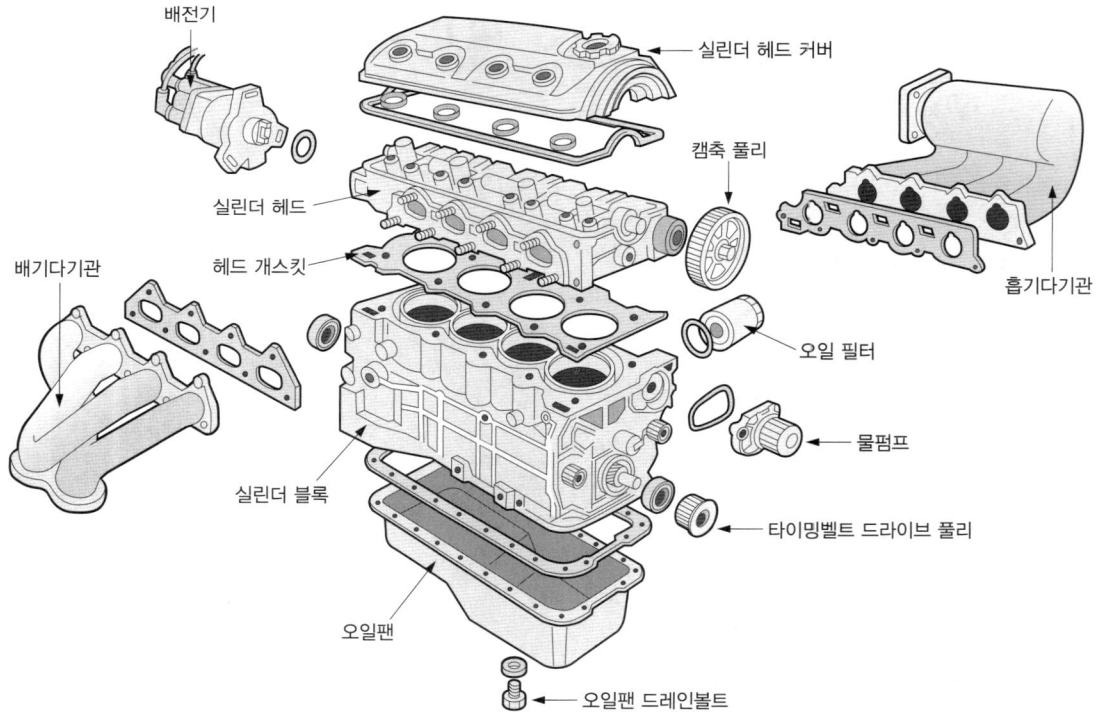

[4실린더 직렬형 디젤 엔진의 일반적인 구조]

2) 엔진의 분류

① **기관 배열에 따른 분류** : 직렬형, 수평형, 수평 대향형, V형, 성형, 도립형, X형, W형 등이 있다.

② **사용 연료에 따른 분류** : 사용 연료에 따라 가솔린, 디젤, 석유, 가스 기관 등으로 분류되며 국내 건설기계는 디젤기관이다.

③ **점화 방법에 따른 분류**
  ㉮ 전기 점화 기관 : 혼합가스에 전기적인 불꽃으로 점화
  ㉯ 압축 착화 기관 : 연료를 분사하면 압축열에 의하여 착화

④ **열역학적 사이클에 의한 분류**
  ㉮ 정적 사이클(오토 사이클) : 일정한 용적 하에서 연소되는 가솔린 기관
  ㉯ 정압 사이클(디젤 사이클) : 일정한 압력 하에서 연소되는 저속 디젤 기관
  ㉰ 사바테 사이클(합성 사이클) : 일정한 압력과 용적 하에서 연소되는 고속 디젤 기관

⑤ **기계학적 사이클에 의한 분류**
  ㉮ 2행정 사이클 엔진
    ㉠ 흡입 및 배기를 위한 독립된 행정없이 압축, 폭발의 2단계 과정을 통해 작동되는 엔진
    ㉡ 1회 연소 시 피스톤 1회 왕복, 크랭크축 1회전
  ㉯ 4행정 사이클 엔진
    ㉠ 흡입, 압축, 폭발, 배기행정의 순으로 작동되는 엔진
    ㉡ 크랭크축이 2회전하고, 피스톤은 4행정을 하여 1사이클을 완성(1사이클 당 크랭크축 2회전, 캠축 1회전)

● **2행정과 4행정 사이클 엔진의 비교**

비교 항목 \ 행정	4행정 사이클 기관	2행정 사이클 기관
출력(평균 유효압력 및 회전속도가 같을 때)	적다.	크다.(1.7배)
구조	복잡하다.	간단하다.
회전속도	저속운전이 가능하다.	저속운전이 불가능하다.
열효율	열효율이 좋다.	열효율이 나쁘다.
사용 용도	모든 자동차 및 건설기계	일부 건설기계 및 이륜차

2 엔진의 구성

1) 실린더 헤드(cylinder head)

① 실린더 블록의 윗부분에 위치하며 실린더와 함께 연소실을 형성하고 흡입·배기 통로를 개폐하는 밸브 기구가 있는 부품이다.

② 냉각수를 순환시켜 냉각되도록 하는 냉각수 통로인 물 재킷, 연소실에 불꽃을 튀기는 스파크 플러그도 부착되어 있다.
③ 재질은 내열 내압성이 요구되기 때문에 최근에는 알루미늄 합금제가 많이 쓰이고 있다.

2) 실린더 헤드 개스킷(cylinder head gasket)
① 실린더 헤드와 실린더 블록 사이에 설치되어 있다.
② 압축과 폭발 시 가스의 기밀을 유지하고 냉각수와 엔진오일이 새는 것을 방지하기 위해 고온 및 고압에 견딜 수 있어야 한다.

3) 실린더 블록(cylinder head)
① 엔진 실린더 블록은 엔진의 본체를 구성하는 기본적인 부품으로 주철 및 알루미늄의 주물로 만들어지며, 피스톤이 왕복운동하는 원통형 실린더와 냉각수를 순환시키는 물 재킷으로 되어 있다.
② **실린더 블록의 역할**
　㉮ 피스톤이 왕복운동을 할 수 있는 가이드이다.
　㉯ 냉각수 순환으로 실린더를 냉각시킨다.
　㉰ 크랭크 샤프트를 견고히 지지한다.

4) 피스톤(piston)
① 실린더 내에서 왕복운동을 하면서 연소실과 크랭크실 사이의 기밀을 유지한다.
② 동력 행정 중 발생, 작용하는 가스의 폭발압력을 커넥팅로드를 통해 크랭크축에 전달, 크랭크축이 회전운동을 하도록 한다.
③ 연소가스로부터 피스톤헤드에 전달된 열의 대부분을 빠르게 실린더 벽에 전달한다.
④ 2행정 기관에서는 가스 교환을 제어한다.

5) 피스톤 링(piston ring)
① **피스톤 링의 구성 및 역할**
　㉮ 압축링(기밀유지 및 전열작용) : 피스톤과 실린더 벽 사이에 밀착되어 기밀(氣密)을 유지하고 동시에 피스톤으로부터 열을 전달받아 이 열을 실린더 벽으로 전달(냉각작용)하는 역할을 한다.
　㉯ 오일링(오일 제어작용) : 압축링 아래에 설치되며 피스톤의 마찰 표면과 실린더 벽을 윤활하는 윤활유 중 여분의 윤활유를 긁어내려 오일팬으로 복귀시키는 기능을 한다.
② **피스톤 링의 구비조건**
　㉮ 내열성 및 내마멸성이 양호해야 한다.
　㉯ 제작이 용이해야 한다.
　㉰ 실린더에 일정한 면압을 줄 수 있어야 한다.
　㉱ 실린더 벽보다 약한 재질이어야 한다.(피스톤 링의 재질이 실린더 벽보다 너무 강하면 실린더 벽의 마모가 쉽게 일어난다.)

6) 피스톤 핀(piston pin)

① **피스톤 핀의 구성 및 역할**
㉮ 피스톤과 커넥팅로드를 연결하며, 피스톤과 함께 실린더 내를 고속으로 왕복운동한다.
㉯ 피스톤에 작용하는 폭발압력을 커넥팅로드에 전달한다.

② **피스톤 핀의 구비조건**
㉮ 경량이어야 한다.
㉯ 기계적 강도가 높아야 한다.
㉰ 표면은 내마멸성이 좋아야 한다.
㉱ 제작이 용이하고 값이 싸야 한다.

7) 커넥팅로드(connecting rod)

① **커넥팅로드의 구조**
㉮ 소단부 : 피스톤 핀이 설치되는 곳이다.
㉯ 생크(shank) : 소단부와 대단부를 연결하는 부분으로 휨이나 비틀림, 그리고 인장하중과 압축하중에 견딜 수 있도록 단면을 H-형으로 하는 경우가 대부분이다.
㉰ 대단부 : 커넥팅로드 캡과 함께 크랭크핀 베어링의 설치면을 형성한다.

② **커넥팅로드의 기능**
㉮ 피스톤과 크랭크축을 연결한다.
㉯ 피스톤의 직선운동을 크랭크축의 회전운동으로 변환시킨다.
㉰ 피스톤에 작용하는 힘을 크랭크축에 전달하여 크랭크축에 회전토크가 발생되도록 한다.

③ **커넥팅로드의 구비조건**
㉮ 폭발압력에 따른 휨 등에 대응하기 위해 기계적 강도가 커야 한다.
㉯ 관성력을 줄이기 위해 가능한 한 가벼워야 한다.

8) 크랭크축(crack shaft)

① **크랭크축의 기능**
㉮ 커넥팅로드로부터 전달되는 힘을 회전토크로 변환시킨다.
㉯ 회전토크의 대부분을 플라이휠(flywheel)을 통하여 클러치에 전달한다.
㉰ 동력행정 이외의 행정에서는 역으로 피스톤에 운동을 전달한다.
㉱ 회전토크의 일부를 이용하여 밸브기구, 오일 펌프, 배전기, 발전기, 그리고 형식에 따라서 연료 공급장치와 냉각펌프 등을 구동시킨다.

② **크랭크축의 구비조건**
㉮ 내피로성과 내마멸성이 있어야 한다.
㉯ 가혹한 부하조건을 감당하기 위해 충분한 기계적 강도와 탄성이 있어야 한다.

9) 기타 구성 부품

① **플라이휠(flywheel)**
   ㉮ 클러치 압력판 및 디스크와 커버 등이 부착되는 마찰면과 기동모터 피니언 기어, 물리는 링 기어로 구성된다.
   ㉯ 크기와 무게가 실린더 수와 회전수에 반비례하며 엔진 회전력의 맥동을 방지하여 회전속도를 고르게 한다.

② **크랭크축 풀리** : 크랭크축의 끝에 부착되어 있는 풀리(pulley)로 여기에 벨트를 걸고 발전기 등의 보조기계를 구동한다.

③ **밸브 개폐기구** : 엔진 작동 시 흡입, 압축, 폭발, 배기를 원활히 수행할 수 있도록 알맞은 시기에 여닫는 장치로 밸브 설치 위치에 따라 L형, F형, T형, I형(overhead valve)으로 구분된다.

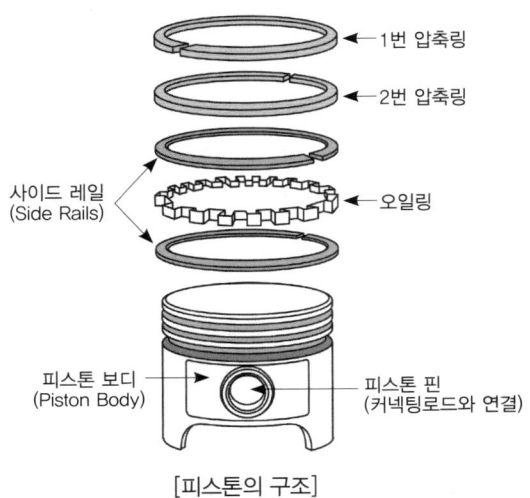

[피스톤의 구조]

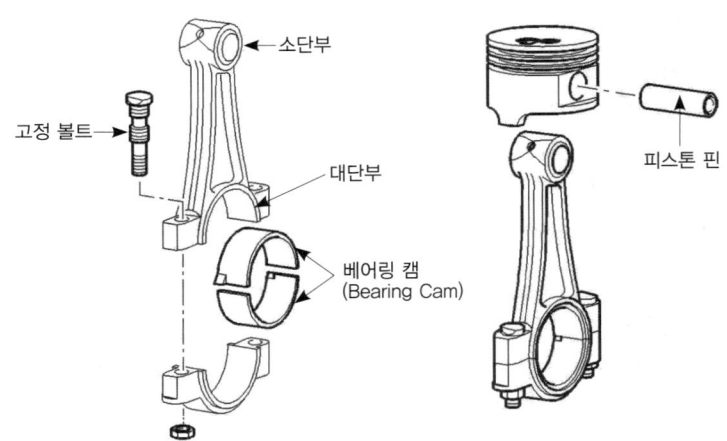

[커넥팅로드의 구조]

Lesson 02 윤활장치 구조와 기능

1 윤활 일반

1) 윤활장치의 개요

① **구성요소** : 디젤엔진의 윤활장치는 오일 팬, 오일 스트레이너, 오일 펌프, 릴리프 밸브 및 오일 압력스위치 등으로 구성되어 있다.

② **윤활경로** : 오일 팬 → 오일 스트레이너 → 오일 펌프 → 릴리프 밸브(압력조절) → 오일 필터 → 메인 오일 통로 → 메인 오일 통로(오일 압력 스위치) → 크랭크축 → 커넥팅로드 → 실린더 및 피스톤 → 실린더 헤드 → 로커암 축 → 로커암 → 캠 및 밸브 → 캠축(저널)

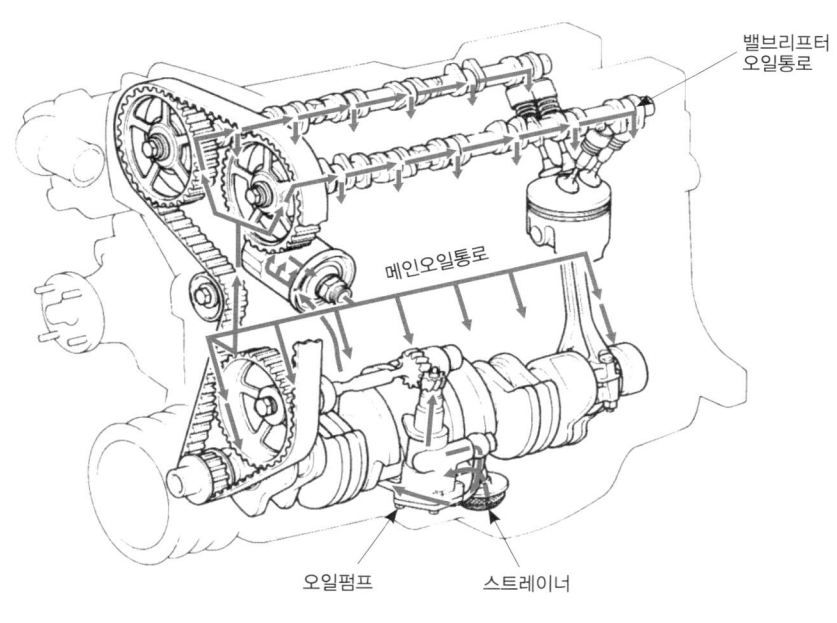

[윤활장치]

2) 4행정 사이클 기관의 윤활 방식

① **비산식** : 커넥팅로드의 베어링 캡에 오일디퍼(비말자)가 오일을 퍼 올려서 뿌려준다.

② **압송식** : 오일 펌프로 각 윤활 부분에 공급시키며 최근에 많이 사용되고 있다.

③ **비산압송식** : 비산식과 압송식 함께 사용하며, 오일 펌프와 오일 디퍼가 모두 있다.
　㉠ 크랭크축 베어링, 캠 축 베어링, 로커암 축 등에는 펌프를 이용해 압송한다.
　㉡ 피스톤 핀과 실린더 벽에는 비산식으로 윤활한다.

3) 여과 방식의 분류

① **분류식** : 오일 펌프에서 나온 오일의 일부를 여과하고 나머지는 윤활부로 그냥 보낸다.
② **전류식** : 오일 펌프에서 나온 오일의 전부가 여과기를 거쳐 여과된 다음 윤활부로 보내지게 된다.
③ **샨트식** : 펌프에 보내지는 오일의 일부만을 여과하지만 여과된 오일이 오일 팬으로 돌아오지 않고 윤활부에 공급된다.

2 윤활유

1) 윤활유의 특성

① **점도**
  ㉮ 오일의 끈적끈적한 정도를 나타내는 것으로 유체의 이동 저항에 해당된다.
  ㉯ 점도가 높으면 끈적끈적하여 유동성이 저하되고, 낮으면 오일이 묽어 유동성이 좋다.

② **점도 지수**
  ㉮ 온도에 따른 점도 변화를 나타내는 수치이다.
  ㉯ 점도 지수가 크면 온도 변화에 따른 점도의 변화가 작고, 점도 지수가 작으면 온도 변화에 따라 점도의 변화가 크다.

> **오일 혼합 금지**
> 점도가 다른 두 종류를 혼합하거나 제작사가 다른 오일을 혼합하여 사용하면 안 된다.

2) 윤활유의 작용

① **감마 작용** : 유막을 형성하여 각 섭동 부분의 마찰 및 마멸을 방지한다.
② **냉각 작용** : 마찰로 인해 생긴 열을 흡수하여 냉각시킨다.
③ **세척 작용** : 먼지, 오물을 흡수하여 여과기로 보낸다.
④ **밀폐 작용** : 유막을 형성, 압축·폭발 가스 누설을 방지한다.
⑤ **부식 방지 작용** : 유막으로 녹이 스는 것과 부식을 방지한다.
⑥ **소음 완화 작용** : 오일 간격 등의 소음을 흡수한다.
⑦ **응력 분산 작용** : 국부적인 압력을 분산시켜 응력을 최소화시킨다.

3) 윤활유의 구비조건

① 인화점, 발화점이 높아야 한다.
② 점도와 온도의 관계가 좋아야 한다.

③ 열전도가 양호해야 한다.
④ 산화에 대한 저항이 커야 한다.
⑤ 카본 생성이 적어야 한다.
⑥ 강인한 유막을 형성할 수 있어야 한다.
⑦ 비중이 적당해야 한다.

> ● 오일 상태 판정
> • 검정색에 가까운 경우 : 심하게 오염(불순물 오염)
> • 붉은색에 가까운 경우 : 가솔린 유입
> • 우유색에 가까운 경우 : 냉각수가 섞여 있음

3 윤활장치의 구성

1) 오일 팬
① 실린더 블록 하단부에 개스킷을 두고 조립되어 엔진에 사용하는 오일을 저장 및 냉각을 한다.
② 자동차가 출발 또는 제동 시에 오일의 유동을 방지하기 위하여 칸막이가 설치되어 있으며, 자동차가 등판 주행 시에 기관의 오일이 충분히 고이도록 하기 위하여 섬프(sump)가 설치되어 충분한 오일이 공급되도록 한다.

2) 오일 스트레이너
① 오일 팬 내 오일을 펌프에 유도한다.
② 오일에 포함된 비교적 큰 입자의 불순물을 제거하기 위해 펌프로 들어가는 쪽에 여과망이 설치되어 있다.

3) 오일 펌프
① 오일 팬 내의 오일을 흡입 및 가압하여 각 윤활부에 보내는 일을 한다.
② 오일 펌프는 실린더 블록 하부에 설치되어 있으며 크랭크축에 의하여 구동되며, 오일의 과도한 송출이나 높은 압력은 유압조절기(릴리프 밸브)로 조절한다.

4) 오일 필터
① 윤활 회로 내에 설치되어 오일에 혼입된 먼지, 카본, 금속 분말, 산화 생성물 등을 제거하는 역할을 하며 보통 5,000~10,000km 주행 시마다 엔진오일과 함께 교환한다.
② 오일 필터는 케이스, 엘리먼트, 바이패스 밸브 등으로 구성되어 있으며, 필터 내의 바이패스 밸브는 엘리먼트가 막혔을 때 열리도록 되어 있어 오일이 항상 순환되도록 오일을 공급하는 역할을 한다.

5) 유압조절 밸브(유압 조정기)

① 윤활 회로 내의 유압이 과도하게 올라가는 것을 방지하여 유압을 일정하게 유지시키는 기능을 한다.

② 유압 조절 압력은 장비에 따라 다소 차이가 있으나 대체로 3~5kgf/cm²로 유지시켜 준다.

6) 유면표시기 및 유압경고등

① 일반적으로 엔진은 엔진의 오일 양을 확인할 수 있도록 엔진 측면 또는 앞쪽에 오일의 양이 정상인가를 확인할 수 있도록 되어 있다.

② 이 밖에 차량의 운행 중에 엔진오일 압력의 정상 여부를 확인할 수 있도록 운전석 계기판에 유압계가 있으며, 오일압력 경고등은 오일 회로 내 오일 압력이 떨어졌을 때 경고등이 켜지도록 되어 있다.

Lesson 03 연료장치 구조와 기능

1 디젤기관의 연소

1) 디젤기관 연소실의 종류 및 장·단점

종류	장점	단점
직접 분사식	• 열효율이 높고 시동이 쉽다. • 냉각에 의한 열손실이 적고 열변형이 적다.	• 분사압력이 높아 분사펌프와 노즐 등의 수명이 짧다. • 분사노즐의 상태와 연료의 질에 민감하다. • 노크가 일어나기 쉽다.
예비 연소실식	• 분사압력이 낮아 연료장치의 고장이 적다. • 연료 성질 변화에 둔감하고 선택범위가 넓다.	• 연소실 표면이 커서 냉각손실이 크다. • 시동보조장치인 예열 플러그가 필요하다. • 연료 소비율이 약간 많고 구조가 복잡하다.
와류실식	• 기관의 회전속도 범위가 넓고 회전속도를 높일 수 있다. • 예비연소실에 비해 연료 소비율이 적다. • 평균유효압력이 높으며 분사압력이 비교적 낮다.	• 시동 시 예열 플러그가 필요하고 구조가 복잡하다. • 열효율이 낮고 저속에서 노크가 일어나기 쉽다.
공기실식	• 시동이 쉬워 예열 플러그를 사용하지 않는 기관이 많다. • 연료 연소압력이 가장 낮다.	• 후적이 잘 일어나며 배기온도가 높다. • 연료 소비량이 많다. • 분사시기에 따라 엔진 작동에 영향을 준다.

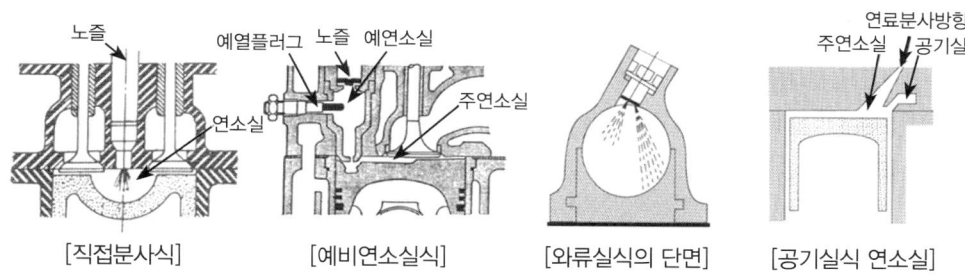

[직접분사식]   [예비연소실식]   [와류실식의 단면]   [공기실식 연소실]

2) 연소와 노크

① 연소실의 구비조건
㉮ 평균 유효 압력이 높고 연소시간이 짧아야 한다.
㉯ 연료 소비가 적고 연소 상태가 좋아야 한다.
㉰ 와류가 잘 되어 공기와 연료의 혼합이 잘 되어야 한다.
㉱ 시동이 쉽고 노크가 적어야 한다.

② 이상 연소와 노크 방지(착화지연 기간을 짧게 하는 방법)
㉮ 압축비를 높인다.
㉯ 흡기 온도를 높인다.
㉰ 실린더 벽의 온도를 높인다.
㉱ 착화성이 좋은 연료(세탄가가 높은 연료)를 사용한다.
㉲ 와류가 일어나게 한다.

2 연료장치의 구성

1) 연료탱크
① 연료를 저장하는 곳으로, 운행 중 연료의 출렁임을 방지하기 위한 세퍼레이터(separator)가 있고, 연료량을 운전석 계기판에 표시하여 알려 주는 연료 센서가 있다.
② 연료탱크 내부는 부식 방지를 위하여 아연 도금이 되어 있으며, 탱크 내에 대기압을 형성하기 위한 대기압 호스가 있다.

2) 연료계
① 자동차 연료탱크 속의 잔존 연료의 양을 표시하는 계기로써, 센서 부분에 상당하는 센터 유닛과 센서로부터의 신호를 받아 표시하는 리시버 유닛으로 되어 있다.
② 일반적으로 연료 액면에 띄운 플로트의 위치를 바이메탈 접점의 단속전류의 크기나 슬라이드 저항기의 값을 이용하여 구하고 있다.
③ 연료액면은 자동차의 움직임에 의해서 요동하기 때문에 센서에는 어느 정도의 시간 지연을 갖게 하여 일정한 시간의 평균치를 표시하도록 하고 있다.

3) 연료파이프
① 연소실로 연료를 공급하는 관을 말한다.
② 지름 5~8mm인 구리 또는 강제(鋼製) 파이프로 연료 계통의 부품을 서로 연결하며, 연결부는 구형 및 플레어로 하고 피팅으로 조인다.

4) 연료공급펌프
① 연료공급펌프는 일반적으로 고압 분사펌프에 직접 설치되며, 고압 분사펌프의 캠축에 가공되어 있는 편심-캠에 의해 기계적으로 작동된다.
② 연료공급펌프의 최소 공급능력은 대부분 최대 분사량의 1.3~1.5배 정도로, 공급 압력은 약 1~1.5bar로 설계된다.
③ 고압 분사펌프를 통과하면서 윤활 및 냉각에 사용된 연료는 오버플로우(overflow) 밸브를 거쳐서 다시 연료탱크로 복귀하게 된다.

5) 연료여과기
① 연료에 포함된 불순물과 물을 분리하여, 이들을 분사펌프와 분사 노즐로부터 격리시키는 역할을 한다.
② 고압 분사장치에서는 여과 정밀도가 높은 여과기를 필요로 한다.

6) 분사펌프
① 디젤기관에 있어서 연료를 분사 순서에 따라 각 실린더의 연료 분사 밸브에 압송하는 장치이다.
② 일반적으로 플런저 펌프가 이용되며 각 실린더마다 1개씩 설치한다.

7) 분사노즐(인젝터)
① 분사노즐은 분사펌프에서 공급된 고압의 연료를 미세한 안개 모양으로 연소실에 분사한다.
② **분사노즐(인젝터)의 요구 조건**
　㉮ 연료를 미세한 안개 모양으로 만들어 쉽게 착화되도록 해야 한다.
　㉯ 연소실 구석구석까지 분무되도록 해야 한다.
　㉰ 분사 끝을 완전히 차단하여 후적(After Drop, 분사 완료 후 노즐 팁에 연료 방울이 생겨 연소실에 떨어지는 것)이 없어야 한다.
　㉱ 고온·고압의 어려운 조건에서 오랜 시간 사용할 수 있어야 한다.

Lesson 04 흡·배기장치 구조와 기능

1. 배출가스

1) 블로바이(blow by) 가스
① 실린더와 피스톤 사이에 틈새를 지나 크랭크 케이스와 환기 기구를 통하여 대기로 방출되는 가스로 그 성분의 70~95%는 미연소된 연료(HC)이며 나머지는 연소와 부분적으로 산화된 혼합가스이다.
② 현재는 유해물질인 HC의 배출 비율이 크기 때문에 이것을 다시 연소시켜 방출하는 장치를 부착하도록 되어 있다.

2) 배기가스
① 연료가 기관 내부에서 연소된 다음 배기장치를 통하여 대기 중으로 방출되는 가스를 말한다.
② 가장 심각한 대기오염 물질인 질소산화물은 연소과정에서 공기 중의 질소 분자나 연료 중의 질소 성분이 고온의 화염에 산화되어 발생한다.
③ 배기가스의 유해성 여부
　㉮ 인체에 해가 없는 것 : 수증기(H_2O), 질소(N_2) 탄산가스(CO_2)
　㉯ 유해 물질 : 탄화수소(HC), 질소산화물(NOx), 일산화탄소(CO) 등

> ● 연소 상태에 따른 배출가스의 색
> • 정상 연소 : 무색 또는 담청색
> • 윤활유 연소 : 백색
> • 농후한(이론 혼합비보다 연료의 비율이 많은) 혼합비 : 검은 연기
> • 장비의 노후 연료의 질 불량 : 검은 연기
> • 희박한(이론 혼합비보다 연료의 비율이 적은) 혼합비 : 볏짚색
> • 노킹이 생길 때 : 황색에서 시작되어 검은 연기 발생

2. 흡·배기장치의 구성

1) 공기청정기
① 공기청정기는 흡입되는 공기 속의 먼지를 제거함과 동시에 흡입 시 흡입계통에서 발생하는 강한 소음을 없애는 역할을 하는 장치이다.
② 종류로는 건식 공기청정기와 습식 공기청정기가 있다.

2) 흡기다기관

① 공기나 혼합기를 각 실린더에 균등히 배분시켜 주는 장치를 말하며 재질은 알루미늄합금 또는 특수 플라스틱을 사용하고 있다.

② 흡기다기관은 공기의 흐름이 양호하면서 흡기맥동이나 유체의 관성 등을 충분히 고려하여 기관의 전 회전속도 범위에서 높은 충전효율을 얻도록 설계되어야 한다. 또한, 흡기다기관의 직경, 단면의 형상, 휨부의 곡률반경(가능한 한 크게) 등을 충분히 고려하여야 한다.

3) 과급기

① 기관의 작동 중 흡입에 의한 충전 효율을 높여서 회전력, 연료 소비율, 기관의 출력 등을 향상시키기 위하여 흡입되는 가스에 압력을 가하는 일종의 공기 펌프이다.

② **터보차저(Turbo Charger)**
  ㉮ 배기가스 압력에 의해 작동된다.
  ㉯ 10,000~15,000rpm 정도의 속도로 고속 회전한다.
  ㉰ 기관 전체 중량은 10~15%가 무거워지지만, 출력은 35~45% 증대된다.

③ **블로어(Blower)**
  ㉮ 루트 블로어는 하우징 내부에 2개의 로터가 양단에 베어링으로 지지된다.
  ㉯ 베어링이나 로터 기어의 윤활용 오일이 새는 것을 방지하기 위해 기름막이 장치로 라비린스(Lavyrinth) 링이 부착되어 있다.

4) 배기다기관

① 배기다기관은 다실린더 기관의 각 실린더로부터 배출되는 배기가스를 한곳으로 모아서 배출시키는 장치이다.

② 연소가스가 실린더 내에 잔류하여 체적효율이 저하하지 않도록 배기 저항을 최대한 줄이는 구조가 되어야 한다.

5) 소음기

① 고온·고압 배기가스를 바로 대기로 배출시키면 가스의 급격한 팽창으로 인하여 큰 폭발음이 발생하는데 소음기는 이 배기가스의 온도와 압력을 저하시켜 배기소음을 줄여주는 장치이다.

② 소음 효과를 증대시키기 위하여 소음기의 저항을 너무 크게 하면 소음은 작아지나 배압(back pressure)이 높아져 기관의 출력이 저하한다. 따라서 소음기는 가능한 한 배압을 높이지 않고 출력 손실 없이 소음을 줄이는 구조로 설계됨이 바람직하다.

Lesson 05 냉각장치 구조와 기능

1. 냉각장치의 분류

1) 공랭식 냉각장치
① 실린더 벽의 바깥 둘레에 냉각 팬을 설치하여 공기의 접촉 면적을 크게 하여 냉각
② **종류**
　㉮ 자연통풍식 : 냉각 팬이 없어 주행 중에 받는 공기로 냉각하며 오토바이에 사용
　㉯ 강제통풍식 : 냉각 팬과 슈라우드를 설치한 강제냉각방식으로 자동차 및 건설기계 등에 사용

2) 수랭식 냉각장치
① 냉각수를 사용하여 엔진을 냉각시키는 방식으로 냉각수로는 정수나 연수를 사용
② **종류**
　㉮ 자연순환식 : 물의 대류작용으로 순환되는 방식
　㉯ 강제순환식 : 물 펌프로 강제 순환되는 방식
　㉰ 압력순환식 : 냉각수를 가압하여 비등점을 높이는 방식
　㉱ 밀봉압력식 : 냉각수 팽창의 크기의 저장 탱크를 두는 방식

> **엔진(기관) 과열의 원인**
> - 냉각수 부족
> - 냉각수 펌프 불량
> - 수온조절기(thermostat, 정온기)가 닫힌 채로 고장
> - 물재킷 등 냉각 통로의 막힘
> - 라디에이터 코어의 파손 혹은 20% 이상의 막힘

2. 냉각장치의 구성

1) 물 재킷
① 수랭식(水冷式) 기관에서 실린더 및 실린더 헤드의 고온부(高溫部) 바깥쪽에 냉각용 물을 저장하거나 냉각수를 순환시키는 부분을 말한다.
② 냉각수 재킷이라고도 한다.

2) 물 펌프

① 물 펌프로는 레이디얼 펌프(radial pump)나 볼류트 펌프(volute pump)와 같은 원심식 펌프가 주로 사용된다.

② 구동방식은 벨트식이 대부분이지만 전기모터 또는 직접 크랭크축에 의해서도 구동된다.

3) 냉각 팬

① 냉각 팬은 차량이 서행 중이거나 정차 시와 같이 주행풍이 충분하지 않을 경우 방열기와 기관실을 냉각시키기에 충분한 양의 공기를 공급해야 한다.

② 오늘날은 대부분의 장비에 전기 또는 비스코-커플링을 이용하는 가변 구동식 냉각 팬을 사용하고 있다.

4) 팬 벨트

① 크랭크축의 회전을 워터펌프 풀리와 발전기 풀리에 전달함으로써 냉각 팬을 회전시키게 하는 벨트를 말한다.

② 일반적으로 팬 벨트는 이음이 없는 V벨트를 사용한다.

③ 팬 벨트의 장력 점검은 기관이 정지된 상태에서 벨트의 중심을 엄지손가락으로 10kgf 정도의 힘으로 눌러서 시행하며, 이때 처짐이 13~20mm 정도라면 정상이다.

 ㉮ 장력이 너무 클 경우(팽팽한 경우) : 각 풀리 베어링의 마모가 촉진되고, 기관 과랭

 ㉯ 장력이 너무 작을 경우(헐거운 경우) : 냉각수 순환 불량으로 기관 과열

5) 라디에이터

① 라디에이터는 냉각수에 전달된 기관의 열을 일정 수준 대기 중으로 방출하는 기능을 한다.

② 라디에이터 코어(라디에이터의 냉각수를 냉각시키는 부분)의 막힘률이 20% 이상이면 교환하여야 하며, 청소할 때는 탄산소다(탄산나트륨)를 세척제로 사용한다.

③ **라디에이터의 구비 조건**

 ㉮ 냉각수 흐름에 대한 저항이 적어야 한다.

 ㉯ 공기 저항이 적어야 한다.

 ㉰ 가볍고 작아야 한다.

 ㉱ 강도가 커야 한다.

 ㉲ 단위 면적당 발열량이 많아야 한다.

> ● **라디에이터 코어의 막힘률**
>
> $$막힘률 = \frac{신품용량 - 구품용량}{신품용량} \times 100(\%)$$

6) 라디에이터 캡

① 냉각장치 내의 압력을 0.2~0.9kg/cm² 정도로 유지하여 비등점을 112℃로 상승시킨다.
② 냉각장치 내부 압력과 라디에이터 캡의 작동
 ㉮ 내부 압력이 높아지면 : 압력 밸브가 열려 냉각수를 보조탱크로 보낸다.
 ㉯ 내부 압력이 낮아지면 : 진공 밸브가 열려 보조탱크의 냉각수가 라디에이터로 복귀한다.

7) 수온조절기(thermostat, 정온기)

① 실린더 헤드와 라디에이터 상부 사이에 설치된다.
② 냉각수의 온도를 일정하게 유지할 수 있도록 하는 일종의 온도 조절장치로 65℃에서 열리기 시작하여 85℃가 되면 완전히 열린다.
③ 수온조절기가 닫힌 채로 고장나면 엔진이 과열되고, 열린 채로 고장나면 엔진 과랭의 원인이 된다.
④ **종류** : 바이메탈형, 벨로즈형, 펠릿형

> ●• 과열로 인한 문제점
> • 윤활유의 연소로 인해 유막의 파괴가 초래된다.
> • 열로 인해 부품들의 변형이 발생할 수 있다.
> • 윤활유의 부족 현상이 나타난다.
> • 조기 점화 또는 노킹(실린더 내에서의 이상연소에 의해 망치로 두드리는 것과 같은 소리가 나는 현상)으로 인해 출력이 저하된다.

적중 예상문제

CHECK POINT QUESTION

CHAPTER 01 | 엔진구조

Lesson 1 엔진본체 구조와 기능

01 다음 중 열 에너지를 기계적 에너지로 변화시켜 주는 장치는?

① 펌프   ② 모터
③ 엔진   ④ 밸브

> 엔진은 열에너지를 기계적 에너지로 바꾸는 장치로, 기계적인 동력을 발생시키기 위해 연료를 연소시킨다.

02 공기만을 실린더 내로 흡입하여 고압축비로 압축한 다음 압축열에 의해 연료를 분사하는 디젤기관은?

① 압축 착화 기관   ② 전기 점화 기관
③ 외연 기관   ④ 제트 기관

> • 전기 점화 기관 : 혼합가스에 전기적인 불꽃으로 점화시키는 기관
> • 압축 착화 기관 : 연료를 분사하면 압축열에 의하여 착화되는 기관

03 4행정 사이클 엔진의 4행정을 바르게 표시한 것은?

① 흡기, 압축, 팽창, 점화
② 흡기, 압축, 동력, 배기
③ 흡기, 찹축, 팽창, 동력
④ 흡기, 점화, 동력, 배기

> 4행정 사이클 엔진의 4행정 : 흡입(흡기) 행정, 압축 행정, 폭발(동력) 행정, 배기 행정

04 내연기관에서 1사이클 중 열 손실이 가장 큰 것은 다음 중 어떤 행정인가?

① 압축 행정   ② 배기 행정
③ 폭발 행정   ④ 흡입 행정

> 배기 행정은 동력(폭발) 행정의 다음 행정으로 배기가스를 외기로 몰아내기 때문에 열손실이 가장 크다.

05 기관의 실린더 수가 많은 경우의 장점이 아닌 것은?

① 기관의 진동이 적다.
② 저속 회전이 용이하고 큰 동력을 얻을 수 있다.
③ 연료 소비가 적고 큰 동력을 얻을 수 있다.
④ 가속이 원활하고 신속하다.

> 실린더 수가 많으면 배기량이 많아지고 출력도 좋아지지만, 연료 소비 또한 많아진다.

06 기관에서 피스톤의 행정이란?

① 상사점과 하사점과의 길이
② 피스톤의 길이
③ 상사점과 하사점과의 총면적
④ 실린더 벽의 상하 길이

> 행정(stroke)이란 상사점(TDC)과 하사점(BDC)의 거리 즉, 피스톤이 이동하는 거리를 말한다.

07 개스킷의 구비조건으로 적당치 않은 것은?

① 복원성이 있을 것
② 적당한 강도가 있을 것
③ 오일이 잘 배며 융통성이 좋을 것
④ 내열성이 좋을 것

> 개스킷은 기밀 유지 성능이 커야 하며, 냉각수 및 엔진오일이 새지 않아야 한다.

08 디젤기관의 압축 압력에 대해 맞는 것은?

① 엔진의 크기에 따라 다르다.
② 압축비에 따라 다르다.
③ 배기량에 따라 다르다.
④ 일정하다.

> 디젤기관은 공기만을 압축한 다음 분사노즐을 통하여 연료가 분사되면 압축 시 발생된 열에 의해 자기착화되어 혼합기가 연소되며, 압축 압력은 압축비에 따라 다르다.

정답 | 1. 엔진본체 구조와 기능 | 01 ③ 02 ① 03 ② 04 ② 05 ③ 06 ① 07 ③ 08 ②

09 실린더 헤드 개스킷이 손상되었을 때 일어나는 현상은?

① 피스톤이 가벼워진다.
② 엔진오일의 압력이 높아진다.
③ 압축 압력과 폭발 압력이 낮아진다.
④ 피스톤 링의 작용이 좋아진다.

🔍 헤드 개스킷이 손상되면 기밀성이 떨어져 압축 압력과 폭발 압력이 낮아진다.

10 기관에서 실린더 마모가 가장 큰 부분은?

① 실린더 아래 부분
② 실린더 윗 부분
③ 실린더 중간 부분
④ 일정하지 않다.

🔍 실린더 벽의 마멸은 실린더 윗부분(상사점 부근)이 가장 크며, 아랫부분(하사점 부근)이 가장 적다.

11 실린더 마멸의 원인으로 다음 중 가장 적당치 않은 것은?

① 피스톤과 실린더의 마찰
② 피스톤 랜드의 마찰
③ 연소 생성물에 의한 부식
④ 흡입되는 먼지와 이물질

🔍 실린더 벽의 마멸 원인
• 실린더와 피스톤 링의 접촉에 의한 마멸
• 흡입가스 중의 먼지와 이물질에 의한 마멸
• 연소 생성물에 의한 부식
• 연소 생성물인 카본에 의한 마멸
• 기동 시 지나치게 농후한 혼합가스에 의한 윤활유 희석

12 기관의 총배기량이란?

① 연소실 체적과 실린더 체적의 합이다.
② 각 실린더 행정 체적의 합이다.
③ 행정 체적과 실린더 체적의 합이다.
④ 실린더 행정 체적과 연소실 체적의 곱이다.

🔍 총배기량은 각 실린더 행정 체적의 합이며, "행정체적 × 실린더 수"로 구할 수 있다.

13 피스톤의 구비조건으로 틀린 것은?

① 고온·고압에 견딜 것
② 열전도가 잘 될 것
③ 열팽창률이 적을 것
④ 피스톤 중량이 클 것

🔍 피스톤은 무게가 가벼워야 하며, 연소실 내의 연소가스가 엔진 크랭크 케이스 내로 유출되는 블로바이(blow-by) 현상이 없어야 한다.

14 피스톤과 실린더와의 간극이 클 때 일어나는 현상 중 틀린 것은 어느 것인가?

① 피스톤 슬랩 현상이 생긴다.
② 압축 압력이 저하된다.
③ 오일이 연소실로 올라간다.
④ 피스톤과 실린더의 소결이 일어난다.

🔍 피스톤 간극이 크면 피스톤이 운동의 방향을 바꿀 때 피스톤이 경사지게 됨에 따라 스커트부가 실린더 벽에 부딪쳐 소음을 발생시키는 피스톤 슬랩(piston slap)이 일어난다. 또한, 피스톤과 실린더 벽 사이의 열전도율이 저하되고, 윤활유의 소비량이 많아지며 혼합기 및 배기가스가 누설되어 윤활유를 열화시키기 쉽다.

15 실린더와 피스톤의 간극이 작을 때 일어나는 현상은?

① 피스톤 슬랩 현상이 일어난다.
② 피스톤 측압이 커진다.
③ 심한 피스톤 잡음이 일어난다.
④ 피스톤의 고착 현상이 일어난다.

🔍 피스톤 간극이 크면 커넥팅로드 대단부와 소단부(small end)의 편마모가 심해진다. 반대로 간극이 너무 적으면 기관 작동 중 피스톤이 실린더 벽과 접촉에 의한 마찰열 때문에 고착되기 쉽다.

16 기관의 피스톤이 고착되는 원인으로 맞지 않는 것은?

① 기관 오일이 너무 많았을 때
② 피스톤 간극이 작을 때
③ 기관 오일이 부족하였을 때
④ 기관이 과열되었을 때

🔍 피스톤의 고착은 피스톤 간극이 너무 적거나 과열 및 오일 부족 등에 의해 생길 수 있으며 오일이 너무 많다고 고착상태가 되지는 않는다.

정답 09 ③ 10 ② 11 ② 12 ② 13 ④ 14 ④ 15 ④ 16 ①

17 피스톤 링의 작용과 가장 관계가 먼 것은?

① 기밀 작용
② 오일 제어 작용
③ 불완전 연소 억제 작용
④ 열전도 작용

> 피스톤 링의 3대 작용
> • 기밀 유지 작용(밀봉)
> • 오일 제어 작용(실린더 벽의 오일 긁어내리기)
> • 열전도 작용(냉각)

18 기관에 사용되는 피스톤 링의 구비조건으로 틀린 것은?

① 내열성 및 내마멸성이 양호해야 한다.
② 제작이 용이해야 한다.
③ 실린더에 일정한 면압을 줄 수 있어야 한다.
④ 실린더 벽보다 강한 재질이어야 한다.

> 피스톤 링의 재질이 실린더 벽보다 너무 강하면 실린더 벽의 마모가 쉽게 일어나기 때문에 피스톤 링은 실린더 벽보다 약한 재질이어야 한다.

19 오일과 오일 링의 작용 중 오일의 작용에 해당하지 않는 것은?

① 방청 작용
② 냉각 작용
③ 응력 분산 작용
④ 오일 제어 작용

> 오일 제어 작용은 오일 링의 작용에 해당된다.

20 기관의 커넥팅로드가 부러질 경우 직접 영향을 받는 곳은?

① 오일 팬
② 밸브
③ 실린더
④ 실린더 헤드

> 커넥팅로드는 피스톤의 왕복운동을 크랭크축으로 전달하는 일을 하는 것으로 부러질 경우 실린더가 직접 영향을 받는다.

21 커넥팅로드(connecting rod)의 대단부와 연결되는 크랭크축의 부분 명칭은?

① 메인 베어링 저널
② 크랭크 핀
③ 크랭크 암
④ 크랭크축 스프로킷

> 커넥팅로드는 피스톤 핀과 크랭크축을 연결하는 막대로 소단부는 피스톤 핀에 연결되고 대단부는 크랭크 핀에 결합되어 있다.

22 내연기관의 동력 전달은?

① 피스톤 → 커넥팅로드 → 클러치 → 크랭크축
② 피스톤 → 클러치 → 크랭크축 → 커넥팅로드
③ 피스톤 → 크랭크축 → 커넥팅로드 → 클러치
④ 피스톤 → 커넥팅로드 → 크랭크축 → 클러치

23 크랭크축에 제일 많이 사용되는 베어링은?

① 테이퍼 베어링
② 롤러 베어링
③ 플레인 베어링
④ 볼 베어링

> 크랭크축에는 주로 분할형의 플레인(평면) 베어링이 사용된다.

24 크랭크축에서 베어링의 바깥 둘레와 하우징 둘레와의 차이를 무엇이라 하는가?

① 베어링 크러시
② 베어링 두께
③ 베어링 스프레드
④ 베어링 날개

> 베어링 크러시는 베어링을 끼웠을 때 베어링 바깥 둘레와 하우징 둘레와의 높이 차이를 말하며, 베어링 스프레드는 베어링을 끼우지 않았을 때 베어링 바깥지름(외경)과 하우징 안지름(내경)과의 차이를 말한다.

25 타이밍 기어(timing gear)란?

① 배전기 구동기어와 캠 축 기어
② 헬리컬 기어와 피니언 기어
③ 크랭크축 기어와 캠 축 기어
④ 오일 펌프 기어와 헬리컬 기어

> 타이밍 기어란 크랭크축의 회전운동을 이용하여 밸브를 움직이는 캠 축 구동용 기어로 밸브의 작동 시기를 적절하게 조정한다.

정답 17 ③ 18 ④ 19 ④ 20 ③ 21 ② 22 ④ 23 ③ 24 ① 25 ③

26 타이밍 기어의 백래시가 클 때 일어나는 사항은?

① 밸브 개폐시기 등이 틀려진다.
② 윤활장치의 유압이 높아진다.
③ 기관의 공전속도가 빨라진다.
④ 점화전압이 낮아진다.

🔍 타이밍 기어는 밸브의 개폐시기를 조절하는 기어이다.

27 캠 축의 기능이 아닌 것은?

① 밸브의 개폐를 돕는다.
② 크랭크축에 구동력을 전달한다.
③ 오일 펌프와 연료 펌프를 작동시킨다.
④ 배전기를 작동시킨다.

🔍 캠축의 주된 기능은 흡·배기 밸브의 개폐이며 부수적으로 오일 펌프, 연료 펌프, 배전기 등을 구동시키기도 한다.

28 플라이휠에 관한 설명 중 옳은 것은?

① 플라이휠의 크기는 기통수에 비례한다.
② 저속에서 고속 또는 고속에서 저속으로의 속도 변화를 용이하게 한다.
③ 속도 변화가 큰 중장비일수록 무겁게 한다.
④ 외부 원주에서는 링 기어가 열박음으로 설치되어 있다.

🔍 플라이휠(flywheel)은 크기와 무게가 실린더 수와 회전수에 반비례하며 엔진 회전력의 맥동을 방지하여 회전속도를 고르게 한다.

29 4사이클 기관에서 캠 축의 캠의 수는 무엇과 같은가?

① 기관 밸브의 수   ② 실린더 수
③ 피스톤의 수   ④ 크랭크 핀의 수

🔍 엔진의 밸브 수와 동일한 캠이 배열되어 있다.

30 캠의 양정(lift)이란?

① 리프터와 태핏과의 거리이다.
② 기초원과 노즈와의 거리이다.
③ 밸브 페이스의 크기이다.
④ 백래시를 말한다.

🔍 캠의 양정이란 기초원(base circle)과 노즈(nose) 사이의 거리이다.

31 다음에 열거한 부품 중 점화(착화) 시기를 필요로 하지 않는 것은?

① 크랭크축 기어
② 캠 축 기어
③ 연료분사 펌프 구동기어
④ 오일 펌프 구동기어

🔍 보기 중 오일 펌프 구동기어는 윤활장치에 해당된다.

32 플라이휠 크기는 다음 중 어느 것과 가장 관계가 있는가?

① 크랭크축의 길이
② 클러치판의 크기
③ 피스톤의 크기
④ 회전속도와 실린더 수

🔍 플라이휠의 크기와 무게는 실린더 수와 회전수에 반비례한다.

33 기관 밸브의 개폐를 돕는 부품은?

① 너클암
② 스티어링암
③ 로커암
④ 피트먼암

🔍 로커암은 밸브 개폐를 위한 힘의 방향을 바꿔주는 방향 전환 기능의 암(arm)이다.

34 밸브의 재사용 여부는 모든 부분이 양호한 상태일 때 무엇에 의해 결정되는가?

① 스템의 마멸
② 시트의 마멸
③ 페이스 각도
④ 마진의 두께

🔍 일반적으로 마진의 두께가 0.8mm 이하인 경우에는 다시 사용하지 못한다.

정답 26 ① 27 ② 28 ④ 29 ① 30 ② 31 ④ 32 ④ 33 ③ 34 ④

35 밸브시트와 페이스 접착면의 폭은 얼마로 하는 것이 적당한가?

① 1~1.5mm ② 1.5~2mm
③ 0.5~1mm ④ 2~3mm

> 밸브 시트의 폭은 1.5~2mm이며, 폭이 넓으면 밸브의 냉각 효과는 크지만 압력이 분산되어 기밀 유지가 불량해진다.

36 다음은 유압 태핏의 장점이다. 관계없는 것은?

① 밸브 간극의 조정이 필요 없다.
② 작동 중 소음이 적다.
③ 밸브 간극이 비교적 적어도 된다.
④ 밸브 각 기구의 손상이 적다.

> 유압식 밸브 리프터(유압 태핏)는 엔진의 작동변화에 관계없이 밸브 간극을 0으로 유지하는 방식이다.

37 밸브 스프링의 장력이 약할 때는 기관에서 어떤 현상이 발생하는가?

① 배기가스량이 적어진다.
② 밀착 불량으로 압축가스가 샌다.
③ 밀착은 정상이나 캠이 조기 마모된다.
④ 흡입 공기량이 많아져서 출력이 증가된다.

> 밸브 스프링의 장력이 약하면 밀착 불량으로 인해 출력 감소, 가스 블로바이(blow-by) 및 밸브 스프링 서징 현상이 발생한다.

38 밸브 스프링의 점검과 관계가 없는 것은?

① 스프링 장력 ② 직각도
③ 자유높이   ④ 코일 수

> 밸브 스프링의 점검 사항 : 장력, 직각도, 자유 높이, 접촉면

39 밸브 스프링의 서징현상은 어느 때 생기는가?

① 저속 ② 중속
③ 고속 ④ 공전

> 밸브 스프링의 서징 현상이란 고속에서 밸브 스프링의 신축이 심하여 밸브 스프링의 고유 진동수와 캠 회전수 공명에 의해 스프링이 튕기는 현상이다.

40 고속회전을 목적으로 하는 기관에서 흡기밸브와 배기밸브 중 어느 것이 더 크게 만들어져 있는가?

① 흡기밸브
② 배기밸브
③ 동일하다.
④ 1번 배기밸브

> 고속회전을 목적으로 하는 기관에서는 고속 시 흡입효율을 높이기 위하여 흡기밸브를 더 크게 한다.

41 기관의 밸브 간극이 너무 클 때 발생하는 현상으로 옳은 것은?

① 정상온도에서 밸브가 확실하게 닫히지 않는다.
② 밸브 스프링의 장력이 약해진다.
③ 푸시로드가 변형된다.
④ 정상온도에서 밸브가 완전히 개방되지 않는다.

> 밸브 간극이 너무 크면 정상 작동 온도에서 밸브가 완전하게 열리지 못한다.

42 밸브 간극을 측정하는 게이지로 알맞은 것은?

① 깊이 게이지를 사용한다.
② 내측 마이크로미터를 사용한다.
③ 엠에스코프 게이지를 사용한다.
④ 필러 게이지를 사용한다.

> 밸브 간극은 캠과 밸브 리프트 사이에 필러 게이지(간극 거이지)를 넣고 측정한다.

43 밸브 오버랩이란?

① 밸브가 닫힐 때 튀면서 닫히는 현상
② 배기행정 시 실린더 내의 압력에 의하여 자연적으로 배출되는 현상
③ 흡기행정 시 하사점에는 밸브를 닫지 않고 40~50°후방에서 닫히는 현상
④ 배기행정 시 잔류가스를 완전히 배출키 위하여 흡기·배기밸브를 동시에 열어주는 현상

> 밸브 오버랩(valve overlap)이란 상사점 부근에서 흡기밸브는 열리고, 배기밸브는 닫히려는 순간으로 흡·배기밸브가 동시에 열려있는 상태를 말한다.

정답 35 ② 36 ③ 37 ② 38 ④ 39 ③ 40 ① 41 ④ 42 ④ 43 ④

44 과급기(Turbo charger)에 대한 설명 중 옳은 것은?

① 피스톤의 흡입력에 의해 임펠러가 회전한다.
② 가솔린 기관에만 설치된다.
③ 연료 분사량을 증대시킨다.
④ 실린더 내의 흡입 공기량을 증가시킨다.

🔍 과급기는 터보차저라고도 부르며 흡입행정 시 공기를 강제로 공급하는 공기펌프의 역할을 한다.

45 다음 중 터보차저를 구동하는 것으로 가장 적합한 것은?

① 엔진의 열
② 엔진의 배기가스
③ 엔진의 흡입가스
④ 엔진의 여유동력

🔍 엔진 배기가스 잔류 압력을 이용하여 과급기를 구동한다.

46 배기행정 초에 배기밸브가 열려 배기가스 자체의 압력에 의하여 배기가스가 배출되는 현상은?

① 블로백
② 블로다운
③ 블로바이
④ 베이퍼록

🔍 • 블로다운(blow-down) : 배기행정 초기에 배기밸브가 열려서 자체적인 압력으로 자연히 배출되는 현상
• 블로바이(blow-by) : 피스톤과 실린더 사이에서 크랭크 케이스 쪽으로 누출되는 미연소 가스

47 냉각장치에서 밀봉압력식 라디에이터 캡을 사용하는 것으로 가장 적합한 것은?

① 엔진온도를 높일 때
② 엔진온도를 낮게 할 때
③ 압력밸브가 고장일 때
④ 냉각수의 비점을 높일 때

🔍 밀봉압력식 라디에이터 캡의 압력밸브는 냉각수의 비점을 높여주며, 진공밸브는 과냉시 수축으로 인해 코어가 손상되는 것을 방지한다.

48 압력식 라디에이터 캡에 대한 설명으로 옳은 것은?

① 냉각장치 내부압력이 규정보다 낮을 때 공기밸브는 열린다.
② 냉각장치 내부압력이 규정보다 높을 때 진공밸브는 열린다.
③ 냉각장치 내부압력이 부압이 되면 진공밸브는 열린다.
④ 냉각장치 내부압력이 부압이 되면 공기밸브는 열린다.

🔍 공기밸브는 내부압력이 높을 때 열리고, 진공밸브는 내부압력이 부압일 때 열린다.

49 디젤기관을 시동시킨 후 충분한 시간이 지났는데도 냉각수 온도가 정상적으로 상승하지 않을 경우 그 고장 원인이 될 수 있는 것은?

① 냉각팬 벨트의 헐거움
② 수온조절기 고장
③ 물 펌프 고장
④ 라디에이터 코어 막힘

🔍 수온조절기가 열린 채로 고장나면 냉각수 온도가 상승되지 못하고 순환된다.

50 기관 과열의 직접적인 원인이 아닌 것은?

① 팬벨트의 느슨함
② 라디에이터의 코어 막힘
③ 냉각수의 부족
④ 타이밍 체인(timing chain)의 헐거움

🔍 냉각수와 벨트 및 라디에이터 코어 막힘 등은 과열과 관련되지만 타이밍 체인의 헐거움은 밸브개폐시기와 관계된다.

정답 44 ④ 45 ② 46 ② 47 ④ 48 ③ 49 ② 50 ④

Lesson 2 윤활장치 구조와 기능

01 일반적으로 기관에 많이 사용되는 윤활 방법은?

① 수 급유식
② 적하 급유식
③ 압송 급유식
④ 분무 급유식

🔍 기관에 많이 사용되는 윤활방법으로는 비산식과 압송식을 조합한 비산압송식을 사용하고 있다.

02 오일의 윤활 방식 중 오일 펌프 없이 오일 디퍼가 오일을 퍼 올려 뿌리는 방식은?

① 비산식
② 압송식
③ 비산압송식
④ 샨트식

🔍 윤활 방식
- 비산식 : 커넥팅로드의 베어링 캡에 오일디퍼(비말자)가 오일을 퍼 올려서 뿌려준다.
- 압송식 : 오일 펌프로 각 윤활 부분에 공급시키며 최근에 많이 사용되고 있다.
- 비산압송식 : 비산식과 압송식 함께 사용하며, 오일 펌프와 오일 디퍼가 모두 있다.

03 윤활장치에서 오일을 여과하는 방식에 해당되지 않는 것은?

① 분류식
② 자력식
③ 전류식
④ 샨트식

🔍 윤활장치의 여과 방식에는 분류식, 전류식, 샨트식이 있다.

04 윤활유 공급 펌프에서 공급된 윤활유 전부가 엔진오일 필터를 거쳐 윤활부로 가는 방식은?

① 분류식
② 자력식
③ 전류식
④ 샨트식

🔍
- 분류식 : 오일 펌프에서 나온 오일의 일부를 여과하고 나머지는 윤활부로 그냥 보낸다.
- 전류식 : 오일 펌프에서 나온 오일 전부가 여과기를 거쳐 여과된 다음 윤활부로 가게 된다.
- 샨트식 : 펌프에 보내지는 오일의 일부만을 여과하지만 여과된 오일이 오일 팬으로 돌아오지 않고 윤활부에 공급된다.

05 점도지수가 큰 윤활유의 성질에 대한 설명으로 옳은 것은?

① 온도변화에 따른 점도의 변화가 크다.
② 온도변화에 따른 점도의 변화가 작다.
③ 압력변화에 따른 점도의 변화가 크다.
④ 압력변화에 따른 점도의 변화가 작다.

🔍 점도지수란 온도변화에 따른 점도변화를 나타내는 수치로 그 값이 100에 가까울수록 온도에 따른 점도 변화가 작다. 엔진 등에 사용되는 윤활유에서는 이러한 이유로 점도지수가 큰 오일이 요구된다.

06 윤활유 성질 중 가장 알맞은 것은?

① 오일 제거 작용이 양호할 것
② 인화점 및 발화점이 높을 것
③ 인화점 및 발화점이 낮을 것
④ 발열작용이 양호할 것

🔍 윤활유의 구비조건
- 점도지수가 커서 온도에 의한 점도의 변화가 적을 것
- 인화점 및 발화점이 높고 응고점은 낮을 것
- 강한 유막을 형성할 것
- 비중과 점도가 적당할 것
- 기포발생 및 카본생성에 대한 저항력이 클 것

07 윤활유의 구비 조건으로 적당치 않는 것은?

① 윤활성에 관계없이 점도가 적당할 것
② 윤활성이 좋을 것
③ 응고점이 높을 것
④ 인화점이 높을 것

🔍 윤활유(엔진오일)는 응고점이 낮아야 한다.

정답 2. 윤활장치 구조와 기능 01 ③ 02 ① 03 ② 04 ③ 05 ② 06 ② 07 ③

08 다음 중 윤활유의 분류 방법에 해당하지 않는 것은?

① 사용조건에 따른 분류
② 점도에 따른 분류
③ 온도에 따른 분류
④ 색깔에 따른 분류

🔍 윤활유는 점도, 사용조건, 온도에 따라 분류한다.

09 윤활유의 기능으로 맞는 것은?

① 마찰감소, 스러스트작용, 밀봉작용, 냉각작용
② 마멸방지, 수분흡수, 밀봉작용, 마찰증대
③ 마찰감소, 마멸방지, 밀봉작용, 냉각작용
④ 마찰증대, 냉각작용, 스러스트작용, 응력분산

🔍 윤활유의 7대 기능 : 감마작용, 냉각작용, 세척작용, 밀봉작용, 부식방지작용, 소음완화작용, 응력분산작용

10 엔진 윤활유의 사용 목적이 아닌 것은?

① 실린더 내의 가스 누설을 방지한다.
② 노크 현상을 방지한다.
③ 응력 집중을 방지한다.
④ 방청 및 세척작용을 한다.

🔍 노크 현상은 실린더 내에서 연료가 부적당한 관계로 이상폭발을 일으켜서 금속음이 발생하는 현상으로 윤활유와는 관련이 없다.

11 미국석유협회(API)에서 분류한 윤활유 가운데서 디젤기관에 해당하지 않는 것은?

① DG
② DM
③ DS
④ DZ

🔍 API 분류
• 가솔린 엔진용 : ML, MM, MS
• 디젤 엔진용 : DG, DM, DS

12 고온 고부하용 윤활유로 가장 가혹한 운전조건에 사용되는 디젤기관용 엔진오일은?

① DG
② DM
③ DS
④ 5W

🔍 디젤 엔진용 엔진오일
• DG : 마멸이나 침전물에 문제가 없는 디젤 엔진에 사용
• DM : 시판용 경유를 사용하고 중부하 운전조건에 사용
• DS : 고온 고부하용 등 가장 가혹한 운전조건에 사용

13 엔진오일에 대한 설명으로 맞는 것은?

① 엔진을 시동한 상태에서 점검한다.
② 겨울보다 여름에는 점도가 높은 오일을 사용한다.
③ 엔진오일에는 거품이 많이 들어있는 것이 좋다.
④ 엔진오일 순환상태는 오일레벨 게이지로 확인한다.

🔍 겨울철에는 기온이 낮아 오일의 유동성이 떨어지기 때문에 낮은 오일의 점도가 필요하며, 여름철에는 반대로 엔진오일의 점도가 높아야 한다.

14 엔진오일의 오염 원인이 될 수 없는 것은 다음 중 어느 것인가?

① 오일여과기 막힘
② 연소가스 누설
③ 유질의 부적합
④ 유압계의 고장

🔍 유압계는 윤활장치 내를 순환하는 오일 압력을 운전자에게 알려주는 계기이다.

15 기관 오일의 오염 원인이 아닌 것은?

① 오일여과기의 불량
② 피스톤 링 장력이 약할 때
③ 유(oil)질이 불량할 때
④ 릴리프 밸브가 고착되었을 때

🔍 릴리프 밸브는 회로의 압력이 설정 압력에 도달하면 유체의 일부 또는 전량을 배출시켜 회로 내의 압력을 설정값 이하로 유지하는 압력제어 밸브로 오일 오염과는 거리가 멀다.

16 다음 중 기관 윤활유의 소비가 많게 되는 가장 큰 원인은?

① 희석과 혼합
② 소비와 희석
③ 비산과 압력
④ 연소와 누설

정답   08 ④   09 ③   10 ②   11 ④   12 ③   13 ②   14 ④   15 ④   16 ④

17 엔진의 윤활유 소비량이 과다해지는 가장 큰 원인은?

① 기관의 과열
② 피스톤 링 마멸
③ 오일 여과기 불량
④ 냉각 펌프 손상

> 피스톤 링이 마멸되면 피스톤이 내려올 때 오일을 모두 끌어내리지 못하여 연소실 내부로 오일이 침투하게 된다.(오일 제어 작용 불량)

18 엔진오일에 물이 혼합되었다고 판단되는 것은?

① 고속 공전시 엔진 블리더에서 하얀 연기가 난다.
② 배기파이프의 뜨거운 부분에 엔진오일을 발랐을 때 검은 연기가 난다.
③ 배기가스의 색깔이 담황색이다.
④ 변속기 기어에서 심한 소음이 난다.

19 기관 오일에 연료가 혼합되어 있으면 어떻게 되는가?

① 기관회전이 원활하다.
② 마모현상이 촉진된다.
③ 발화점이 높아진다.
④ 점도가 높아진다.

> 기관 오일에 연료가 혼합되면 윤활작용이 정상적으로 이루어지지 못해 마모현상이 촉진된다.

20 엔진오일이 우유색을 띠고 있을 때의 원인은?

① 경유가 유입되었다.
② 연소가스가 섞여있다.
③ 냉각수가 섞여있다.
④ 가솔린이 유입되었다.

> 엔진오일 오염 상태 판정
> • 검정색에 가까운 경우 : 심하게 오염(불순물 오염)
> • 붉은색에 가까운 경우 : 유연 가솔린의 유입
> • 노란색에 가까운 경우 : 무연 가솔린의 유입
> • 회색에 가까운 경우 : 4에틸납 연소 생성물 혼합
> • 우유색에 가까운 경우 : 냉각수 섞여 있음

21 윤활유가 연소실에 올라와 연소할 때 배기가스의 색은?

① 흑색
② 백색
③ 청색
④ 황색

> 엔진오일이 연소실에 올라와 함께 연소되면 배기가스의 색은 흰색으로, 헤드 개스킷이 끊어져 밸브 쪽으로 올라가던 엔진오일이 흘러드는 경우와 피스톤 링이 손상돼서 실린더 벽에 있던 엔진오일이 함께 연소되는 경우이다.

22 엔진오일을 사용하는 곳이 아닌 것은?

① 피스톤
② 크랭크축
③ 습식 공기청정기
④ 차동기어장치

> 변속기나 차동기어장치, 트랜스 액슬 등에는 엔진오일보다 점도가 높고 압력 등에 견딜 수 있는 첨가제가 들어있는 기어 오일을 사용한다.

23 디젤엔진에서 오일을 가압하여 윤활부에 공급하는 역할을 하는 것은?

① 냉각수 펌프
② 진공 펌프
③ 공기 압축 펌프
④ 오일 펌프

> 오일 펌프는 기관 내부의 각 접동부에 윤활유를 공급하여 부품의 마모를 감소시키고 기계 효율을 향상시킨다.

24 기관에 사용되는 오일 여과기의 점검사항으로 틀린 것은?

① 여과기가 막히면 유압이 높아진다.
② 엘리먼트 청소는 압축공기를 사용한다.
③ 여과 능력이 불량하면 부품의 마모가 빨라진다.
④ 작업 조건이 나쁘면 교환 시기를 빨리한다.

> 엘리먼트는 재사용하지 않고 교환한다.

정답 17 ② 18 ① 19 ② 20 ③ 21 ② 22 ④ 23 ④ 24 ②

25 윤활유 급유 펌프에 속하지 않는 것은?

① 기어 펌프
② 제트 펌프
③ 플런저 펌프
④ 베인 펌프

🔍 윤활유 급유 펌프의 종류에는 기어 펌프, 플런저 펌프, 베인 펌프, 로터리 펌프가 있다.

26 다음 중 오일 필터가 하는 작용은?

① 연소작용을 한다.
② 오일순환을 촉진시킨다.
③ 윤활유의 불순물을 여과한다.
④ 순환 조정작용을 한다.

🔍 오일 여과기(오일 필터)는 윤활장치 내를 순환하는 엔진오일에 쌓이는 수분, 카본, 금속 분말, 오일 슬러지 등의 불순물을 여과(오일의 세정)하는 역할을 한다.

27 유압계가 부착된 건설기계에서 유압계 지침이 정상으로 압력 상승이 되지 않았다. 그 원인으로 틀린 것은?

① 오일 파이프의 파손
② 오일 펌프의 고장
③ 유압계의 고장
④ 연료 파이프의 파손

🔍 유압계는 윤활장치 내를 순환하는 오일 압력을 운전자에게 알려주는 계기로 연료계통과는 관계가 없다.

28 오일량은 정상이나 오일 압력계의 압력이 규정치보다 높을 경우 조치사항 중 옳은 것은?

① 오일을 보충한다.
② 오일을 배출한다.
③ 유압조절 밸브를 조인다.
④ 유압조절 밸브를 푼다.

🔍 유압조절 밸브는 윤활 회로 내를 순환하는 유압이 과도하게 상승하는 것을 방지하여 유압이 일정하게 유지되도록 하는 작용을 하는 것으로 밸브를 조이면 유압이 상승하고, 풀면 유압이 내려간다.

29 기관의 윤활유 압력이 규정보다 높게 표시될 수 있는 원인으로 맞는 것은?

① 엔진오일 실(seal) 파손
② 오일 게이지 휨
③ 압력조절밸브 불량
④ 윤활유 부족

🔍 보기 중 ①, ②, ④항의 경우 윤활유 압력이 규정보다 낮게 표시될 수 있다.

30 기관의 오일 압력계 수치가 낮은 경우와 관계없는 것은?

① 오일 릴리프 밸브가 막혔다.
② 크랭크축 오일 틈새가 크다.
③ 크랭크 케이스에 오일이 적다.
④ 오일 펌프가 불량하다.

🔍 릴리프 밸브는 오일 회로에 흐르는 압력이 규정 압력 이상이 되면 배출구로 오일을 바이패스시켜 최고 압력을 조절하는 밸브로 릴리프 밸브가 막히면 압력계 수치는 올라간다.

31 바이패스 밸브(by-pass valve)는 언제 작동되는가?

① 오일이 과열될 때
② 필터가 막혔을 때
③ 오일이 과냉되었을 때
④ 오일이 적정량보다 많을 때

🔍 바이패스 밸브는 오일 필터가 막혔을 때, 윤활부로 계속 오일을 급유할 수 있도록 하기 위해 사용되는 밸브를 말한다.

32 윤활부의 마멸이 커지면 유압은 어떻게 되는가?

① 낮아진다.
② 높아진다.
③ 낮아졌다 높아졌다 한다.
④ 어떤 관계도 없다.

🔍 윤활부의 마멸이 커지면 기밀성이 떨어져서 유압은 낮아진다.

정답 25 ② 26 ③ 27 ④ 28 ④ 29 ③ 30 ① 31 ② 32 ①

33 엔진오일 펌프의 출구 쪽에 위치하고 있는 밸브의 설치 목적은?

① 계통 내의 최대압력을 조절하기 위해
② 오일을 각 계통으로 빨리 전달하기 위해
③ 계통 내의 오일양을 조절하기 위해
④ 순환되는 오일을 깨끗이 하기 위해

🔍 엔진오일 펌프의 출구 쪽에 위치하고 있는 밸브는 유압조절 밸브이다.

34 오일 펌프의 압력조절 밸브를 조정하여 스프링 장력을 높게 하면 어떻게 되는가?

① 유압이 높아진다.
② 윤활유의 점도가 증가된다.
③ 유압이 낮아진다.
④ 유량의 송출량이 증가된다.

🔍 유압조절 밸브의 스프링 장력이 약하면 유압이 낮아지고, 장력이 커지면 유압은 높아진다.

35 디젤엔진의 윤활유의 점도가 너무 큰 것을 사용했을 때 일어나는 현상은?

① 좁은 공간에 잘 침투하므로 충분한 주유가 된다.
② 엔진 시동을 할 때 필요 이상의 동력이 소모된다.
③ 점차 묽어지기 때문에 경제적이다.
④ 겨울철에는 특히 사용하기 좋다.

🔍 윤활유의 점도가 높으면 엔진 각 부의 마찰력이 증가하여 시동 시 필요 이상의 동력이 소모된다.

Lesson 3 연료장치 구조와 기능

01 다음은 어느 구성품을 형태에 따라 구분한 것인가?

> 직접분사식, 예연소실식, 와류실식, 공기실식

① 연료분사장치
② 연소실
③ 기관 구성
④ 동력전달장치

🔍 디젤엔진 연소실은 단실식인 직접분사실식과 복실식인 예연소실식, 와류실식, 공기실식으로 나뉜다.

02 디젤기관 연소실의 연료분사 압력이 가장 높은 연소실의 형식은?

① 공기실식　　　② 와류실식
③ 예연소실식　　④ 직접분사실식

🔍 분사압력
  • 직접분사실식 : 200~300kgf/cm²
  • 예연소실식 : 100~120kgf/cm²
  • 와류실식, 공기실식 : 100~140kgf/cm²

03 다음의 연소실 종류 중 NOx 배출이 가장 많은 연소실의 형식은?

① 직접분사실식　　② 와류실식
③ 예연소실식　　　④ 공기실식

🔍 직접분사실식은 연소실이 실린더 헤드와 피스톤 헤드에 설치된 요철에 의해 형성되고, 여기에 직접 연료를 분사하는 방식으로 질소산화물의 발생률이 크다.

04 직접분사식 연소실의 장점을 든 것으로 맞지 않는 것은?

① 실린더 헤드의 구조가 간단하기 때문에 열변형이 적다.
② 연료의 분사압력이 낮다.
③ 구조가 간단하기 때문에 열효율이 높다.
④ 연소실 체적에 대한 표면적이 작기 때문에 냉각 손실이 적다.

🔍 직접분사실식은 연료 소비율이 가장 적고 압력이 가장 높은 형식이다.

05 예연소실식 연소실에 대한 설명으로 틀린 것은?

① 예열 플러그를 설치한다.
② 사용 연료의 변화에 민감하다.
③ 예연소실은 주연소실보다 적다.
④ 분사압력이 직접분사실식보다 낮다.

🔍 예연소실식의 장점
• 분사압력이 낮아 연료장치의 고장이 적고 수명이 길다.
• 사용 연료의 변화에 둔감하여 연료 선택 범위가 넓다.
• 운전 상태가 정숙하고 노크 발생이 적다.
• 다른 형식의 연소실에 비해 유연성이 있어 제작하기 쉽다.

06 와류실식 연소실의 장점 중 옳지 않은 것은?

① 실린더 헤드의 구조가 간단하다.
② 분사압력이 비교적 낮다.
③ 회전속도 범위가 넓고 운전이 원활하다.
④ 압축행정 시 강한 와류를 이용하기 때문에 회전속도 및 압축압력을 높일 수 있다.

🔍 와류실식의 단점
• 실린더 헤드의 구조가 복잡하다.
• 연소실 표면적에 대한 체적비가 커서 열효율이 낮다.
• 저속에서 노크 발생이 크다.
• 엔진을 기동 시 예열 플러그가 필요하다.

07 노킹이 발생하였을 때 기관에 미치는 영향이 아닌 것은?

① 기관 회전수가 높아진다.
② 엔진이 과열된다.
③ 흡기효율이 저하된다.
④ 출력이 저하된다.

🔍 노킹이 기관에 미치는 영향
• 엔진이 과열되고 출력이 저하된다.
• 실린더와 피스톤, 밸브의 손상 및 고착이 발생한다.
• 흡기효율이 저하된다.

08 디젤기관 노크 방지 방법으로 적당한 것은?

① 착화지연시간을 길게 한다.
② 압축비를 높게 한다.
③ 흡기압력을 낮게 한다.
④ 연소실 벽의 온도를 낮게 한다.

🔍 디젤기관의 노크 방지대책
• 압축비를 높인다.
• 흡기 온도를 높인다.
• 냉각수 온도를 높인다.
• 착화성이 좋은 연료(세탄가가 높은 연료)를 사용한다.
• 와류가 일어나게 한다.

09 디젤기관에서 노킹을 일으키는 원인으로 맞는 것은?

① 흡입공기의 온도가 너무 높을 때
② 착화지연 기간이 짧을 때
③ 연료에 공기가 혼입되었을 때
④ 연소실에 누적된 연료가 많아 일시에 연소할 때

🔍 디젤기관에서 노크란 착화지연기간 중에 분사된 많은 양의 연료가 화염전파기간 중에 일시적으로 연소하여 실린더 내의 압력이 급격히 상승함으로써 실린더 벽에 피스톤이 충격을 가하여 소음이 발생하는 현상을 말한다.

10 기관 운전 시 조작 불량으로 노킹이 발생하였을 때 기관에 미치는 영향은?

① 압축비가 커진다.
② 압축압력이 높아진다.
③ 기관이 과열된다.
④ 기관의 출력이 커진다.

🔍 노킹이 발생하면 엔진이 과열되고 출력은 저하된다.

11 디젤연료의 필요조건 중 가장 중요한 것은?

① 인화점이 낮을 것
② 착화점이 낮을 것
③ 기화가 잘 될 것
④ 혼합이 잘 될 것

정답 05 ② 06 ① 07 ① 08 ② 09 ④ 10 ③ 11 ②

> **디젤연료의 구비조건**
> - 착화성이 좋고, 적당한 점도일 것
> - 인화점이 높을 것
> - 불순물과 유황분이 없을 것
> - 연소 후 카본 생성이 적을 것
> - 발열량이 클 것

12 연료 착화성이 좋다는 것은 어느 뜻인가?

① 착화될 때까지의 시간이 긴 것
② 착화될 때까지의 시간이 짧은 것
③ 착화 후의 연소시간이 긴 것
④ 착화 후의 연소시간이 짧은 것

> 착화성이란 온도가 높아져 자연 발화되어 연소되는 성질을 말하며, 인화성이란 연료를 서서히 가열했을 때 불이 붙는 성질을 말한다. 착화성이 좋다는 것은 착화될 때까지의 시간이 짧다는 것을 의미한다.

13 디젤기관 연료의 중요한 성질은?

① 휘발성과 옥탄가
② 옥탄가와 점성
③ 점성과 착화성
④ 착화성과 압축성

> 디젤기관 연료는 착화성이 좋고 적당한 점도를 가져야 한다.

14 디젤기관 연료의 착화성은 다음 중 어느 것으로 나타내는가?

① 옥탄가   ② 세탄가
③ 부탄가   ④ 프로판가

> 세탄가란 디젤연료의 착화성을 나타내는 척도를 말하며 착화지연이 짧은 세탄과 착화지연이 나쁜 α-메틸나프탈렌의 혼합 연료의 비를 %로 나타내는 것이다.

15 다음의 연료 중 착화성이 가장 좋은 것은?

① 가솔린   ② 석유
③ 경유   ④ 중유

> 디젤엔진은 착화지연이 짧은 세탄가가 높은 연료인 경유를 사용한다.

16 디젤기관 연료로써 필요한 조건은?

① 발화점이 낮아야 한다.
② 인화점이 낮아야 한다.
③ 점도가 높아야 한다.
④ 수분을 다소 포함해야 한다.

> 디젤기관의 연료는 착화점(발화점)이 낮고, 인화점은 높아야 한다.

17 겨울철에 연료 탱크를 가득 채우는 이유는?

① 연료가 적으면 증발하여 손실되므로
② 연료가 적으면 출렁거리기 때문에
③ 공기 중의 수분이 응축되어 물이 생기기 때문에
④ 연료 게이지에 고장이 발생하기 때문에

> 겨울철에는 연료탱크에 있는 공기와 밖의 온도 차이 때문에 응축수가 발생하게 된다. 따라서, 연료탱크를 가득 채워서 이를 방지하는 것이 좋다.

18 프라이밍 펌프의 기능을 설명한 것으로 다음 중 가장 적당한 것은?

① 공급 펌프로부터 연료를 다시 가압하는 일을 한다.
② 엔진이 작동하고 있을 때 공급 펌프를 보조한다.
③ 엔진이 고속 운전을 하고 있을 때 분사 펌프를 돕는다.
④ 엔진이 정지되어 있을 때 공급 펌프를 수동으로 작동시킨다.

> 프라이밍 펌프는 엔진이 정지되었을 때 연료 탱크의 연료를 연료 분사 펌프까지 공급하거나 연료 라인 내의 공기빼기 등에 사용하는 수동용 펌프이다.

19 다음 중 디젤기관의 연료공급펌프를 구동시키는 것은?

① 분사펌프 내의 캠축
② 배전기 연결축
③ 딜리버리 밸브
④ 타이밍 라이트

정답 12 ② 13 ③ 14 ② 15 ③ 16 ① 17 ③ 18 ④ 19 ①

🔍 연료공급펌프는 연료탱크 내의 연료를 일정한 압력으로 압력을 가하여 분사펌프로 공급하는 장치로 분사펌프 옆에 설치되어 분사펌프 내의 캠축에 의해 구동된다.

20 디젤기관에서 연료장치 공기빼기 순서가 바른 것은?

① 공급펌프 → 연료여과기 → 분사펌프
② 공급펌프 → 분사펌프 → 연료여과기
③ 연료여과기 → 공급펌프 → 분사펌프
④ 연료여과기 → 분사펌프 → 공급펌프

🔍 디젤기관 공기빼기는 1. 공급펌프 → 2. 연료여과기 → 3. 분사펌프의 순서이다.

21 디젤기관 연료 중에 공기가 흡입될 경우 나타나는 현상은?

① 분사압력이 높아진다.
② 노크가 일어난다.
③ 시동이 잘된다.
④ 기관 회전이 불량해진다.

🔍 디젤기관 연료계통에 공기가 흡입된 경우
• 분사노즐에서 분사 상태가 불균일해진다.
• 엔진의 회전 상태가 불량해진다.
• 엔진의 진동이 발생한다.
• 공기 침입이 심한 경우 엔진 작동이 정지된다.

22 디젤기관의 연료여과기에 장착되어 있는 오버플로우 밸브의 역할이 아닌 것은?

① 연료계통의 공기를 배출한다.
② 연료공급펌프의 소음 발생을 방지한다.
③ 연료필터 엘리먼트를 보호한다.
④ 분사펌프의 압송 압력을 높인다.

🔍 오버플로우 밸브는 엘리먼트의 막힘 등으로 여과기 내의 압력이 규정값 이상으로 상승하면 열려 과잉 압력의 연료를 연료탱크로 되돌려보내는 역할을 한다.

23 오버플로우 밸브의 역할은?

① 분사펌프 압력 상승 작용
② 연료공급펌프 작동 보조 작용
③ 필터 각 부의 보호 작용
④ 분사펌프 내의 공기를 압축

🔍 오버플로우 밸브의 역할
• 연료여과기 각 부분을 보호
• 연료공급펌프의 소음 발생 억제
• 운전 중 연료계통의 공기 배출

24 연료 파이프가 열과 접촉하면 연료 파이프 내에 어떤 현상이 생기는가?

① 스틱 현상
② 슬랩 현상
③ 캐비테이션 현상
④ 베이퍼록 현상

🔍 연료 파이프가 열과 접촉하면 연료가 열에 의해 증기화되어 연료관에는 베이퍼록(vapor lock) 현상이 일어난다. 이 경우 연료라인 내 공기의 기포현상으로 연료공급이 제대로 이루어지지 않아 기관 출력이 저하되거나 심한 경우 시동이 꺼질 수도 있다.

25 연료장치 내 연료가 증발하면 어떤 현상이 생기는가?

① 조기점화   ② 노트
③ 베이퍼록   ④ 스팀록

🔍 베이퍼록(vapor lock) 현상이란 파이프나 호스 속을 흐르는 액체가 파이프 속에서 가열, 기화되어 압력이 변화하고 이 때문에 액체의 흐름이나 운동력 전달을 저해하는 현상을 말한다. 연료 파이프 내에 베이퍼록이 일어나면 기관 출력이 저하되거나 심한 경우 시동이 꺼질 수도 있다.

26 연료 필터에서 공기를 배출하기 위해 사용하는 플러그는?

① 벤트 플러그   ② 드레인 플러그
③ 코어 플러그   ④ 글로 플러그

🔍 벤트 플러그는 디젤엔진의 연료장치 각 부품에 설치되어 있는 플러그로 공기를 배출하는 데 사용된다.

27 분사펌프의 조정 래크를 움직이면?

① 분사량이 변한다.
② 배럴 내의 연료량을 고정한다.
③ 유효행정을 고정한다.
④ 배럴 내의 연료압력이 변화한다.

정답 20 ① 21 ④ 22 ④ 23 ③ 24 ④ 25 ③ 26 ① 27 ①

> 조정래크(조절래크)를 움직이면 제어피니언과 제어슬리브의 관계 위치가 변경되어 플런저가 회전함으로써 분사량이 변화한다.

28 연료의 분사량은 다음의 무엇에 의하여 달라지는가?

① 플런저의 유효 행정에 의하여
② 플런저의 행정에 의하여
③ 플런저의 유효 리드의 종류에 의하여
④ 플런저의 길이 홈의 길이에 의하여

> 플런저의 유효 행정은 플런저를 회전시키는 것에 의해 변화하며, 유효 행정이 커지면 분사량이 증가하고, 짧을수록 분사량은 감소한다.

29 다음의 설명 중 옳지 않은 것은?

① 연료분사 파이프의 길이는 각 기통마다 같아야 한다.
② 인젝션 펌프의 딜리버리 밸브는 분사압력을 증가시킨다.
③ 디젤엔진의 착화성은 세탄가로 표시한다.
④ 디젤엔진의 노킹은 착화 지연기간이 길 때 일어난다.

> 딜리버리 밸브는 역류방지, 후적방지, 파이프 내의 잔압 유지의 3가지 작용을 담당한다.

30 디젤기관의 분사펌프를 시험한 결과 최대분사량이 36cc이고 최소분사량이 29cc, 평균 분사량이 30cc였다면 (+) 분사량 불균율은?

① 10% ② 20%
③ 30% ④ 40%

> • (+) 분사량 불균율 = $\dfrac{\text{최대 분사량} - \text{평균 분사량}}{\text{평균 분사량}} \times 100[\%]$
> • (−) 분사량 불균율 = $\dfrac{\text{평균 분사량} - \text{최소 분사량}}{\text{평균 분사량}} \times 100[\%]$
> ∴ (+) 분사량 불균율 = $\dfrac{36-30}{30} \times 100[\%] = 20\%$

31 전부하 시 분사펌프 분사량의 불균율은 얼마나 되는가?

① 1% ② 3%
③ 5% ④ 10%

> 분사량의 불균율 허용범위는 전부하 운전에서는 ±3%, 무부하 운전에서는 10~15%이다.

32 디젤엔진의 딜리버리 밸브의 작동 설명 중 적당한 것은?

① 플런저 배럴 안에 가압된 연료를 분사펌프에 송출하는 작용을 한다.
② 유효행정 후의 연료의 역류를 방지하는 밸브이다.
③ 분사압력을 조절하는 밸브이다.
④ 노즐의 압력을 10kg/cm^2 이상으로 유지하여 준다.

> 딜리버리 밸브는 역류방지, 후적방지, 파이프 내의 잔압유지의 3가지 작용을 담당한다.

33 디젤기관의 연료분사 3대 요건에 속하지 않는 것은?

① 무화 ② 관통력
③ 분산 ④ 온도

> 디젤엔진 연료분사의 3대 요건
> • 안개화(무화)가 좋아야 한다.
> • 관통력이 커야 한다.
> • 분포(분산)가 골고루 이루어져야 한다.

34 건설기계에서 노즐의 분사압력이 규정보다 낮을 때 어떻게 정비하는가?

① 노즐압력 스프링의 위치를 변경한다.
② 노즐압력 스프링의 자유 높이를 고정한다.
③ 노즐압력 스프링의 조정 스크루를 조인다.
④ 노즐압력 스프링의 조정 스크루를 푼다.

> 조정 스크루 방식에서는 스크루를 조이면 분사압력이 상승하고, 심(seam) 조정 방식에서는 심의 두께를 두껍게 하면 분사압력이 상승한다.

정답 28 ① 29 ② 30 ② 31 ② 32 ② 33 ④ 34 ③

35 디젤기관에 사용하는 노즐의 종류 중에서 분사압력이 높기 때문에 무화가 좋고 기관의 가동이 쉬우며 연료가 완전 연소될 수 있어 연료소비량이 적게 되는 노즐은 어느 것인가?

① 구멍형
② 핀틀형
③ 스로틀형
④ 개방형

🔍 구멍형 분사노즐의 장점
  • 분사압력이 높아 안개화(무화)가 좋다.
  • 엔진의 기동이 쉽다.
  • 연료가 완전연소될 수 있어 연료소비량이 적다.

36 다음 분사노즐이 과열되는 원인을 든 것 중 맞지 않는 것은?

① 노즐 냉각기의 불량
② 분사량의 과다
③ 분사시기의 틀림
④ 과부하에서의 연속운전

🔍 분사노즐의 과열 원인
  • 분사시기가 틀릴 때
  • 분사량이 과다할 때
  • 과부하에서 연속적으로 운전할 때

37 분사압력은 다음 어느 것으로 조절하는가?

① 딜리버리 밸브 스프링
② 플런저 리턴 스프링
③ 노즐홀더의 조정 스프링
④ 밸브 스프링

🔍 분사압력 조정
  • 조정 스크루를 이용하는 방법
  • 스프링과 푸시로드 사이의 심(seam) 두께로 조정하는 방법

38 디젤기관의 연료장치 구성품이 아닌 것은?

① 예열 플러그
② 분사 노즐
③ 연료 공급 펌프
④ 연료 여과기

🔍 예열 플러그는 연소실 내의 압축공기를 직접 예열하기 위한 예열 장치이다.

39 노즐에 붙은 카본은 무엇으로 떼어내어야 하는가?

① 줄
② 샌드페이퍼
③ 브러시(쇠솔)
④ 나무조각

🔍 노즐에 붙은 카본은 나무조각으로 떼어내고 석유 또는 경유로 씻는다. 또한 노즐 니들캡은 나일론 솔로 닦고 노즐 보디 바깥쪽은 가는 황동사 브러시로 닦아야 한다.

40 노즐의 육안검사로 할 수 없는 검사는?

① 니들밸브의 마멸
② 스프링의 장력
③ 밸브와 시트의 섭동검사
④ 밸브에 탄소 부착

🔍 스프링의 장력은 육안으로 검사할 수 있는 사항이 아니다.

41 노즐의 기능이 불량할 때 일어나는 사항이다. 틀린 것은?

① 연소불량
② 노크
③ 출력증대
④ 연소실 내 탄소의 달라붙음

🔍 분사노즐은 분사펌프에서 보내온 고압의 연료를 미세한 안개모양으로 연소실 내에 분사하는 장치로 노즐의 기능이 불량하면 출력이 저하된다.

42 다음은 분사노즐에 요구되는 조건을 든 것이다. 맞지 않는 것은?

① 연료를 미세한 안개모양으로 하여 쉽게 착화되게 할 것
② 분무가 연소실의 구석구석까지 뿌려지게 할 것
③ 분사량을 회전속도에 알맞게 조정할 수 있을 것
④ 후적이 일어나지 않게 할 것

정답 35 ① 36 ① 37 ③ 38 ① 39 ④ 40 ② 41 ③ 42 ③

노즐의 구비조건
- 연료를 미세한 안개형태로 분사하여 쉽게 착화되게 할 것
- 연소실 구석구석까지 고르게 분사할 것
- 후적이 없을 것
- 내구성이 클 것

43 디젤기관을 예방정비 시 고압파이프 연결부에서 연료가 샐 때 조임 공구로 가장 적합한 것은?

① 복스렌치
② 오픈렌치
③ 파이프렌치
④ 옵셋렌치

고압파이프의 연결부는 오픈렌치로 풀거나 조인다.

44 엔진 부하에 따라 속도를 조절해 주는 것은?

① 클러치
② 거버너
③ 클러치 휠
④ 레귤레이터

분사펌프에 설치되어 있는 조속기(거버너)는 엔진의 회전속도나 부하의 변동에 따라 자동적으로 제어 래크를 움직여 분사량을 가감하는 장치이다.

45 기관의 속도에 따라 자동적으로 분사시기를 조정하여 운전을 안정되게 하는 것은?

① 타이머
② 노즐
③ 과급기
④ 디콤퍼

타이머(분사시기 조정기)는 엔진 회전속도 및 부하에 따라 분사시기를 변화시켜 운전을 안정되게 하는 장치를 말한다.

Lesson 4 흡배기장치 구조와 기능

01 기관에서 발생되는 가스 중 인체에 가장 큰 장해가 되는 것은?

① CO
② CO_2
③ HC
④ C_2SO_3

일산화탄소(CO)는 무색, 무취의 기체로서 산소가 부족한 상태로 연료가 연소할 때 불완전연소로 발생하며, 중독이 심한 경우 사망에 이를 수도 있다.

02 배기가스의 색과 기관의 상태를 표시한 것으로 가장 거리가 먼 것은?

① 무색 – 정상
② 검은색 – 농후한 혼합비
③ 황색 – 공기청정기의 막힘
④ 백색 또는 회색 – 윤활유의 연소

배기가스가 황색이면 혼합비가 희박한 상태이다.

03 다음 중 연소시 발생하는 질소산화물(NO_x)의 발생 원인과 가장 밀접한 관계가 있는 것은?

① 높은 연소 온도
② 가속 불량
③ 흡입 공기 부족
④ 소염 경계층

질소는 상온에서 다른 원소와 반응하지 않으나 연소실 내의 온도가 높아지면 반응성이 활발해져 산소와 반응함으로써 질소산화물의 발생량이 급증한다.

04 디젤기관의 운전 중 검은색의 매연이 심하게 배출될 때 점검하여야 할 사항이 아닌 것은?

① 공기청정기의 막힘 점검
② 분사 시기 점검
③ 분사 펌프의 점검
④ 연료 라인에 공기 혼입 여부 점검

배기가스의 색이 검은색이면 농후한 혼합비인 경우이다. 따라서, 공기량이 연료량에 비해 적다는 것을 의미한다.

정답 43 ② 44 ② 45 ① 4. 흡배기장치 구조와 기능 01 ① 02 ③ 03 ① 04 ④

05 배기관이 불량하여 배압이 높을 때 기관에 생기는 현상 중 틀린 것은?

① 피스톤의 운동을 방해한다.
② 기관의 출력이 감소된다.
③ 냉각수 온도가 내려간다.
④ 기관이 과열된다.

🔍 배압이 높을 때 나타나는 현상
• 피스톤 운동이 방해를 받는다.
• 엔진이 과열된다.
• 엔진의 출력이 감소한다.

06 실린더 내에(연소실) 카본이 끼게 되는 원인은?

① 희박한 연소이다.
② 완전 연소이다.
③ 오일이 연소실에서 타고 있다.
④ 혼합가스가 희박하다.

🔍 오일이 연소실에서 타면 카본이 부착되며, 다량의 카본이 부착되면 연소실 체적이 작아져서 압축비와 압축압력이 높아진다.

07 공기청정기의 설치 목적은?

① 연료의 여과와 가압작용
② 공기의 가압작용
③ 공기의 여과와 소음방지
④ 연료의 여과와 소음방지

🔍 공기청정기는 공기의 여과와 소음방지 외에도 역화가 발생할 때 불길을 저지하는 기능도 있다.

08 연소에 필요한 공기를 실린더로 흡입할 때, 먼지 등의 불순물을 여과하여 피스톤 등의 마모를 방지하는 역할을 하는 장치는?

① 과급기(super charger)
② 에어 클리너(air cleaner)
③ 냉각장치(cooling system)
④ 플라이 휠(fly wheel)

🔍 공기청정기의 주된 설치 목적은 흡입 공기의 여과와 소음감소이며 건식과 습식이 있다.

09 공기청정기에 대한 정비사항이다. 틀린 것은?

① 공기청정기의 엘리먼트가 막히면 혼합기가 농후해진다.
② 건식청정기의 엘리먼트가 더러우면 압축공기로 불어낸다.
③ 습식청정기의 오일은 점도가 높은 것이 좋다.
④ 습식청정기의 오일량이 많으면 혼합기가 희박해진다.

🔍 오일량이 많으면 혼합기가 농후해지고, 공기가 많으면 혼합기는 희박해진다.

10 건식 공기 여과기 세척방법으로 알맞은 것은?

① 압축공기로 안에서 밖으로 불어낸다.
② 압축공기로 밖에서 안으로 불어낸다.
③ 압축공기로 위에서 아래로 불어낸다.
④ 압축공기로 아래에서 위로 불어낸다.

🔍 건식 공기청정기는 압축공기로 안쪽에서 바깥쪽으로 불어내어 청소하여야 한다.

11 다음 중 엔진에 공기청정기가 없이 작업을 하였을 때 일어나는 현상은?

① 공기흡입 작용이 적어진다.
② 실린더의 마멸을 초래한다.
③ 실화현상이 생긴다.
④ 노킹현상이 일어난다.

🔍 실린더 내로 흡입되는 공기와 함께 유입되는 먼지 등은 실린더 벽, 피스톤 링, 피스톤 등의 마멸을 촉진시키며, 엔진 오일에도 유입되어 윤활부분의 마멸을 촉진한다.

12 디젤엔진에 사용되는 과급기의 주된 역할 설명으로 가장 적합한 것은?

① 출력의 증대
② 윤활성의 증대
③ 냉각효율의 증대
④ 배기의 정화

정답 05 ③ 06 ③ 07 ③ 08 ② 09 ④ 10 ① 11 ② 12 ①

> 과급기는 엔진의 흡입효율을 높이기 위하여 흡입공기에 압력을 가하는 일종의 공기 펌프로 주된 역할은 엔진출력의 증대이다.

13 과급기에 대해 설명한 것 중 틀린 것은?

① 배기 터빈 과급기는 주로 원심식이다.
② 흡입 공기에 압력을 가해 기관에 공기를 공급한다.
③ 과급기를 설치하면 엔진 중량과 출력이 감소된다.
④ 4행정 사이클 디젤기관은 배기가스에 의해 회전하는 원심식 과급기가 주로 사용된다.

> 과급기의 사용에 따른 변화
> • 엔진의 출력은 35~45% 증가하며, 무게는 10~15% 정도 증가한다.
> • 체적효율이 증가하여 평균 유효압력과 회전력이 상승한다.
> • 연료 소비율이 감소한다.

14 터보차저가 사용하는 오일로 맞는 것은?

① 유압오일 ② 특수오일
③ 기어오일 ④ 기관오일

> 과급기의 윤활은 엔진 윤활장치에서 보내준 오일로 기관오일이다.

15 터보차저(turbo charger) 수명 연장을 위한 작업이 아닌 것은 어느 것인가?

① 시동 전후 5분 이상 저속 회전 후 작업한다.
② 에어클리너를 청결하게 한다.
③ 공기흡입 라인에 먼지가 새어들지 않게 한다.
④ 연료 필터 교환 시기를 앞당긴다.

> 터보차저는 엔진의 흡입효율을 높이기 위하여 흡입 공기에 압력을 가하여 공급하는 일종의 공기펌프로 연료 필터 교환과는 관련이 없다.

16 터보차저의 작동에 이용되는 힘은?

① 흡입공기 ② 배기가스
③ 크랭크축 ④ 분사펌프

> 4행정 사이클 디젤엔진의 과급기인 터보차저는 배기가스로 구동되고, 2행정 사이클 디젤엔진은 크랭크축으로 구동되는 루트 블로워(송풍기)가 소기펌프로 이용된다.

17 과급기 케이스 내에 설치되어 공기의 속도 에너지를 압력 에너지로 바꾸는 장치는?

① 베인   ② 로터
③ 스테이터 ④ 디퓨저

> 디퓨저는 공기의 통로면적이 크기 때문에 공기의 속도 에너지가 압력 에너지로 바뀌게 된다.

18 과급기를 사용하면 엔진의 중량은 10~15% 증가하나 출력은 얼마나 높아지는가?

① 5~10%   ② 15~25%
③ 35~45%   ④ 50~65%

> 과급기를 사용하면 엔진의 출력은 35~45% 증가하며, 무게는 10~15% 정도 증가한다.

19 펌프 손실을 줄일 수 있는 방안이다. 틀린 것은?

① 다기관 단면적을 가급적 크게 한다.
② 다기관 내부 통로에 요철부를 없앤다.
③ 다기관 내부 통로를 직각으로 피한다.
④ 다기관 단면적을 적게 한다.

> 펌프의 손실을 줄이고 효율을 높이기 위해서는 다기관 단면적을 가급적 크게 하도록 한다.

20 소음기의 작용에 대한 설명 중 맞는 것은 어느 것인가?

① 배기가스 연소
② 자체 진동 흡수
③ 기관의 과열 방지
④ 배기음 감소

> 배기가스를 대기 중에 방출시키면 급격히 팽창하여 격렬한 폭음을 내는 데 이 폭음을 감소시켜주는 장치가 소음기이다.

정답 13 ③ 14 ④ 15 ④ 16 ② 17 ④ 18 ③ 19 ④ 20 ④

Lesson 5 냉각장치 구조와 기능

01 실린더 블록과 헤드에 물재킷(water jacket)을 설치하여 냉각시키는 방식은?

① 자연 순환식
② 강제 통풍식
③ 자연 통풍식
④ 강제 순환식

🔍 수랭식 중 자연 순환식은 냉각수를 대류에 의해 순환시키는 방식이며, 강제 순환식은 실린더 블록과 헤드에 물재킷을 설치하여 냉각시키는 방식이다.

02 공랭식 엔진의 과열 원인이 아닌 것은?

① 냉각핀의 오손 및 파손
② 냉각 팬의 파손
③ 정차 시 고속 회전
④ 냉각수 부족

🔍 공랭식은 실린더 벽의 바깥 둘레에 냉각 팬을 설치하여 공기의 접촉 면적을 크게 하여 냉각시키는 방식이며, 냉각수를 사용하여 엔진을 냉각시키는 것은 수랭식 엔진이다. 따라서, 보기 ④항의 경우 수랭식 엔진의 과열 원인에 해당된다.

03 기관 과열의 직접적인 원인으로 부적당한 것은?

① 팬 벨트의 느슨함
② 라디에이터의 코어 막힘
③ 냉각수의 부족
④ 타이밍 체인(timing-chain)의 헐거움

🔍 타이밍 체인은 크랭크축의 타이밍기어와 캠축의 타이밍기어를 연결해 캠축을 회전시키는 역할을 하는 체인으로 냉각계통과는 무관하다.

04 작업 중 엔진 온도가 급상승하였을 때 먼저 점검하여야 할 것은?

① 윤활유 수준 점검
② 고부하 작업
③ 장기간 작업
④ 냉각수의 양 점검

🔍 엔진 온도가 급상승하면 우선적으로 냉각계통을 점검하여야 한다.

05 동절기에 기관이 동파되는 원인으로 맞는 것은?

① 냉각수가 얼어서
② 기동전동기가 얼어서
③ 발전장치가 얼어서
④ 엔진오일이 얼어서

🔍 겨울철 기관의 동파 원인은 냉각수가 얼기 때문이며, 이를 방지하기 위해 부동액을 혼합하여 사용한다.

06 팬 벨트에 대한 점검과정이다. 틀린 것은?

① 팬 벨트는 약 10kgf의 힘으로 눌러 처짐이 13~20mm 정도면 정상이다.
② 팬 벨트는 풀리의 밑부분에 접촉되어야 한다.
③ 팬 벨트의 조정은 발전기를 움직이면서 조정한다.
④ 팬 벨트가 너무 헐거우면 기관 과열의 원인이 된다.

🔍 팬 벨트는 각 풀리의 양쪽 경사진 부분에 접촉되어야 하며, 풀리 밑부분에 닿으면 미끄러진다.

07 다음 중 팬 벨트와 연결되지 않은 것은?

① 발전기 풀리
② 기관 오일펌프 풀리
③ 워터펌프 풀리
④ 크랭크축 풀리

🔍 팬 벨트는 이음새가 없는 고무제 V벨트를 사용하며 크랭크축 풀리, 발전기 풀리, 물펌프 풀리 등을 연결 구동한다.

08 기관의 벨트 장력이 헐거워지면 일어나는 현상으로 가장 관계가 적은 것은?

① 벨트 마모 촉진
② 기관 과열
③ 베어링 마멸 촉진
④ 발전기 충전 부족

🔍 벨트 장력이 헐거울 때
 • 물 펌프 회전속도가 느려져 기관 과열
 • 발전기 출력 저하
 • 소음 발생
 • 팬 벨트 마모 촉진(손상)

정답 5. 냉각장치 구조와 기능　01 ④　02 ④　03 ④　04 ④　05 ①　06 ②　07 ②　08 ③

09 일반적인 건설기계에 대한 다음 설명 중 틀린 것은?

① 기관이 과열됐을 때는 기관을 정지시킨 후 냉각수를 조금씩 보충한다.
② 운전 중 팬 벨트가 끊어지면 충전 경고등이 꺼진다.
③ 윤활계통에 이상이 생기면 운전 중에 오일압력 경고등이 켜진다.
④ 연료 탱크는 주기적으로 청소를 하여 물과 찌꺼기를 제거시킨다.

> 팬 벨트는 워터펌프를 구동하여 엔진의 과열을 방지시켜 주고, 차량에서 소요되는 전기를 발생시켜 주는 발전기를 구동시키는 역할을 한다.

10 V 벨트 접촉면의 각도는?

① 10°
② 20°
③ 30°
④ 40°

> V 벨트 접촉면의 각도는 40°이며, 반드시 엔진의 작동이 정지된 상태에서 걸거나 빼내야 한다.

11 기관에서 냉각계통으로 배기가스가 누설되는 원인에 해당되는 것은?

① 실린더 헤드 개스킷 불량
② 매니폴드(manifold)의 개스킷 불량
③ 워터펌프의 불량
④ 냉각 팬의 벨트 유격 과대

> 실린더 헤드 개스킷이 파손되면 라디에이터 안에 기름이 뜨고, 배가가스가 냉각계통으로 누출된다.

12 라디에이터의 구성품이 아닌 것은?

① 냉각수 주입구
② 냉각핀
③ 코어
④ 물재킷

> 라디에이터는 코어, 냉각핀, 냉각수 주입구인 라디에이터 캡 등으로 구성된다.

13 라디에이터(radiator)의 구비 조건으로 옳지 않은 것은?

① 공기저항이 적을 것
② 냉각수의 유동저항이 적을 것
③ 단위면적당 방열량이 적을 것
④ 가볍고 작으며 강도가 클 것

> 라디에이터의 구비조건
> • 냉각수 흐름에 대한 저항이 적어야 한다.
> • 공기저항이 적어야 한다.
> • 가볍고 작아야 한다.
> • 강도가 커야 한다.
> • 단위 면적당 발열량이 커야 한다.

14 가압식 라디에이터의 장점으로 틀린 것은?

① 방열기를 작게 할 수 있다.
② 냉각수의 비등점을 높일 수 있다.
③ 냉각수의 순환 속도가 빠르다.
④ 냉각장치의 효율을 높일 수 있다

> 가압식 라디에이터는 일정 온도의 압력까지는 스프링이 작용하는 뚜껑을 마련하여 물이 새어 나가지 못하게 한 라디에이터로, 오버히트가 쉽게 일어나지 않는 구조이다.

15 냉각계통에 대한 설명으로 틀린 것은?

① 실린더 물재킷에 물때가 끼면 과열의 원인이 된다.
② 방열기 속의 냉각수 온도는 아랫부분이 높다.
③ 팬 벨트의 장력이 약하면 엔진 과열의 원인이 된다.
④ 냉각수 펌프의 실(seal)에 이상이 생기면 누수의 원인이 된다.

> 엔진 내부에서 열을 흡수하고 온도가 높아진 냉각수는 실린더 헤드 부분에서 라디에이터 상부로 돌아온다. 이렇게 돌아온 냉각수는 라디에이터에서 열을 방출하고 하부에서는 온도가 떨어지게 된다.

16 방열기(radiator)의 규정 수량이 이상이 없는데도 기관이 과열되었다면 그 원인이라고 할 수 있는 것은?

① 물 펌프의 고속 회전
② 에어클리너의 고장
③ 온도계의 고장
④ 팬 벨트의 이완

정답 09 ② 10 ④ 11 ① 12 ④ 13 ③ 14 ③ 15 ② 16 ④

🔍 팬 벨트의 장력이 너무 작으면 물 펌프의 회전속도가 느려져 기관이 과열된다.

🔍 냉각장치 내부압력이 규정보다 높아지면 압력밸브가 열리고, 냉각수가 냉각되어 냉각장치 내의 압력이 부압이 되면 진공밸브가 열린다.

17 라디에이터에 냉각수의 양을 측정하였더니 12L 였다. 이것과 동형의 신품 라디에이터의 용량이 15L 였다면 이 방열기의 막힘은 몇 %인가?

① 20%   ② 15%
③ 10%   ④ 5%

🔍 코어의 막힘률 막힘률 = $\frac{신품용량 - 구품용량}{신품용량} \times 100[\%]$
= $\frac{15-12}{15} \times 100[\%] = 20\%$

18 냉각장치에서 냉각수의 비등점을 올리기 위한 것으로 맞는 것은?

① 진공식 캡   ② 압력식 캡
③ 라디에이터   ④ 물재킷

🔍 냉각장치 내의 비등점을 높이고, 냉각 범위를 넓히기 위해 압력식 캡을 사용한다.

19 압력식 라디에이터 캡의 규정 압력은 일반적으로 게이지 압력으로 몇 kg/cm² 정도인가?

① 0.2~0.9   ② 2~9
③ 1.2~1.9   ④ 12~19

🔍 압력식 캡의 압력은 게이지 압력으로 0.2~0.9kgf/cm² 정도이며 이때의 냉각수 비등점은 112℃ 정도이다.

20 압력식 라디에이터 캡에 대한 설명으로 적합한 것은?

① 냉각장치 내부압력이 규정보다 낮을 때 공기밸브는 열린다.
② 냉각장치 내부압력이 규정보다 높을 때 진공밸브는 열린다.
③ 냉각장치 내부압력이 부압이 되면 진공밸브는 열린다.
④ 냉각장치 내부압력이 부압이 되면 공기밸브는 열린다.

21 라디에이터 캡의 스프링이 파손되었을 때 가장 먼저 나타나는 현상은?

① 냉각수 비등점이 낮아진다.
② 냉각수 순환이 불량해진다.
③ 냉각수 순환이 빨라진다.
④ 냉각수 비등점이 높아진다.

🔍 라디에이터 캡의 스프링이 파손되거나 장력이 약해지면 냉각수 비등점이 낮아진다.

22 라디에이터 캡을 열고 크랭킹하였을 때 냉각수에 기포가 발생하면?

① 물 호스가 거꾸로 연결되어 있음
② 오일 쿨러가 막혀 있음
③ 헤드 개스캣이 손상되어 있음
④ 냉각수에 부동액이 들어 있음

🔍 라디에이터 내의 기포 발생은 공기가 들어간 것이므로 실린더 헤드 개스킷이 불량이다.

23 엔진에서 라디에이터의 방열기 캡을 열어 냉각수를 점검하였더니 기름이 떠 있었다. 그 원인으로 맞는 것은?

① 피스톤 링의 실린더 마모
② 밸브 간격 과다
③ 압축압력이 높아 역화 현상 발생
④ 실린더 헤드 개스킷 파손

🔍 기포나 기름이 떠 있는 경우
• 실린더 헤드 개스킷 파손
• 실린더 헤드 볼트 풀림
• 오일 냉각기에서 엔진 오일 누출

24 라디에이터의 세척액으로 주로 사용되는 것은?

① 중성세제   ② 황산과 증류수
③ 탄산소다   ④ 비눗물

정답 17 ① 18 ② 19 ① 20 ③ 21 ① 22 ③ 23 ④ 24 ③

> 라디에이터의 세척액으로는 탄산소다와 중탄산소다를 사용하며, 아래 탱크에서 위 탱크로 역수시켜 세척한다.

25 다음 중 냉각 팬에 대한 설명으로 틀린 것은?

① 냉각 팬의 회전축은 물 펌프 축과 일체로 되어있다.
② 팬의 날개 수는 보통 4~6개 정도이다.
③ 유체커플링식 냉각 팬도 있다.
④ 냉각 팬의 회전은 주행속도에 의해 이루어진다.

> 냉각 팬의 회전속도는 라디에이터를 통과하는 공기의 온도에 의해 결정된다.

26 냉각장치에서 소음의 원인이 아닌 것은?

① 팬 벨트의 불량
② 팬의 헐거움
③ 정온기의 불량
④ 물 펌프 베어링의 불량

> 정온기(서모스탯)는 실린더 헤드 물재킷 출구 부분에 설치되어 냉각수 온도에 따라 냉각수 통로를 개폐하여 엔진의 온도를 적당하게 유지하는 기구로 소음의 원인과는 관련이 없다.

27 냉각계통에 소음이 난다. 그 원인이 아닌 것은?

① 가압 밸브 스프링 이완
② 물 펌프 베어링 불량
③ 팬 벨트 불량
④ 팬의 날개가 변형

> 가압 밸브 스프링이 이완되면 냉각수의 비등점이 낮아진다.

28 디젤기관을 시동시킨 후 충분한 시간이 지났는데도 냉각수 온도가 정상적으로 상승하지 않을 경우 그 고장의 원인이 될 수 있는 것은?

① 수온조절기의 고장
② 물 펌프의 고장
③ 라디에이터 코어의 파손
④ 냉각 팬 벨트의 헐거움

> 수온조절기는 실린더 헤드와 라디에이터 상부 사이에 설치되며 냉각수의 온도를 일정하게 유지하는 기구이다.

29 벨로즈형 수온조절기의 이상적인 작동 온도 범위는?

① 45℃(열림 시작), 60℃(완전 열림)
② 60℃(열림 시작), 70℃(완전 열림)
③ 65℃(열림 시작), 85℃(완전 열림)
④ 80℃(열림 시작), 100℃(완전 열림)

> 벨로즈형은 65℃에서 열리기 시작하여 85℃에서 완전히 열리고, 펠릿형은 85℃에서 열리기 시작하여 95℃에서 완전히 열린다.

30 기관의 냉각수 수온을 측정하는 곳은?

① 라디에이터의 윗 물통
② 실린더 헤드 물재킷부
③ 물 펌프 임펠러 내부
④ 온도조절기 내부

> 엔진의 정상적인 작동 온도는 실린더 헤드 물재킷 내의 온도로 나타낸다.

31 기관의 정상적인 냉각수 온도에 해당되는 것으로 가장 적절한 것은?

① 20~35℃
② 35~60℃
③ 75~95℃
④ 110~120℃

> 냉각수 수온은 실린더 헤드 물재킷 내의 온도로 나타내며, 정상적인 냉각수 온도 범위는 75~95℃ 정도이다.

32 실린더 블록의 동파방지를 위해 둔 것은?

① 정온기
② 라디에이터
③ 코어플러그
④ 냉각수 통로

> 실린더 블록의 내부는 실린더와 물재킷, 오일 통로가 설치되어 있고 물재킷 바깥쪽에는 겨울철 냉각수 빙결에 의한 동파를 방지하기 위해 코어플러그(core plug)가 설치되어 있다.

정답 25 ④ 26 ③ 27 ① 28 ① 29 ③ 30 ② 31 ③ 32 ③

33 부동액이 구비하여야 할 조건으로 다음 중 가장 알맞은 것은?

① 증발이 심할 것
② 침전물을 축적할 것
③ 비등점이 물보다 상당히 낮아야 할 것
④ 물과 용이하게 용해할 것

🔍 부동액의 구비 조건
  • 물과 잘 혼합될 것
  • 침전물이 없을 것
  • 휘발성이 없고 순환성이 좋을 것
  • 부식성이 없고 팽창계수가 적을 것
  • 비등점이 물보다 높고 빙점은 물보다 낮을 것

34 부동액의 종류 중 가장 많이 사용되는 것은?

① 에틸렌
② 글리세린
③ 에틸렌글리콜
④ 알코올

🔍 에틸렌글리콜(ethylene glycol)을 주성분으로 한 부동액을 많이 사용하며 그 지방의 최저 기온보다 5~10℃ 낮은 온도를 기준으로 혼합한다.

35 엔진 냉각수로 적합하지 않은 것은?

① 증류수
② 연수
③ 경수
④ 수돗물

🔍 냉각수로 경수를 사용하면 기관 각 부를 부식시킬 수 있으므로, 증류수나 수돗물과 같은 연수를 사용한다.

정답 33 ④ 34 ③ 35 ③

전기장치

Lesson 01 시동장치 구조와 기능

1. 전기의 기초

1) 전류 및 저항의 접속

① **전류의 단위** : 암페어(A)

② **전류의 3대 작용**
   ㉮ 발열작용 : 도체 내를 전류가 흐를 때 도체의 저항에 의해 열이 발생하는 현상으로 전구, 전열기 등에 이용된다.
   ㉯ 자기작용 : 도체에 전류가 흐르면 그 주변 공간에는 자기현상이 발생한다. 전동기, 발전기, 변압기 등에 이용된다.
   ㉰ 화학작용 : 전해액에 전류가 흐르면 화학작용이 발생한다. 축전지의 충·방전에 이용된다.

③ **저항의 접속** : 직렬접속, 병렬접속

2) 전기와 관련된 법칙

① **옴의 법칙** : 임의의 도체에 흐르는 전류(I)의 크기는 전압(V)에 비례하고, 저항(R)에 반비례한다.

$$I=\frac{V}{R}[A],\ V=I\times R[V],\ R=\frac{V}{I}[\Omega]$$

② **전력과 줄의 법칙** : 전기 도체의 물체를 거쳐 전자를 이동시키는데 있어 일을 한 비율의 표시로 기호는 P, 기본단위는 Watt이고 "전압×전류"로 구해진다.

③ **플레밍의 법칙**
   ㉮ 플레밍의 왼손 법칙 : 자기장의 전류에 미치는 힘의 방향에 관한 법칙(전동기, 전압기, 전류계)
   ㉯ 플레밍의 오른손 법칙 : 전자유도에 의해서 생기는 유도전류의 방향을 나타내는 법칙(발전기 원리)

3) 축전지의 구조와 기능

① 셀(cell) 커넥터 및 터미널
㉮ 양극단자(+)는 적갈색, 음극단자는 회색이다.
㉯ 양극단자의 직경이 크고, 음극단자는 작다.
㉰ 양극단자는 (P)나 (+)로 표시하고, 음극단자는 (N)이나 (-)로 표시한다.

② 극판
㉮ 납과 안티몬 합금으로 격자를 만들어 여기에 작용물질을 발라서 채운다.
㉯ 극판과 극판 사이에 격리판을 끼워서 방전을 방지한다.(양극판과 음극판의 단락을 방지)
㉰ 화학적 평형을 고려하여 음극판이 양극판 수보다 1매 더 많다.

③ 전해액
㉮ 전해액(H_2SO_4, 묽은황산)은 극판 중의 양극판(PbO_2, 과산화납), 음극판(Pb, 해면상납)의 작용물질과 화학반응을 일으켜 전기적 에너지를 축적 및 방출하는 작용물질로 무색, 무취의 양도체이다.
㉯ 전해액 비중
　㉠ 충전상태일 때 20℃에서 비중 1.240, 1.260, 1.280의 세 종류를 사용한다.
　㉡ 국내에서는 일반적으로 1.280(20℃)을 표준으로 하고 있다.
　㉢ 전해액의 비중은 온도에 따라 변화한다. 온도가 높으면 비중은 낮아지고 온도가 낮으면 비중은 높아진다.

④ 자기방전
㉮ 자기방전량 : 24시간 동안의 자기 방전량은 실용량의 0.3~1.5% 정도이다.
㉯ 자기방전의 원인
　㉠ 구조상 부득이 한 것
　㉡ 불순물에 의한 것
　㉢ 단락에 의한 것

⑤ 축전지 취급 및 충전시 주의사항
㉮ 전해액 온도는 45℃가 넘지 않도록 하여야 한다.
㉯ 화기에 가까이하지 말아야 한다.
㉰ 통풍이 잘되는 곳에서 충전하여야 한다.
㉱ 과충전, 급속 충전을 피하도록 한다.
㉲ 장기간 보관 시 2주일(15일)에 한 번씩 보충 충전하도록 한다.
㉳ 축전지 커버는 베이킹소다나 암모니아수로 세척한다.
㉴ 셀당 방전 종지 전압은 1.75V이다.
㉵ 축전지 충전 시 발생되는 가스로는 양극에서 산소, 음극에서 수소가스가 발생되며 수소가스는 가연성으로 폭발의 위험이 있다.
㉶ 축전지 탈거 시 (-) 케이블을 먼저 분리하고, 접속할 때는 축전지 (+) 케이블을 나중에 접속시킨다.

> ● **격리판의 구비조건**
> 격리판은 양극판과 음극판 사이에서 단락을 방지하는 것으로 다음과 같은 구비조건을 갖추어야 한다.
> • 전해액에 부식되지 않을 것
> • 다공성일 것
> • 기계적인 강도가 있을 것
> • 전해액의 확산이 잘될 것

2 기동전동기

1) 전동기의 종류

① **직권식 전동기**
  ㉮ 전기자코일과 계자코일이 전원에 대해 직렬로 접속되어 있다.
  ㉯ 역기전력은 속도에 비례하고 전기자 전류에 반비례한다.

② **분권식 전동기**
  ㉮ 전기자코일과 계자코일이 전원에 대해 병렬로 접속되어 있다.
  ㉯ 전압이 일정하면 계자전류와 자장의 세기도 일정하다.

③ **복권식 전동기**
  ㉮ 2개의 코일은 직렬과 병렬로 연결된다.
  ㉯ 자속방향이 같으면 화동복권, 반대로 된 것을 차동복권이다.

> ● **시동장치**
> 기동전동기와 같은 시동장치는 운전자가 시동키를 돌려 엔진을 스타트 모터로 강제로 회전시킴으로써 (크랭킹이라고 부르기도 함) 엔진이 스스로 회전할 수 있도록 작동시켜 주는 기구이다.

2) 전동기의 구성

① **아마추어(전기자)**
  ㉮ 전기자 코일 : 큰 전류가 흐르기 때문에 단면적이 큰 평각 구리선을 사용하며 한쪽은 N극, 다른 한쪽은 S극 쪽에 오도록 철심의 홈에 절연되어 정류자에 각각 납땜되어 있다.
  ㉯ 전기자 철심 : 자력선 통과와 자장의 손실을 막기 위한 철판을 절연하여 겹친 것이다.
  ㉰ 정류자(코뮤테이터) : 전류를 일정 방향으로 흐르게 하고 운모의 언더 컷은 0.5~0.8mm이며 기름, 먼지 등이 묻어 있으면 회전력이 적어진다.

② **계자코일(field coil)과 계자철심**
  ㉮ 계자코일은 전동기의 고정 부분으로 계자철심에 감겨 자력을 일으키는 코일이다.
  ㉯ 결선방법은 직권식, 복권식이 있으나 일반적으로 기관의 시동에 적합한 직권식을 쓴다.

③ 브러시와 홀더 및 스프링
   ㉮ 흑연 또는 구리로 만들어져 있으며 축전지의 전기를 정류자에 전달하는 구성품이다.
   ㉯ 이 브러시는 홀더에 삽입되어 스프링으로 압착하고 있으며 정류자에 80% 이하로 접촉되면 회전력이 감소되고 길이는 1/2~1/3 정도 마모되면 교환한다.
④ **스위치** : 푸시버튼식(수동식)과 마그넷식(전자식)이 있다.

> **● 시동 시 발생하는 문제**
> - 시동키를 회전시켜도 시동모터가 작동되지 않거나, 작동음이 들리지 않는 경우 등에는 헤드램프, 혼, 와이퍼 등을 작동시켜 본다.
> - 시동모터에는 큰 전류가 흐르므로, 특히 디젤차의 경우에는 엔진이 작동되지 않는다고 해서 장시간 계속해서 시동을 거는 것은 금물이다.(기동전동기의 연속 사용시간은 10~15초 정도로 한다.)

Lesson 02 충전장치 구조와 기능

1 충전장치 및 교류(AC) 발전기

1) 충전장치 개요
① 배터리는 엔진을 시동할 때와 정지 중일 경우를 제외하고 전기장치에 전력을 공급해 주고 있지만 배터리의 축전량에는 한계가 있어 사용하면 당연히 배터리의 전압이 떨어지게 된다.
② 엔진회전 중에는 엔진 동력의 일부를 사용하여 발전기를 돌려줌으로써 배터리를 충전시켜 주행 중에 필요한 전력을 공급해 주고 있다.
③ 크랭크축의 회전은 V벨트에 의해 교류 발전기(알터네이터)를 돌려준다. 여기서 발생된 전기는 레귤레이터(제어장치)로 제한되어 각 전기장치와 배터리에 공급된다.

> **● 건설기계용 발전기**
> 건설기계에서는 주로 3상 교류발전기(AC 발전기, 알터네이터)를 사용한다.

2) 교류(AC) 발전기의 구성
① **스테이터(고정자, stator)** : 직류 발전기의 전기자에 해당되며 철심에 3개의 독립된 코일이 감겨져 있어 로터의 회전에 의해 3상 교류가 유기된다.
④ **로터(회전자, rotor)** : 직류 발전기의 계자코일에 해당하는 것으로 로터 입력 전류를 제어해 발전전류를 제어한다.

③ **슬립링(slip rings)과 브러시(brush)** : 전류를 로터에 공급하며 흑연 브러시를 사용한다.
④ **실리콘 다이오드(diode)** : 스테이터 코일에 발생된 교류를 직류로 정류하는 것으로, (+) 다이오드 3개와 (−) 다이오드 3개로 구성되며 축전지 전류가 발전기로 역류하는 것을 방지한다.
⑤ **전압조정기(레귤레이터)** : 축전지 상태에 따라 로터 코일의 전류를 제어하는 작용을 한다.

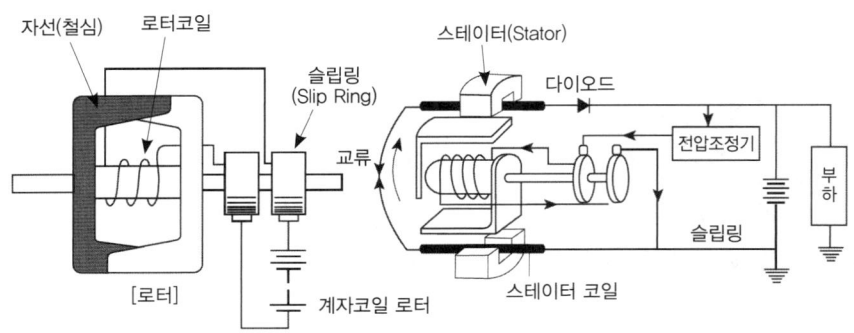

[교류(AC) 발전기의 구조]

2 직류 발전기와 교류 발전기의 비교

구분	직류(DC) 발전기	교류(AC) 발전기
중량	무겁다.	가볍고 출력이 크다.
브러시 수명	짧다.	길다.
정류	정류자와 브러시가 한다.	실리콘 다이오드가 한다.
공회전시	충전이 불가능하다.	충전이 가능하다.
구조	계자코일은 고정, 아마추어가 회전한다.	스테이터는 고정, 로터가 회전한다.
사용범위	고속 회전용으로 부적합하다.	고속 회전에 견딜 수 있다.
조정기	컷아웃 릴레이, 전압조정기, 전류제한기가 필요하다.	전압조정기만 필요하다.
소음	라디오에 잡음이 들어간다.	잡음이 적다.
정비	정류자의 정비가 필요하다.	슬립링의 정비가 필요 없다.

Lesson 03 등화 및 계기장치 구조와 기능

1 등화장치

1) 전조등

① **전조등의 구성과 조건**
  ㉮ 좌·우에 각각 1개씩(4등색은 2개를 1개로 본다) 설치되어 있어야 한다.
  ㉯ 등광색은 양쪽이 동일하여야 하며 흰색이어야 한다.
  ㉰ 1등 당 광도는 2등식의 경우 15,000cd 이상이어야 하며 4등식의 경우에는 12,000cd 이상이어야 한다.
  ㉱ 등화는 파손 등의 손상이 없고 점등 상태가 양호해야 한다.

② **전조등의 종류와 특징**
  ㉮ 세미실드빔형 전조등
    ㉠ 렌즈와 반사경은 일체형이지만 전구는 별도로 설치한 것이다.
    ㉡ 공기 유통이 있어 반사경이 흐려질 수 있다.
    ㉢ 전구만 따로 교환할 수 있다.
    ㉣ 할로겐 전구가 많이 활용되고 있다.
  ㉯ 실드빔형 전조등
    ㉠ 렌즈, 반사경 및 필라멘트가 일체로 된 형식이다.
    ㉡ 내부에 불활성 가스가 들어 있다.
    ㉢ 반사경이 흐려지는 일이 없다.
    ㉣ 광도의 변화가 적다.
    ㉤ 필라멘트가 끊어지면 렌즈나 반사경에 이상이 없어도 전조등 전체를 교환하여야 한다.

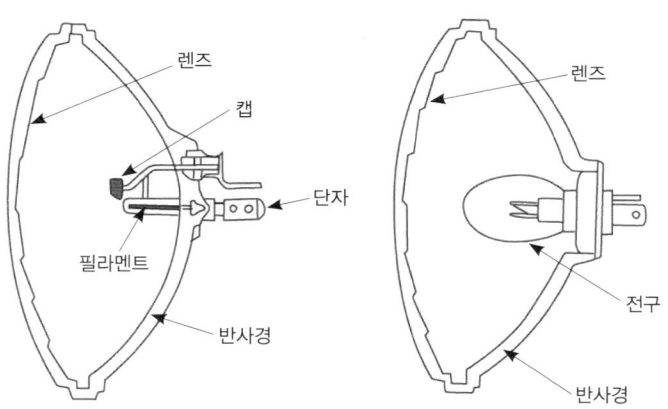

[실드빔형 전조등(왼쪽)과 세미 실드빔형 전조등(오른쪽)의 구조]

2) 방향지시등

① **일반 사항** : 건설기계의 좌·우회전을 표시하며 광도는 50cd 이상, 1050cd 이하이어야 한다.

② **방향지시등의 구성과 조건**
- ㉮ 방향지시등은 건설기계 중심에 대해 좌·우 대칭일 것
- ㉯ 설치위치, 투영면적 및 유효조광 면적은 기준에 적정할 것
- ㉰ 건설기계 너비의 50% 이상 간격을 두고 설치되어 있을 것
- ㉱ 점멸 주기는 매분 60회 이상 120회 이하일 것
- ㉲ 등광색은 노란색 또는 호박색일 것
- ㉳ 파손 등의 손상이 없을 것
- ㉴ 방향지시등은 견고하게 부착되어 있을 것

③ **지시등의 점멸이 느릴 때의 원인**
- ㉮ 전구의 접지 불량이다.
- ㉯ 축전지 용량이 저하되었다.
- ㉰ 전구의 용량이 규정 값보다 작다.
- ㉱ 플래셔 유닛의 결함이 있다.
- ㉲ 퓨즈 또는 배선의 접촉이 불량하다.

④ **좌·우의 점멸 횟수가 다르거나 한쪽이 작동되지 않는 원인**
- ㉮ 규정 용량의 전구를 사용하지 않았다.
- ㉯ 접지가 불량하다.
- ㉰ 전구 1개가 단선되었다.
- ㉱ 플래셔 스위치에서 지시등 사이에 단선이 있다.

3) 제동등 및 후진등

① **일반 사항** : 1등당 광도는 40cd 이상, 420cd 이하이다. 후진등은 건설기계가 후진할 때 점등되는 것으로 후방 75m를 비출 수 있어야 한다.

② **제동등의 구성과 조건**
- ㉮ 등광색은 붉은색일 것
- ㉯ 제동 조작을 하는 동안 지속적으로 점등 상태가 유지될 수 있을 것
- ㉰ 다른 등화와 겸용 시 광도가 3배 이상 증가할 것
- ㉱ 등화의 설치 높이는 지상 35cm 이상, 200cm 이하일 것
- ㉲ 파손 등의 손상이 없고 고정 상태가 양호할 것
- ㉳ 등화는 점등 상태가 양호할 것

③ **후진등의 구성과 조건**
- ㉮ 후진등은 2개 이하 설치되어 있을 것
- ㉯ 등광색은 흰색 또는 노란색일 것
- ㉰ 등화의 설치 높이는 지상 25cm 이상, 120cm 이하일 것(트럭 적재식 건설기계에 한함)

㉣ 주광축은 하향일 것
㉤ 후퇴등은 변속장치를 후퇴 위치로 조작 시 점등될 것
㉥ 등화는 손상이 없고 작동에 이상이 없을 것

2 계기장치

1) 게이지

① **속도계** : 장비의 속도를 km/h와 mph로 표시한다.

② **연료계** : 연료의 잔량을 표시하며, 지침이 E를 지시하면 연료를 보충한다.

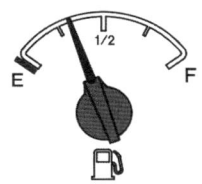

③ **엔진 냉각수 온도계**
　㉮ 엔진 냉각수 온도를 표시한다.(적색 영역 : 104℃ 초과)
　㉯ 운전 시에는 지침이 작동 범위 내에 있는 것이 정상이다.
　㉰ 시동 시에는 지침이 작동 범위 내에 올 때까지 저속 공회전시킨다.
　㉱ 지침이 적색 영역에 오면 엔진을 저속으로 5분간 공회전시킨 후 시동을 끄고 라디에이터와 엔진을 점검한다.

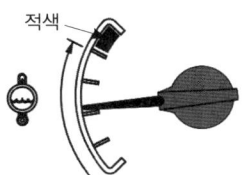

④ **트랜스미션 오일 온도계**
　㉮ 트랜스미션의 오일 온도를 표시한다.(적색 영역 : 107℃ 초과)
　㉯ 운전 시에는 지침이 작동 범위 내에 있는 것이 정상이다.
　㉰ 시동 시에는 지침이 작동 범위 내에 올 때까지 저속 공회전 시킨다.

㉴ 지침이 적색 영역에 오면 과열 상태이다. 엔진을 무부하 또는 저속운전으로 적색 영역에 지침이 들어가지 않도록 해야 한다.

2) 주요 경고등 및 표시등

① 엔진점검 경고등
  ㉮ 엔진이 비정상 작동 시에 점등된다.
  ㉯ 램프가 점등되어도 엔진은 작동하지만 빠른 시간 내에 점검을 받아야 한다.

② 브레이크 고장 경고등
  ㉮ 주행 브레이크의 오일 압력이 정상 운전 영역 이하로 되면 램프가 점등된다.
  ㉯ 램프가 점등되면 엔진을 정지하고 원인을 점검한다.(원인을 수리할 때까지 장비 운전 금지)

③ 엔진예열 표시등
  ㉮ 시동 스위치가 ON 위치일 때 램프가 점등되면 엔진 예열장치가 작동 중이다. 엔진오일 온도에 따라 약 15~45초 후 예열이 완료되면 램프가 꺼진다.
  ㉯ 램프가 꺼지면 엔진을 시동한다.

④ 엔진오일 압력표시등
  ㉮ 엔진오일 펌프에서 압력이 발생하여 각 부분에 윤활작용이 가능하도록 하는데 엔진 가동 전에는 압력이 낮으므로 점등되었다가 엔진이 가동되면 소등된다.
  ㉯ 엔진 가동 후에 램프가 점등되면 시동을 끈 후 오일 레벨을 점검한다.

⑤ 배터리 충전 경고등
  ㉮ 시동 스위치를 ON한 후 이 램프가 점등된다.
  ㉯ 엔진 가동 시에 충전 램프가 점등되어 있으면 충전회로를 점검해야 한다.

⑥ **연료 레벨 경고등** : 램프가 점등되면 즉시 연료를 공급한다.

3 퓨즈(fuse)

1) 퓨즈의 기능 등
① **기능** : 전기회로에 과도한 전류가 흐를 경우 이를 자동적으로 차단하여 기계장치를 보호
② **설치** : 전기회로 속에 직렬로 설치
③ **재료** : 납과 주석의 합금
④ **용량** : A로 표시

2) 퓨즈 취급 시 안전사항
① 퓨즈가 끊어진 경우 철사 등의 재료로 대체해서는 안 된다.
② 퓨즈를 교체할 때는 절연된 도구를 이용하여야 한다.
③ 퓨즈의 용량은 정격용량에 알맞은 것으로 사용해야 한다.
④ 차단기가 내려가지 않은 상태에서 퓨즈를 만지면 감전의 위험이 있다.
⑤ 전압이 너무 낮은 경우는 과전류에 끊어지지 않을 수 있다.
⑥ 고온, 부식성 가스, 가연성 가스에서 사용할 수 없다.

3) 퓨즈의 단선 원인
① 회로의 합선에 의해 과도한 전류가 흘렀을 때
② 퓨즈가 부식되었을 때
③ 퓨즈가 접촉이 불량할 때

CHAPTER 02 적중 예상문제

CHECK POINT QUESTION

CHAPTER 02 | 전기장치

Lesson 1 시동장치 구조와 기능

01 다음 중 전류의 3가지 작용에 속하지 않는 것은?

① 자기작용   ② 발열작용
③ 전기작용   ④ 화학작용

🔍 전류의 3대 작용
• 발열작용 : 전구, 예열플러그, 전열기
• 화학작용 : 축전지, 전기 도금
• 자기작용 : 전동기, 발전기, 솔레노이드 등

02 발전기의 유도전압의 방향을 나타내는 것은?

① 렌츠의 법칙
② 플레밍의 오른손 법칙
③ 오른 나사의 법칙
④ 패러데이의 법칙

🔍 플레밍의 법칙
• 플레밍의 왼손 법칙 : 자기장의 전류에 미치는 힘의 방향에 관한 법칙(전동기, 전압기, 전류계)
• 플레밍의 오른손 법칙 : 전자유도에 의해서 생기는 유도전류의 방향을 나타내는 법칙(발전기 원리)

03 전선의 전기 저항은 단면적이 클수록 어떻게 변화하는가?

① 작게 된다.
② 크게 된다.
③ 단면적엔 관계없고 길이에 따라 변화한다.
④ 단면적을 변화시키면 항상 증가한다.

🔍 도체의 저항은 그 길이에 비례하고, 단면적에 반비례한다. 따라서, 단면적이 커질수록 저항은 작아진다.

04 항목과 단위 기호가 잘못 연결된 것은?

① 전류의 세기 – A   ② 저항 – Ω
③ 전압 – V   ④ 전력량 – μF

🔍 전력은 W 또는 kW, 전력량은 WS 또는 kW/h를 사용한다.

05 전압이 12V, 저항이 2Ω일 때 전류는?

① 2A   ② 3A
③ 6A   ④ 12A

🔍 전류(I) = $\dfrac{\text{전압(V)}}{\text{저항(R)}}$ = $\dfrac{12}{2}$ = 6A

06 다음 전기의 전압을 구하는 공식 중 알맞은 것은?

① V = IP   ② V = I/R
③ V = I/P   ④ V = IR

🔍 $I = \dfrac{V}{R}[A]$, $V = I \times R[V]$, $R = \dfrac{V}{I}[\Omega]$
여기서 I : 전류(A), V : 전압(V), R : 저항(Ω)

07 다음은 축전지에 대한 설명이다. 잘못된 것은?

① 축전지의 전해액으로는 묽은 황산이 사용된다.
② 축전지의 극판은 양극판이 음극판보다 1매가 더 많다.
③ 축전지의 1셀당 전압은 2~2.2V 정도이다.
④ 축전지의 용량은 암페어시(Ah)로 표시한다.

🔍 축전지의 양극판이 음극판보다 더 활성적이기 때문에 화학적 평형을 고려하여 음극판이 1장 더 많다.

08 축전지가 충전은 되는데 즉시 방전된다. 이유 중 가장 거리가 먼 것은?

① 축전지 내부에 침전물 과대
② 축전지가 방전종지전압까지 된 상태에서 충전 시
③ 레귤레이터 불량
④ 축전지 내부 격판 단락

정답 1. 시동장치 구조와 기능   01 ③   02 ②   03 ①   04 ④   05 ③   06 ④   07 ②   08 ③

🔍 **자기방전의 원인**
- 구조상 부득이한 것
- 불순물에 의한 것
- 단락에 의한 것

09 MF(Maintenance Free) 축전지에 대한 설명으로 적절하지 않은 것은?

① 증류수를 보충해야 한다.
② 장기간 보관이 가능하다.
③ 격자의 재질은 납과 저안티몬 또는 칼슘의 합금이다.
④ 촉매 마개를 사용한다.

🔍 MF 축전지는 점검 및 정비를 줄이기 위해 개발된 것으로 증류수를 점검하거나 보충하지 않아도 된다.

10 축전지를 오랫동안 방전 상태로 두면 못쓰게 되는 이유는?

① 극판이 영구 황산납이 되기 때문이다.
② 극판에 산화납이 형성되기 때문이다.
③ 극판에 수소가 형성되기 때문이다.
④ 산화납과 수소가 형성되기 때문이다.

🔍 음극판의 작용물질(해면상납)이 황산과의 화학작용으로 영구 황산납이 되기 때문이다.

11 축전지 취급상 가장 좋지 않은 것은?

① 과방전은 축전지의 충전을 위해 필요하다.
② 자연 소모된 전해액은 증류수로 보충한다.
③ 필요시 급속 충전시켜 사용할 수 있다.
④ 사용하지 않은 축전지도 2주에 1회 정도 보충전한다.

🔍 축전지는 과방전되면 사용할 수 없게 되므로 사용하지 않은 축전지도 2주에 1회 정도 보충전해야 한다.

12 축전지 음극판(negative plate)의 주성분은?

① 염화납($PbCl_2$)
② 황산납($PbSO_4$)
③ 과산화납(PbO_2)
④ 해면상납(Pb)

🔍 납산 축전지의 양극판은 과산화납, 음극판은 해면상납을 사용하고 전해액은 묽은황산을 사용한다.

13 축전지를 충전할 때 주의사항으로 맞지 않는 것은?

① 충전 시 전해액 주입구 마개는 모두 닫는다.
② 축전지는 사용하지 않아도 1개월 2회 보충전을 한다.
③ 축전지가 단락하여 불꽃이 발생하지 않게 한다.
④ 과충전하지 않는다.

🔍 축전지 충전 시 전해액 및 증류수 보충을 위한 마개인 각 셀의 벤트 플러그는 모두 열어 두어야 한다.

14 배터리(battery)의 과충전으로 전해액이 부족할 경우 보충해야 될 것은?

① 황산 용액
② 탄산나트륨 용액
③ 에틸알코올 용액
④ 증류수

🔍 전해액이 부족할 경우 증류수를 극판 위로부터 10~13mm 정도 보충한다.

15 배터리를 충전할 때 배터리 내에 수소가스가 발생되는데 그 성질은 어떠한가?

① 중성가스
② 소화가스
③ 불연성가스
④ 가연성가스

🔍 충전 중인 축전지 근처에 불꽃을 가까이해서는 안 되는데 이는 가연성의 수소가스가 발생하기 때문이다.

16 전해액을 만들 때는 반드시 해야 할 일은?

① 황산을 물에 부어야 한다.
② 물을 황산에 부어야 한다.
③ 철제의 용기를 사용한다.
④ 황산을 가열하여야 한다.

🔍 전해액을 만들 때는 반드시 질그릇이나 고무그릇과 같은 절연체의 용기를 사용하여 물(증류수)에 황산을 부어서 혼합하도록 한다. 이때 혼합비율은 물 60%와 황산 40%가 적당하다.

정답 09 ① 10 ① 11 ① 12 ④ 13 ① 14 ④ 15 ④ 16 ①

17 건설기계에서 많이 사용하는 축전지는?

① 납산 축전지이다.
② 알칼리 축전지이다.
③ 분젠 전지이다.
④ 건전지이다.

🔍 건설기계에 주로 사용되는 축전지는 가격이 저렴한 납산 축전지이다.

18 축전지 커버에 묻은 전해액을 세척하기 위해서는 어느 것이 가장 좋은가?

① 비눗물
② 걸레
③ 물
④ 베이킹소다

🔍 축전지의 전해액이 묽은황산이므로 소다를 사용하여 중화시킨다.

19 축전지 케이스와 커버 세척에 가장 알맞은 것은?

① 솔벤트와 물
② 소금과 물
③ 소다와 물
④ 가솔린과 물

🔍 축전지 커버와 케이스 청소는 탄산소다(탄산나트륨)와 물 또는 암모니아수로 한다.

20 축전지의 용량은 어떻게 결정되는가?

① 극판의 크기, 극판의 수 및 황산의 양에 의해 결정된다.
② 전해액의 비중, 셀의 수에 따라 결정된다.
③ 극판의 수, 셀의 수 및 발전기의 충전 능력에 따라 결정된다.
④ 극판의 수와 발전기의 충전 능력에 따라 결정된다.

🔍 축전지 용량의 크기를 결정하는 요소는 극판의 크기(또는 면적), 극판의 수, 전해액의 양 등이 있다.

21 12V 축전지의 구성은?

① 6개의 셀이 병렬로 접속되었다.
② 6개의 셀이 직렬로 접속되었다.
③ 6개의 셀이 직·병렬로 접속되었다.
④ 3개는 직렬, 나머지 3개는 병렬로 되었다.

🔍 축전지를 직렬로 연결하면 전압은 배가되고, 용량은 같다. 따라서, 6개의 셀이 직렬로 연결되면 전압이 12V인 축전지를 구성할 수 있다.

22 같은 축전지를 병렬로 접속하면?

① 전압은 개수배가 되고 용량은 1개 때와 같다.
② 전압은 1개 때와 같고 용량은 개수배가 된다.
③ 전압과 용량은 변화 없다.
④ 전압과 용량 모두 개수배가 된다.

🔍 같은 축전지 n개 연결
• 직렬 연결 : 전압 n배 증가, 용량 동일
• 병렬 연결 : 전압 동일, 용량 n배 증가

23 축전지 용량의 단위는?

① WS   ② Ah
③ V   ④ A

🔍 축전지의 용량은 "일정 방전전류(A) × 방전 종지전압까지의 연속방전시간(h)"으로 나타내며, 암페어시(Ah)라고 읽는다.

24 다음은 축전지 터미널의 식별법이다. 관계없는 것은?

① 크기로 표시한다.
② (+), (−)의 문자로 표시한다.
③ 색깔로 표시한다.
④ 모양을 달리하여 표시한다.

🔍 축전지 터미널(단자 기둥)의 식별
• 양극은 (+), 음극은 (−)의 부호로 구분한다.
• 양극은 적색, 음극은 흑색으로 구분한다.
• 양극은 지름이 굵고, 음극은 가늘다.
• 양극은 POS, 음극은 NEG의 문자로 구분한다.
• 부식물이 많은 쪽이 양극이다.

정답 17 ① 18 ④ 19 ③ 20 ① 21 ② 22 ② 23 ② 24 ④

25 축전지 터미널에 녹이 슬었을 때의 조치 요령은?

① 물걸레로 닦아낸다.
② 뜨거운 물로 닦고 소량의 그리스를 바른다.
③ 터미널을 신품으로 교환한다.
④ 아무런 조치를 하지 않아도 무방하다.

> 단자기둥(터미널)이 부식되었을 경우는 뜨거운 물로 깨끗이 닦아 내고 그리스를 얇게 발라준다.

26 장비에 사용되는 12V 축전지를 전압계를 사용하여 측정하려 할 때 몇 볼트(V) 이하이면 완전방전되었다고 보는가?

① 8.4V   ② 9.6V
③ 10.5V   ④ 12.0V

> 셀당 방전 종지전압이 1.75V이므로, 6셀로 구성되는 12V 축전지의 완전 방전값은 6셀 × 1.75V = 10.5V이다.

27 다음 중 배터리의 충전상태를 측정할 수 있는 게이지는?

① 그라울러 테스터
② 압력계
③ 비중계
④ 멀티 테스터

> 전해액의 비중은 방전량에 비례하여 저하된다. 따라서, 배터리의 충전상태는 비중계로 측정할 수 있다.

28 축전지는 얼마간의 간격으로 충전하는가(단, 보관시)?

① 7일   ② 15일
③ 60일   ④ 30일

> 사용하지 않고 보관 중인 축전지는 15일에 한 번씩 보충전을 하여야 한다.

29 축전지 케이블을 떼어낼 때 바른 작업 방법은?

① 아무거나 먼저 떼어내도 무방하다.
② 두 케이블을 동시에 떼어낸다.
③ 접지 터미널을 먼저 떼어낸다.
④ (+)극 케이블을 먼저 떼어낸다.

> 축전지 단자 기둥으로부터 케이블을 분리할 경우 반드시 접지 단자의 케이블을 먼저 분리하고, 설치할 경우에는 나중에 연결하여야 한다.

30 축전지 격리판의 요구조건이 아닌 것은?

① 다공성일 것
② 기계적 강도가 있을 것
③ 전도성일 것
④ 전해액 확산이 잘될 것

> 격리판의 구비조건
> • 비전도성일 것
> • 다공성일 것
> • 전해액의 확산이 잘될 것
> • 기계적 강도가 있을 것

31 건설기계에서 기관 시동에 사용되는 기동전동기는?

① 직류 직권식
② 직류 분권식
③ 교류 직권식
④ 교류 복권식

> 직류전동기에는 전기자코일과 계자코일의 연결 방법에 따라 직권식, 분권식, 복권식 전동기로 분류하며, 건설기계에서는 축전지를 전원으로 하는 직류 직권식전동기를 사용하고 있다.

32 전동기의 기본원리는 어느 법칙에 해당되는가?

① 플레밍의 왼손법칙
② 렌쯔의 법칙
③ 오른나사의 법칙
④ 키르히호프의 법칙

> 기동전동기는 플레밍의 왼손법칙을 응용한 것이다.

33 기동전동기에서 회전하는 부분은?

① 계자코일
② 계철
③ 전기자
④ 솔레노이드

> 정류자에서 전기를 공급받아 전기자(아마추어)가 회전한다. 계자코일, 계철, 솔레노이드는 기동전동기 몸체에 있다.

정답 25 ② 26 ③ 27 ③ 28 ② 29 ③ 30 ③ 31 ① 32 ① 33 ③

34 기동전동기의 충분한 기동 출력을 얻으려면 기동전동기 회로 상태는?

① 회로에 저항이 많아야 한다.
② 회로에 저항이 적어야 한다.
③ 회로에 접속부를 용접한다.
④ 회로를 3선식으로 하여야 한다.

> 기동전동기의 회전력은 계자철심의 자력과 전기자에 흐르는 전류와의 곱에 비례한다. 따라서, 저항이 적어야 충분한 기동 출력을 얻을 수 있다.

35 직권식 기동전동기의 전기자코일과 계자코일은?

① 각각(혼형)의 단자에 연결되어 있다.
② 병렬로 연결되어 있다.
③ 직렬, 병렬로 연결되어 있다.
④ 직렬로 연결되어 있다.

> 직권식은 전기자코일과 계자코일이 직렬로 접속되어 있으며, 분권식은 병렬, 복권식은 직·병렬로 연결되어 있다.

36 시동모터의 마그넷 스위치는?

① 전자석으로 작동하는 시동모터용 스위치이다.
② 시동모터의 전류 조절기이다.
③ 시동모터의 전압 조절기이다.
④ 시동모터와는 관계없는 것이다.

> 마그넷 스위치를 솔레노이드 스위치라고도 부르며 전자력으로 작동하는 기동전동기용 스위치이다.

37 기동전동기의 전압 24V, 출력 5.5kW 일 경우 최대 전류는 몇 A인가?

① 30A
② 20A
③ 229A
④ 502A

> 전류 = $\frac{출력}{전압}$ = $\frac{5500}{24}$ = 229[A] (∵ 5.5kW = 5500W)

38 엔진이 기동되었을 때 시동 스위치를 계속 ON 위치로 할 때 미치는 영향으로 맞는 것은?

① 시동 전동기의 수명이 단축된다.
② 캠이 마멸된다.
③ 클러치 디스크가 마멸된다.
④ 크랭크 축 저널이 마멸된다.

> 엔진이 기동되었음에도 시동 스위치를 계속 ON 위치로 하면 시동 전동기의 수명이 단축된다.

39 기동 모터가 작동이 안 되는 원인이다. 틀린 것은?

① 배터리의 출력 저하
② 회로 스위치에 결함
③ 솔레노이드의 결함
④ 팬 벨트의 간극이 느슨함

> 기동전동기가 회전하지 않는 원인
> • 기동 스위치 접촉 및 배선 불량
> • 계자코일 손상
> • 브러시가 정류자에 밀착 불량
> • 축전지 전압이 낮음
> • 전기자 코일 단선

40 전기자코일이 자주 단선되는 이유는?

① 과대한 속도 회전
② 과도한 토크의 발생
③ 불충분한 윤활
④ 과대한 전류의 흐름

> 전기자코일은 큰 전류가 흐르기 때문에 단면적이 큰 평각선이 사용된다.

정답 34 ② 35 ④ 36 ① 37 ③ 38 ① 39 ④ 40 ④

Lesson 2 충전장치 구조와 기능

01 다음은 발전기에 대한 설명이다. 틀린 것은 어느 것인가?

① 직류 발전기 전기자에서 나오는 전류는 교류이다.
② 발전기와 관계있는 법칙은 플레밍의 오른손 법칙이다.
③ 직류 발전기는 직권식으로 회전수가 일정하다.
④ 교류 발전기의 정류기는 다이오드로 교류를 직류로 바꾼다.

🔍 직류(DC) 발전기는 계자로 출력을 제어하기 때문에 전기자코일과 계자코일이 병렬로 결선된 분권식을 사용한다. 참고로 직권식은 부하변동에 따른 단자전압의 변동이 심하기 때문에 발전기로 사용되지 않는다.

02 직류 발전기 조정기의 3유닛에 속하지 않는 것은 어느 것인가?

① 컷아웃 릴레이
② 전류조정기
③ 솔레노이드 조정기
④ 전압조정기

🔍 직류(DC) 발전기 조정기는 컷아웃 릴레이, 전압조정기, 전류조정기의 3유닛으로 되어있다.

03 모든 발전기 조정기가 공통으로 가지고 있는 단자는?

① 전압조정기   ② 전류조정기
③ 컷아웃 릴레이 ④ 전력조정기

🔍 직류 발전기 조정기는 컷아웃 릴레이, 전압조정기, 전류조정기의 3유닛으로 되어있으며, 교류 발전기 조정기는 전압조정기만 필요하다.

04 다음 중 교류 발전기의 정류기로 사용되는 것은?

① 셀렌 정류기
② 마그네틱 정류기
③ 실리콘 다이오드
④ 벌브 정류기

🔍 교류(AC) 발전기의 정류기는 스테이터 코일에서 발생한 교류를 직류로 정류하여 외부로 공급하는 것으로 실리콘 다이오드를 사용한다.

05 DC 발전기에서 전류가 흐를 때의 전자석이 되는 것은?

① 전기자   ② 계자철심
③ 계자코일   ④ 전기자코일

🔍 직류(DC) 발전기에서 계자철심은 계자코일에 전류가 흐르면 각각 강력한 전자석으로 되어 N극과 S극을 형성한다.

06 직류 발전기에서 전류가 발생되는 곳은?

① 로터
② 스테이터
③ 아마추어
④ 정류자

🔍 직류(DC) 발전기의 전기자(아마추어)는 계자 내에서 회전하면서 전류를 발생시키는 곳이다.

07 직류 발전기에서 교류를 직류로 바꾸어 주는 것은?

① 정류자와 브러시
② 실리콘 다이오드
③ 아마추어 코일
④ 필드 코일

🔍 직류(DC) 발전기에서 브러시는 정류자와 접촉하여 전기자에서 발생한 교류를 직류로 정류하여 외부로 공급하는 일을 한다.

08 AC 발전기에서 다이오드의 역할은?

① 여자 전류를 조정하고 역류를 방지한다.
② 전류를 조정한다.
③ 교류를 정류하고 역류를 방지한다.
④ 전압을 조정한다.

🔍 교류(AC) 발전기에서는 실리콘 다이오드를 정류기로 사용하며, 이 정류기는 스테이터 코일에서 발생한 교류를 직류로 정류하여 외부로 공급하고, 축전지에서 발전기로 전류가 역류하는 것을 방지한다.

정답 2. 충전장치 구조와 기능 01 ③ 02 ③ 03 ① 04 ③ 05 ② 06 ③ 07 ① 08 ③

09 DC 발전기 조정기의 컷 아웃 릴레이의 작용은?

① 전압을 조정한다.
② 전류를 제한한다.
③ 전류가 역류하는 것을 방지한다.
④ 교류를 정류한다.

> 직류(DC) 발전기 조정기의 유닛 중 하나인 컷아웃 릴레이는 발전기가 정지되어 있거나 발생 전압이 낮을 때 축전지에서 발전기로 전류가 역류하는 것을 방지하는 장치이다.

10 엔진 시동 후 충전 램프에 계속 불이 켜져 있을 때는?

① 전기계통에 이상이 있다.
② 엔진 출력이 부족한 것이다.
③ 연료가 충분하지 않은 것이다.
④ 엔진 오일이 부족하다.

> 엔진이 정상 작동 중에 축전지를 중심으로 한 충전 계통에 이상이 있으면 점등되어 경고한다.

11 건설기계의 AC 발전기에서 전류를 발생하는 곳은?

① 다이오드   ② 로터
③ 스테이터   ④ 전기자

> 교류(AC) 발전기에서는 스테이터, 직류(DC) 발전기에서는 전기자(아마추어)에서 전류를 발생시킨다.

12 직류 발전기의 전기자코일과 계자코일은?

① 제3브러시와 연결되어 있다.
② 직렬로 연결되어 있다.
③ 병렬로 연결되어 있다.
④ 직·병렬로 연결되어 있다.

> 직류(DC) 발전기는 계자로 출력을 제어하기 때문에 전기자코일과 계자코일이 병렬로 분산된 분권식을 사용한다.

13 건설기계용 AC 발전기의 정류기로 사용되는 것은 어느 것인가?

① 마이카 정류기
② 셀렌 정류기
③ 텅거 벌브 정류기
④ 실리콘 다이오드

> 교류(AC) 발전기의 정류기는 스테이터 코일에서 발생한 교류를 직류로 정류하여 외부로 공급하는 것으로 실리콘 다이오드를 사용한다.

14 AC 발전기의 출력은 무엇을 변화시켜 조정하는가?

① 발전기의 회전속도
② 축전지 전압
③ 로터 전류
④ 스테이터 전류

> 교류(AC) 발전기의 로터는 직류 발전기의 계자코일과 철심에 해당되며 자극을 형성한다.

15 일반적으로 교류 발전기 내의 다이오드는 몇 개인가?

① 3개   ② 6개
③ 7개   ④ 8개

> 일반적으로 교류(AC) 발전기의 정류기로 사용되는 실리콘 다이오드는 (+) 쪽에 3개, (−) 쪽에 3개씩 6개를 두며, 최근에는 여자 다이오드를 3개 더 두고 있기도 하다.

16 교류(AC) 발전기에 대한 설명 중 틀린 것은 어느 것인가?

① 다이오드는 교류를 정류하고 역류를 방지한다.
② 저속 회전 시에도 충전이 가능하고 출력이 크다.
③ 플레밍의 왼손법칙과 관계가 있다.
④ 스테이터는 고정되어 있으며 전류가 나오는 곳이다.

> 발전기는 플레밍의 오른손 법칙과 관계가 있다.

17 건설기계의 충전장치는 주로 어떤 발전기를 사용하고 있는가?

① 직류 발전기
② 단상 교류 발전기
③ 3상 교류 발전기
④ 와전류 발전기

정답 09 ③ 10 ① 11 ③ 12 ③ 13 ④ 14 ③ 15 ② 16 ③ 17 ③

건설기계는 주로 3상 교류 발전기를 사용한다. 3상 교류 발전기는 단상 교류 3개를 조합한 것으로 권수가 같은 3개의 코일을 120°간격으로 두고 철심을 감은 후 자석을 일정 속도로 회전시켜 각 코일에 기전력을 발생시킨다.

18 교류 발전기 부품이다. 관련 없는 부품은?

① 다이오드
② 슬립링
③ 스테이터코일
④ 전류조정기

교류(AC) 발전기는 고정부인 스테이터(고정자)와 회전하는 부분인 로터(회전자), 로터의 양 끝을 지지하는 엔드 프레임과 스테이터 코일에서 유기된 교류를 정류하는 실리콘 다이오드로 구성되어 있다. 슬립링은 로터의 구성품이다.

19 다음 중 AC 발전기와 관계가 없는 것은?

① 다이오드
② 전압조정기
③ 컷아웃 릴레이
④ 전압릴레이

컷아웃 릴레이는 직류(DC) 발전기 조정기의 3유닛 중 하나로 교류(AC) 발전기 조정기에는 불필요하다.

20 직류 발전기와 비교한 교류 발전기의 특징으로 틀린 것은?

① 소형, 경량이다.
② 브러시의 수명이 길다.
③ 전류조정기가 필요하다.
④ 저속 시에도 충전이 가능하다.

교류(AC) 발전기의 특징
• 저속에서도 충전이 가능하다.
• 회전 부분에 정류자가 없어 허용 회전속도가 한계가 높다.
• 실리콘 다이오드로 정류하기 때문에 전기적 용량이 크다.
• 소형 경량이며, 브러시 수명이 길다.
• 전압 조정기만 필요하다.

Lesson 3 등화 및 계기장치 구조와 기능

01 조명에 관련된 용어의 설명으로 틀린 것은?

① 광도의 단위는 캔들이다.
② 피조면의 밝기는 조도이다.
③ 빛의 세기는 광도이다.
④ 조도의 단위는 루멘이다.

조도는 빛을 받는 면의 밝기를 말하며, 단위는 룩스(lux) 기호는 Lx 이다.

02 건설기계에 사용되는 전조등에 대한 설명으로 틀린 것은?

① 좌·우에 각각 1개씩 설치되어 있어야 한다.
② 등광색은 양쪽이 동일하여야 하며 적색이어야 한다.
③ 1등 당 광도는 2등식의 경우 15,000cd, 4등식의 경우 12,000cd 이상이어야 한다.
④ 등화는 파손 등의 손상이 없고 점등 상태가 양호해야 한다.

등광색은 양쪽이 동일하여야 하며 흰색이어야 한다.

03 실드빔식 전조등에 대한 설명으로 맞지 않는 것은?

① 대기조건에 따라 반사경이 흐려지지 않는다.
② 내부에 불활성 가스가 들어있다.
③ 필라멘트를 갈아 끼울 수 있다.
④ 사용에 따른 광도의 변화가 적다.

실드빔식은 반사경, 렌즈, 필라멘트가 일체로 된 형식으로 필라멘트가 끊어지면 렌즈나 반사경에 이상이 없더라도 전조등 전체를 교환하여야 한다.

04 전조등의 좌우 램프간 회로에 대한 설명으로 맞는 것은?

① 직렬로 되어 있다.
② 직렬 또는 병렬로 되어 있다.
③ 병렬로 되어 있다.
④ 병렬과 직렬로 되어 있다.

정답 18 ④ 19 ③ 20 ③   3. 등화 및 계기장치 구조와 기능 01 ④ 02 ② 03 ③ 04 ③

> 전조등 회로는 퓨즈, 라이트 스위치, 디머 스위치 등으로 구성되어 있으며, 양쪽의 전조등은 하이빔과 로우빔 별로 병렬 접속되어 있다.

05 야간 작업시 헤드라이트가 한쪽만 점등되었다. 고장 원인으로 가장 거리가 먼 것은(단, 헤드램프 퓨즈가 좌·우측으로 구성됨)?

① 헤드라이트 스위치 불량
② 전구접지 불량
③ 회로의 퓨즈 단선
④ 전구 불량

> 전조등이 한쪽만 점등되는 경우의 원인
> • 전구의 접지 불량
> • 한쪽 회로의 퓨즈 단선
> • 전구 불량

06 건설기계의 전조등 성능을 유지하기 위하여 가장 좋은 방법은?

① 축전지와 직결시킨다.
② 복선식으로 한다.
③ 굵은 선으로 갈아 끼운다.
④ 단선으로 한다.

> 복선식은 접지 쪽에도 전선을 사용하는 방식으로 전조등과 같이 큰 전류가 흐르는 회로에서 사용한다.

07 전조등의 필라멘트가 끊어진 경우 렌즈나 반사경에 이상이 없어도 전조등 전부를 교환하여야 하는 형식은?

① 전구형
② 분리형
③ 세미실드빔형
④ 실드빔형

> 실드빔형 전조등
> • 렌즈, 반사경 및 필라멘트가 일체로 된 형식이다.
> • 내부에 불활성 가스가 들어 있다.
> • 반사경이 흐려지는 일이 없다.
> • 광도의 변화가 적다.
> • 필라멘트가 끊어지면 렌즈나 반사경에 이상이 없어도 전조등 전체를 교환하여야 한다.

08 헤드라이트에서 세미실드빔형은?

① 렌즈와 반사경을 분리하여 제작한 것
② 렌즈, 반사경 및 전구를 분리하여 교환이 가능한 것
③ 렌즈, 반사경 및 전구가 일체인 것
④ 렌즈와 반사경은 일체이고, 전구는 교환이 가능한 것

> 세미실드빔형 전조등
> • 렌즈와 반사경은 일체형이지만 전구는 별도로 설치한 것이다.
> • 공기 유통이 있어 반사경이 흐려질 수 있다.
> • 전구만 따로 교환할 수 있다.
> • 할로겐 전구가 많이 활용되고 있다.

09 세미실드빔 형식을 사용하는 건설기계 장비에서 전조등이 점등되지 않을 때 가장 올바른 조치 방법은?

① 렌즈를 교환한다.
② 반사경을 교환한다.
③ 전구를 교환한다.
④ 전조등을 교환한다.

> 세미실드빔형은 전구만 교환할 수 있다.

10 현재 널리 사용되는 할로겐 램프에 대하여 운전사 두 사람(A, B)이 서로 주장하고 있다. 다음 중 어느 운전자의 말이 옳은가?

운전자 A : 실드빔형이다.
운전자 B : 세미실드빔형이다.

① A가 맞다.
② B가 맞다.
③ A, B 모두 맞다.
④ A, B 둘 다 틀리다.

> 현재 널리 사용되는 할로겐 램프는 렌즈와 반사경이 일체이고, 전구는 교환이 가능한 세미실드빔형이다.

정답 05 ① 06 ② 07 ④ 08 ④ 09 ③ 10 ②

11 건설기계의 좌·우회전을 표시하는 방향지시등의 광도 기준으로 옳은 것은?

① 30cd 이상, 750cd 이하
② 50cd 이상, 750cd 이하
③ 50cd 이상, 1050cd 이하
④ 30cd 이상, 1050cd 이하

🔍 건설기계의 좌·우회전을 표시하는 방향지시등의 광도는 50cd 이상, 1050cd 이하이어야 한다.

12 건설기계 방향지시등의 구성과 조건에 대한 설명으로 틀린 것은?

① 건설기계 중심에 대해 좌·우 대칭일 것
② 건설기계 너비의 50% 이상 간격을 두고 설치되어 있을 것
③ 점멸 주기는 매분 60회 이상 120회 이하일 것
④ 등광색은 흰색 또는 녹색일 것

🔍 방향지시등의 구성과 조건
- 방향지시등은 건설기계 중심에 대해 좌·우 대칭일 것
- 설치위치, 투영면적 및 유효조광 면적은 기준에 적정할 것
- 건설기계 너비의 50% 이상 간격을 두고 설치되어 있을 것
- 점멸 주기는 매분 60회 이상 120회 이하일 것
- 등광색은 노란색 또는 호박색일 것
- 파손 등의 손상이 없을 것
- 방향지시등은 견고하게 부착되어 있을 것

13 방향지시등 스위치를 작동시 한 쪽은 정상이고, 다른 한쪽은 점멸 작용이 정상과 다르게(빠르게 또는 느리게) 작동한다. 고장 원인이 아닌 것은?

① 좌측 램프 교체시 규정용량의 전구를 사용하지 않았을 때
② 전구 1개가 단선되었을 때
③ 한쪽 전구 소켓에 녹이 발생하여 전압 강하가 있을 때
④ 플래셔 유닛 고장

🔍 방향지시등의 한쪽이 접촉 불량이거나 전구가 불량하면 전압강하가 발생하여 다른 쪽으로 많은 전류가 흘러가고 점멸이 빨라지게 된다.

14 방향지시등의 한쪽 등 점멸이 빠르게 작동하고 있을 때 가장 먼저 점검하여야 할 곳은?

① 플래셔 유닛
② 콤비네이션 스위치
③ 전구(램프)
④ 배터리

🔍 방향지시등의 한쪽 등 점멸이 빠르게 작동하고 있다면 전구의 접촉 상태나 불량 여부를 먼저 점검하도록 한다.

15 건설기계가 후진할 때 점등되는 후진등은 후방 몇 미터를 비출 수 있어야 하는가?

① 75m   ② 45m
③ 25m   ④ 15m

🔍 후진등은 건설기계가 후진할 때 점등되는 것으로 후방 75m를 비출 수 있어야 한다.

16 건설기계의 제동등과 후진등에 대한 설명으로 틀린 것은?

① 제동등의 등광색은 붉은색이어야 한다.
② 후진등은 4개 이상 설치되어야 한다.
③ 후진등의 등광색은 흰색 또는 노란색이어야 한다.
④ 제동등 및 후진등의 1등당 광도는 40cd 이상, 420cd 이하이다.

🔍 후진등은 2개 이하 설치되어 있어야 한다.

17 건설기계 제동등에 대한 설명으로 틀린 것은?

① 등광색은 붉은색일 것
② 제동 조작을 하는 동안 지속적으로 점등 상태가 유지될 수 있어야 한다.
③ 다른 등화와 겸용 시 광도가 2배 이상 증가할 것
④ 등화의 설치 높이는 지상 35cm 이상, 200cm 이하일 것

🔍 제동등은 다른 등화와 겸용 시 광도가 3배 이상 증가할 것

정답 11 ③ 12 ④ 13 ④ 14 ③ 15 ① 16 ② 17 ③

18 다음 중 냉각수 온도계에 관한 설명으로 적합하지 않은 것은?

㉮ 엔진 냉각수 온도를 표시한다.
㉯ 운전 시에는 지침이 작동 범위 내에 있는 것이 정상이다.
㉰ 시동 시에는 지침이 작동 범위 내에 올 때까지 저속 공회전시킨다.
㉱ 지침이 적색 영역에 오면 엔진을 고속으로 공회전시킨다.

🔍 지침이 적색 영역에 오면 엔진을 저속으로 5분간 공회전시킨 후 시동을 끄고 라디에이터와 엔진을 점검하여야 한다.

19 건설기계의 계기장치에 대한 설명으로 틀린 것은?

① 속도계는 장비의 속도를 km/h와 mph로 표시한다.
② 연료계의 지침이 F를 지시하면 연료를 보충한다.
③ 트랜스미션 오일 온도계의 지침이 적색 영역에 오면 과열 상태이다.
④ 엔진 냉각수 온도계의 적색 영역은 냉각수 온도가 104℃를 초과하였음을 의미한다.

🔍 연료계는 연료의 잔량을 표시하며, 지침이 E를 지시하면 연료를 보충한다.

20 건설기계 작업 중 계기판의 정보가 다음과 같았다. 조치해야 할 사항은?

① 냉각수를 보충한다.
② 연료를 보충한다.
③ 시동을 끄고 냉각계통을 점검한다.
④ 작업을 멈추고 일일점검을 실시한다.

🔍 그림의 계기판 정보는 연료량을 표시하는 것으로 연료가 부족한 상태이므로 연료를 보충하여야 한다.

21 다음 중 건설기계의 엔진이 비정상 작동 시에 점등되는 엔진점검 경고등은?

①    ②

③    ④

🔍 ① 엔진점검 경고등, ② 엔진오일 압력표시등, ③ 엔진예열 표시등, ④ 베터리 충전 경고등

22 건설기계 작업 중 다음과 같은 경고등이 점등되었다. 조치 사항으로 옳은 것은?

① 정상적인 점등이므로 계속 작업한다.
② 시동을 끈 후 엔진 오일 레벨을 점검하고 조치한다.
③ 엔진을 정지하고 원인을 해결할 때까지 장비 운전을 금지한다.
④ 충전회로를 점검하고 조치한다.

🔍 보기는 브레이크 고장 경고등으으로 주행 브레이크의 오일 압력이 정상 운전 영역 이하로 되면 점등된다. 이 램프가 점등되면 엔진을 정지하고 원인을 점검하여야 하며, 원인을 찾아 수리할 때까지 장비 운전을 금지하도록 한다.

23 퓨즈는 회로 속에 어떻게 설치되는가?

① 병렬
② 직렬
③ 직·병렬
④ 혼선

🔍 퓨즈는 회로에 과도한 전류가 흐를 때 내부의 금속 부품이 녹아 끊어져 개방회로를 만듦으로써 회로를 보호하는 장치로 회로 내에서 직렬로 설치된다.

정답 18 ④ 19 ② 20 ② 21 ① 22 ③ 23 ②

24 퓨즈의 재료 중 맞는 것은?

① 주석, 납, 창연, 카드뮴의 합금
② 주석, 구리, 크롬, 알루미늄의 합금
③ 주석, 납, 구리, 아연, 철의 합금
④ 주석, 카드뮴, 아연, 구리의 합금

> 퓨즈는 주석(Sn), 납(Pb), 창연(Bi, 비스무트), 카드뮴(Cd)의 합금으로 만들어진다.

25 전조등 점검 결과 퓨즈를 교환하려 한다. 전원은 24V 이고, 전조등은 60W×2이다. 얼마 이상의 퓨즈를 사용하여야 하는가?(단, 안전계수는 1.2 이다.)

① 5A 이상
② 3A 이상
③ 4A 이상
④ 6A 이상

> 퓨즈용량 = $\dfrac{전력}{전압} \times 안전계수$
> ∴ $\dfrac{60+60}{24} \times 1.2 = 6[A]$

정답 24 ① 25 ④

동력전달(차체)장치

Craftsman Loader Operator

Lesson 01 동력전달 및 변속장치 구조와 기능

1 휠(Wheel)형 동력전달 및 변속장치

1) 클러치

① **클러치의 개요**
  ㉮ 클러치는 변속기와 기관 사이에 설치된다.
  ㉯ 기관을 시동하거나 기어 변속을 할 때는 기관과의 연결상태를 차단하고, 출발할 때는 기관의 동력을 변속기로 서서히 전달하는 일을 한다.

② **클러치의 필요성**
  ㉮ 기관 시동 시 기관을 무부하상태로 하기 위하여
  ㉯ 변속 시 기관의 회전력을 차단하기 위하여
  ㉰ 정차 및 기관의 동력을 서서히 전달하기 위하여

③ **클러치의 구비 조건**
  ㉮ 동력 차단이 신속히 될 것
  ㉯ 동력 전달 및 절단이 원활할 것
  ㉰ 작동이 확실할 것
  ㉱ 구조가 간단하며 점검 및 취급이 용이할 것
  ㉲ 동력이 절단된 후 수동부분에 회전타성이 적을 것
  ㉳ 방열이 잘 되고 과열되지 않을 것
  ㉴ 회전부분의 평형이 좋을 것

> ● **토크 컨버터(torque converter)**
> • 자동변속기에 사용되는 장치로 엔진과 유성기어 사이에서 유체 커플링으로 동력을 전달하는 장치이다.
> • 토크 컨버터는 엔진의 동력을 변속기로 전달하고, 토크를 증폭시키는 데 중요한 역할을 하며, 작동 원리는 유체역학에 기초한다.
> • 토크 컨버터는 저속에서 토크 변환기 역할을 하고, 고속에서는 유체 클러치 역할을 한다.
> • 토크 컨버터의 펌프는 엔진(기관)에 의해 직접 구동되며, 오일을 배출하는 원심펌프로 작동된다.
> • 토크 컨버터의 3대 구성요소는 펌프, 터빈, 스테이터이다.

④ **클러치의 고장 원인과 점검**
　㉮ 클러치 연결 시 진동의 원인
　　㉠ 릴리스 레버 높이가 평형하지 않을 때(릴리스 레버 높이는 25~40mm 정도가 정상)
　　㉡ 클러치판의 허브가 마모되었을 때
　　㉢ 플라이휠 장착 압력판 및 클러치 커버의 체결이 풀어졌을 때
　㉯ 클러치가 미끄러지는 원인
　　㉠ 클러치 페달의 자유 간격이 불량(자유 간극은 25~30mm 정도가 적당)
　　㉡ 클러치 스프링의 장력이 약하거나 자유 높이 감소
　　㉢ 클러치판에 오일 부착 및 플라이 휠 및 압력판의 손상 또는 변형
　　㉣ 클러치판의 과도한 마모 시
　㉰ 출발 시 진동이 생기는 원인
　　㉠ 릴리스 레버의 높이가 일정치 않을 때
　　㉡ 클러치판의 허브가 마모되었을 때
　　㉢ 클러치판 커버의 볼트가 이완되었을 때
　㉱ 클러치 유격이 작을 때의 영향
　　㉠ 클러치 미끄럼이 발생하여 동력 전달이 불량하다.
　　㉡ 클러치판이 소손된다.
　　㉢ 릴리스 베어링이 빨리 마모된다.
　　㉣ 클러치 소음이 발생한다.
　㉲ 클러치의 끊어짐이 불량한 원인
　　㉠ 클러치 페달의 유격이 너무 클 때(릴리스 베어링과 레버 사이가 멀 때)
　　㉡ 클러치판이 흔들리거나 비틀어졌을 때
　　㉢ 베어링 급유 부족으로 파일럿 부시부가 고착되었을 때

2) 변속기

① **변속기의 개요**
　㉮ 변속기는 클러치와 추진축(propeller shaft) 사이에 설치되어 있다.
　㉯ 클러치를 통해서 전달된 기관의 회전력을 건설기계의 작업이나 주행상태에 따라 증대시키거나 감소시켜 구동바퀴에 전달하는 기능을 가졌고 장비를 후진시키는 역전장치도 갖추고 있다.

② **변속기의 필요성**
　㉮ 기관 회전속도와 바퀴 회전속도와의 비를 주행 저항에 대응하여 변경한다.
　㉯ 바퀴의 회전 방향을 역전시켜 차량의 후진을 가능하게 한다.
　㉰ 기관과의 연결을 끊을 수도 있다.(엔진 가동 시 엔진을 무부하 상태로 한다.)

③ **변속기의 구비 조건**
　㉮ 단계가 없이 연속적인 변속 조작이 가능할 것
　㉯ 변속 조작이 쉽고 신속·정확하게 이루어질 것
　㉰ 전달효율이 좋을 것
　㉱ 소형·경량으로서 고장이 없고 다루기가 쉬울 것

④ 변속기의 고장 원인과 점검
  ㉮ 변속기어가 잘 물리지 않을 때
    ㉠ 클러치가 끊어지지 않을 때   ㉡ 동기 물림 링과의 접촉이 불량할 때
    ㉢ 변속 레버 선단과 스플라인 홈 마모   ㉣ 스플라인 키나 스프링 마모
  ㉯ 기어가 빠질 때
    ㉠ 싱크로나이저 클러치 기어의 스플라인이 마멸되었을 때
    ㉡ 메인 드라이브 기어의 클러치 기어가 마멸되었을 때
    ㉢ 클러치 축과 파일럿 베어링의 마멸   ㉣ 메인 드라이브 기어의 마멸
    ㉤ 시프트 링의 마멸   ㉥ 로크 볼의 작용 불량
    ㉦ 로크 스프링의 장력이 약할 때
  ㉰ 변속기어의 소음
    ㉠ 클러치가 잘 끊기지 않을 때   ㉡ 싱크로나이저의 마찰면에 마멸이 있을 때
    ㉢ 클러치 기어 허브와 주축과의 틈새가 클 때   ㉣ 기어오일이 부족할 때
    ㉤ 각 기어 및 베어링이 마모되었을 때

3) 드라이브 라인

① 기관의 동력을 원활하게 뒤 차축에 전달하기 위해 추진축의 중간 부분에 슬립 이음(slip joint), 추진축의 앞쪽 또는 양쪽 끝에 자재 이음(universal joint)이 있으며 이를 합쳐서 드라이브 라인이라고 부른다.

② 드라이브 라인의 구성
  ㉮ 추진축 : 변속기의 회전력을 종감속장치에 전달하여 바퀴를 회전시킨다.
  ㉯ 자재 이음 : 각도를 가진 2개의 축 사이에 설치되어 원활한 동력을 전달할 수 있도록 사용되며, 추진축의 각도 변화를 가능케 한다.
  ㉰ 슬립 이음 : 변속기 출력축의 스플라인에 설치되어 주행 중 추진축의 길이 변화를 가능케 하며 CG(섀시 그리스)가 주유된다.

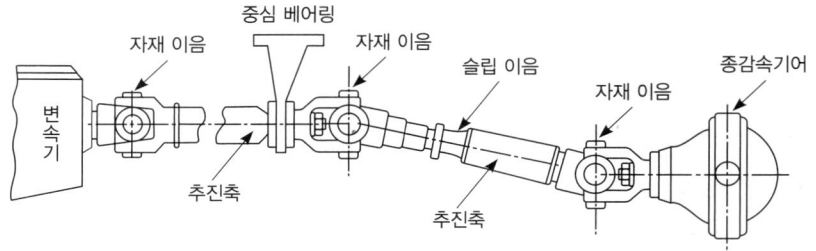

[드라이브 라인의 구성(2분할식)]

4) 최종감속기어 및 차동장치

① **최종감속 기어(종감속기어)**
  ㉮ 추진축의 회전력을 직각의 각도로 바꾸어 뒤 차축에 감속해 전달하는 역할을 한다.
  ㉯ 종감속비를 크게 하면 가속 성능과 등판 성능은 향상되지만, 고속 성능은 저하된다.
  ㉰ 최종감속기어의 종류 : 웜과 웜기어, 스파이럴 베벨기어, 하이포이드 기어

② **차동장치**
　㉮ 주행 시 커브길에서 양쪽 바퀴가 미끄러지지 않고 원활히 회전되도록 바깥 바퀴를 안쪽 바퀴보다 더 많이 회전시킨다. 따라서 요철 부분의 길을 통과할 때 양쪽 바퀴의 회전수를 다르게 하여 원활한 회전을 가능하게 하는 장치이다.
　㉯ 차동장치는 랙과 피니언의 원리를 이용한 것이다.

2 크롤러형 동력전달 및 변속장치

1) 메인 클러치(플라이휠 클러치)
① 기관의 동력을 변속기 측으로 전달하거나 차단하는 것을 목적으로 하는 클러치로, 구조에 따라 스프링식과 오버센터식으로 구분된다.
② 일반적으로 클러치 레버의 조작은 30~32kgf 정도의 힘으로 연결되면 양호한 상태이며, 클러치 작용시 충격을 완화시키기 위하여 고무링크가 5개 설치되는데 그 중 1개라도 손상되면 모두 교환해야 한다.

2) 변속기(트랜스미션)
① 클러치에서 전달된 동력을 받아서 기관의 회전속도와 바퀴 회전속도와의 주행저항에 알맞게 바꾼다.
② 대표적인 변속기로는 선택기어식과 유성기어식이 있으며, 최근에는 유성기어식 변속기가 일반적으로 사용되고 있다.

3) 피니언 및 베벨기어
① 베벨기어는 클러치를 통하여 변속기(트랜스미션)에서 나오는 동력을 직접 받은 피니언기어와 맞물려서 회전하며, 그 동력을 좌우 90° 방향으로 전달하는 장치이다.
② 링(ring)형으로 되어 있는 베벨기어는 그 기어 축의 플랜지(flange)에 볼트로 고정되어 있으며 스티어링 클러치의 하우징 중앙에 설치되어 있다.

●● 동력전달 순서

구분		동력전달 순서
휠(Wheel)형	일체식	기관 → 토크 컨버터 → 변속기 → 트랜스퍼 기어 → 프로펠러 축과 유니버설 조인트 → 차동장치 → 종감속장치 → 휠
	관절식	기관 → 토크 컨버터 → 제1축 → 변속기 → 제2축 → 액슬 → 바퀴 → 제3축 → 액슬 → 바퀴
크롤러형	마찰 클러치식	기관 → 플라이휠 클러치 → 변속기 → 피니언 및 베벨기어 → 조향 클러치 및 브레이크 → 종감속기어 → 스프로킷 → 트랙
	토크 컨버터식	기관 → 토크 컨버터 → 변속기 → 피니언 및 베벨기어 → 조향 클러치 및 브레이크 → 종감속기어 → 스프로킷 → 트랙

Lesson 02 조향장치 구조와 기능

1. 조향장치 일반

1) 조향장치가 갖추어야 할 조건
① 조향 조작이 주행 중의 충격에 영향받지 않을 것
② 조작하기 쉽고 방향 변환이 원활하게 행해질 것
③ 회전반경이 작을 것
④ 조향 핸들의 회전과 바퀴의 선회 차가 크지 않을 것
⑤ 수명이 길고 다루기가 쉬우며, 정비하기 쉬울 것
⑥ 고속 주행에서도 조향 핸들이 안정될 것

2) 조향원리의 형식
① **애커먼식** : 좌·우 바퀴만 나란히 움직이므로 타이어 마멸과 선회가 나빠 현재는 사용되지 않는다.
③ **애커먼 장토식** : 애커먼식을 개량한 것으로 선회시 앞바퀴가 나란히 움직이지 않고 뒤 액슬의 연장선 상의 한 점 0에서 만나게 되며 현재 사용되는 형식이다.

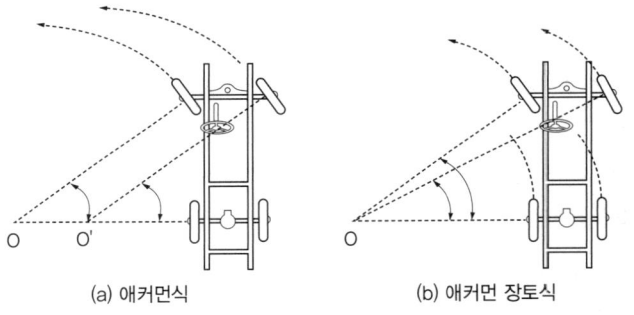

(a) 애커먼식   (b) 애커먼 장토식

[애커먼식 및 애커먼 장토식 조향원리]

3) 조향장치의 형식
① **비가역식** : 핸들의 조작력이 바퀴에는 전달되지만, 바퀴의 충격이 핸들에 전달되지 않는다.
② **가역식** : 핸들과 바퀴 쪽에서의 조작력이 서로 전달된다.
③ **반가역식** : 조향기어의 구조나 기어비로 조정하여 비가역과 가역성의 중간을 나타낸다.

2 기계식 조향기구

1) 개요

운전자의 조작력을 조향기어에 전달하기 위한 조작기구와 조작력의 방향을 바꾸어 줌과 동시에 회전력을 증대하여 조향링크 쪽으로 전달하는 조향기어 기구 그리고, 조향력을 앞바퀴에 전달함과 동시에 좌우의 앞바퀴를 일정하게 유지시키기 위한 조향링크 기구가 있다.

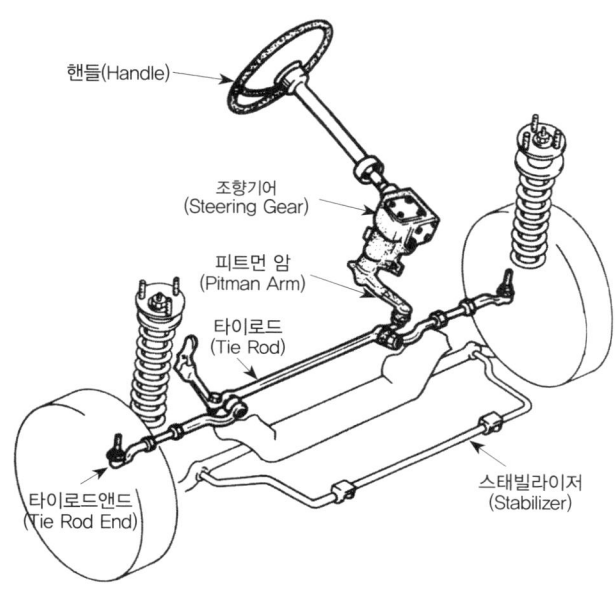

[기계식 조향기구]

2) 기구 구성과 기능

① **조향핸들과 축** : 조향핸들은 허브, 스포크 휠과 노브로 구성되어 있으며 조향축의 세레이션 홈에 끼워져 있다. 일반적으로 직경 500mm 이내의 것이 많이 사용되며 25~50mm 정도의 유격이 있다.

② **조향기어** : 소형 차량은 10~20:1로, 대형 차량은 20~30:1의 비율로 감속해 피트먼 암으로 전달하며 종류로는 웜 앤 섹터형, 웜 앤 롤러형, 볼 앤 너트형, 캠 앤 레버형, 랙 앤 피니언형 등이 있다.

③ **피트먼암** : 한쪽 끝은 세레이션을 이용해 섹터 축에 설치되고 다른 쪽 끝은 링크 기구로 연결된다.

④ **드래그 링크와 너클암** : 피트먼암과 너클암을 연결하는 로드이며, 양쪽 끝은 볼 조인트에 의해 암과 연결되어 있다.

⑤ **타이로드와 타이로드 엔드** : 좌우의 너클암과 연결되어 너클암의 작동을 다른 쪽 너클암에 전달하며, 좌·우 바퀴의 관계 위치를 정확하게 유지하는 역할을 한다.

3 동력식 조향기구

1) 동력 조향장치의 종류

① **링키지형** : 작동장치인 동력실린더가 조향 링키지(linkage) 기구의 중간에 설치된 형식으로 제어밸브와 동력 실린더가 일체로 결합된 조합식과 각각 분리된 분리식이 있다.

② **일체형** : 동력실린더, 동력피스톤, 제어밸브 등으로 구성된 주요기구가 조향기어 하우징 안에 일체로 결합되어 있는 형식이다.

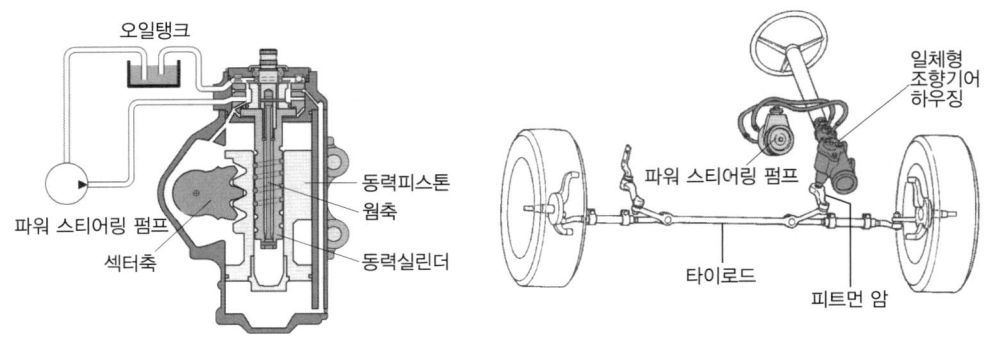

[일체형 동력 조향장치]

2) 동력식의 주요 구성

① **동력부** : 기관에 의해서 구동되는 오일펌프와 최고 유압을 규제하는 압력조절밸브 및 오일통로의 유량(流量)을 조정하는 유량제어밸브를 포함한 밸브 유닛 등으로 구성되어 동력원이 되는 유압을 발생하는 장치이다.

② **작동장치** : 유압을 기계적인 힘으로 바꾸어 앞바퀴의 조향력을 발생하게 하는 부분으로 복동식 동력 실린더를 사용한다.

③ **제어장치** : 작동장치에 이르는 유압유 통로를 개폐하는 밸브로 핸들 조작으로 제어밸브가 오일 회로를 바꾸어 동력실린더의 작동상태와 작동방향을 제어한다.

3) 동력 조향장치의 장점

① 조향 조작력을 가볍게 할 수 있다.
② 조향 조작력에 관계없이 조향 기어비를 설정할 수 있다.
③ 불규칙한 노면에서 조향 핸들을 빼앗기는 일이 없다.
④ 충격을 흡수하여 충격이 핸들에 전달되는 것을 방지한다.

4 휠 얼라인먼트(앞바퀴 정렬)

1) 휠 얼라인먼트의 역할
① 조향핸들의 조작력을 가볍게 한다.
② 조향핸들에 복원성을 준다.
③ 타이어의 마모를 최소화한다.
④ 조향 조작이 확실하고 안정성을 준다.

2) 휠 얼라인먼트의 요소
① **토인(toe-in)** : 중심선 사이의 거리가 앞쪽이 뒤쪽보다 조금 좁게 되어 있다.
  ㉮ 앞바퀴를 주행 중에 평행하게 회전시킨다.
  ㉯ 조향할 때 바퀴가 옆 방향으로 미끄러지는 것을 방지한다.
② **캠버(camber)** : 앞바퀴를 앞에서 보았을 때 윗부분이 바깥쪽으로 약간 벌어져 상부가 하부보다 넓게 되어 있다.
  ㉮ 조향 조작력을 가볍게 하고, 수직 하중에 의해 차축이 휘는 것을 방지한다.
  ㉯ 바퀴의 윗부분이 바깥쪽으로 기울어진 상태를 정(+)의 캠버, 바퀴의 중심선이 수직일 때를 0의 캠버, 바퀴의 윗부분이 안쪽으로 기울어진 상태를 부(-)의 캠버라 한다.
③ **캐스터(caster)** : 앞바퀴 옆에서 보았을 때 킹핀의 중심선이 뒤쪽으로 기울어 설치되어 있는 것을 말한다.
  ㉮ 주행 중 조향 바퀴에 방향성을 준다.
  ㉯ 조향 핸들의 직진 복원성을 준다.

5 조향장치 관련 사항

1) 조향 핸들이 무거운 원인
① 타이어의 공기 압력이 부족하다.
② 조향기어의 백래시가 작다.
③ 조향기어 박스 내의 오일이 부족하다.
④ 앞바퀴 정렬 상태가 불량하다.
⑤ 타이어의 마멸이 과다하다.

2) 조향 핸들이 한쪽으로 치우치는 원인
① 타이어의 공기 압력이 불균일하다.
② 앞바퀴 정렬 상태가 불량하다.

③ 쇽업소버의 작동상태가 불량하다.
④ 앞차축 한쪽 스프링이 파손되었다.
⑤ 뒤 차축이 차량 중심선에 대하여 직각이 되지 않았다.
⑥ 허브 베어링의 마멸이 과다하다.

Lesson 03 주행장치 구조와 기능

1 휠형 주행장치

1) 휠(wheel)

① **휠의 개요**
  ㉮ 휠은 제동 시의 토크, 선회 시의 원심력에 견디며 타이어는 공기 압력을 유지하는 타이어 튜브와 타이어로 구성된다.
  ㉯ 휠은 크게 림과 휠 디스크 등으로 구성된다. 림은 타이어를 유지하는 부분이고 휠 디스크는 허브에 장착하기 위한 부분이다.

② **휠의 종류** : 디스크 휠, 스포크 휠, 스파이더 휠

③ **림(rim)의 종류** : 2분할 림, 드롭 센터 림, 광폭 드롭 센터 림, 인터 림, 안전 리지 림

2) 타이어(tire)

① **타이어의 종류**
  ㉮ 고압 타이어 : $4.2 \sim 6.3 kg/cm^2$ 정도의 압력을 받는 타이어를 말한다.
  ㉯ 저압 타이어 : $2.1 \sim 2.5 kg/cm^2$ 정도의 압력을 받는 타이어로 말한다.
  ㉰ 레이디얼(Radial) 타이어 : 카커스 코드가 원주 방향으로 형성되어 있고 트레드에 스틸 코드가 있어 수명이 길고, 발열이 적어서 고속안정성이 우수하며 코너링 시 안정적이다. 규격은 'R' 또는 'RADIAL'로 표시한다.
  ㉱ 바이어스(Bias) 타이어 : 타이어 코드가 타이어 원주 방향에 $30 \sim 40°$로 경사지도록 제작된 타이어다. 레이디얼 타이어보다 가격이 싸고 성형 공정이 간단하며 비포장 노면에서 승차감이 우수하다. '–' 또는 'D'로 표기한다.
  ㉲ 편평 타이어 : 타이어 폭이 타이어 단면 높이보다 큰 타이어로 편평비를 '시리즈'라고 하는데 편평비가 60이면 60시리즈라고 한다.

② **타이어의 구조**
  ㉮ 트레드(tread) : 타이어가 노면과 접촉하는 부분의 두꺼운 고무층을 말하며 노면과 미끄러짐을 방지하고 방열을 위한 홈(트레드 패턴)이 파여 있다.

㉯ 사이드월(side wall) : 타이어의 숄더와 비드(bead) 사이에 해당하는 부분으로서 카커스를 보호하고 유연한 굴신운동을 함으로써 승차감을 좋게 한다. 이 부분에는 타이어의 종류, 규격, 구조, 패턴, 제조회사, 상표명 등 여러 가지 문자가 표시되어 있다.

㉰ 숄더(sholder) : 트레드와 사이드월 사이에 위치하고 있으며, 하중을 지지하고 주행 중 발생된 내부 열을 발신시키는 역할을 한다.

㉱ 비드(bead) : 타이어에서 휠과 맞닿는 부분으로서 공기를 채웠을 때 타이어를 휠에 고정시킨다. 튜브리스(tubeless) 타이어의 경우 기밀유지 기능을 한다.

㉲ 카커스(cacass) : 타이어의 골격이 되는 부분이다. 철심에 고무를 입힌 여러 겹의 코드를 규격에 맞추어 경사지게(Bias) 또는 방사상(Radial) 구조로 설치하여 차량의 하중을 지탱하고 충격을 흡수하는 역할을 한다.

㉳ 인너라이너(Innerliner) : 타이어 안쪽면의 매끈하게 표면처리한 부분으로 튜브리스 타이어에서는 타이어 공기압을 유지하고, 튜브타입 타이어에서는 타이어 코드부와 튜브의 마찰로 인해 튜브가 손상되는 것을 방지하는 역할을 한다

㉴ 벨트(belt) : 주행 시 외부로부터 받는 충격을 완화하고 트레드의 갈라짐이나 외상이 직접 카커스에 도달하는 것을 방지한다. 또한 노면에 닿는 트레드 부위를 넓게 하여 주행 안정성을 높이는 역할을 한다.

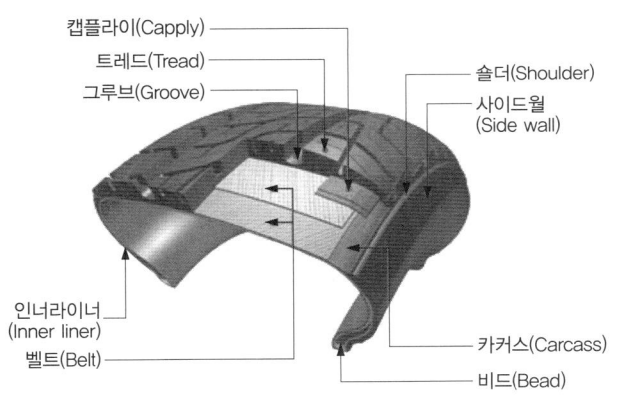

[타이어의 구조]

③ **타이어 호칭 방법**
  ㉮ 고압 타이어 : 외경(inch)×폭(inch)-플라이 수
  ㉯ 저압 타이어 : 폭(inch)-내경(inch)-플라이 수

④ **타이어 트레드 패턴의 필요성**
  ㉮ 타이어 옆 방향, 전진 방향 미끄러짐 방지
  ㉯ 타이어 내부의 열 발산
  ㉰ 트레드부에 생긴 절상 등의 확대 방지
  ㉱ 구동력이나 선회 성능 향상

⑤ **타이어의 주행 현상**
　㉮ 스탠딩 웨이브 : 고속 주행 시 공기압력이 적을 때 타이어가 찌그러지는 현상으로, 공기압을 15~20% 정도 높이거나, 강성이 큰 타이어를 사용한다.
　㉯ 하이드로 플래닝 : 젖은 노면에서 수막에 의해 타이어가 노면에서 뜨는 현상으로 트레드의 마멸이 적은 타이어를 사용하고, 공기압을 높이며, 리브 패턴형 타이어를 사용한다.

> ● **튜브리스 타이어의 장점**
> • 튜브가 없어 조금 가볍다.
> • 못 등이 박혀도 공기가 잘 새지 않는다.
> • 펑크 수리가 간단하다.
> • 고속 주행 시 발열이 적다.

2 크롤러형 주행장치

1) 최종감속기어와 구동륜
① 동력전달계통에서 전달된 동력을 최종 감속하여 구동륜을 구동시키는 장치이다.
② **최종감속기어(종감속기어)** : 동력전달계통의 최종감속을 하며 스퍼 기어식과 유성 기어식이 있고 약 10:1 정도 감속한다.
③ **스프로킷(구동륜)** : 최종감속기어 축에 끼워져서 트랙을 돌려준다. 일체식, 분해식, 분할식이 있으며 최근에는 교환·정비가 용이한 분할식이나 분해식이 주로 사용된다.

2) 언더캐리지(하부주행체)의 주요 구성
① **트랙 프레임(Track frame)** : 크롤러 장비의 좌우 양쪽에 특수강으로 용접하여 만들어졌다. 프레임의 앞에는 아이들러가 설치되고 뒤에는 스프로킷이 장착되어 트랙 프레임과 일체가 되어 회전한다.
② **상부 롤러(캐리어 롤러)** : 전부유동륜(아이들러)과 스프로킷의 사이에서 트랙의 처짐을 방지한다. 상부 롤러 외부의 트랙 링크와 닿는 면은 고주파 열처리를 하여 내마모성을 갖고 내부에는 오일을 넣고 그룹 실(seal)로 완전 실링을 하여 흙이나 먼지의 침입을 방지한다.
③ **하부 롤러(트랙 롤러)** : 사이드 프레임 하면에 취부되어 굴착기의 전 중량을 균등하게 링크에 분포시킨다. 하부 롤러도 상부 롤러와 같이 고주파 열처리를 하여 내마모성을 갖고 내부에는 오일을 넣고 그룹 실로 완전 실링을 한다.
④ **아이들러(전부유동륜)** : 아이들러는 트랙의 완충 장치에 설치되어 트랙 프레임 위를 앞뒤로 이동하고 요크는 안내 역할을 한다. 조정 실린더는 그 속에 봉입된 그리스의 양을 조정하여 아이들러를 앞뒤로 이동시킨다.
⑤ **트랙(Track)** : 트랙은 작업 지역의 토질이나 작업 내용에 따라 여러 형태의 것이 사용된다. 트랙은 트랙 링크(Track link), 슈(Shoe), 부싱(Bushing), 핀(Pin)으로 구성되어 있다.

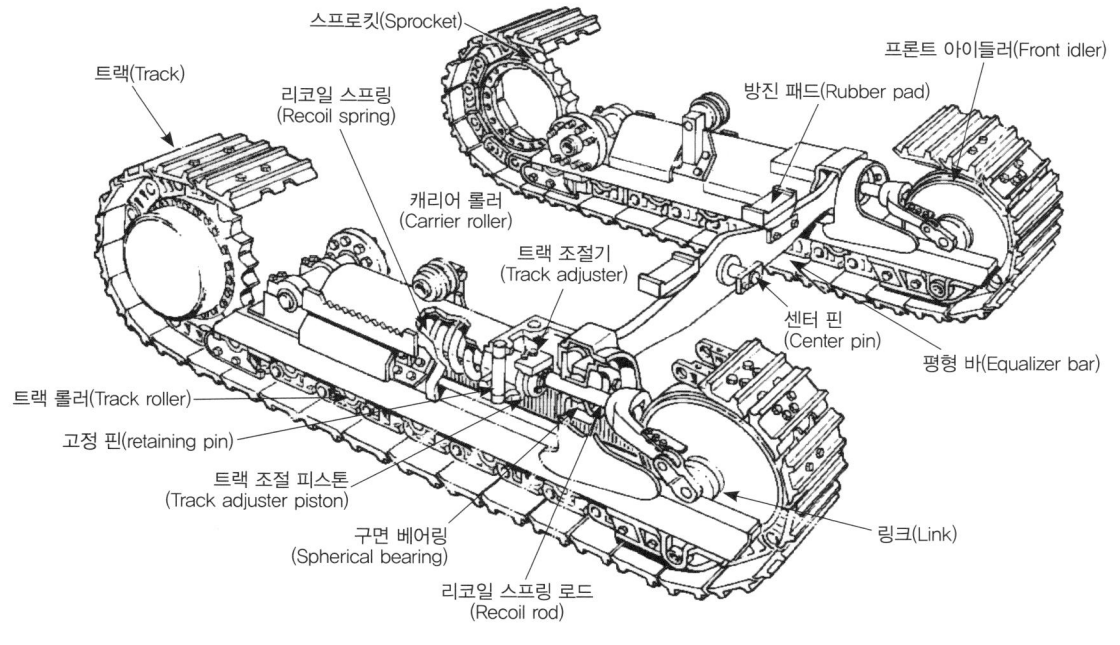

[크롤러형의 주행장치 구조]

3) 트랙이 잘 벗겨지는 이유

① 고속 주행 시 급하게 방향을 전환할 경우
② 트랙과 롤러 사이에 돌이 끼었을 때 조향하는 경우
③ 롤러의 심한 마모
④ 아이들러(전부유동륜), 스프로킷 기어의 중심이 맞지 않을 경우
⑤ 트랙의 장력이 현저히 작을 때
⑥ 경사면을 측면으로 주행하는 경우
⑦ 트랙의 정렬이 맞지 않을 때

> **● 트랙 장력의 조정**
> • 트랙 장력은 트랙 처짐 정로를 육안으로 먼저 살핀 후 너무 많이 처졌다 싶으면 트랙 체인의 상부에서 트랙의 처짐량을 확인하고 점검한다.
> • 트랙 장력의 조정은 리코일 스프링 안쪽에 설치된 실린더에 그리스를 주입하면 자동으로 장력이 조정된다.

Lesson 04 제동장치 구조와 기능

1 제동장치의 개요 및 종류

1) 제동장치의 개요
① 제동장치에는 주차할 때 사용하는 주차브레이크와 주행할 때 사용하는 주브레이크가 있으며 주브레이크는 운전자의 발로 조작하기 때문에 풋브레이크(foot brake)라 하고, 주차브레이크는 보통 손으로 조작하기 때문에 핸드브레이크(hand brake)라 한다.

② 브레이크장치의 조작기구는 로드나 와이어를 사용하는 기계식과 유압을 이용하는 유압식이 있으며 풋브레이크는 유압식 외에 압축공기를 이용하는 공기 브레이크가 사용된다.

2) 제동장치의 종류

2 유압식 제동장치

1) 유압식 조작기구
① **마스터 실린더** : 브레이크 페달을 밟아서 필요한 유압을 발생시키는 부분으로 피스톤과 피스톤 캡, 리턴 스프링 및 체크 밸브 등으로 구성되어 있어 0.6~0.8kg/cm²의 잔압을 유지시킨다.

② **브레이크 페달** : 지렛대 원리를 이용한 것으로 마스터 실린더에 가하는 발의 힘을 적게 하여도 제동력은 크게 생기도록 하는 것이 중요하다.

③ **브레이크 파이프 및 호스** : 방청 처리된 3~8mm 강파이프를 사용하며, 요동이 심한 곳은 플렉시블 호스(flexible hose)를 사용한다.

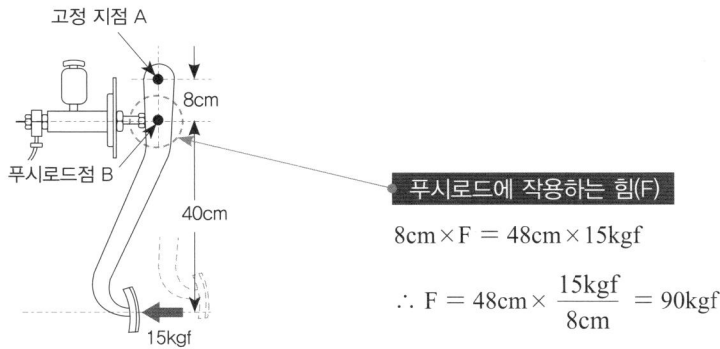

$$8\text{cm} \times F = 48\text{cm} \times 15\text{kgf}$$

$$\therefore F = 48\text{cm} \times \frac{15\text{kgf}}{8\text{cm}} = 90\text{kgf}$$

[브레이크 페달과 푸시로드]

2) 드럼식 브레이크

① **휠 실린더** : 마스터 실린더의 유압으로 브레이크 슈를 드럼에 밀착시킨다.

② **브레이크 슈** : T자로 된 반달형으로 석면제나 금속제 라이닝이 부착된다.

③ **브레이크 드럼** : 특수 주철제로써 냉각과 강성을 돕기 위해 원둘레에 리브(rib)가 있고 휠과 타이어가 부착된다.

④ **브레이크 라이닝의 구비 조건**
   ㉮ 고열에 견디고 내마멸성이 우수할 것
   ㉯ 마찰계수가 클 것
   ㉰ 온도의 변화나 물 등에 의해 마찰계수 변화가 적고 기계적 강도가 클 것

⑤ **브레이크 드럼의 구비 조건**
   ㉮ 정적 평형 및 동적 평형이 잡혀 있을 것   ㉯ 충분한 강성이 있을 것
   ㉰ 마찰 면에 충분한 내마멸성이 있을 것   ㉱ 방열이 잘될 것
   ㉲ 무게가 가벼울 것

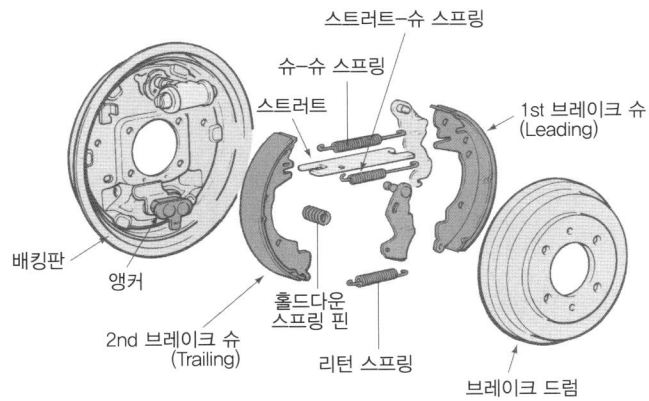

[드럼식 브레이크의 구조]

3) 디스크식 브레이크

① 구성요소

㉮ 디스크(disk) : 특수주철로 만들어 휠 허브에 결합되어 바퀴와 함께 회전한다.

㉯ 캘리퍼(caliper) : 캘리퍼란 브레이크 실린더와 패드를 구성하고 있는 한 뭉치로 캘리퍼의 양쪽 면에는 브레이크 실린더가 설치되어 있다.

㉰ 브레이크 실린더 및 피스톤 : 실린더는 캘리퍼의 좌우에 2개가 결합되어 있으며 피스톤에는 패드가 부착된다.

㉱ 패드 : 석면과 레진(resin, 수지)을 혼합하여 소성한 것으로 피스톤에 부착된다.

② 디스크식 브레이크의 특징

㉮ 증기폐쇄현상(베이퍼 록)이 적고, 오일 누출이 없다.

㉯ 디스크가 노출되어 회전하기 때문에 열변형(熱變形)에 의한 제동력의 저하가 없다.

㉰ 디스크와 패드의 마찰 면적이 적기 때문에 패드의 누르는 힘을 크게 할 필요가 있다.

㉱ 자기배력작용이 없기 때문에 필요한 조작력이 커진다.

㉲ 패드는 강도가 큰 재료를 사용해야 한다.

㉳ 부품의 수가 적고, 중량이 가볍다.

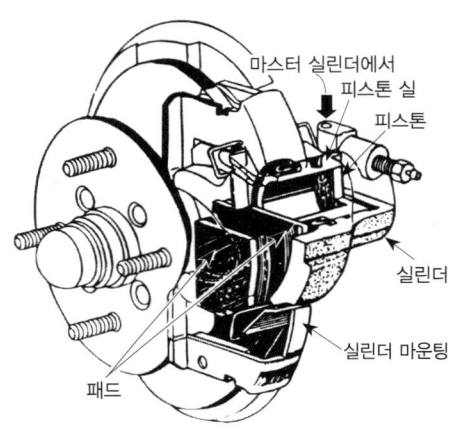

[디스크식 브레이크의 구조]

3 공기식 제동장치

1) 계통별 구분

① **공기 압축 계통** : 공기 압축기, 공기 탱크, 압력 조정기

② **제동 계통** : 브레이크 밸브, 릴레이 밸브, 브레이크 체임버

③ **안전 계통** : 저압 표시기, 안전 밸브, 체크 밸브

④ **조정 계통** : 슬랙 조정기, 브레이크 밸브, 압력 조정기

2) 공기식 브레이크의 주요 구조

① **공기 압축기** : 압축 공기를 생산하며, 왕복 피스톤식이다.
② **공기 탱크** : 압축된 공기를 저장하며 안전밸브가 내부 압력을 $7kg/cm^2$ 정도로 유지시킨다.
③ **브레이크 밸브** : 브레이크 페달을 밟는 정도에 따라 압축 공기를 릴레이 밸브로 보낸다.
④ **릴레이 밸브** : 압축 공기를 브레이크 체임버에 공급·단속한다.
⑤ **브레이크 챔버** : 공기 압력을 기계적 운동으로 변환한다.
⑥ **슬랙 조정기** : 웜기어와 웜축에 물리는 캠축을 회전시켜 라이닝과 드럼의 간극을 조정한다.
⑦ **슈 및 브레이크 드럼** : 캠의 작용에 의하여 브레이크 슈를 확장하고 리턴 스프링에 의하여 수축된다.
⑧ **체크 밸브·안전 밸브** : 공기탱크 입구 부근에 설치되어서 공기의 역류(逆流)를 방지하는 것은 체크 밸브, 탱크 내의 압력을 방출시켜 주는 것은 안전 밸브이다.

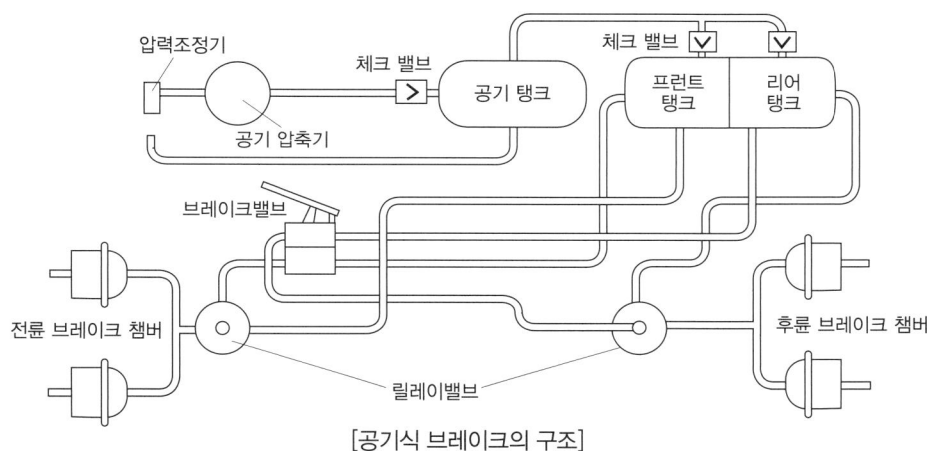

[공기식 브레이크의 구조]

4 브레이크의 고장 점검

1) 브레이크 라이닝과 드럼과의 간극이 클 때

① 브레이크 작용이 늦어진다.
② 브레이크 페달의 행정이 길어진다.
③ 브레이크 페달이 발판에 닿아 브레이크 작용이 어렵게 된다.

2) 브레이크 라이닝과 드럼과의 간극이 작을 때

① 라이닝과 드럼의 마모가 촉진된다.
② 베이퍼 록의 원인이 된다.
③ 라이닝이 타서 늘어 붙는 원인이 된다.

3) 브레이크가 잘 듣지 않는 경우
① 회로 내의 오일 누설 및 공기의 혼입이 있을 때
② 라이닝에 기름, 물 등이 묻어 있을 때
③ 라이닝 또는 드럼의 과다한 편마모가 발생하였을 때
④ 라이닝과 드럼과의 간극이 너무 큰 경우
⑤ 브레이크 페달의 자유 간극이 너무 큰 경우

4) 브레이크가 한쪽만 듣는 원인
① 브레이크의 드럼 간극의 조정 불량
② 타이어 공기압의 불균일
③ 라이닝의 접촉 불량
④ 브레이크 드럼의 편마모

CHAPTER 03 적중 예상문제

CHECK POINT QUESTION

CHAPTER 03 | 동력전달(차체)장치

Lesson 1 동력전달 및 변속장치 구조와 기능

01 다음은 클러치(cluch)가 갖추어야 할 조건들이다. 틀리는 것은?

① 동력차단이 신속히 될 것
② 구조가 간단하고 취급이 용이할 것
③ 회전부분의 평형성이 좋을 것
④ 마찰열에 대한 응집성이 좋을 것

🔍 클러치의 구비조건
- 동력차단이 신속히 될 것
- 작동이 확실할 것
- 구조가 간단하며 점검 및 취급이 용이할 것
- 동력이 절단된 후 수동부분에 회전타성이 적을 것
- 방열이 잘 되고 과열되지 않을 것
- 회전부분의 평형이 좋을 것

02 클러치 취급상의 주의사항이 아닌 것은?

① 운전 중 클러치 페달 위에 발을 얹어 놓지 말 것
② 기어 변속시 가능한 한 반클러치를 사용할 것
③ 출발할 때 클러치를 서서히 연결할 것
④ 클러치 페달을 밟고 탄력으로 주행하지 말 것

🔍 반 클러치를 자주 사용하면 클러치 마모가 빨라져 클러치 슬립이 일어나게 된다.

03 메인 클러치의 구성품에 해당되지 않는 것은?

① 클러치 디스크
② 릴리스 레버
③ 어저스팅 암
④ 릴리스 베어링

🔍 메인 클러치(단판인 경우)의 구성품은 클러치 디스크, 클러치 커버, 릴리스 레버, 릴리스 베어링, 와셔 등이다.

04 클러치 부품 중에서 세척유로 씻어서는 안되는 것은?

① 플라이 휠
② 압력판
③ 릴리스 레버
④ 릴리스 베어링

🔍 릴리스 베어링은 스러스트 볼 베어링이 내장되어 있는 케이스로 되어 있으며, 영구 주유식이므로 솔벤트 등의 세척제 속에 넣고 세척해서는 안된다.

05 클러치판의 비틀림 코일스프링의 역할은?

① 클러치판이 더욱 세게 부착되게 한다.
② 클러치가 작동시 충격을 흡수한다.
③ 클러치의 회전력을 증가시킨다.
④ 클러치판과 압력판의 마멸을 방지한다.

🔍 비틀림 코일 스프링(토션 스프링, 댐퍼 스프링)은 클러치 판이 플라이 휠에 접속될 때 회전충격을 흡수하는 일을 한다.

06 기계식 변속기가 장착된 건설기계에서 클러치 스프링의 장력이 약하면 어떤 현상이 발생되는가?

① 주행속도가 빨라진다.
② 기관의 회전속도가 빨라진다.
③ 기관이 정지된다.
④ 클러치가 미끄러진다.

🔍 클러치 스프링은 클러치 커버와 압력판 사이에 설치되어 있으며 압력판에 압력을 발생시키는 작용을 하므로 장력이 약해지면 클러치가 미끄러진다.

07 클러치 판(clutch plate)의 변형을 방지하는 것은?

① 압력판(pressure plate)
② 쿠션(cushion) 스프링
③ 토션(torsion) 스프링
④ 릴리스 레버 스프링

🔍 쿠션 스프링은 클러치 판의 편마멸, 변형, 파손 등의 방지를 위해 두는 것이다.

정답 1. 동력전달 및 변속장치 구조와 기능　01 ④　02 ②　03 ③　04 ④　05 ②　06 ④　07 ②

08 클러치에서 압력판의 역할로 맞는 것은?

① 클러치판을 밀어서 플라이휠에 압착시키는 역할을 한다.
② 제동 역할을 위해 설치한다.
③ 릴리스 베어링의 회전을 용이하게 한다.
④ 엔진의 동력을 받아 속도를 조절한다.

> 압력판은 클러치 스프링의 장력으로 클러치판을 플라이 휠에 압착시키는 일을 한다.

09 클러치의 작동에서 스러스트 베어링과 릴리스 레버는 어느 때 작용하는가?

① 클러치가 요동할 때만
② 클러치가 연결되는 순간에만
③ 클러치가 분리되어 있는 동안
④ 클러치가 연결되어 있는 동안

> 릴리스 레버는 릴리스 베어링에 의해 한쪽 끝 부분이 눌리면 반대쪽은 클러치판을 누르고 있는 압력판을 분리시키는 레버를 말하는 것으로 클러치가 분리되어 있는 동안 작용한다.

10 클러치 끊음이 불량한 이유가 될 수 없는 것은?

① 릴리스 레버의 마멸
② 클러치판의 흔들림
③ 페달 유격이 과대
④ 토션 스프링의 파손

> 토션 스프링(비틀림 코일 스프링, 댐퍼 스프링)은 클러치판이 플라이 휠에 접속될 때 회전 충격을 흡수하는 역할을 하는 것으로 클러치 끊음이 불량한 이유가 되지 않는다.

11 클러치 페달에 유격을 두는 이유는?

① 클러치 용량을 크게 하기 위해
② 클러치의 미끄럼을 방지하기 위해
③ 엔진출력을 증가시키기 위해
④ 엔진마력을 증가시키기 위해

> 클러치 페달의 유격(자유간극)은 페달을 밟은 후부터 릴리스 베어링(스러스트 볼 베어링이 내장되어 있는 케이스로 되어 있다.)이 릴리스 레버에 닿을 때까지 페달이 이동한 거리를 말하는 것으로 유격이 너무 적으면 클러치가 미끄러지고 이 미끄러짐으로 인해 클러치판이 파열되어 손상된다.

12 페달에 20kgf의 힘을 주었을 때 푸시로드에는 몇 kgf의 힘이 작용하는가?

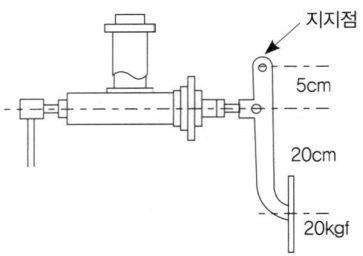

① 100kgf   ② 80kgf
③ 62kgf   ④ 25kgf

> $5 \times x = (20+5) \times 20$
> $5x = 500 \quad \therefore x = 100\text{kgf}$

13 마찰판식 플라이휠 클러치가 미끄러지는 원인과 관계없는 것은?

① 클러치면에 오일이 묻었다.
② 플라이휠 면이 마모되었다.
③ 클러치 페달의 유격이 없다.
④ 클러치 페달의 유격이 너무 많다.

> 클러치 페달의 유격이 적으면 미끄러짐이 일어나고, 너무 크면 클러치 차단이 불량하여 변속기의 기어를 변속할 때 소음이 발생하고 기어가 손상된다.

14 클러치를 밟아도 동력이 차단되지 않는 이유는?

① 클러치 페달의 유격이 적을 때
② 클러치 압력판의 진동이 없을 때
③ 압력판의 압력 스프링 쇠약
④ 클러치 페달의 유격 과대

> 클러치 페달의 유격이 크면 클러치 차단이 불량해진다.

15 주행 중 급가속시 기관 회전은 상승하는데 차속은 증속이 안될 때의 원인으로 틀린 것은?

① 압력 스프링의 쇠약
② 클러치 디스크 판에 기름 부착
③ 클러치 페달의 유격 과대
④ 클러치 디스크 판 마모

정답 08 ① 09 ③ 10 ④ 11 ② 12 ① 13 ④ 14 ④ 15 ③

> 출발 또는 주행 중 가속 시 엔진의 회전속도는 상승하지만 출발이 잘 안되거나 주행속도가 증속되지 않는 경우는 클러치의 미끄러짐이 있기 때문이다.

16 플라이휠 클러치판의 마모가 심하면 페달의 유격은?

① 적어진다.
② 커진다.
③ 변화없다.
④ 관계없다.

> 클러치 판의 마멸이 심하면 클러치가 미끄러지는 원인이 되며, 이는 페달의 유격이 적어지기 때문이다.

17 클러치의 미끄러짐은 언제 가장 현저하게 나타나는가?

① 가속시
② 고속시
③ 공전시
④ 저속시

> 클러치의 미끄러짐은 출발 또는 주행 중 가속 시 나타난다.

18 클러치가 연결된 상태에서 기어변속을 하면 일어나는 현상은?

① 기어에서 소리가 나고 기어가 상한다.
② 변속레버가 마모된다.
③ 클러치 디스크가 마멸된다.
④ 변속이 원활하다.

19 클러치 접속시 회전충격이 매우 큰 데 그 원인으로 다음 중 가장 적당한 것은?

① 클러치 스프링의 불량이다.
② 쿠션 스프링의 불량이다.
③ 리턴 스프링의 불량이다.
④ 댐퍼 스프링의 불량이다.

> 댐퍼 스프링(비틀림 코일 스프링, 토션 스프링)은 클러치 접속시 회전충격을 흡수하는 일을 하며, 쿠션 스프링은 클러치 판의 파손을 방지하기 위해 둔다.

20 유체 클러치에서 구동축과 피동축의 속도의 증가에 따라 현저하게 달라지는 것은?

① 와류가 증가한다.
② 와류가 감소한다.
③ 안전효율이 적어진다.
④ 클러치 효율이 높아진다.

> 유체 클러치는 오일을 사용하여 엔진의 회전력을 전달하는 매체로 엔진 동력은 회전이 낮을 때 약하고 회전수가 높을 때는 강하게 전달된다.

21 동력전달장치에서 클러치 판은 어떤 축의 스플라인에 끼어져 있는가?

① 추진축
② 차동기어 장치
③ 크랭크축
④ 변속기 입력축

> 클러치 판(클러치 디스크)은 원형 강판의 가장자리에 라이닝이 리벳으로 설치되어 있고, 중심부에는 허브가 있으며 그 내부에 변속기 입력축을 끼우기 위한 스플라인이 파져 있다.

22 유체 클러치 오일의 구비조건이 아닌 것은?

① 착화점이 높을 것
② 비중이 클 것
③ 비점이 높을 것
④ 점도가 클 것

> 유체 클러치 오일의 구비조건
> • 점도가 낮고, 비중이 클 것
> • 착화점이 높을 것
> • 내산성이 클 것
> • 유동성이 좋을 것
> • 비등점이 높을 것
> • 응고점이 낮을 것
> • 윤활성이 클 것

23 다음에서 토크 변환기 오일의 구비조건 중 알맞은 것은?

① 점도가 낮을 것
② 비중이 작을 것
③ 착화점이 낮을 것
④ 비점이 낮을 것

정답 16 ① 17 ① 18 ① 19 ④ 20 ④ 21 ④ 22 ④ 23 ①

24 스프링 상수가 5kg/mm인 코일스프링을 2cm 압축하는데 필요한 힘은?

① 60kg
② 120kg
③ 100kg
④ 200kg

> 힘 = 상수 × 거리 = 5 × 20 = 100kg

25 유체 클러치의 슬립(slip) 현상에서 유속의 차는 얼마 정도인가?

① 5~10% 정도
② 2~3% 정도
③ 50% 정도
④ 20% 정도

> 유체 클러치의 펌프와 터빈 사이의 토크 비율은 미끄럼 때문에 1 : 1이 되지 못한다. 이에 따라 미끄럼 값(유속의 차)은 2~3% 정도이며, 전달 효율 η는 최대 98%정도이다.

26 펌프와 터빈의 회전속도가 같을 때의 유체 클러치의 토크 변환율은?

① 1 : 0.7
② 1 : 0.5
③ 1 : 1
④ 1 : 1.5

> 펌프와 터빈의 회전속도가 같을 때 유체 클러치의 토크 변환율은 1:1 이다.

27 토크 변환기는 엔진의 회전력을 몇 배로 변화하는가?

① 1~1.5배
② 1.5~2배
③ 2~3배
④ 3~4배

> 토크 변환기(토크 컨버터)의 회전력 변환율은 2~3:1 이며, 오일의 충돌에 의한 효율 저하를 방지하기 위해 가이드 링을 두고 있다.

28 유체 클러치에서 유체충돌(맴돌이 흐름)을 방지하는 장치는?

① 임펠러
② 터빈
③ 플라이휠
④ 가이드링

> 유체 클러치는 엔진 크랭크 축에 펌프 또는 임펠러를, 변속기 입력 축에 터빈 또는 러너를 설치하고, 오일의 맴돌이 흐름(와류)을 방지하기 위해 가이드 링을 두고 있다.

29 유체 클러치(Fluid coupling)에서 가이드링의 역할은?

① 와류를 감소시킨다.
② 터빈(Turbine)의 손상을 줄이는 역할을 한다.
③ 마찰을 증대시킨다.
④ 플라이 휠(fly wheel)의 마모를 감소시킨다.

30 유체 클러치에서 변속기의 입력축에 연결된 것은?

① 펌프
② 임펠러
③ 스테이터
④ 터빈

> 크랭크 축에 펌프(또는 임펠러), 변속기 입력 축에 터빈(또는 러너)가 연결된다.

31 토크 컨버터에서 장비에 부하가 걸리면?

① 터빈속도가 빨라지고 회전력이 증가된다.
② 터빈속도가 느리고 회전력이 증가된다.
③ 터빈속도가 빨라지고 회전력이 감소된다.
④ 터빈속도가 느리고 회전력이 감소된다.

> 토크 컨버터는 오일에 의해 엔진의 동력을 변속기로 전달하는 클러치로 작동하며, 장비에 부하가 걸리면 터빈 속도는 느려지고 회전력은 증가된다. 즉, 토크 컨버터의 경우 터빈의 속도와 회전력은 반비례 관계이다.

32 토크 컨버터의 온도 지시기는 무엇을 가리키나?

① 냉각수 온도
② 대기온도
③ 오일온도
④ 엔진 작동 온도

> 트크 컨버터는 오일에 의해 엔진의 동력을 변속기로 전달하는 클러치로 온도 지시기는 오일의 온도를 가리킨다.

33 토크 컨버터 구성요소 중 기관에 의해 직접 구동되는 것은?

① 터빈
② 펌프
③ 스테이트
④ 가이드 링

> 펌프는 엔진에 의해 기동되면 엔진의 동력에 의해 오일을 배출하는 원심 펌프로 작동한다.

정답 24 ③ 25 ② 26 ③ 27 ③ 28 ④ 29 ① 30 ④ 31 ② 32 ③ 33 ②

34 장비에 부하가 걸릴 때 토크 컨버터의 터빈 속도는?

① 빨라진다.
② 느려진다.
③ 일정하다.
④ 관계없다.

🔍 장비에 부하가 걸릴 때 토크 컨버터의 터빈 속도는 느려지고 회전력은 증가한다.

35 클러치 페달의 자유간극이다. 다음 중 가장 적절한 것은?

① 0.5~1.0cm
② 2.5~5.0mm
③ 25~30mm
④ 50~70mm

🔍 클러치 페달의 자유간극은 기계식 페달의 경우 대체로 25~30mm 정도이다.

36 유압식 조작 클러치의 공기빼기 작업에 대한 설명 중 가장 알맞은 것은?

① 마스터 실린더에서 파이프를 빼고 공기를 뺀다.
② 슬레이브 실린더의 피스톤을 밀어서 공기를 뺀다.
③ 마스터 실린더의 오일탱크로 공기를 뺀다.
④ 슬레이브 실린더의 블리더 스크루를 돌려서 공기를 뺀다.

🔍 유압식 조작 클러치에서 슬레이브 실린더는 마스터 실린더에서 보내 준 유압을 피스톤과 푸시로드에 작용하여 릴리스 포크로 미는 작용을 하며, 유압 회로 내에 침입한 공기를 배출하기 위한 공기 블리더 스크루가 있다.

37 마스터 실린더 푸시로드에 작용하는 힘이 300kg이고 마스터 실린더 내에 있는 피스톤의 면적이 6cm²이다. 이 때 발생하는 유압은 몇 kg/cm²인가?

① 30kg/cm²   ② 40kg/cm²
③ 50kg/cm²   ④ 60kg/cm²

🔍 유압 = 작용하는 힘 / 피스톤의 면적 = 300 / 6 = 50kg/cm²

38 클러치 허브와 축의 스플라인 부분이 마멸되면 어떠한 현상이 생기는가?

① 클러치 페달의 유격이 커진다.
② 클러치 페달의 유격이 작아진다.
③ 클러치에서 소음이 난다.
④ 클러치에 슬립이 발생한다.

39 토크 컨버터에서 오일의 흐름 방향을 바꾸어 주는 것은?

① 스테이터
② 터빈
③ 펌프
④ 변속기 축

🔍 토크 컨버터는 크랭크 축에 펌프, 변속기 입력 축에 터빈을 두고 있으며, 오일의 흐름 방향을 바꾸어주는 스테이터로 구성된다.

40 구동력에 대한 설명으로 옳은 것은?

① 구동 바퀴의 반지름에 반비례하고, 바퀴 회전력에 비례한다.
② 구동 바퀴의 반지름에 비례하고, 바퀴 회전력에 반비례한다.
③ 구동 바퀴의 반지름과 바퀴 회전력에 모두 비례한다.
④ 구동 바퀴의 반지름과 바퀴 회전력에 모두 반비례한다.

🔍 구동력은 바퀴가 차량을 미는 힘을 말하는 것으로 구동 바퀴의 반지름에 반비례하고, 바퀴 회전력에 비례한다.

41 다음 중 변속기의 필요성에 대한 설명으로 틀린 것은?

① 환향을 신속하게 할 수 있도록 한다.
② 엔진 기동 시 장비를 무부하 상태로 한다.
③ 장비의 후진 시 필요하다.
④ 기관의 회전력을 증대시킨다.

🔍 환향은 조향장치와 관련이 있다.

정답 34 ② 35 ③ 36 ④ 37 ③ 38 ③ 39 ① 40 ① 41 ①

42 운행 중 변속 레버가 빠지는 원인에 해당되는 것은?

① 기어가 충분히 물리지 않을 때
② 클러치 조정이 불량할 때
③ 릴리스 베어링이 파손되었을 때
④ 클러치 연결이 분리되었을 때

> 기어가 충분히 물리지 않으면 변속 레버가 빠지는 원인이 된다.

43 변속기를 저속으로 변속하면 관계되는 사항에 알맞은 것은?

① 출력축의 회전속도가 빠르게 된다.
② 출력축의 회전력은 변함이 없다.
③ 구동바퀴의 회전력은 가장 크게 된다.
④ 종감속비가 크게 된다.

> 변속기를 저속으로 하면 구동바퀴의 회전력은 커지고 이에 따라 구동력이 커진다.

44 변속기에서 기어의 백래시가 크면 다음 중 어떤 경우가 되겠는가?

① 변속시 기어의 바꿈이 잘 안된다.
② 변속시 기어의 변속이 잘된다.
③ 물린 기어가 빠지기 쉽다.
④ 물린 기어가 잘 빠지지 않는다.

> 변속기에서 기어의 백래시가 크면 기어 물림이 적어 기어가 빠지기 쉽다.

45 건설기계장비의 변속기에서 기어의 마찰소리가 나는 이유가 아닌 것은?

① 기어 백래시의 과다
② 변속기 베어링의 마모
③ 변속기의 오일 부족
④ 웜엄과 웜엄기어의 마모

> 변속기에 사용되는 기어는 피니언과 베벨 기어이다.

46 변속기의 싱크로메시 기구장치는?

① 고속에서 작용한다.
② 기어가 물릴 때 작용한다.
③ 저속에서 작용한다.
④ 기어가 빠질 때 작용한다.

> 동기 물림식 변속기에서 사용되는 싱크로메시 기구는 기어를 변속할 때 기어의 원뿔 부분에서 마찰력을 일으켜 주축에서 공전하는 기어의 회전속도와 주축의 회전속도를 일치시켜 기어물림이 원활하게 이루어지도록 한다.

47 상시물림식 변속기에 대한 설명 중 알맞은 것은?

① 기어가 물리면 동력이 전달된다.
② 기어가 섭동하여 변속된다.
③ 도그(dog) 클러치가 설치되어 있다.
④ 변속시에 소음이 크다.

> 상시 물림식은 도그 클러치, 동기 물림식은 싱크로메시 기구를 두고 있다.

48 기온이 낮은 겨울에 처음 변속기어를 넣을 때 기어가 뻑뻑하게 조작되는 이유는?

① 클러치가 미끄러진다.
② 로킹볼 스프링이 약하다.
③ 기어오일이 굳어 있어서
④ 카운트 샤프트기어의 고장

49 변속 중 기어가 이중으로 물리는 것을 방지하는 것은?

① 셀렉터　　　② 로크 핀
③ 인터로크　　④ 록킹 볼

> 변속기 조작 기구에는 기어가 빠지는 것을 방지하기 위해 록킹 볼과 스프링을 두고 있으며, 기어의 이중 물림을 방지하는 인터로크가 설치 되어 있다.

50 자동 변속기의 특징에 대한 설명으로 틀린 것은?

① 클러치 조작없이 출발이 가능하고, 주행 기어 변속이 불필요하다.
② 각 부분의 진동을 오일이 흡수한다.
③ 엔진의 동력 전달을 오일로 한다.
④ 연료 소비율이 수동 변속기에 비해 적다.

> 자동 변속기는 연료 소비율이 수동 변속기에 비해 크다.

정답 42 ① 43 ③ 44 ③ 45 ④ 46 ② 47 ③ 48 ③ 49 ③ 50 ④

51 유성기어 장치의 주요 부품은?

① 유성기어, 베벨기어, 선기어
② 선기어, 클러치기어, 헬리컬기어
③ 유성기어, 베벨기어, 클러치기어
④ 선기어, 유성기어, 링기어, 유성캐리어

> 유성기어는 바깥쪽에 링기어, 중앙에는 선기어, 링기어와 선기어 사이에 유성기어가 들어가며 유성기어를 구동시키기 위한 유성기어캐리어로 구성된다.

52 동력전달장치에서 추진축의 밸런스 웨이트에 대한 설명으로 맞는 것은?

① 추진축의 비틀림을 방지한다.
② 변속조작 시 변속을 용이하게 한다.
③ 추진축의 회전수를 높인다.
④ 추진축의 회전 시 진동을 방지한다.

> 추진축은 강한 비틀림을 받으면서 고속 회전하는 부분으로 이에 견딜 수 있도록 속이 빈 강관을 사용하며, 회전평형을 유지하고 회전 시 진동을 방지하기 위해 밸런스 웨이트(평형추)가 부착되어 있다.

53 추진축의 스플라인부가 마모되었을 때 두드러지게 나타나는 현상은?

① 신축작용시 추진축이 구부러진다.
② 주행 중 소음을 내고 추진축이 진동한다.
③ 차동기어의 물림이 불량하게 된다.
④ 미끄럼 현상이 일어난다.

> 드라이브 라인의 슬립이음은 추진축의 길이 변화를 가능하도록 두는 것으로 슬립 이음이 설치되는 스플라인 부가 마모되면 주행 중 소음을 내고 추진축이 진동한다.

54 변속기의 분류 중 선택 기어식에 속하지 않는 것은?

① 활동 기어식
② 상시 물림식
③ 점진 기어식
④ 동기 물림식

> 일정 기어비 변속기의 종류로는 점진 기어식, 선택 기어식, 유성 기어식이 있으며 이 중 선택 기어식에는 활동 기어식, 상시 물림식, 동기 물림식이 포함된다.

55 십자축 자재이음을 추진축 앞뒤에 둔 이유를 가장 적합하게 설명한 것은?

① 추진축의 진동을 방지하기 위하여
② 회전 각속도의 변화를 상쇄하기 위하여
③ 추진축의 굽음을 방지하기 위하여
④ 길이의 변화를 다소 가능케 하기 위하여

> 유니버설 조인트(자재이음)는 변속기와 종감속 기어 사이의 구동 각도 변화를 주는 장치로 종류로는 십자형 자재이음, 플렉시블 이음, 볼 엔드 트러니언 자재이음, 등속 자재이음 등이 있다.

56 동력전달장치에서 두 축 간의 충격 완화와 각도 변화를 융통성 있게 동력 전달하는 기구는?

① 슬립 이음(slip joint)
② 유니버설 조인트(universal joint)
③ 파워 시프트(power shift)
④ 크로스 멤버(cross member)

57 슬립이음이나 유니버설 조인트에 윤활 주입으로 가장 좋은 것은?

① 유압유
② 기어오일
③ 그리스
④ 엔진오일

> 드라이브 라인의 구성 요소인 슬립이음이나 자재이음(유니버설 조인트)의 윤활에는 그리스를 사용한다.

58 동력전달장치에서 슬립이음(슬립 조인트)이 변화를 가능하게 하는 것은?

① 축의 길이
② 회전속도
③ 드라이브 각
④ 축의 진동

> 슬립이음은 변속기 주축 뒤끝에 스플라인을 통하여 설치되며, 추진축의 길이 변화를 가능하도록 하기 위해 둔다.

정답 51 ④ 52 ④ 53 ② 54 ③ 55 ② 56 ② 57 ③ 58 ①

59 기계식 변속기가 부착된 건설기계에서 작업장 이동을 위한 주행방법으로 잘못된 것은?

① 주차 브레이크를 해제한다.
② 브레이크를 서서히 밟고 변속레버를 4단에 넣는다.
③ 클러치 페달을 밟고 변속레버를 1단에 넣는다.
④ 클러치 페달에서 발을 천천히 떼면서 가속페달을 밟는다.

60 차동기어장치의 목적은?

① 선회할 때 반부동식 축이 바깥쪽 바퀴에 힘을 주도록 하기 위해서이다.
② 기어조작을 쉽게 하기 위해서이다.
③ 선회할 때 힘이 양쪽바퀴에 작용되도록 하기 위해서이다.
④ 선회할 때 바깥쪽 바퀴의 회전속도를 안쪽 바퀴보다 빠르게 하기 위해서이다.

🔍 차동기어장치는 랙과 피니언의 원리를 이용한 것으로 선회 시 바깥쪽 바퀴의 회전속도를 안쪽 바퀴보다 빠르게 하기 위해 둔다.

Lesson 2 조향장치 구조와 기능

01 건설기계의 조향장치란 무엇인가?

① 배기가스를 환기시키는 장치
② 방향전환시 동력의 원활한 전달을 위한 장치
③ 작업 중 방향을 바꾸는 장치
④ 불완전 연소가스를 순환시키는 장치

🔍 조향장치란 차량의 진행 방향을 운전자가 의도하는 바에 따라서 임의로 조작할 수 있는 장치를 말한다.

02 조향장치에 애커먼 장토식을 사용하는 이유를 설명한 것 중 옳은 것은?

① 바퀴가 옆으로 미끄러짐을 방지하기 위해서
② 바퀴가 동심원을 그리면서 회전할 수 있게 하기 위해서
③ 바퀴가 한쪽으로 마멸되는 것을 방지하기 위해서
④ 회전반경을 작게 하기 위해서

🔍 애커먼 장토식은 조향각도를 최대로 하고 선회할 때 뒷차축 연장선상의 한 점을 중심으로 동심원을 그리면서 선회하여 사이드 슬립 방지와 조향핸들 조작에 따른 저항을 감소시킬 수 있는 방식이다.

03 조향장치에 요구되는 사항이 아닌 것은?

① 주행 중 노면의 충격에 영향을 받지 않아야 한다.
② 조작이 쉽고 방향 전환이 원활하게 이루어져야 한다.
③ 고속 주행에서도 조향 핸들이 안정되어야 한다.
④ 조향 핸들의 회전과 바퀴 선회 차이가 커야 한다.

🔍 조향 핸들의 회전과 바퀴 선회 차이가 크지 않아야 하며, 회전 반지름이 작아 좁은 곳에서도 방향 전환을 할 수 있어야 한다.

정답 59 ② 60 ④   2. 조향장치 구조와 기능   01 ③ 02 ② 03 ④

04 조향핸들의 조작을 가볍게 하는 방법이다. 틀리는 것은?

① 타이어의 공기압을 높인다.
② 앞바퀴의 정렬을 정확히 한다.
③ 조향휠을 크게 한다.
④ 가급적 저속으로 주행한다.

🔍 저속 주행 시 노면과의 마찰력이 크기 때문에 상대적으로 조향핸들의 조작이 무거워 진다.

05 다음 중 핸들이 무거울 때 점검해야 할 사항이 아닌 것은?

① 기어박스 내의 오일
② 타이어의 공기압
③ 타이어 트레드 모양
④ 앞바퀴 얼라인먼트의 불량

🔍 조향핸들이 무거운 이유
• 타이어 공기압이 부족하다.
• 조향 기어의 백래시가 작다.
• 조향기어박스 내의 오일이 부족하다.
• 앞바퀴 정렬 상태가 불량하다.
• 타이어의 마멸이 과다하다.

06 다음은 건설기계의 조향 휠이 정상보다 돌리기 힘들 때 원인이다. 가장 거리가 먼 것은?

① 오일 펌프 벨트 파손
② 파워 스티어링 오일 부족
③ 오일 호스 파손
④ 타이어 공기압 과다

07 동력 조향장치의 장점으로 적합하지 않는 것은?

① 작은 조작력으로 조향 조작을 할 수 있다.
② 조향 기어비는 조작력에 관계없이 선정할 수 있다.
③ 굴곡 노면에서의 충격을 흡수하여 조향핸들에 전달되는 것을 방지한다.
④ 조작이 서툴러도 엔진이 정지되지 않는다.

🔍 동력조향장치의 장점
• 조향 조작력이 작아도 된다.
• 조향 조작력과 관계없이 조향 기어비를 선정할 수 있다.
• 노면으로부터 충격 및 진동을 흡수한다.
• 앞바퀴의 시미(shimmy)현상을 방지할 수 있다.
• 조향 조작이 경쾌하고 신속하다.

08 타이어식 건설기계의 조향핸들에서 바퀴까지의 조작력 전달순서로 다음 중 가장 적합한 것은?

① 핸들 – 피트먼 암 – 드래그 링크 – 조향기어 – 타이로드 – 조향암 – 바퀴
② 핸들 – 드래그 링크 – 조향기어 – 피트먼 암 – 타이로드 – 조향암 – 바퀴
③ 핸들 – 조향암 – 조향기어 – 드래그 링크 – 피트먼 암 – 타이로드 – 바퀴
④ 핸들 – 조향기어 – 피트먼 암 – 드래그 링크 – 타이로드 – 조향암 – 바퀴

🔍 조향핸들을 돌리면 그 조작력이 조향 축을 거쳐 조향기어 박스로 전달된다. 조향기어 박스에서는 감속하여 섹터 축을 회전시키고 이에 따라 피트먼 암이 원호운동을 하여 드래그 링크를 앞뒤 방향으로 이동시킨다. 이에 따라 오른쪽 바퀴나 왼쪽 바퀴가 조향 너클에 의해 선회하게 되고 타이로드를 통해 반대쪽 바퀴를 선회시켜 진행 방향을 변환시킨다.

09 기계식 조향 장치에서 조향 기어의 구성품이 아닌 것은?

① 웜 기어
② 섹터 기어
③ 조정 스크루
④ 하이포이드 기어

🔍 하이포이드 기어는 링 기어의 중심보다 구동 피니언의 중심이 10~20% 정도 낮게 설치된 스파이럴 베벨기어의 오프셋 기어로 최종감속장치에 사용된다.

10 타이어식 장비에서 앞바퀴 정렬의 역할과 거리가 먼 것은?

① 브레이크의 수명을 길게 한다.
② 타이어 마모를 최소로 한다.
③ 방향 안전성을 준다.
④ 조향핸들의 조작을 작은 힘으로 쉽게 할 수 있다.

정답 04 ④ 05 ③ 06 ④ 07 ④ 08 ④ 09 ④ 10 ①

🔍 **앞바퀴 정렬의 역할**
- 조향핸들의 조작을 확실하게 하고 안전성을 준다.(캐스터)
- 조향핸들에 복원성을 부여한다.(캐스터와 킹 핀 경사각)
- 조향핸들의 조작력을 가볍게 한다.(캠버)
- 타이어 마모를 최소로 한다.(토인)

11 일반적으로 피트먼암은 무엇을 통하여 섹터축에 설치되어 있는가?

① 볼트 ② 부싱
③ 스플라인 ④ 세레이션

🔍 피트먼 암은 조향핸들의 움직임을 드래그 링크로 전달하는 것으로 테이퍼의 세레이션을 통하여 섹터 축에 설치되고, 반대편은 드래그 링크라 센터 링크에 연결하기 위한 볼 이음으로 되어 있다.

12 너클에 요크가 설치된 것으로 킹핀이 액슬에 고정되어 너클의 상하쪽에 베어링과 같이 움직이는 형은?

① 역엘리엇형
② 엘리엇형
③ 르모앙형
④ 마몬형

🔍 **앞 차축과 조향너클의 설치방식**
- 엘리옷형 : 요크에 조향너클이 설치
- 역엘리옷형 : 조향너클에 요크가 설치
- 마몬형 : 앞 차축 윗부분에 조향너클이 설치
- 르모앙형 : 앞 차축 아랫부분에 조향너클이 설치

13 앞액슬과 너클스핀들을 연결하는 것을 무엇이라 하는가?

① 킹핀 ② 드래그링크
③ 타이로드 ④ 스티어링암

🔍 킹핀은 일체 차축 조향기구에서 앞 차축과 조향너클을 연결하며 고정 볼트에 의해 앞 차축에 고정되어 있다.

14 조향핸들이 떨리는 원인과 관계없는 것은?

① 휠 베어링이 마모되었다.
② 조향기어의 백래시가 크다.
③ 킹핀과 부싱의 결합이 세다.
④ 캐스터가 규정값보다 크다.

🔍 **조향핸들이 떨리는 원인**
- 휠 밸런스의 불평형
- 바퀴의 비정상적인 마모
- 쇽업쇼버의 불량
- 조향 링키지의 헐거움
- 현가 스프링의 쇠약함
- 조향기어의 백래시 과다
- 앞바퀴 정렬의 불량

15 축거 4m, 외측바퀴의 최대 회전각 30°, 내측바퀴의 최대 회전각은 32°이다. 이때 최소회전 반경은?

① 8m
② 12m
③ 28m
④ 7.5m

🔍 $R = \dfrac{L}{\sin\alpha} + r$
- R : 최소회전반경
- L : 축거
- $\sin\alpha$: 바깥쪽 바퀴의 조향 각도

$R = \dfrac{4}{\sin 30°} = \dfrac{4}{0.5} = 8m$

16 타이어식 건설기계에서 조향핸들을 1회전시켰을 때 피트먼암이 60° 움직였다면 조향기어비는?

① 6:1
② 1.6:1
③ 3:1
④ 9:1

🔍 조향기어비 = $\dfrac{조향핸들이\ 움직인\ 각}{피트먼\ 암이\ 움직인\ 각}$ 이며, 조향핸들을 1회전 시켰을 때 움직인 각은 360°이므로 조향기어비는 6:1이 된다.

17 차의 떨림이 앞바퀴에서 생길 때 무슨 조정을 하여야 하는가?

① 앞바퀴 얼라인먼트
② 좌측바퀴 얼라인먼트
③ 뒷바퀴 얼라인먼트
④ 우측바퀴 얼라인먼트

정답 11 ④ 12 ① 13 ① 14 ③ 15 ① 16 ① 17 ①

18 타이어식 건설기계 장비에서 토인에 대한 설명으로 틀린 것은?

① 토인은 좌·우 앞바퀴의 간격이 앞보다 뒤가 좁은 것이다.
② 토인은 직진성을 좋게 하고 조향을 가볍도록 한다.
③ 토인은 반드시 직진상태에서 측정해야 한다.
④ 토인 조정이 잘못되면 타이어가 편마모된다.

🔍 토인은 차량의 앞바퀴를 내려다보면 바퀴 중심선 상이의 거리가 앞쪽이 뒤쪽보다 약간 작게 되어 있는 것이다. 즉, 뒤보다 앞이 좁은 것이다.

19 타이어식 건설기계에서 조향 바퀴의 토인을 조정하는 곳은?

① 핸들
② 타이로드
③ 웜 기어
④ 드래그 링크

🔍 토인은 타이로드의 길이로 조정한다.

20 정(+)의 캠버이면 바퀴의 위쪽이 어느 쪽으로 기우는가?

① 바깥으로
② 안으로
③ 뒤로
④ 앞으로

🔍 바퀴의 윗부분이 바깥쪽으로 기울어진 상태를 정(+)의 캠버, 바퀴의 중심선이 수직일 때를 0의 캠버, 바퀴의 윗부분이 안쪽으로 기울어진 상태를 부(-)의 캠버라 한다.

21 캠버가 과도할 때의 마멸상태는?

① 트레드의 한쪽 모서리가 마멸된다.
② 트레드의 중심부가 마멸된다.
③ 트레드의 전반에 걸쳐 마멸된다.
④ 트레드의 양쪽 모서리가 마멸된다.

22 앞바퀴 정렬 중 캠버의 필요성에서 가장 거리가 먼 것은?

① 앞차축의 휨을 적게 한다.
② 조향휠의 조작을 가볍게 한다.
③ 조향시 바퀴의 복원력이 발생한다.
④ 토(toe)와 관련성이 있다.

🔍 조향 시 바퀴의 복원성은 캐스터와 킹핀 경사각의 역할이다.

23 캐스터의 단위로 알맞은 것은?

① inch이다.
② mm이다.
③ g이다
④ °이다.

🔍 캐스터는 앞바퀴를 옆에서 보았을 때 수직선에 대해 조형축이 앞 또는 뒤로 기울여 설치되는 것으로 캐스터 각은 일반적으로 +1~3° 정도이다.

24 타이어식 건설기계가 평탄한 도로를 주행할 때 직진성이 떨어진다. 다음 중 가장 적당한 수정방법은?

① 캠버를 0으로 한다.
② 토인을 조정한다.
③ 부(-)의 캐스터로 한다.
④ 정(+)의 캐스터로 한다.

🔍 캐스터의 역할은 조향 바퀴에 직진성을 부여하고, 조향 시 직진 방향으로의 복원력을 주는 것으로 주행 중 직진성이 떨어진다면 정(+)의 캐스터로 수정하여야 한다.

25 타이어식 건설기계장비에서 앞바퀴 정렬 요소와 관계가 없는 것은?

① 캠버(camber)
② 캐스터(caster)
③ 토인(toe-in)
④ 트레드(tread)

🔍 앞바퀴 정렬 요소는 캠버, 캐스터, 토인이다.

정답 18 ① 19 ② 20 ① 21 ① 22 ③ 23 ④ 24 ④ 25 ④

Lesson 3 주행장치 구조와 기능

01 타이어에 "9.00-20-14PR"로 표시된 경우 "20"이 의미하는 것은?

① 외경
② 내경
③ 폭
④ 높이

🔍 저압 타이어의 호칭 치수는 폭(inch) – 내경(안지름, inch) – 플라이 수로 표시한다.

02 타이어식 건설기계의 타이어에서 저압타이어의 안지름이 20인치, 바깥지름이 32인치, 폭이 12인치, 플라이 수가 18인 경우 표시방법은?

① 20.00-32-18PR
② 20.00-12-18PR
③ 12.00-20-18PR
④ 32.00-12-18PR

03 레이디얼 타이어에 "195/60 R14 85H"로 표시된 경우 14가 의미하는 것은?

① 타이어 폭
② 편평비
③ 하중지수
④ 타이어 내경

🔍 레이디얼 타이어의 표시
 • 195 : 타이어 폭(mm)
 • 60 : 편평비(%)
 • R : 레이디얼 타이어
 • 14 : 타이어 내경(inch)
 • 85 : 하중지수
 • H : 속도기호(H는 최고속도 210km/h)

04 튜브리스 타이어의 장점이 아닌 것은?

① 펑크 수리가 간단하다.
② 못이 박혀도 공기가 잘 새지 않는다.
③ 고속 주행하여도 발열이 적다.
④ 림이 변형되어도 공기누출의 가능성이 적다.

🔍 튜브리스 타이어의 장점
 • 튜브가 없어 조금 가볍다.
 • 못 등이 박혀도 공기가 잘 새지 않는다.
 • 펑크 수리가 간단하다.
 • 고속 주행 시 발열이 적다.

05 타이어 트레드 패턴의 필요성과 관계없는 것은?

① 타이어가 옆 방향으로 미끄러지는 것을 방지한다.
② 타이어에서 발생한 열을 발산한다.
③ 트레드부에서 생긴 절상 등의 확산을 방지한다.
④ 주행 중 진동을 흡수하고 소음을 방지한다.

🔍 타이어 트레드 패턴의 필요성
 • 타이어 옆 방향, 전진 방향 미끄러짐 방지
 • 타이어 내부의 열 발산
 • 트레드부에 생긴 절상 등의 확대 방지
 • 구동력이나 선회 성능 향상

06 타이어식 건설기계 장비에서 평소에 비하여 조작력이 더 요구될 때(핸들이 무거울 때) 점검해야 할 사항으로 가장 거리가 먼 것은?

① 기어박스 내의 오일
② 타이어의 공기압
③ 타이어 트레드 모양
④ 앞바퀴 정렬

🔍 타이어 트레드 모양은 조작력과는 관련이 없다.

07 타이어의 공기압력에 관한 설명이다. 알맞은 것은?

① 공기압이 너무 낮으면 트레드 중앙부의 마멸이 많게 된다.
② 공기압력이 낮으면 수명이 길어진다.
③ 온도가 높게 되면 공기압력도 높게 된다.
④ 공기압력이 높으면 조향핸들이 무겁게 된다.

🔍 공기압이 높으면 조향이 가볍고, 트레드 중앙부의 마멸이 많게 된다. 또한, 타이이어 공기압이 적정수준에서 10% 떨어지면 수명은 15% 정도 줄어든다.

정답 3. 주행장치 구조와 기능 01 ② 02 ③ 03 ④ 04 ④ 05 ④ 06 ③ 07 ③

08 타이어에서 고무로 피복된 코드를 여러 겹으로 겹친 층으로 타이어의 뼈대를 이루는 부분은?

① 카커스(carcass)
② 비드부(bead section)
③ 브레이커(breaker)
④ 숄더부(shoulder section)

> 카커스는 타이어의 뼈대가 되는 분으로 공기 압력을 견디어 일정한 체적을 유지하고 하중이나 충격에 따라 변형하여 완충작용을 한다.

09 비오는 날 고속도로에서 80km 이상으로 주행하면 무엇이 발생하여 가장 위험한가?

① 타이어 과열 현상이 일어난다.
② 기관에 물이 들어가서 엔진 상태가 나빠진다.
③ 별다른 이상이 생기지 않는다.
④ 노면에 수막현상이 생겨 제동 및 조향의 효과를 상실하므로 위험하다.

> 하이드로 플래닝(수막현상)은 물이 고인 도로를 고속으로 달릴 때 일정 속도 이상이 되면 나타나는 현상이다.

10 타이어의 구조에서 노면과 직접 접촉하여 마모에 견디고 적은 슬립으로 견인력을 증대시키는 부위는?

① 브레이커(breaker)
② 비드부(bead section)
③ 트레드(tread)
④ 숄더부(shoulder section)

> 트레드는 노면과 직접 접촉하는 고무 부분이며, 카커스와 브레이커를 보호하는 부분이다.

11 무한궤도식 건설기계에서 트랙의 구성품으로 맞는 것은?

① 슈, 조인트, 실(seal), 핀, 슈볼트
② 스프로킷, 트랙롤러, 상부롤러, 아이들러
③ 슈, 스프로킷, 하부롤러, 상부롤러, 감속기
④ 슈, 링크, 부싱, 핀

> 무한궤도식 건설기계의 트랙은 링크, 핀, 부싱, 슈 등으로 구성되어 있으며 스프로킷에서 동력을 받아 구동된다.

12 트랙 프레임 위에 한쪽만 지지하거나 양쪽을 지지하는 브래킷에 1~2개가 설치되어 트랙 아이들러와 스프로킷 사이에서 트랙이 처지는 것을 방지하는 동시에 트랙의 회전위치를 정확하게 유지하는 역할을 하는 것은?

① 브레이스
② 아우터 스프링
③ 스프로킷
④ 캐리어 롤러

> 하부 주행체의 구성
> - 트랙 : 트랙은 작업 지역의 토질이나 작업 내용에 따라 여러 형태의 것이 사용되며 트랙 링크, 슈, 부싱, 핀으로 구성되어 있다.
> - 상부 롤러(캐리어 롤러) : 프런트 아이들러(전부 유동륜)와 스프로킷(구동륜) 사이에 1~2개가 설치되어 트랙이 밑으로 처지지 않도록 받쳐주며, 트랙의 회전을 바르게 유지하는 역할을 담당한다.
> - 하부 롤러(트랙 롤러) : 하부 롤러는 트랙 프레임에 5~7개 정도가 설치되며, 트랙터의 전체 중량을 지지하고, 전체 중량을 균일하게 트랙에 배분한다. 또한, 트랙의 회전 위치를 바르게 유지하게 함으로써 상부 롤러와 함께 트랙의 회전을 바르게 유지하는데 관여한다.
> - 프런트 아이들러(전부 유동륜) : 트랙 프레임의 앞쪽에 설치되며, 프레임 위에서 미끄럼 운동을 할 수 있는 요크(yoke)에 설치되어 있다. 주된 기능은 트랙의 장력을 조정하면서 트랙의 진행 방향을 유도한다.
> - 롤러 가드 : 암석이나 자갈 등이 하부 롤러에 직접 충돌하는 것으로부터 보호하고, 트랙이 벗겨지는 것을 방지하기 위해 양쪽에 여러 개의 볼트로 고정되어 있다.
> - 평형 바 : 여러 장의 판 스프링을 겹쳐서 사용하는 형식과 상자형으로 된 형식이 있으며, 지면에서 전달되는 충격을 완화하고 좌우 트랙의 하중분포를 같게 하여 균형을 잡아준다.
> - 리코일 스프링 : 안쪽의 이너 스프링과 바깥쪽의 아우터 스프링의 2중으로 된 구조로 주행 중 프런트 아이들러가 받은 충격을 완화시켜 트랙 장치의 파손을 방지하는 일을 한다.

13 무한궤도식 건설기계에서 트랙을 분리하여야 할 경우가 아닌 것은?

① 트랙 교환 시
② 트랙 롤러 교환 시
③ 스프로킷 교환 시
④ 아이들러 교환 시

> 트랙을 분리하여야 하는 경우
> - 트랙이 벗겨졌을 때
> - 트랙을 교환하여야 할 때
> - 핀, 부싱 등을 교환하고자 할 때
> - 프런트 아이들러 및 스프로킷을 교환하고자 할 때

14 무한궤도식 건설기계와 관련하여 트랙 전면에서 오는 충격을 완화시키기 위해 설치한 것은?

① 하부 롤러
② 프론트 롤러
③ 상부 롤러
④ 리코일 스프링

> 리코일 스프링은 안쪽과 바깥쪽 스프링의 2중 구조로 주행 중 프론트 아이들러(전부 유동륜)가 받는 충격을 완화시켜 트랙 장치의 파손을 방지하는 역할을 담당한다.

15 하부 롤러, 링크 등 트랙 부품이 조기 마모되는 원인으로 가장 맞는 것은?

① 일반 객토에서 작업을 하였을 때
② 트랙장력이 너무 헐거울 때
③ 겨울철에 작업을 하였을 때
④ 트랙장력이 너무 팽팽했을 때

> 트랙의 장력이 너무 팽팽하면 각종 롤러 및 트랙 구성 부품의 마멸이 촉진된다.

16 무한궤도식 건설기계에서 트랙의 장력을 너무 팽팽하게 조정했을 때 미치는 영향으로 가장 거리가 먼 것은?

① 트랙 링크의 마모
② 프론트 아이들러의 마모
③ 트랙의 이탈
④ 스프로킷의 마모

> 일반적인 트랙의 유격은 25~40mm 정도가 정상으로, 트랙의 장력이 현저히 작으면 트랙이 이탈될 수 있다.

17 무한궤도식 주행장치의 스프로킷이 이상 마멸하는 원인에 해당하는 것은?

① 작동유의 부족
② 트랙의 장력 과대
③ 라이닝의 마모
④ 트랙의 유격이 클 때

> 트랙의 장력이 너무 크면 스프로킷의 이상 마멸이 초래된다.

18 무한궤도식 건설기계의 스프로킷에 가까운 쪽의 롤러는 어떤 형식을 사용하는가?

① 싱글 플랜지형
② 더블 플랜지형
③ 플랫형
④ 옵셋형

> 하부 롤러(트랙 롤러)는 싱글 플랜지형과 더블 플랜지형이 있으며, 프론트 아이들러와 스프로킷이 있는 쪽에는 반드시 싱글 플랜지형을 사용하여야 한다.

19 무한궤도식 장비에서 프론트 아이들러의 작용에 대한 설명으로 가장 적당한 것은?

① 회전력을 발생하여 트랙에 전달한다.
② 트랙의 진로를 조정하면서 주행 방향으로 트랙을 유도한다.
③ 구동력을 트랙으로 전달한다.
④ 파손을 방지하고 원활한 운전을 할 수 있도록 하여 준다.

> 프론트 아이들러(전부 유동륜)는 트랙 프레임의 앞쪽에 설치되며, 프레임 위에서 미끄럼 운동을 할 수 있는 요크(yoke)에 설치되어 있다. 주된 기능은 트랙의 장력을 조정하면서 트랙의 진행 방향을 유도한다.

20 무한궤도식 건설기계에서 트랙을 조정할 때 유의할 사항으로 가장 적절하지 않은 것은?

① 2~3회 반복 조정한다.
② 트랙을 들고 늘어지는 것을 점검한다.
③ 브레이크가 있는 장비는 브레이크를 사용한다.
④ 장비를 평지에 정차시킨다.

> 트랙 유격 조정 시 유의 사항
> • 평탄한 지면에서 한다.
> • 브레이크가 있는 경우 브레이크를 사용해서는 안 된다.
> • 전진하다가 정지시켜야 한다.(후진하다가 세우면 트랙이 팽팽해진다.)
> • 2~3회 반복 조정하여 양쪽 트랙의 유격을 동일하게 조정하여야 한다.
> • 트랙을 들고 늘어지는 양을 점검한다.

정답 14 ④ 15 ④ 16 ③ 17 ② 18 ① 19 ② 20 ③

21 무한궤도식 건설기계에서 트랙 장력 조정은?

① 스프로킷의 조정 볼트로 한다.
② 트랙 조정용 실린더로 한다.
③ 상부 롤러의 베어링으로 한다.
④ 하부 롤러의 심(shim)을 조정한다.

> 프런트 아이들러 요크 축에 설치된 조정 실린더에 그리스를 주유하면 트랙의 유격이 적어지고, 그리스를 배출시키면 트랙의 유격이 커진다.

22 무한궤도식 건설기계에서 트랙의 조정은 어느 것으로 하는가?

① 아이들러의 이동
② 하부 롤러의 이동
③ 상부 롤러의 이동
④ 스프로킷의 이동

> 무한궤도식 건설기계에서 트랙의 조정은 프런트 아이들러를 전진 및 후진시켜 실시한다.

Lesson 4 제동장치 구조와 기능

01 장비의 유압 브레이크는 무슨 원리를 이용한 것인가?

① 베르누이 원리
② 아르키메데스의 원리
③ 파스칼의 원리
④ 상대성 원리

> 파스칼의 원리는 "밀폐된 공간 속의 유체에 압력을 주면, 그 힘은 모든 방향으로 동일하게 작용한다."는 것으로 유압 브레이크의 작동 원리로 이용되었다.

02 브레이크의 페이드(fade) 현상이란?

① 유압이 감소되는 현상
② 브레이크오일이 회로 내에서 비등하는 현상
③ 마스터 실린더 내에서 발생하는 현상
④ 브레이크 조작을 반복할 때 마찰열의 축적으로 일어나는 현상

> 브레이크를 자주 사용하면 브레이크 드럼과 라이닝 사이에 과도한 마찰열이 축적되어 마찰계수가 떨어지고 브레이크가 잘 듣지 않는 현상을 페이드 현상이라 한다.

03 배기가스의 압력차를 이용한 브레이크 형식은?

① 배기 브레이크 ② 제3 브레이크
③ 유압식 브레이크 ④ 진공식 배력장치

> 배기 브레이크는 배기의 통로를 차단하여 엔진 브레이크의 효과를 높이는 일종의 감속기이다.

04 브레이크 파이프 내부에 베이퍼 로크(vapor lock)가 생기는 원인은?

① 라이닝과 드럼 간극이 클 때
② 긴 내리막길에서 계속 브레이크를 사용 드럼이 과열되었을 때
③ 브레이크 라인이 과도하게 냉각되었을 때
④ 드럼이 편마모되었을 때

> 베이퍼 로크는 브레이크 회로 내의 오일이 기화하여 오일의 압력 전달 작용을 방해하는 현상으로 주로 긴 내리막길에서 과도하게 풋 브레이크를 사용할 때 나타난다.

05 브레이크 파이프 내에 베이퍼 로크가 발생하는 원인과 가장 거리가 먼 것은?

① 지나친 브레이크 조작
② 브레이크 드럼의 과열
③ 잔압의 저하
④ 라이닝과 드럼의 간극 과대

> 베이퍼 로크의 발생원인
> • 지나친 브레이크 조작
> • 브레이크 드럼의 과열
> • 잔압의 저하
> • 브레이크 오일 변질 및 불량한 오일 사용 시

06 유압 브레이크 회로 내의 잔압과 관계가 없는 것은?

① 베이퍼 로크를 방지한다.
② 유압회로 내에 공기가 새어드는 것을 방지한다.
③ 휠 실린더에서 오일이 새는 것을 방지한다.
④ 페이드(fade) 현상이 생기는 것을 방지한다.

> 유압 브레이크 회로 내의 잔압은 마스터 실린더, 브레이크 슈 리턴 스프링의 소손에 의해 주로 나타나며 이는 베이퍼 로크 현상의 원인이 된다.

07 유압 브레이크에서 잔압을 유지시키는 것과 가장 관계가 깊은 것은?

① 피스톤
② 실린더
③ 체크 밸브
④ 부스터

> 체크 밸브는 브레이크 페달을 밟으면 오일이 마스터 실린더에서 휠 실린더로 나가게 하고, 페달을 놓으면 파이프 내의 유압과 피스톤 리턴 스프링의 장력이 평형이 될 때까지만 오일이 마스터 실린더 내로 복귀하도록 하여 회로 내에 잔압을 유지시켜 준다.

08 유압식 브레이크의 잔압과 관계가 있는 부품은?

① 마스터 실린더의 피스톤
② 마스터 실린더의 오일탱크
③ 마스터 실린더의 체크밸브
④ 마스터 실린더의 피스톤컵

09 브레이크를 연속하여 자주 사용하면 브레이크 드럼이 과열되어, 마찰계수가 떨어지고 브레이크가 잘 듣지 않는 것으로 짧은 시간 내에 반복조작이나, 내리막길을 내려갈 때 브레이크 효과가 나빠지는 현상은?

① 자기작동
② 페이드
③ 하이드로 플레이닝
④ 와전류

10 브레이크에 페이드(fade) 현상이 발생했을 때의 올바른 조치 방법은?

① 브레이크를 자주 밟아 준다.
② 속도를 가속한다.
③ 엔진 브레이크를 사용한다.
④ 작동을 멈추고 열을 식힌다.

> 페이드 현상은 드럼과 라이닝 사이의 마찰열로 인해 브레이크가 잘 듣지 않는 현상으로 작동을 멈추고 열을 식히는 것이 올바른 조치 방법이다.

11 대기압과 압력차를 이용한 브레이크 형식은?

① 배기 브레이크
② 제3브레이크
③ 유압식 브레이크
④ 진공식 배력장치

> 배력식 브레이크는 대기압과의 압력 차이를 이용한 형식으로 흡입 행정에서 발생하는 진공(부압)과 대기 압력 차이를 이용하는 진공배력식, 압축공기의 압력과 대기압 차이를 이용하는 공기배력식으로 나뉜다.

12 공기 브레이크의 장점이 아닌 것은?

① 베이퍼 로크가 일어나지 않는다.
② 브레이크 페달의 조작에 큰 힘이 든다.
③ 차량의 중량이 커도 사용할 수 있다.
④ 파이프에 누설이 있을 때 유압 브레이크보다 위험도가 적다.

> 공기 브레이크의 장점
> • 차량 중량에 제한받지 않는다.
> • 공기가 다소 누출되더라도 제동 성능이 현저하게 저하되지 않는다.
> • 베이퍼로크가 일어나지 않는다.
> • 페달 밟는 양에 따라 제동력이 조절된다.

정답 05 ④ 06 ④ 07 ③ 08 ③ 09 ② 10 ④ 11 ④ 12 ②

13 브레이크에서 하이드로 백에 관한 설명으로 틀린 것은?

① 대기압과 흡기다기관 부압과의 차를 이용하였다.
② 하이드로 백에 고장이 나면 브레이크가 전혀 작동 안 된다.
③ 외부에 누출이 없는데도 브레이크 작동이 나빠지는 것은 하이드로 백 고장일 수도 있다.
④ 하이드로 백은 브레이크 계통에 설치되어 있다.

🔍 진공 배력식(하이드로 백) 브레이크 형식은 흡기다기관 진공과 대기 압력과의 차이를 이용한 것으로 배력 장치에 이상이 발생해도 일반적인 유압 브레이크로 작동할 수 있다.

14 공기 브레이크에서 공기압축기의 공기압력을 제어하는 곳은?

① 언로더 밸브
② 오리피스
③ 체크 밸브
④ 릴레이 밸브

🔍 공기 압축기 입구 쪽에 설치되어 있는 언로더 밸브가 압력 조정기와 함께 공기 압축기가 과다하게 작동하는 것을 방지하고, 공기 탱크 내의 공기 압력을 일정하게 제어한다.

15 공기 브레이크에서 탱크 내의 압력이 얼마 이상이 되면 압축공기가 밸브를 밀어 올리는가?

① 1~3kgf/cm² 정도
② 5~7kgf/cm² 정도
③ 10~13kgf/cm² 정도
④ 20~25kgf/cm² 정도

🔍 공기 탱크 내의 압력이 5~7kgf/cm² 이상이 되면 공기 탱크에서 들어온 압축공기가 스프링 장력을 이기고 밸브를 밀어 올린다.

16 브레이크 오일의 조건으로 적절하지 않은 것은?

① 점도가 적당하고 점도 지수가 클 것
② 윤활성이 있을 것
③ 화학적 안정성이 클 것
④ 빙점과 비등점이 낮을 것

🔍 브레이크 오일은 ①, ②, ③번 항목 외에 다음과 같은 조건을 갖추어야 한다.
• 빙점은 낮고, 비등점이 높을 것
• 고무 또는 금속제품을 부식, 연화시키거나 팽창시키지 않을 것
• 침전물 발생이 없을 것

17 제동계통에서 마스터 실린더를 세척하는데 가장 좋은 세척액은?

① 경유
② 가솔린
③ 합성세제
④ 알코올

🔍 브레이크 부품인 마스터 실린더 및 휠 실린더 등은 분해 후 알코올 또는 세척용 오일을 사용한다.

18 브레이크 마스터 실린더의 푸시로드 길이를 길게 하면 일어나는 현상은?

① 라이닝이 팽창하여 풀리지 않는다.
② 브레이크가 듣지 않는다.
③ 브레이크에서 오일이 샌다.
④ 페달의 높이가 낮아진다.

🔍 푸시로드의 길이가 길어지게 되면 페달자유간극이 작아지며 라이닝이 팽창하여 풀리지 않을 수 있다.

19 유압식 브레이크 마스터 실린더의 푸시로드에 작용하는 힘이 400kg이고 마스터 실린더 내 피스톤의 단면적이 2cm²일 때 유압은 몇 kg/cm²인가?

① 100kg/cm²
② 200kg/cm²
③ 400kg/cm²
④ 800kg/cm²

🔍 유압 = $\dfrac{\text{힘}}{\text{단면적}} = \dfrac{400}{2} = 200\text{kg/cm}^2$

20 브레이크 페달의 유격이 크게 되는 원인으로 적절치 않은 것은?

① 브레이크 오일에 공기가 들어 있다.
② 브레이크 페달 리턴 스프링이 약하다.
③ 브레이크 라이닝이 마멸되었다.
④ 브레이크 파이프에 오일이 많다.

정답 13 ② 14 ① 15 ② 16 ④ 17 ④ 18 ① 19 ② 20 ②

🔍 브레이크 페달의 유격이 크게 되는 원인
- 페달 링크기구의 접속부 마모 시
- 브레이크 라이닝과 드럼의 마모 시
- 브레이크 오일 과다 시
- 푸시로드를 짧게 조정했을 때
- 브레이크 오일에 공기가 들어 있을 때

21 브레이크 페달의 유격은 보통 몇 mm 정도가 적당한가?

① 5~10mm　　② 10~15mm
③ 15~20mm　　④ 20~30mm

🔍 브레이크 페달의 유격은 20~30mm가 적당하며 유격이 규정보다 초과하거나 적으면 고장의 원인이 된다.

22 브레이크를 밟았을 때 금속성 마찰음이 생기는 원인이 아닌 것은?

① 리벳 머리의 돌출
② 마스터 실린더 오일구멍의 막힘
③ 브레이크 드럼의 풀림, 편심
④ 드럼 커버의 변형

🔍 마스터 실린더의 오일 구멍이 막히면 브레이크가 풀리지 않는다.

23 브레이크 작동시 핸들이 한쪽으로 쏠리는 원인이 아닌 것은?

① 브레이크 조정이 불량
② 타이어 공기압이 같지 않음
③ 마스터 실린더의 체크 밸브 작동 불량
④ 라이닝의 접촉 불량

🔍 마스터 실린더의 체크 밸브는 유압 브레이크에서 잔압을 유지시키는 역할을 하는 것으로 핸들이 한쪽으로 쏠리는 원인과는 관련이 없다.

24 브레이크 슈의 리턴 스프링이 약하면 휠 실린더 내의 잔압은?

① 일정하다.　　② 낮아진다.
③ 알 수 없다.　　④ 높아진다.

🔍 브레이크 슈 리턴 스프링의 장력이 약해지거나 소손되면 잔압이 저하되고 이에 따라 베이퍼 로크 현상이 발생할 수 있다.

25 브레이크를 밟았을 때 차가 한쪽 방향으로 쏠리는 원인으로 가장 거리가 먼 것은?

① 브레이크 오일회로에 공기 혼입
② 타이어의 좌·우 공기압이 틀릴 때
③ 드럼 슈에 그리스나 오일이 붙었을 때
④ 드럼의 변형

🔍 브레이크 오일이 부족하거나 오일 라인에 공기가 혼입되면 브레이가 듣지 않는 원인이 된다.

26 유압식 브레이크에 있어서 오일회로 내의 잔압은 얼마가 되겠는가?

① $0.1~0.3kg/cm^2$
② $0.6~0.8kg/cm^2$
③ $1.4~2.0kg/cm^2$
④ $1.8~3.0kg/cm^2$

🔍 피스톤 리턴 스프링은 항상 체크 밸브를 밀고 있기 때문에 이 스프링의 장력과 회로 내의 유압이 평형이 되면 체크 밸브가 시트에 밀착되어 남게되는 압력을 잔압이라 하며, 그 크기는 $0.6~0.8kg/cm^2$이다.

27 디스크 브레이크의 장점으로 보기 힘든 것은?

① 방열성이 커 제동 성능이 안정된다.
② 부품의 평형이 좋고, 한쪽만 제동되는 일이 없다.
③ 구조가 복잡하지만 정비는 쉽다.
④ 디스크에 물이 묻어도 제동력 회복이 크다.

🔍 디스크 브레이크는 구조가 간단하고 부품 수가 적어 차량 무게가 줄어들 뿐 아니라 정비가 쉽다. 또한, 고속에서 반복적으로 사용해도 제동력의 변화가 적다.

28 브레이크 페달을 두 세번 밟아야만 제동이 될 때의 주요 고장 요인은?

① 체크 밸브의 고착
② 리턴 스프링의 쇠약
③ 브레이크 파이프 내에 기포 발생
④ 브레이크 오일의 과다

정답　21 ④　22 ②　23 ③　24 ②　25 ①　26 ②　27 ③　28 ③

29 브레이크 회로 내의 공기빼기 요령이다. 틀리는 것은?

① 마스터 실린더에서 먼 바퀴의 휠 실린더로부터 순차적으로 공기를 뺀다.
② 브레이크 장치를 수리하였을 때 공기빼기를 하여야 한다.
③ 베이퍼 로크가 생기면 공기빼기를 한다.
④ 브레이크 페달을 밟으면서 공기빼기를 한다.

🔍 베이퍼 로크는 브레이크 회로 내의 오일이 기화하여 오일의 압력 전달 작용을 방해하는 현상으로 주로 긴 내리막길에서 과도하게 풋 브레이크를 사용할 때 나타난다.

30 브레이크가 완전히 풀리지 않을 때의 이유 중 틀린 것은?

① 부스터의 기능 불량
② 브레이크 라이닝과 드럼 간격이 좁음
③ 브레이크 레버 주차 브레이크가 걸려 있음
④ 엔진 플라이 휠의 편마모

🔍 엔진 플라이 휠은 동력전달장치에 속한다.

31 유압 브레이크에서 브레이크 페달이 작용한 후 오일이 마스터 실린더로 되돌아오게 하는 것은?

① 리턴 스프링
② 브레이크 라이닝
③ 브레이크 드럼
④ 푸시로드

🔍 브레이크 페달을 놓으면 마스터 실린더 내의 유압이 저하되고 브레이크 슈는 리턴 스프링의 장력으로 제자리로 복귀되고 휠 실린더 내의 오일은 마스터 실린더 오일 탱크로 되돌아가 제동 작용이 풀린다.

32 브레이크가 미끄러지는 원인은 어느 것인가?

① 라이닝 마모로 간격이 많기 때문
② 부하가 크기 때문
③ 라이닝 간격이 적기 때문
④ 부하가 적기 때문

🔍 브레이크 슈에 리벳이나 접착제로 부착되어 있는 라이닝이 마모되어 간격이 많아지면 브레이크가 미끄러지는 원인이 된다.

33 공기 브레이크에서 브레이크 슈를 직접 작동시키는 것은 무엇인가?

① 릴레이 밸브
② 캠
③ 브레이크 페달
④ 브레이크 챔버

🔍 공기 브레이크에서는 푸시로드가 슬랙 조정기를 거쳐 캠을 회전시켜 브레이크 슈가 드럼에 밀착됨으로써 제동이 이루어진다.

34 브레이크가 잘 작용되지 않고 페달을 밟는데 힘이 드는 원인이 아닌 것은?

① 피스톤 로드의 조정 불량
② 타이어의 공기압의 고르지 못함
③ 라이닝에 오일 부착
④ 라이닝의 간극 조정 불량

35 제동장치에서 브레이크 드럼이 갖추어야 할 조건과 관계가 없는 것은?

① 무거워야 한다.
② 방열이 잘 되어야 한다.
③ 강성과 내마모성이 있어야 한다.
④ 정적, 동적 평형이 잡혀 있어야 한다.

🔍 브레이크 드럼의 조건
• 가벼워야 한다.
• 방열이 잘 되어야 한다.
• 강성과 내마모성이 있어야 한다.
• 정적 · 동적 평형이 잡혀 있어야 한다.

정답 29 ③ 30 ④ 31 ① 32 ① 33 ② 34 ② 35 ①

유압장치

Craftsman Loader Operator

Lesson 01 유압의 기초

1 유체의 성질

1) 파스칼의 원리

① 밀폐된 용기 중에서 정지되어 있는 유체의 일부에 가해진 압력은 유체의 모든 부분에 그대로의 세기로 전달되어 진다.

② 즉, 밀폐된 용기 중에 액체를 충만시키고 상부로부터 힘 F를 가할 때 피스톤의 단면적을 A라고 하면, 액체에 가해지는 압력 $P = \dfrac{F}{A}$ 이다.

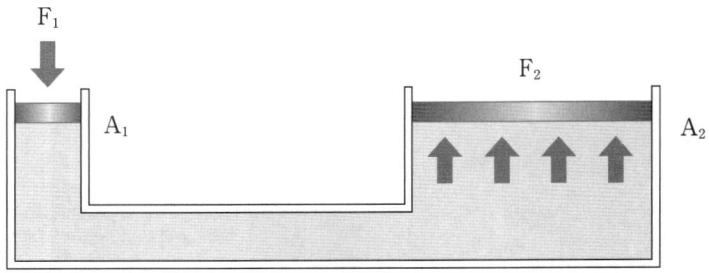

$$P_1 = P_2, \quad \dfrac{F_1}{A_1} = \dfrac{F_2}{A_2}, \quad F_2 = F_1 \times \dfrac{A_2}{A_1}$$

2) 유압의 전달

① 각 점에 작용하는 압력은 모든 방향이 같다.

② 액체는 작용력을 감소시킬 수 있다.

③ 단면적을 변화시키면 힘을 증대시킬 수 있다.

④ 액체는 운동을 전달할 수 있다.

⑤ 공기는 압축되나 오일은 압축되지 않는다.

⑥ 유체의 압력은 면에 대해서 직각으로 작용한다.

3) 압력의 단위

① 압력의 단위는 공학에서는 일반적으로 공학기압으로서 kgf/cm²가 쓰이며, 표준기압(atm)이라 하여 수은주 760mm에 상당하는 압력 또는 바(bar) 및 밀리바(mbar) 등이 있다.

② 1atm(표준기압) = 760mmHg = 1.01325bar = 1.0332kgf/cm² = 101.325kPa

③ 1at(공학기압) = 1kgf/cm² = 735.56mmHg = 0.9678atm = 980.665mbar = 98.0665kPa

4) 유량제어 밸브에 의한 회로의 종류

① **미터인 회로(meter-in circuit)** : 유량제어 밸브를 실린더의 입구 측에 설치한 회로로서, 이 밸브가 압력 보상형이면 실린더 속도는 펌프 송출량에 무관하고 일정하다.

② **미터아웃 회로(meter-out circuit)** : 유량제어 밸브를 실린더의 출구 측에 설치한 회로로서 실린더에서 유출되는 유량을 제어하여 피스톤 속도를 제어하는 회로이다. 이 경우 펌프의 송출압력은 유량제어 밸브에 의한 배압과 부하저항에 따라 정해진다.

③ **블리드오프 회로(bleed off circuit)** : 실린더 입구의 분기 회로에 유량제어 밸브를 설치하여 실린더 입구 측의 불필요한 유압유를 배출시켜 작동 효율을 증진시킨 회로이다.

2 유압장치의 장점 및 단점

1) 유압장치의 장점

① 적은 동력을 이용하여 큰 힘을 얻는다.
② 과부하의 염려가 없다.
③ 속도 조절이 용이하며 무단변속이 가능하다.
④ 부하의 변동에 대해 안정하다.
⑤ 동력 전달을 원활히 할 수 있다.

2) 유압장치의 단점

① 오일 누설의 염려가 있다.
② 화재의 위험이 있다.
③ 온도의 변화에 의해 영향을 받기 쉽다.
④ 배관작업이 번잡하다.
⑤ 공기가 혼입되기 쉽다.

Lesson 02 유압 탱크와 유압 펌프

1 유압 탱크

1) 유압 탱크의 구조 및 종류

① **유압 탱크의 구조**
  ㉮ 유압 탱크는 오일을 회로 내에 공급하거나 되돌아오는 오일을 저장하는 용기이다.
  ㉯ 주입구(주유구), 흡입관 및 복귀관, 스트레이너, 유면계, 배플 플레이트(격판), 드레인 플러그 등으로 구성되어 있다.

② **유압 탱크의 종류**
  ㉮ 개방형 : 탱크 안의 공기가 통기용 필터를 통해 대기와 연결된 상태로 탱크의 오일이 자유 표면을 유지하기 때문에 압력의 상승이나 저하를 피할 수 있는 형식이다.
  ㉯ 예압형 : 탱크 안이 완전히 밀폐되어 압축공기 또는 그 밖의 방법으로 언제나 일정한 압력을 가하는 형식으로 캐비테이션이나 기포 발생을 막을 수 있다.

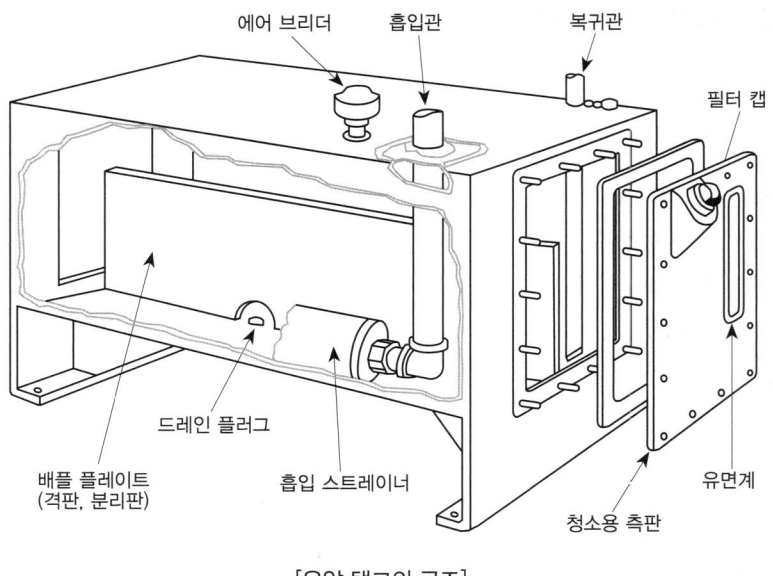

[유압 탱크의 구조]

> ● **배플 플레이트(격판)의 기능**
> • 급격한 오일 흐름 방지
> • 오일의 방열 및 유온 상승 방지
> • 기포 방출

2) 유압 탱크의 기능
① 유압회로 내의 필요한 유량 확보
② 오일의 기포 발생 방지와 기포의 소멸
③ 작동유의 온도를 적정하게 유지

3) 유압 탱크와 구비조건
① 유면은 적정위치 "F"에 가깝게 유지하여야 한다.
② 정상적인 작동에서 발생한 열을 발산할 수 있어야 한다.
③ 공기 및 이물질을 오일로부터 분리할 수 있는 구조여야 한다.
④ 배유구와 유면계가 설치되어 있어야 한다.
⑤ 흡입관과 복귀관(리턴 파이프) 사이에 격판이 설치되어 있어야 한다.
⑥ 흡입 오일을 여과시키기 위한 스트레이너가 설치되어야 한다.
⑦ 탱크의 크기는 중력에 의하여 복귀하는 유압장치 내의 모든 작동유를 받아들일 수 있는 크기로 하여야 한다.(일반적으로 유압 토출량의 2~3배)

4) 탱크에 수분이 혼입되었을 때의 영향
① 공동현상이 발생된다.
② 작동유의 열화가 촉진된다.
③ 유압 기기의 마모를 촉진시킨다.

2 유압 펌프

1) 유압 펌프의 개요
① 유압 펌프는 엔진의 기계적 에너지로 구동하여 유체의 압력 에너지로 변환시키는 유압 발생부의 핵심적인 역할을 하며, 펌프의 원리는 흡입구에 대기압보다 낮은 진공 부분이 생겨 그로 인해서 기름을 빨아올려 토출구로 내보내는 것이다.
② 유압 펌프는 크게 용적형 펌프와 비용적형 펌프로 구분한다. 비용적형 펌프에는 원심 펌프, 축류 펌프 등이 있으나, 토출 측 압력 변화에 따라 토출량이 크게 변화하므로 비용적형 펌프는 건설기계와 같이 고압용으로 사용하는 유압 장치에는 부적합하다.
③ 일반적으로 건설기계에 사용되는 유압 펌프로는 기어 펌프, 베인 펌프, 피스톤 펌프)가 있으며, 특히 고압을 필요로 하는 영역에서는 피스톤 펌프를 사용한다. 피스톤 펌프를 플런저 펌프(plunger pump)라고도 한다.

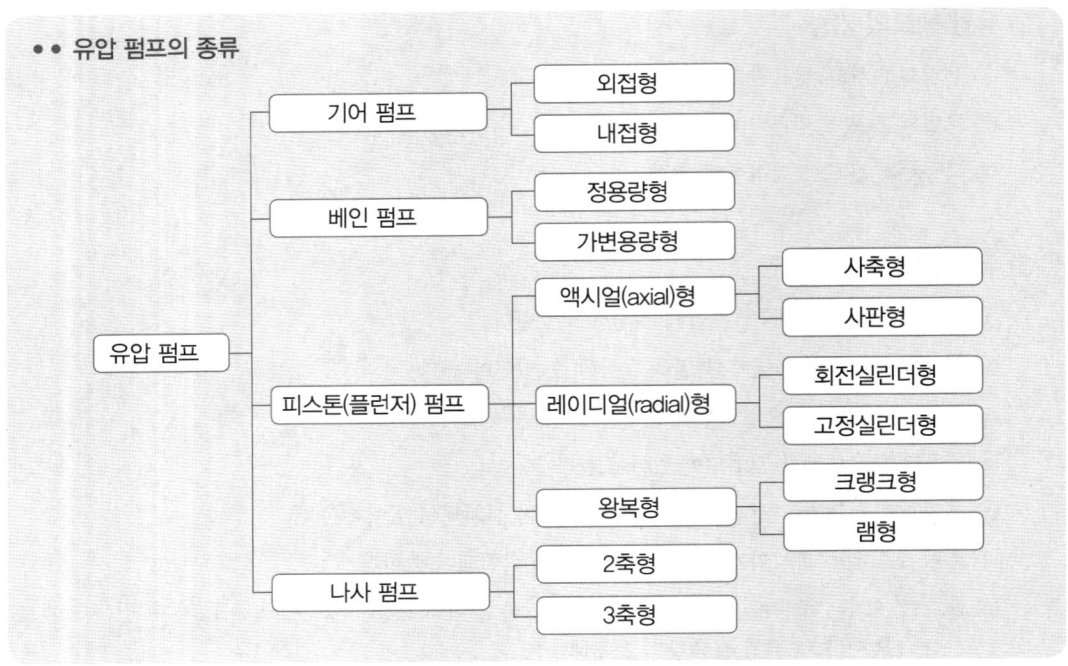

●● 유압 펌프의 종류

2) 외접기어 펌프

① 기어 펌프는 한 쌍의 기어(gear)와 이것을 내장하는 기어 케이스, 4개의 베어링(bearing), 기어의 측판 등이 주요 부품이다.

② **외접기어 펌프의 특징**
   ㉮ 부품 수가 다른 펌프에 비해서 적다.
   ㉯ 고속 운전이 가능하다.
   ㉰ 기어의 정도, 치형을 적절히 선정하면 공동현상이나 이상 소음과 같은 장해 없이 70~80% 정도의 펌프 효율을 쉽게 얻을 수 있다.

3) 내접기어 펌프

① 펌프 중심이 회전 중으로 편심되어 바깥 기어와 접하여 회전하는 안쪽 기어와 초승달 모양의 스페이서로 구성된다.

② **내접기어 펌프의 특징**
   ㉮ 소형 펌프의 제작에 사용된다.
   ㉯ 두 기어가 같은 방향으로 회전한다.
   ㉰ 바깥 기어와 접해서 회전하는 안쪽 기어와 스페이서로 구성되어 있다.

●● 토출량에 따른 유압 펌프의 구분
- 정용량형 펌프 : 1회전마다의 이론 유입량이 변화되지 않는 유압 펌프
- 가변용량형 펌프 : 1회전마다의 이론 유입량이 변화되는 유압 펌프

4) 베인 펌프

① 원통형 케이싱 안에 편심된 캠링(cam ring)과 로터(rotor, 회전자)가 들어 있으며, 로터에는 홈이 있고, 그 홈 속에는 판 모양의 베인(vane, 날개)이 삽입되어 자유로이 움직일 수 있게 되어 있다.

② 베인 펌프의 특징
   ㉮ 수명이 길고 장시간 안정된 성능을 발휘할 수 있어서 산업기계에 많이 쓰인다.
   ㉯ 소음 및 맥동이 작다.
   ㉰ 유지 및 보수가 용이하다.
   ㉱ 작게 만들 수 있어 피스톤 펌프보다 단가가 싸다.
   ㉲ 기름에 의한 오염에 주의하여야 하고 흡입 진공도가 허용 한도 이하이어야 한다.

5) 피스톤(플런저) 펌프

① 피스톤의 왕복운동에 의해 압력이 발생하고 고속 운전이 가능하여 비교적 소형으로도 고압, 고성능을 얻을 수 있는 펌프로 피스톤의 운동 방향에 따라 액시얼형(axial type)과 레이디얼형(radial type)으로 구분된다.

② 피스톤(플런저) 펌프의 특징
   ㉮ 고압에 적합하며 일반적으로 펌프 효율이 가장 높다.
   ㉯ 가변 용량형에 적합하며, 각종 토출량 제어장치가 있어서 목적 및 용도에 따라 조정할 수 있다.
   ㉰ 구조가 복잡하고 비싸다.
   ㉱ 기름의 오염에 극히 민감하다.
   ㉲ 흡입 능력이 가장 낮다.

● 유압펌프의 특성 비교

구분	기어 펌프(외접)	베인 펌프	피스톤 펌프
구조			
효율	일반적으로 낮다.	일반적으로 높다.	일반적으로 가장 높다.
흡입능력	우수하다.	중간 정도이다.	가장 낮다.
크기	작고 가볍다.	작다.	일반적으로 크고 무겁다.
이송량 변화	정용량형	정용량형/가변용량형	가변용량형
부품 호환성	나쁘다.	양호하다.	나쁘다.
점도 영향	점도 범위가 넓다.	점도 범위가 좁다.	점도 범위가 좁다.
비용	저렴하다.	상대적으로 저렴하다.	비싸다.

Lesson 03 유압 모터와 유압 실린더

1 유압 모터

1) 유압 모터의 장점 및 단점

① 유압 모터의 장점
㉮ 소형 경량으로서 큰 출력을 낼 수 있고 고속 차종에 적당하다.
㉯ 속도나 방향의 제어가 용이하여 릴리프 밸브를 달면 기구적 손상을 주지 않고 급속 정지를 시킬 수 있다.
㉰ 2개의 배관만을 사용해도 되므로 내폭성이 우수하다.
㉱ 최대 토크를 제한하려는 기계의 구동에 사용하면 편리하다.
㉲ 시동, 정지, 역전, 변속 등을 가변·토출 펌프에 의해서 간단히 제어할 수 있다.

② 유압 모터의 단점
㉮ 작동유 내에 먼지나 공기가 침입하지 않도록 주의해야 한다.
㉯ 작동유가 인화하기 쉬우므로 화재 염려가 있는 곳에서의 사용은 매우 위험하다.
㉰ 작동유의 점도 변화에 의해 유압 모터의 사용에 제한을 받는다.

2) 유압 모터의 종류와 특징

① 기어 모터
㉮ 작동 유체의 압력에 의한 힘이 기어의 이에 작용하여 기어에 회전 토크를 발생시키는 유압 액추에이터로 기어 펌프와 구조가 비슷하며, 압력 부하에 대한 보상 장치가 없다.
㉯ 설계가 간단하고 값이 싼 것이 특징이다.

② 베인 모터
㉮ 회전축과 함께 회전하는 로터에 부착된 베인이 유압유의 압력으로 토크를 발생시켜 회전운동을 얻는 유압 액추에이터이다.
㉯ 베인은 바깥 케이스와 접촉되어 운동하게 되므로 베인이 케이스에 잘 접촉되어 회전하도록 하는 장치가 필요하며, 이를 위하여 스프링을 사용한다.

③ 피스톤 모터
㉮ 고속, 고압이 필요한 유압장치에 사용되며, 펌프와 같이 액시얼형(axial type)과 레이디얼형(radial type)으로 구분된다.
㉯ 이동할 필요가 있는 차량 장비에서는 액시얼형(axial type) 모터가 많이 사용되고, 산업용에는 레이디얼형(radial type) 모터가 사용된다.

> ● 액추에이터(actuator)
> 액추에이터(actuator)는 유압의 에너지를 기계적 에너지로 변화시키는 장치로 유압의 에너지에 의해서 직선 왕복운동을 하는 유압 실린더와 유압의 에너지에 의해서 회전운동을 하는 유압 모터가 있다.

2 유압 실린더

1) 유압 실린더
유압 실린더는 작동유의 유체 에너지를 기계적 에너지로 변환시켜 직선운동의 기계적 일을 하게 하는 유압 기기를 말한다.

2) 유압 실린더의 종류

① **단동 실린더**
- ㉮ 단동 실린더(single acting cylinder)에서는 피스톤측 면적으로만 유압이 작용하므로 부하에 대하여 한 방향으로만 일을 할 수 있게 된다.
- ㉯ 동작 원리는 유압유가 피스톤 측으로 흘러 들어가면 부하로 인하여 압력이 상승하게 되고 이 압력으로 인한 힘이 부하를 이기고 피스톤을 전진운동 시키게 된다. 후진운동 시에는 피스톤 측이 방향제어 밸브를 통하여 탱크와 연결된다.
- ㉰ 후진행정은 스프링이나 외력 또는 작은 지름의 보조 실린더에 의하여 이루어진다. 이러한 힘들은 실린더, 배관, 밸브 등의 마찰력 합보다 커야만 한다.

② **복동 실린더**
- ㉮ 복동 실린더(double acting cylinder)는 피스톤 양측에 압력이 걸릴 수 있으며, 이에 따라 양쪽 방향으로 일을 할 수 있게 된다.
- ㉯ 유압유가 피스톤 측 면적으로 흘러 들어가서 피스톤에 압력을 가하게 되고 압력과 면적의 곱인 추력이 형성된다. 이 힘이 외력 및 마찰력을 극복하게 되면 피스톤 로드가 전진운동을 하게 된다.
- ㉰ 후진 작업의 경우도 마찬가지로 작동된다. 피스톤이 전진운동을 할 경우에는 피스톤 로드 측의 유압유가 탱크로 귀환되고, 후진운동 할 경우에는 피스톤 측의 유압유가 탱크로 귀환된다.

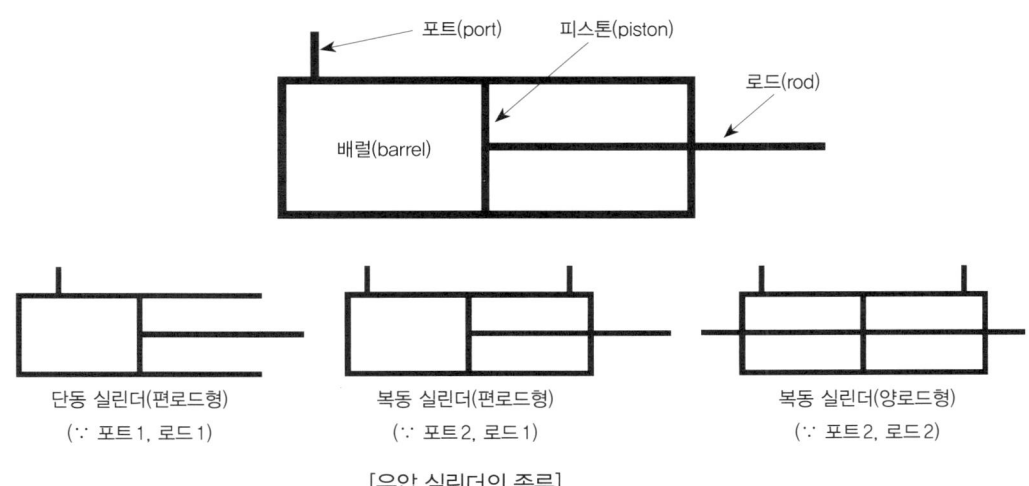

[유압 실린더의 종류]

Lesson 04 기타 부속장치

1. 축압기(어큐뮬레이터, accumulator)

1) 축압기의 개요
고압의 유압유를 저장하는 용기로 필요에 따라 유압 시스템에 유압유를 공급하거나, 회로 내의 밸브를 갑자기 폐쇄할 때 발생되는 서지 압력을 방지할 목적으로 사용된다.

2) 축압기의 용도
① 대유량의 작동유를 순간적으로 공급한다.
② 유압 펌프의 맥동을 제거한다.
③ 충격 압력을 흡수한다.
④ 압력을 보상해 준다.

3) 축압기의 종류(가스 오일식)
① **피스톤형** : 실린더 내의 피스톤으로 기체실과 유체실을 구분한다.
② **블래더형(고무 주머니형)** : 본체 내부에 고무 주머니가 있어 기체실과 유체실을 구분한다.
③ **다이어프램형** : 본체 내부에 고무와 가죽의 막이 있어 기체실과 유체실을 구분한다.

2. 이음 및 기타 장치

1) 이음(joint)
① **나사 이음(screw joint)** : 유압이 70kg/cm² 이하인 압송유 관로, 복귀 관로, 드레인 관로, 흡입 관로 등에서 저압용으로 사용된다.
② **용접 이음(welded joint)** : 관을 삽입하여 용접 접속하는 이음이다. 용접 작업이 완전하면 유밀성이 확실하므로 고압용의 관로용으로 사용된다.
③ **플랜지 이음(flange joint)** : 관의 끝을 플랜지에 삽입하여 용접하고 두 개의 플랜지를 볼트로 결합하는 이음인데 고압이나 저압에 상관없이 직경이 큰 관의 관로용으로서 확실한 작업을 할 수 있다.
④ **플레어 이음(flare joint)** : 관의 끝부분을 원추형의 펀치로 나팔형으로 펴서 원추 면에 슬리브와 너트로 조여 유밀성을 확실하게 한다.

2) 기타 장치 및 기기
① **증압기(booster)** : 저압 대용량의 작동유 또는 대량의 압축공기를 고압 소용량의 작동유로 변화시키는 장치로 단동 증압기와 복동 증압기가 있다.

② **필터** : 회로에 공급되는 작동유 내에 함유되어 있는 불순물을 여과하는 데 사용되는 부속기기이다.
③ **압력 스위치** : 유압회로 내의 압력 변화를 감지하여 전기적 신호를 내는 부속 기기로, 유압유에 의해 작동되는 기계적인 부분과 전기적 신호를 내는 마이크로 스위치로 구성된다.
④ **오일 실(seal)** : 각 오일 회로에서 오일이 외부로 누출되는 것을 방지한다.

Lesson 05 유압유 및 제어(컨트롤) 밸브

1 유압유

1) 유압유(작동유)의 필요성과 역할

① **작동유의 구비조건**
㉮ 넓은 온도 범위에서 점도의 변화가 적어야 한다.
㉯ 점도 지수가 높아야 한다.
㉰ 산화에 대한 안정성이 있어야 한다.
㉱ 윤활성과 방청성이 있어야 한다.
㉲ 착화점이 높고 내부식성이어야 한다.
㉳ 적당한 점도, 즉 유동성을 가지고 있어야 한다.
㉴ 유막 끊임이 일어나기 어려워야 한다.
㉵ 물리적, 화학적인 변화가 없고 비압축성이어야 한다.
㉶ 유압장치에 사용되는 재료에 대하여 불활성이어야 한다.
㉷ 거품이 적고 실(seal) 재료와의 적합성이 좋아야 한다.
㉸ 물, 쓰레기 등의 불순물을 신속하게 분리할 수 있는 성질을 가져야 한다.

② **유압회로 내의 공기 영향**
㉮ 실린더 숨돌리기 현상이 생긴다.
㉯ 유압유의 열화가 촉진된다.
㉰ 공동현상으로 소음발생, 온도상승, 포화상태가 된다.

③ **캐비테이션현상(공동현상)이 발생되었을 때의 영향**
㉮ 체적효율이 저하된다.
㉯ 소음과 진동이 발생된다.
㉰ 저압부의 기포가 과포화 상태가 된다.
㉱ 기관 내에서 부분적으로 매우 높은 압력이 발생된다.
㉲ 급한 압력파가 형성된다.
㉳ 액추에이터의 효율이 저하된다.

2) 유압 작동유의 종류

① **석유계 유압유** : 윤활성과 방청성이 우수하여 일반 유압유로 많이 사용한다.

② **난연성 유압유**
  ㉮ 물-글리콜계 : 물과 글리콜이 주성분이다.
  ㉯ 유화계 : 석유계 유압유에 유화제에 의해 물이 혼합된다.
  ㉰ 인산에스테르계 : 화학적으로 합성되었으며 패킹 및 호스를 침식한다.

3) 유압유 온도와 사용상 주의할 점

① **작동유의 온도**
  ㉮ 난기 운전시 오일의 온도 : 30℃
  ㉯ 최고 허용 오일의 온도 : 80℃
  ㉰ 정상적인 오일의 온도 : 40~60℃
  ㉱ 열화되는 오일의 온도 : 80~100℃

② **현장에서 오일의 열화를 찾아내는 방법**
  ㉮ 유압유 색깔의 변화나 수분 및 침전물의 유무를 확인한다.
  ㉯ 유압유를 흔들었을 때 거품이 발생되는가를 확인한다.
  ㉰ 유압유에서 자극적인 악취가 발생되는가를 확인한다.
  ㉱ 색채, 냄새, 점도 등 유압유의 외관으로 판정한다.

③ **유압유 온도가 상승(과열)하는 원인**
  ㉮ 펌프의 효율이 불량할 때
  ㉯ 유압유의 노화가 있을 때
  ㉰ 오일 냉각기의 성능이 불량할 때
  ㉱ 탱크 내에 유압유가 부족할 때
  ㉲ 유압유의 점도가 불량할 때
  ㉳ 안전밸브의 작동 압력이 너무 낮을 때
  ㉴ 높은 열을 갖는 물체에 유압유가 접촉될 때
  ㉵ 과부하로 연속 작업을 할 때
  ㉶ 유압유에 캐비테이션(공동현상)이 발생할 때
  ㉷ 유압회로에서 유압 손실이 클 때

④ **유압유 오염의 원인**
  ㉮ 각종 부품의 마찰에 의해 마모된 쇳조각과 작업 시 실린더로 유입된 미세 먼지
  ㉯ 혹한기 작동유의 급격한 온도 변화로 인한 열화 및 노화로 화학적 성질 변화
  ㉰ 작동유의 온도 변화로 공기와 함께 흡입된 수분과 유압유 탱크 내의 수분 유입

2　제어(컨트롤) 밸브

1) 압력제어 밸브(일의 크기 제어)의 종류 및 기능

밸브 명칭	밸브의 기능
릴리프 밸브 (relief valve)	회로의 압력이 밸브의 설정값에 달하였을 때 유체의 일부 또는 전량을 빼돌려서 회로 내의 압력을 설정값으로 유지해주는 압력제어 밸브
시퀀스 밸브 (sequence valve)	2개 이상의 분기 회로를 갖는 회로 중에서 그 작동 순서를 회로의 압력에 의하여 제어하는 밸브
카운터 밸런스 밸브 (counter balance valve)	중력 및 자체 중량에 의한 자유낙하를 방지하기 위해 배압을 유지해주는 압력제어 밸브
감압 밸브 (reducing valve)	유량 또는 입구 쪽 압력과 관계없이 출력 쪽 압력을 입구 쪽 압력보다 작은 설정 압력으로 조정하는 압력제어 밸브
무부하 밸브 (unloader valve)	일정한 조건으로 펌프를 무부하로 주기 위해 사용되는 밸브, 예로 계통의 압력이 설정값에 달하면 펌프를 무부하로 하고, 또한 계통 압력이 설정값까지 저하되면, 다시 계통으로 압력 유체를 공급하여 주는 압력제어 밸브

2) 유량제어 밸브(일의 속도 제어)의 종류 및 기능

밸브 명칭	밸브의 기능
교축 밸브 (throttle valve)	작동유의 점성과 관계없이 유량을 조절할 수 있는 밸브로, 제어 유량은 선형적으로 제어 가능
스톱 밸브 (stop valve)	조정핸들을 조작함으로써 교축(throttle) 부분의 단면적을 변경시켜 관로를 통과하는 유량을 조절하는 밸브
유량조절 밸브 (flow control valve)	보상기구를 내장하고 있어 압력 또는 온도 변동에 의하여 유량이 변동되지 않도록 회로에 흐르는 유량을 항상 일정하게 유지하도록 하는 밸브
분류 밸브 (flow dividing valve)	유압원으로부터 2개 이상의 유압 관로로 나누어 흐르게 할 때 각각의 관로 압력의 크기와 관계없이 일정 비율로 유량을 분할시켜서 흐르게 하는 밸브
집류 밸브 (flow combiner valve)	2개 이상 관로의 압력에 관계없이 일정한 출구 유량이 유지되도록 합류하는 밸브
감속 밸브 (deceleration valve)	액추에이터를 감속시켜 주기 위해 캠 조작 등으로 유량을 서서히 감소시켜주는 밸브

3) 방향제어 밸브(일의 방향 제어)의 종류 및 기능

밸브 명칭	밸브의 기능
체크 밸브 (check valve)	한쪽 방향으로만 유체의 흐름을 가능하게 하고, 반대 방향으로는 흐름을 저지시켜 주는 밸브

셔틀 밸브 (shuttle valve)	두 개 이상의 입구와 한 개의 출구가 설치되어 있으며, 출구가 최고 압력의 입구를 선택하는 기능을 가진 밸브
스풀 밸브 (spool valve)	하나의 밸브 보디 외부에 여러 개의 홈이 파여 있는 밸브로서, 축 방향으로 이동하여 오일의 흐름 방향을 제어하는 밸브
변환(전환) 밸브 (directional control valve)	2개 이상의 흐름 형태를 가지며, 2개 이상의 포트가 있는 방향제어 밸브

주요 유압 회로 및 기구 기호

명칭	기호	명칭	기호	명칭	기호
릴리프 밸브		감압 밸브		시퀀스 밸브	
무부하 밸브		유압펌프 (정용량형)		유압펌프 (가변용량형)	
어큐뮬레이터 (축압기)		압력계		오일탱크	
전동기	M	원동기	M	유압원	

적중 예상문제

CHAPTER 04 | 유압장치

Lesson 1 유압의 기초

01 밀폐된 용기 내의 액체 일부에 가해진 압력은 어떻게 전달되나?

① 유체의 압력이 돌출 부분에서 더 세게 작용된다.
② 유체 각 부분에 다르게 전달된다.
③ 유체의 압력이 홈부분에서 더 세게 작용된다.
④ 유체 각 부분에 동시에 같은 크기로 전달된다.

🔍 파스칼의 원리에 따르면 밀폐된 용기 내에 액체를 가득 채우고 그 용기에 힘을 가하면 그 내부의 압력은 각 면에 수직으로 작용하며, 용기 내의 어느 곳이든지 똑같은 압력으로 작용한다.

02 밀폐된 용기 중에 채워진 비압축성 유체의 일부에 가해진 압력은 유체의 모든 부분에 그대로의 세기로 전달된다는 원리는?

① 파스칼의 원리
② 베르누이의 원리
③ 보일샤를의 원리
④ 아르키메데스의 원리

🔍 파스칼의 원리 : 밀폐된 용기 중에서 정지되어 있는 유체의 일부에 가해진 압력은 유체의 모든 부분에 그대로의 세기로 전달되어 진다.

03 다음 중 압력, 힘, 면적의 관계식으로 올바른 것은?

① 압력 = 힘/면적
② 압력 = 면적×힘
③ 압력 = 부피/면적
④ 압력 = 부피×힘

🔍 유압은 단위 면적당 작용하는 힘의 세기를 나타내는 것으로 P = F/A 로 정의될 수 있다.(P : 유압, F : 힘, A : 단면적)

04 압력의 단위가 아닌 것은?

① psi
② kgf/cm^2
③ N·m
④ kPa

🔍 압력의 단위로는 psi, kgf/cm^2, kPa, mmHg, bar, atm 등이 있다. 참고로 N·m은 토크 단위에 해당된다.

05 피스톤 지름이 15mm인 유압 실린더에서 유압이 $70kg/cm^2$ 작용할 때 실린더에서 발생되는 힘은?

① 19.6kg
② 29.6kg
③ 39.6kg
④ 123.7kg

🔍 단면적 $= \dfrac{\pi D^2}{4} = \dfrac{3.14 \times 15^2}{4} = 176.625 mm^2 = 1.76625 cm^2$
∴ 힘 $= 1.76625 \times 70 ≒ 123.7 kg$

06 액추에이터의 속도를 조절하는 밸브는?

① 감압 밸브
② 유량제어 밸브
③ 방향제어 밸브
④ 압력제어 밸브

🔍 제어밸브에서 속도에 관한 언급이 나오면 유량제어와 관계가 있다.

07 다음 중 실린더의 입구 쪽 관로에 설치한 유량제어 밸브로 흐름을 제어하여 속도를 제어하는 회로는?

① 시스템 회로(system circuit)
② 블리드 오프 회로(bleed-off circuit)
③ 미터인 회로(meter-in circuit)
④ 미터 아웃 회로(meter-out circuit)

정답 1. 유압의 기초 01 ④ 02 ① 03 ① 04 ③ 05 ④ 06 ② 07 ③

🔍 유량제어 밸브에 의한 회로의 종류
- 미터인 회로 : 실린더 입구 쪽 관로에서 유량을 교축시켜 작동속도를 조절하는 방식
- 미터아웃 회로 : 실린더 출구 쪽 관로에서 유량을 교축시켜 작동속도를 조절하는 방식
- 블리드오프 회로 : 실린더 입구의 분기 회로에 유량제어 밸브를 설치하여 실린더 입구 측의 불필요한 유압유를 배출시켜 작동 효율을 증진시킨 회로

08 오리피스가 설치된 다음 그림에서 압력에 대한 설명으로 맞는 것은?

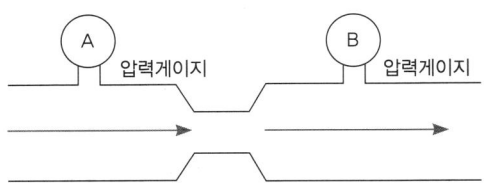

① A = B
② A > B
③ A < B
④ A와 B는 무관

🔍 베르누이의 정리를 이용한 것으로 A실의 압력이 B실의 압력보다 높다.

09 압력의 단위가 아닌 것은?

① GPM
② bar
③ kgf/cm^2
④ psi

🔍 GPM(gallons per minute, gal/min)은 계통 내에서 이동되는 유체의 양을 표시할 때 사용하는 단위이다.

10 다음 중 유압장치의 단점이 아닌 것은?

① 고압 사용으로 인한 위험성 및 이물질에 민감하다.
② 유온의 영향에 따라 정밀한 속도와 제어가 곤란하다.
③ 전기, 전자의 조합으로 자동제어가 곤란하다.
④ 폐유에 의해 주변환경이 오염될 수 있다.

🔍 유압장치의 단점
- 작동유의 누설 염려가 있다.
- 화재의 위험이 있다.
- 작동유는 온도의 영향에 따라 정밀한 속도와 제어가 곤란하다.
- 배관 작업이 복잡하다.
- 공기가 유입되기 쉽다.
- 폐유에 의해 주변환경이 오염될 수 있다.
- 고장 원인의 발견이 어렵고 구조가 복잡하다.
- 고압 사용으로 인해 위험성 및 이물질에 민감하다.

11 다음은 유압장치의 장점을 기술하였다. 틀린 것은?

① 소형장치로 큰 출력을 발생한다.
② 무단변속이 가능하고 정확한 위치 제어를 할 수 있다.
③ 유온의 영향이 있어도 정밀한 속도와 제어가 가능하다.
④ 과부하에 대한 안전장치가 간단하고 정확하다.

🔍 유압장치의 장점
- 과부하에 대한 안전장치가 간단하고 정확하다.
- 무단 변속이 가능하고 정확한 위치 제어가 가능하다.
- 부하의 변화에 대한 안정성이 크다.
- 동력 전달이 원활하고 저속에서 큰 회전력의 기동이 용이하다.
- 압력 및 전기 신호 등으로 쉽게 원격조정이 가능하다.
- 진동이 적고 작동이 원활하다.
- 작동유에는 윤활성·방청성이 있어 마멸이 적고 내구성이 크다.
- 동력의 분배와 집중이 쉽다.
- 소형 장치로 큰 출력을 발생한다.
- 에너지의 저장이 가능하다.
※작동유는 온도의 영향에 따라 정밀한 속도와 제어가 곤란하다.

12 유압기기에 대한 단점이다. 설명 중 틀린 것은?

① 오일은 가연성 있어 화재에 위험하다.
② 회로 구성이 어렵고 누설되는 경우가 있다.
③ 오일의 온도에 따라서 점도가 변하므로 기계의 속도가 변한다.
④ 에너지의 손실이 적다.

🔍 유압장치의 장점 중 하나는 에너지의 저장이 가능하다는 점이다.

정답 08 ② 09 ① 10 ③ 11 ③ 12 ④

Lesson 2 **유압 탱크와 유압 펌프**

01 유압장치의 기본적인 구성요소가 아닌 것은?

① 유압발생장치
② 유압축적장치
③ 유압제어장치
④ 유압구동장치

🔍 유압장치의 기본 구성요소
• 유압발생장치 : 유압 펌프, 오일 탱크 및 배관 등
• 유압제어장치 : 방향전환 밸브, 압력제어 밸브, 유량조절 밸브
• 유압구동(작동)장치 : 유압 모터, 유압 실린더

02 유압장치에서 오일 탱크의 구비 요건이 아닌 것은?

① 유면은 적정위치 "F"에 가깝게 유지하여야 한다.
② 발생한 열을 발산할 수 있어야 한다.
③ 공기 및 이물질을 오일로부터 분리할 수 있어야 한다.
④ 탱크의 크기는 정지할 때 되돌아오는 오일량의 용량과 동일하게 한다.

🔍 오일 탱크의 구비 요건
• 유면은 적정위치 "F"에 가깝게 유지하여야 한다.
• 정상적인 작동에서 발생한 열을 발산할 수 있어야 한다.
• 공기 및 이물질을 오일로부터 분리할 수 있는 구조여야 한다.
• 배유구와 유면계가 설치되어 있어야 한다.
• 흡입관과 복귀관(리턴 파이프) 사이에 격판이 설치되어 있어야 한다.
• 흡입 오일을 여과시키기 위한 스트레이너가 설치되어야 한다.
• 탱크의 크기는 중력에 의하여 복귀하는 유압장치 내의 모든 작동유를 받아들일 수 있는 크기로 하여야 한다.(일반적으로 유압 토출량의 2~3배)

03 다음 보기 중 유압 오일 탱크의 기능으로 모두 맞는 것은?

ㄱ. 계통 내의 필요한 유량 확보
ㄴ. 격판에 의한 기포 분리 및 제거
ㄷ. 계통 내의 필요한 압력 설정
ㄹ. 스트레이너 설치로 회로 내 불순물 혼입 방지

① ㄱ, ㄴ, ㄷ
② ㄱ, ㄴ, ㄹ
③ ㄴ, ㄷ, ㄹ
④ ㄱ, ㄷ, ㄹ

🔍 유압 탱크의 기능
• 유압회로 내의 필요한 유량 확보
• 오일의 기포발생 방지와 기포의 소멸
• 작동유의 온도를 적정하게 유지

04 오일 탱크 내의 오일을 전부 배출시킬 때 사용하는 것은?

① 리턴 라인
② 어큐뮬레이터
③ 배플
④ 드레인 플러그

🔍 오일 탱크에는 작동유를 모두 배출시킬 수 있는 드레인 플러그를 탱크 아래쪽에 설치하여야 한다.

05 오일 탱크 관련 설명으로 틀린 것은?

① 유압유 오일을 저장한다.
② 흡입구와 리턴구는 최대한 가까이 설치한다.
③ 탱크 내부에는 격판(배플 플레이트)을 설치한다.
④ 흡입 스트레이너가 설치되어 있다.

🔍 흡입구는 탱크로의 리턴구(복귀구)로부터 될 수 있는 한 멀리 떨어진 위치에 설치한다.

06 일반적인 오일 탱크 내의 구성품이 아닌 것은?

① 압력 조절기
② 스트레이너
③ 드레인 플러그
④ 배플 플레이트

🔍 작동유 탱크의 역할은 적정 유량의 확보, 적정 유온의 유지, 작동유 중의 기포 발생 및 소멸 등으로 압력 조절기는 없다.

07 유압장치의 수명 연장을 위해 가장 중요한 요소는?

① 오일 탱크의 세척 및 교환
② 오일 필터의 점검 및 교환
③ 오일 펌프의 점검 및 교환
④ 오일 쿨러의 점검 및 세척

정답 2. 유압 탱크와 유압 펌프　01 ②　02 ④　03 ②　04 ④　05 ②　06 ①　07 ②

유압기기 고장의 75% 정도가 작동유 속의 불순물에 의한 것으로 오일 필터의 점검 및 교환은 유압장치 수명 연장을 위해 가장 중요한 요소이다.

08 다음 중 여과기를 설치 위치에 따라 분류할 때 관로용 여과기에 포함되지 않는 것은?

① 라인 여과기 ② 리턴 여과기
③ 압력 여과기 ④ 흡입 여과기

관로용 여과기는 관 계통에 사용하는 여과기이며, 펌프의 흡입 측에 설치하는 흡입 여과기는 스트레이너이다.

09 유압장치의 금속가루 또는 불순물을 제거하기 위한 것으로 맞게 짝지어진 것은?

① 여과기와 어큐뮬레이터
② 스크레이퍼와 필터
③ 필터와 스트레이너
④ 어큐뮬레이터와 스트레이너

유압회로의 경우 작동유를 유압 펌프의 흡입 관로에 보내는 것을 스트레이너, 유압 펌프의 토출관로나 작동유 탱크에 되돌아 오는 통로(드레인 회로)에 사용되는 것을 필터라 한다.

10 일반적으로 건설기계의 유압 펌프는 무엇에 의해 구동되는가?

① 엔진의 플라이 휠에 의해 구동된다.
② 변속기 P.T.O 장치에 의해 구동된다.
③ 에어 컴프레셔에 의해 구동한다.
④ 캠축에 의해 구동된다.

유압 펌프는 기관의 앞이나 플라이휠 및 변속기부 축에 연결되어 작동되며, 기계적 에너지를 받아서 압력을 가진 오일의 유체 에너지로 변환작용을 하는 유압 발생원으로서의 중요한 요소이다.

11 유압 펌프의 기능을 설명한 것 중 맞는 것은?

① 유압에너지를 동력으로 전환한다.
② 원동기의 기계적 에너지를 유압에너지로 전환한다.
③ 어큐뮬레이터와 동일한 기능이다.
④ 유압 회로 내의 압력을 측정하는 기구이다.

유압 펌프는 엔진의 기계적 에너지로 구동하여 유체의 압력 에너지로 변환시키는 유압 발생부의 핵심적인 역할을 하며, 펌프의 원리는 흡입구에 대기압보다 낮은 진공 부분이 생겨 그로 인해서 기름을 빨아올려 토출구로 내보내는 것이다.

12 유압 펌프의 토출량을 나타내는 단위는?

① ft · lb   ② LPM
③ kPa   ④ psi

토출량은 펌프에서 단위 시간 동안 끌어 올릴 수 있는 오일의 양을 말하며, 보기 중 LPM은 liter/min으로 분당 토출량을 의미한다.

13 단위 시간에 이동하는 유체의 체적을 무엇이라 하는가?

① 토출압
② 드레인
③ 언더랩
④ 유량

단위 시간당 이동하는 유체의 체적을 유량이라 한다.

14 건설기계에 사용되는 유압 펌프의 종류가 아닌 것은?

① 베인 펌프
② 피스톤 펌프
③ 포막 펌프
④ 기어 펌프

건설기계에 사용되는 펌프로는 기어 펌프, 베인 펌프, 피스톤 펌프(플런저 펌프)가 있다.

15 회전수가 같을 때 펌프의 토출량이 변할 수 있는 것은?

① 기어 펌프
② 정용량형 베인 펌프
③ 프로펠러 펌프
④ 가변용량형 피스톤 펌프

토출량에 변화를 줄 수 있는 것을 가변 용량형 펌프라 하며, 토출량이 일정한 펌프를 정용량형 펌프라 한다. 비평형(압력불평형) 베인 펌프와 피스톤(플런저) 펌프가 가변용량에 해당되며, 가변용량형은 펌프에 내장된 압력보상 기능으로 펌프의 최고 송출압력을 설정할 수 있기 때문에 릴리프 밸브가 필요 없다.

정답 08 ④ 09 ③ 10 ① 11 ② 12 ② 13 ④ 14 ③ 15 ④

16 구동되는 기어 펌프의 회전수가 변하였을 때 가장 적합한 것은?

① 오일 흐름의 양이 바뀐다.
② 오일 압력이 바뀐다.
③ 오일 흐름 방향이 바뀐다.
④ 회전 경사판의 각도가 바뀐다.

> 기어 펌프의 회전수가 변하면 오일 흐름의 양이 바뀐다. 참고로 유압 펌프의 토출량은 펌프 1회전당 배출량은 유량(L/rev 또는 cc/rev)으로 표시하거나 분당 토출하는 유량(L/min) 으로 표시한다.

17 유압장치에서 기어 펌프의 특징이 아닌 것은?

① 구조가 다른 펌프에 비해 간단하다.
② 유압 작동유의 오염에 비교적 강한 편이다.
③ 피스톤 펌프에 비해 효율이 떨어진다.
④ 가변용량형 펌프로 적당하다.

> 기어 펌프의 특징
> • 구조가 간단하다.
> • 다루기 쉽고 가격이 저렴하다.
> • 오일의 오염에 비교적 강한 편이다.
> • 펌프의 효율은 피스톤 펌프(플런저 펌프)에 비하여 떨어진다.
> • 가변용량형으로 만들기가 곤란하다.
> • 흡입 능력이 가장 크다.

18 외접식 기어 펌프에서 토출된 유량 일부가 입구 쪽으로 귀환하여 토출량 감소, 축동력 증가 및 케이싱 마모 등의 원인을 유발하는 현상은?

① 폐입현상
② 공동현상
③ 숨돌리기현상
④ 열화촉진현상

> 폐입현상은 토출된 유량 일부가 입구로 복귀하는 현상으로 펌프 토출량 감소 및 펌프를 구동하는 동력 증가, 펌프 케이싱 마모 및 기포 발생, 소음과 진동 발생의 원인이 된다.

19 베인 펌프의 특징 중 틀린 것은?

① 싱글형과 더블형이 있다.
② 토크(torque)가 안정되어 소음이 적다.
③ 마모가 일어나는 곳은 캠링 면과 베인 선단 부분이다.
④ 베인을 캠링 면에 밀착시키는 방식 중 원심력식은 소용량형에, 스프링식은 대용량형에 사용한다.

> 베인은 회전할 때마다 캠링 외벽에 완전히 밀착되어 회전저항이 적어야 펌프 수명을 연장시킬 수 있다. 이러한 이유로 원심력식은 대용량형에, 스프링식은 소용량형에 사용한다.

20 다음에서 베인 펌프의 주요 구성요소로 모두 맞는 것은?

> ㉠ 베인(vane)
> ㉡ 경사판(swash plate)
> ㉢ 격판(baffle plate)
> ㉣ 캠링(cam ring)
> ㉤ 회전자(rotor)

① ㉠, ㉡, ㉢, ㉣
② ㉠, ㉢, ㉣
③ ㉠, ㉢, ㉣, ㉤
④ ㉠, ㉣, ㉤

> 베인 펌프의 주요 구성요소로는 포트(port), 로터(rotor), 베인(vane), 캠 링(cam ring) 등이 있다.

21 다음 유압 펌프 중 가장 높은 압력에서 사용할 수 있는 펌프는?

① 기어 펌프
② 로터리 펌프
③ 플런저 펌프
④ 베인 펌프

> 피스톤(플런저) 펌프는 송출압력이 매우 높아 20~45MPa까지 가능하다.

22 플런저식 유압 펌프의 특징이 아닌 것은?

① 기어 펌프에 비해 최고 압력이 높다.
② 피스톤이 회전운동한다.
③ 축은 회전 또는 왕복운동을 한다.
④ 가변용량이 가능하다.

정답 16 ① 17 ④ 18 ① 19 ④ 20 ④ 21 ③ 22 ②

🔍 **피스톤(플런저) 펌프의 특징**
- 고압에 적합하며, 펌프 효율이 가장 높다.
- 피스톤은 왕복운동, 축은 회전 또는 왕복운동을 한다.
- 가변 용량에 적합하다.
- 고압에서 작동유 누출이 적다.
- 수명이 길지만, 구조가 복잡하고 가격이 비싸다.
- 작동유의 오염에 매우 민감하다.
- 흡입 능력이 가장 낮다.

23 다음에서 가장 높은 압력을 발생시키는 유압 펌프의 형식은?

① 기어 펌프
② 베인 펌프
③ 나사 펌프
④ 피스톤 펌프

🔍 피스톤(플런저) 펌프는 피스톤의 왕복운동에 의해 압력이 발생하고 고속 운전이 가능하여 비교적 소형으로도 고압, 고성능을 얻을 수 있는 펌프로 피스톤의 운동 방향에 따라 액시얼형(axial type)과 레이디얼형(radial type)으로 구분된다.

24 유압 펌프 관련 용어에서 GPM이 나타내는 것은?

① 복동 실린더의 치수
② 계통 내에서 형성되는 압력의 크기
③ 흐름에 대한 저항
④ 계통 내에서 이동되는 유체(오일)의 양

🔍 GPM은 gallons per minute의 약자로 계통 내에서 이동되는 오일의 양을 분당 갤런 단위로 표현한 것이다.

25 피스톤 펌프의 장점이 아닌 것은?

① 효율이 가장 높다.
② 발생 압력이 고압이다.
③ 토출량의 범위가 넓다.
④ 구조가 간단하고 수리가 쉽다.

🔍 피스톤(플런저) 펌프는 수명이 길지만, 구조가 복잡하고 가격이 비싸다.

Lesson 3 유압 모터와 유압 실린더

01 유압 모터와 유압 실린더의 설명으로 맞는 것은?

① 둘 다 회전운동을 한다.
② 모터는 직선운동, 실린더는 회전운동을 한다.
③ 둘 다 왕복운동을 한다.
④ 모터는 회전운동, 실린더는 직선운동을 한다.

🔍 유압 액추에이터는 유압 펌프로부터 공급된 작동유의 유압 에너지를 이용하여 기계적인 일, 즉 직선운동이나 회전운동으로 변환시키는 장치로 유압 모터는 회전운동, 유압 실린더는 직선운동을 한다.

02 보기 중 유압유의 압력 에너지(힘)를 기계적 에너지(일)로 변화시키는 작용을 하는 것은?

① 유압 펌프
② 유압 밸브
③ 어큐뮬레이터
④ 액추에이터

🔍 설명은 액추에이터(작동기구)의 일반적인 내용으로 액추에이터에는 유압 모터와 유압 실린더가 있다.

03 유압 모터의 용량을 나타내는 것은?

① 입구 압력당(kgf/cm^2) 토크
② 유압 작동부 압력당(kgf/cm^2) 토크
③ 주입된 동력(HP)
④ 체적(cm^3)

🔍 유압 모터의 용량은 입구 압력당 토크로 나타낸다.

04 유압장치에 사용되는 액추에이터(actuator) 중 회전운동을 하는 것은?

① 전기 모터
② 유압 펌프
③ 유압 모터
④ 축압기

🔍 유압 액추에이터 중 유압 모터는 회전운동, 유압 실린더는 직선운동을 한다.

정답 23 ④ 24 ④ 25 ④ **3. 유압 모터와 유압 실린더** 01 ④ 02 ④ 03 ① 04 ③

05 유압장치에서 액추에이터의 종류에 속하지 않는 것은?

① 감압 밸브
② 유압 실린더
③ 유압 모터
④ 플런저 모터

> 액추에이터(actuator)는 유압의 에너지를 기계적 에너지로 변화시키는 장치로 유압의 에너지에 의해서 직선 왕복운동을 하는 유압 실린더와 유압의 에너지에 의해서 회전운동을 하는 유압 모터가 있다. 플런저 모터는 유압 모터의 한 종류이다.

06 유압모터의 일반적인 특징으로 가장 적합한 것은?

① 운동량을 직선으로 속도 조절이 용이하다.
② 운동량을 자동으로 직선조작 할 수 있다.
③ 넓은 범위의 무단변속이 용이하다.
④ 각도에 제한 없이 왕복 각운동을 한다.

> 유압 모터는 유압에 의해 축의 회전운동을 하는 것으로 0에서 최대속도까지 임의의 속도로 변화시킬 수 있다.

07 유압 모터의 장점이 될 수 없는 것은?

① 소형경량으로서 큰 출력을 낼 수 있다.
② 공기와 먼지 등이 침투하여도 성능에는 영향이 없다.
③ 변속, 역전의 제어도 용이하다.
④ 속도나 방향의 제어가 용이하다.

> 유압 모터의 단점
> • 작동유 내에 먼지나 공기가 침입하지 않도록 주의해야 한다.
> • 작동유가 인화하기 쉬우므로 화재 염려가 있는 곳에서의 사용은 매우 위험하다.
> • 작동유의 점도 변화에 의해 유압 모터의 사용에 제한을 받는다.

08 유압 모터의 속도는 무엇에 의해 결정되는가?

① 오일의 압력
② 오일의 점도
③ 오일의 흐름 양
④ 오일의 온도

> 유압의 제어 방법 중 속도 제어는 유량을 제어함으로써 이루어진다.

09 피스톤 모터의 특징으로 맞는 것은?

① 효율이 낮다.
② 내부 누설이 많다.
③ 고압 작동에 적합하다.
④ 구조가 간단하다.

> 피스톤(플런저) 모터의 특징
> • 구조가 복잡하고 대형이며 가격이 비싸다.
> • 펌프의 최고 토출압력 및 평균효율이 가장 좋아 고압·대출력에 사용한다.
> • 레이디얼형과 액시얼형이 있다.

10 유압 모터의 단점에 해당되지 않는 것은?

① 작동유에 먼지나 공기가 침입하지 않도록 특히 보수에 주의해야 한다.
② 작동유가 누출되면 작업성능에 지장이 있다.
③ 작동유의 점도 변화에 의하여 유압 모터의 사용에 제약이 있다.
④ 릴리프 밸브를 부착하여 속도나 방향 제어하기가 곤란하다.

> 유압 모터는 속도나 방향의 제어가 용이하여 릴리프 밸브를 달면 기구적 손상을 주지 않고 급속 정지를 시킬 수 있다.

11 기어 모터의 장점에 해당하지 않는 것은?

① 구조가 간단하다.
② 토크 변동이 크다.
③ 가혹한 운전조건에서 비교적 잘 견딘다.
④ 먼지나 이물질에 의한 고장 발생율이 낮다.

> 기어 모터의 단점
> • 잔류량이 많다.
> • 토크 변동이 크다.
> • 수명이 짧다.

12 일반적인 유압 실린더의 종류에 해당하지 않는 것은?

① 단동 실린더 피스톤(piston)형
② 단동 실린더 램(ram)형
③ 단동 실린더 레이디얼(radial)형
④ 복동 실린더 양로드(double rod)형

정답 05 ① 06 ③ 07 ② 08 ③ 09 ③ 10 ④ 11 ② 12 ③

🔍 유압 실린더의 분류
- 단동식 : 피스톤형, 램형
- 복동식 : 편로드형(싱글로드형), 양로드형(더블로드형)
- 다단식 : 행정이 긴 엘리베이터나 덤프 차량 등에 사용

13 다음 중 유압 실린더의 내부 구성품이 아닌 것은?

① 피스톤
② 쿠션기구
③ 유압밴드
④ 실린더

🔍 유압 실린더의 구성품으로는 피스톤, 피스톤 로드, 실린더, 실(seal), 쿠션기구가 있다.

14 유압 실린더에서 피스톤 행정이 끝날 때 발생하는 충격을 흡수하기 위해 설치하는 장치는?

① 쿠션기구
② 감압장치
③ 서보밸브
④ 안전밸브

🔍 유압 실린더의 구성품 중 쿠션기구는 피스톤 행정이 끝날 때 발생하는 충격을 흡수하기 위해 설치하는 장치이다.

15 유압 실린더 중 피스톤의 양쪽에 유압유를 교대로 공급하여 양방향의 운동을 유압으로 작동시키는 형식은?

① 단동식
② 복동식
③ 다동식
④ 편동식

🔍 유압 실린더의 한쪽에 압력이 가해지는 것은 단동식이며, 양쪽으로 가해지는 것은 복동식이다.

16 복동 실린더 양로드형을 나타내는 유압 기호는?

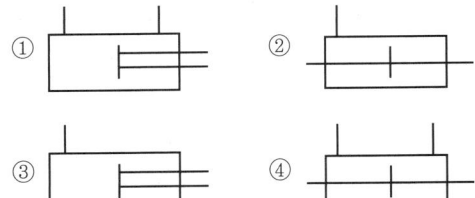

🔍 ① 복동 실린더 편로드형, ② 단동 실린더 양로드형, ③ 단동 실린더 편로드형, ④ 복동 실린더 양로드형

※기호에서 포트가 1개이면 단동, 2개이면 복동이다. 또한, 로드가 한쪽 방향으로만 있으면 편로드형, 양쪽 방향으로 있으면 양로드형에 해당된다.(이때 로드가 보기 ①항 또는 ③항과 같이 1줄 또는 2줄인지는 의미가 없다. 피스톤을 중심으로 한쪽 방향인지 혹은 양쪽 방향인지만을 놓고 보면 된다.)

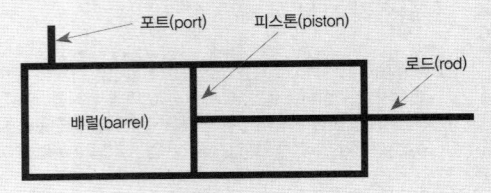

정답 13 ③ 14 ① 15 ② 16 ④

Lesson 4 기타 부속장치

01 유압 에너지의 저장, 충격흡수 등에 이용되는 것은?

① 축압기(accumulator)
② 스트레이너(strainer)
③ 펌프(pump)
④ 오일탱크(oil tank)

> 어큐뮬레이터(accumulator, 축압기)는 유체 에너지를 일시 저장하여 주는 것으로 용기 내에 고압유를 압입한 것이다.

02 가스 압축형 축압기에 사용되는 가스는?

① 산소
② 질소
③ 아세틸렌
④ 이산화탄소

> 가스 압축형 축압기에 사용되는 가스는 질소로 작동유에 공기 또는 질소가스 등의 기체가 직접 접촉한다.

03 축압기의 용도로 맞지 않는 것은?

① 충격 압력의 흡수
② 보조적 압력원
③ 서지 압력(surge pressure) 발생 유도
④ 맥동류의 감쇄

> 축압기(어큐뮬레이터)의 용도
> • 대유량의 작동유를 순간적으로 공급한다.
> • 유압 펌프의 맥동을 제거한다.
> • 충격 압력을 흡수한다.
> • 압력을 보상해 준다.

04 어큐뮬레이터(축압기)의 사용 목적이 아닌 것은?

① 유압 회로 내의 압력 상승
② 충격압력 흡수
③ 유체의 맥동 감쇠
④ 압력 보상

> 축압기는 충격 압력을 흡수하고, 압력을 보상해 준다.

05 축압기의 종류에 해당되지 않는 것은?

① 피스톤형
② 블래더형
③ 다이어프램형
④ 기어형

> 축압기의 종류(가스 오일식)
> • 피스톤형 : 실린더 내의 피스톤으로 기체실과 유체실을 구분한다.
> • 블래더형(고무 주머니형) : 본체 내부에 고무 주머니가 있어 기체실과 유체실을 구분한다.
> • 다이어프램형 : 본체 내부에 고무와 가죽의 막이 있어 기체실과 유체실을 구분한다.

06 그림의 유압 기호는 무엇을 표시하는가?

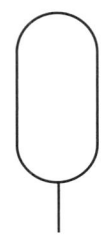

① 유압 실린더
② 어큐뮬레이터
③ 오일 탱크
④ 유압 실린더 로드

> 그림의 유압 기호는 어큐뮬레이터(축압기)이며, 축압기는 유압 에너지의 저장, 충격흡수 등에 이용된다.

07 오일이 외부로 누출되는 것을 방지하는 것은?

① 증압기
② 격판
③ 실(seal)
④ 필터

> 오일 실(seal)은 각 오일 회로에서 오일이 외부로 누출되는 것을 방지한다.

정답 4. 기타 부속장치   01 ①   02 ②   03 ③   04 ①   05 ④   06 ②   07 ③

Lesson 5 유압유 및 제어(컨트롤)밸브

01 유압 작동유가 갖추어야 할 성질이 아닌 것은?

① 온도에 의한 점도 변화가 적을 것
② 거품이 적을 것
③ 방청, 방식성이 있을 것
④ 물, 먼지 등의 불순물과 혼합이 잘 될 것

> 작동유는 물, 공기, 먼지 등을 신속하게 분리할 수 있어야 한다.

02 유압유에 요구되는 성질이 아닌 것은?

① 넓은 온도 범위에서 점도 변화가 적을 것
② 윤활성과 방청성이 있을 것
③ 산화 안정성이 있을 것
④ 사용되는 재료에 대하여 불활성이 아닐 것

> 유압유는 유압장치에 사용되는 재료에 대하여 불활성이어야 한다. 참고로 불활성이란 재료에 대해 반응성이 없고 화학 변화를 일으키지 않는 성질을 말한다.

03 다음에서 유압 작동유가 갖추어야 할 조건으로 맞는 것은?

⑦ 압축성이 작을 것
ⓒ 밀도가 작을 것
ⓒ 열팽창계수가 작을 것
ⓔ 체적탄성계수가 작을 것
ⓜ 점도지수가 낮을 것
ⓗ 발화점이 높을 것

① ⑦, ⓒ, ⓒ, ⓔ
② ⓒ, ⓒ, ⓜ, ⓗ
③ ⓒ, ⓔ, ⓜ, ⓗ
④ ⑦, ⓒ, ⓒ, ⓗ

> 작동유(유압유)의 구비조건
> • 강인한 오일막(유막)을 형성하여야 한다.
> • 적당한 점도와 유동성이 있어야 한다.
> • 비중이 적당하여야 하고, 비압축성이어야 한다.
> • 인화점 및 발화점이 높아야 한다.
> • 내부식성, 점도지수, 체적 탄성계수가 커야 한다.
> • 기포 발생이 적고, 실(seal) 재료와의 적합성이 좋아야 한다.
> • 물, 공기, 먼지 등을 신속하게 분리할 수 있어야 한다.
> • 밀도가 적고, 독성과 휘발성이 없어야 한다.
> • 열팽창계수가 작아야 한다.
> • 유압장치에 사용되는 재료에 대하여 불활성이어야 한다.

04 다음 작동유에 관한 사항 중 틀리는 것은?

① 유압 작동유의 점검, 급유작업은 평탄한 장소에서 한다.
② 먼지나 이물질 등이 혼합되지 않도록 주의한다.
③ 다른 제품의 작동유를 혼합 사용하지 않는다.
④ 작동유 교환 시는 엔진을 공회전 상태로 하고 교환한다.

> 작동유는 난기운전을 실시한 다음 엔진을 가동을 정지하고 작동유가 냉각되기 전에 교환하여야 한다.

05 유압유의 취급에 대한 설명으로 틀린 것은?

① 오일의 선택은 운전자가 경험에 따라 임의 선택한다.
② 유량은 알맞게 하고 부족 시 보충한다.
③ 오염, 노화된 오일은 교환한다.
④ 먼지, 모래, 수분에 의한 오염방지 대책을 세운다.

> 건설기계 장비 해당 정비지침서나 제작사에서 추천하는 유압 작동유를 선택하여야 한다.

06 유압 작동유의 중요 역할이 아닌 것은?

① 일을 흡수한다.
② 부식을 방지한다.
③ 습동부를 윤활시킨다.
④ 압력 에너지를 이송한다.

> 유압 작동유의 역할
> • 압력 에너지를 이송하여 동력을 전달한다.
> • 윤활 및 냉각작용을 한다.
> • 부식을 방지한다.
> • 필요한 요소 사이를 밀봉(seal)한다.

07 작동유에 대한 설명으로 틀린 것은?

① 마찰부분의 윤활작용 및 냉각작용도 한다.
② 공기가 혼입되면 유압기기의 성능은 저하된다.
③ 점도지수가 낮을수록 좋다.
④ 점도는 압력 손실에 영향을 미친다.

정답 5. 유압유 및 제어(컨트롤)밸브 01 ④ 02 ④ 03 ④ 04 ④ 05 ① 06 ① 07 ③

🔍 점도지수란 온도변화에 따른 오일의 점도변화를 표시하는 지수로 작동유는 점도지수가 커야 한다. 온도변화에 의한 점도변화가 적은 경우를 점도지수가 크다고 한다.

08 유압 작동유의 주요 기능이 아닌 것은?

① 윤활 작용
② 냉각 작용
③ 압축 작용
④ 동력전달 작용

🔍 유압 작동유의 주요 기능 : 윤활 작용, 냉각 작용, 동력전달 작용

09 온도 변화에 따라 점도 변화가 큰 오일의 점도지수는?

① 크다.
② 작다.
③ 불변이다.
④ 점도 변화와 점도지수는 무관하다.

🔍 유체는 온도가 상승하면 점도는 저하되고, 온도가 내려가면 점도는 높아진다. 이러한 온도변화에 대해 점도변화가 적으면 점도지수가 크고, 점도변화가 크면 점도지수는 작다고 한다.

10 유압 오일에서 온도에 따른 점도변화 정도를 표시하는 것은?

① 윤활성   ② 점도
③ 점도지수   ④ 점도분포

🔍 온도변화에 따른 점도변화의 정도를 점도지수로 나타내며, 점도지수는 40℃, 100℃에서의 동점도(動粘度)의 측정 결과에서 구한다.

11 유압유의 첨가제가 아닌 것은?

① 소포제
② 유동점 강하제
③ 산화 방지제
④ 점도지수 방지제

🔍 유압유의 첨가제 : 소포제, 유동점 강하제, 산화 방지제, 점도지수 향상제, 방청제, 유성 향상제

12 다음 중 건설기계에 사용하는 유압 작동유의 성질을 향상시키기 위하여 사용되는 첨가제 종류가 아닌 것은?

① 점도지수 향상제
② 산화 방지제
③ 소포제
④ 유동점 향상제

🔍 유압유의 첨가제로는 유동점 강하제를 사용한다.

13 현장에서 오일의 오염도 판정 방법 중 가열한 철판 위에 오일을 떨어뜨리는 방법은 오일의 무엇을 판정하기 위한 방법인가?

① 산성도
② 수분 함유
③ 오일의 열화
④ 먼지나 이물질 함유

🔍 유압 작동유에 수분이 함유되면 윤활성 및 방청성이 저하되고, 산화와 열화가 촉진되며, 공동현상(캐비테이션)이 발생할 수 있다. 현장에서 이를 확인하기 위해 가열한 철판 위에 오일을 떨어뜨려 수분 함유 여부를 파악한다.

14 유압회로 내의 유압유 점도가 너무 낮을 때 생기는 현상이 아닌 것은?

① 오일 누설에 영향이 있다.
② 펌프 효율이 떨어진다.
③ 시동 저항이 커진다.
④ 회로 압력이 떨어진다.

🔍 유압유의 점도가 증가하면 시동 저항이 커져서 유압 펌프의 시동이 저하되고, 마찰손실이 증가한다.

15 유압 작동유에 수분이 미치는 영향이 아닌 것은?

① 작동유의 윤활성을 저하시킨다.
② 작동유의 방청성을 저하시킨다.
③ 작동유의 내마모성을 향상시킨다.
④ 작동유의 산화와 열화를 촉진시킨다.

🔍 유압 작동유에 수분이 함유되면 윤활성 및 방청성이 저하되고, 산화와 열화가 촉진되며, 공동현상(캐비테이션)이 발생할 수 있다.

정답 08 ③ 09 ② 10 ③ 11 ④ 12 ④ 13 ② 14 ③ 15 ③

16 유압유의 점도를 틀리게 설명한 것은?

① 온도가 상승하면 점도는 저하된다.
② 점성의 정도를 나타내는 척도이다.
③ 온도가 내려가면 점도는 높아진다.
④ 점성계수를 밀도로 나눈 값이다.

🔍 유압유의 점도는 점성의 정도(유체의 끈끈한 성질)를 나타내는 척도로 온도가 상승하면 점도는 저하되고, 온도가 내려가면 점도는 높아진다.

17 유압유에 점도가 서로 다른 2종류의 오일을 혼합하였을 경우 설명으로 맞는 것은?

① 오일첨가제의 좋은 부분만 작동하므로 오히려 더욱 좋다.
② 점도가 달라지나 사용에는 전혀 지장이 없다.
③ 혼합하여도 전혀 지장이 없다.
④ 열화 현상을 촉진시킨다.

🔍 유압유에 서로 다른 2종류의 오일을 혼합하면 오일의 열화현상이 촉진되므로 혼합하지 않아야 한다.

18 유압 작동유의 점도가 너무 높을 때 발생되는 현상으로 적합한 것은?

① 동력 손실의 증가
② 내부 누설의 증가
③ 펌프 효율의 증가
④ 마찰, 마모 감소

🔍 유압 작동유의 점도가 너무 높으면 작동유의 유동저항이 증가하고 관 내의 마찰손실이 커지기 때문에 유압기기 들의 작동이 불량해지고 동력 손실이 증가한다. 이와 더불어 너무 높은 점도는 열 발생의 원인이 되고 유압이 높아지는 원인이 된다.

19 다음 [보기] 항에서 유압계통에 사용되는 오일의 점도가 너무 낮을 경우 나타날 수 있는 현상으로 모두 맞는 것은?

ㄱ. 펌프 효율 저하
ㄴ. 실린더 및 컨트롤 밸브에서 누출 현상
ㄷ. 계통(회로) 내의 압력저하
ㄹ. 시동시 저항 증가

① ㄱ, ㄴ, ㄷ
② ㄱ, ㄴ, ㄹ
③ ㄴ, ㄷ, ㄹ
④ ㄱ, ㄷ, ㄹ

🔍 시동 시 저항 증가 및 동력 손실의 증가는 점도가 너무 높을 때 나타날 수 있는 현상이다.

20 현장에서 오일의 열화를 찾아내는 방법이 아닌 것은?

① 색깔의 변화나 수분, 침전물의 유무 확인
② 흔들었을 때 생기는 거품이 없어지는 양상 확인
③ 자극적인 악취의 유무 확인
④ 오일을 가열했을 때 냉각되는 시간 확인

🔍 오일의 열화를 찾아내는 방법은 보기 중 ①, ②, ③항이다.

21 유압유의 노화촉진 원인이 아닌 것은?

① 유온이 높을 때
② 다른 오일이 혼입되었을 때
③ 수분이 혼입되었을 때
④ 플러싱을 했을 때

🔍 플러싱이란 유압계통의 오일장치 내에 이물질이나 슬러지 등이 생겼을 때 이를 용해하여 깨끗하게 하는 작업을 말한다.

22 플러싱 후의 처리방법으로 틀린 것은?

① 잔류 플러싱 오일을 반드시 제거하여야 한다.
② 작동유 보충은 24시간 경과 후 하는 것이 좋다.
③ 작동유 탱크 내부를 다시 청소한다.
④ 라인필터 엘리먼트를 교환한다.

🔍 플러싱 후에는 가능한 빨리 작동유를 넣고 수 시간 운전하여 전체 유압라인에 작동유가 공급되도록 한다.

23 유압 오일 내에 공기 기포(거품)가 형성되는 이유로 가장 적합한 것은?

① 오일 속의 수분 혼입
② 오일의 열화
③ 오일 속의 공기 혼입
④ 오일의 누설

정답 16 ④ 17 ④ 18 ① 19 ① 20 ④ 21 ④ 22 ② 23 ③

🔍 유압 오일 내의 기포는 오일 속의 공기 혼입이 그 원인으로 공기의 유입량이 증가하면 실린더의 숨돌리기 현상, 열화 촉진, 공동현상(캐비테이션) 등을 일으킨다.

24 유압 회로에서 작동유의 정상온도는?

① 10~20℃
② 40~60℃
③ 112~115℃
④ 125~140℃

🔍 작동유의 사용온도와 위험온도
- 적정 온도 : 40~60℃(난기운전 시 30℃ 이상)
- 최고 사용온도 : 80℃ 이하
- 위험 온도 : 80~100℃ 이상

25 오일의 무게를 맞게 계산한 것은?

① 부피 ℓ에 비중을 곱하면 kg가 된다.
② 부피 ℓ에 질량을 곱하면 kg가 된다.
③ 부피 ℓ에 비중을 나누면 kg가 된다.
④ 부피 ℓ에 질량을 나누면 kg가 된다.

🔍 부피(ℓ)에 비중을 곱하면 kg 단위로 환산되며, 이는 오일의 무게를 계산하는 방법이다.

26 유압장치가 작동 중 과열이 발생할 때의 원인으로 가장 적절한 것은?

① 오일의 양이 부족하다.
② 오일 펌프의 속도가 느리다.
③ 오일 압력이 낮다.
④ 오일의 증기압이 낮다

🔍 작동유의 양이 부족하거나 점도 등이 불량하면 온도가 상승하게 되며, 과열 시에는 먼저 오일 냉각기를 점검하도록 한다.

27 다음 중 작동유(유압유) 속에 용해 공기가 기포로 되어 있는 상태를 무엇이라고 하는가?

① 인화현상
② 노킹현상
③ 조기착화현상
④ 공동현상

🔍 공동현상(캐비테이션)이란 유동하고 있는 액체의 압력이 국부적으로 저하되어 포화 증기 압력 또는 공기 분리 압력에 대하여 증기를 발생시키거나 용해 공기 등이 분리되어 기포를 일으키는 현상을 말한다.

28 유체의 관로에 공기가 침입할 때 일어나는 현상이 아닌 것은?

① 공동현상
② 유격현상
③ 열화촉진
④ 숨돌리기 현상

🔍 유체의 관로에 공기의 유입 양이 증가하면 실린더의 숨돌리기 현상, 열화촉진, 공동현상 등을 일으킨다.

29 유압 실린더의 숨돌리기 현상이 생겼을 때 일어나는 현상이 아닌 것은?

① 시간의 지연이 생긴다.
② 피스톤 작동이 불안정하게 된다.
③ 기름의 공급이 과대해진다.
④ 서지압이 발생한다.

🔍 실린더의 숨돌리기 현상은 유압이 낮고 작동유의 공급량이 부족할 때 많이 일어난다.

30 유압회로 내에 공동현상이 생길 때 어떻게 하는가?

① 유압장치의 오일 온도를 높여준다.
② 유압장치의 압력 변화를 없게 한다.
③ 유압장치의 과포화 상태로 한다.
④ 유압장치의 압력을 높여준다.

🔍 공동현상(캐비테이션)이란 유압장치 내부에 국부적인 높은 압력이 발생하는 것으로 압력 변화를 없게 해야 한다.

31 다음 중 유압회로 내에 공기혼입이 생기는 주요 원인은?

① 고압관로의 접속부의 이완
② 온도 상승
③ 흡입라인 접속부의 이완
④ 공기빼기 플러그의 잠김

정답 24 ② 25 ① 26 ① 27 ④ 28 ② 29 ③ 30 ② 31 ③

🔍 유압회로 내에 공기가 유입되는 주된 원인은 유압펌프 흡입 라인의 연결부 이완 때문이다.

32 유압장치에서 유압의 제어방법이 아닌 것은?

① 압력제어
② 방향제어
③ 속도제어
④ 유량제어

🔍 유압장치에서 작동유의 흐름을 조절하는 역할을 제어밸브(컨트롤밸브)가 담당하며, 제어밸브에는 압력제어밸브, 유량제어밸브, 방향제어밸브의 3가지 밸브가 기본회로를 이룬다.

33 유압회로의 최고 압력을 제한하고 회로 내의 압력을 일정하게 유지시켜 과부하를 방지하는 밸브는?

① 안전 밸브(릴리프 밸브)
② 감압 밸브(리듀싱 밸브)
③ 순차 밸브(시퀀스 밸브)
④ 무부하 밸브(언로딩 밸브)

🔍 릴리프 밸브는 유압회로의 압력을 설정된 압력으로 제어하는 것으로, 과잉 압력이 되면 작동유의 일부 또는 전량을 복귀 측으로 토출시켜 압력을 낮추어 유압장치의 안정과 출력조정을 겸한다. 릴리프 밸브는 유압펌프와 제어밸브 사이에 병렬로 연결된다.

34 유압으로 작동되는 작업장치에서 작업 중 힘이 떨어지는 원인으로 가장 관계가 있는 것은?

① 메인 릴리프 밸브
② 로드 체크 밸브
③ 방향 전환 밸브
④ 메이크업 밸브

🔍 유압으로 작동되는 작업장치에서 작업 중 힘이 떨어지는 원인은 메인 릴리프 밸브의 이상에서 비롯된다.

35 펌프의 토출 측에 위치하여 회로 전체의 압력을 제어하는 밸브는?

① 감압 밸브
② 카운터 밸런스 밸브
③ 릴리프 밸브
④ 무부하 밸브

🔍 릴리프 밸브는 유압장치의 과부하 방지와 유압기기의 보호를 위하여 최고 압력을 규제하고 유압회로 내의 필요한 압력을 유지하도록 하는 압력제어 밸브이다.

36 다음 보기에서 회로 내의 압력을 설정치 이하로 유지하는 밸브로만 조합된 것은?

┌─────────────────────────────┐
│ ㉠ 릴리프 밸브(relief valve)   │
│ ㉡ 리듀싱 밸브(reducing valve)   │
│ ㉢ 시퀀스 밸브(sequence valve)   │
│ ㉣ 언로더 밸브(unloader valve)   │
└─────────────────────────────┘

① ㉠, ㉡, ㉣
② ㉡, ㉢
③ ㉢, ㉣
④ ㉠, ㉡, ㉢

🔍 시퀀스 밸브는 두 개 이상의 분기회로에서 유압회로의 압력에 의해 유압 액추에이터의 작동 순서를 제어하는 기능을 한다.

37 압력제어 밸브는 어느 위치에서 작동하는가?

① 탱크와 펌프
② 펌프와 방향전환 밸브
③ 방향전환 밸브와 실린더
④ 실린더 내부

🔍 압력제어 밸브는 펌프와 제어 밸브 사이에서 작동한다.

38 유압회로의 압력을 점검하는 위치로 가장 적당한 것은?

① 유압 오일탱크에서 유압 펌프 사이
② 유압 펌프에서 컨트롤 밸브 사이
③ 실린더에서 유압 오일탱크 사이
④ 유압 오일탱크에서 직접 점검

🔍 릴리프 밸브는 유압 펌프와 제어 밸브(컨트롤 밸브) 사이에 병렬로 연결되어 있으며, 압력을 점검하는 가장 적당한 위치는 유압 펌프와 제어 밸브 사이이다.

정답 32 ③ 33 ① 34 ① 35 ③ 36 ① 37 ② 38 ②

39 유압장치에서 유압조정 밸브의 조정방법은?

① 압력조정 밸브가 열리도록 하면 유압이 높아진다.
② 밸브 스프링의 장력이 커지면 유압이 낮아진다.
③ 조정 스크루를 조이면 유압이 높아진다.
④ 조정 스크루를 풀면 유압이 높아진다.

🔍 조정 스크루를 조이면 유압이 높아지고, 풀면 유압이 낮아진다.

40 유압회로 내 압력이 비정상적으로 올라가는 원인에 해당되는 것은?

① 오일 파이프 파손
② 오일의 점도 묽음
③ 오일 압력게이지 고장
④ 유압조정 밸브 고착

🔍 유압이 높아지는 원인
• 유압 조절 밸브가 고착되었다.
• 유압 조절 밸브 스프링의 장력이 너무 크다.
• 오일의 점도가 높거나 회로가 막혔다.
• 각 저널과 베어링의 간극이 적다.

41 유압 펌프의 압력조절 밸브 스프링 장력이 높은 것을 사용하면 나타나는 현상으로 가장 적정한 것은?

① 유압이 높아진다.
② 유압이 낮아진다.
③ 토출량이 증가한다.
④ 토출량이 감소한다.

🔍 압력조절 밸브 스프링 장력이 높으면 유압이 높아지고, 장력이 약하면 유압은 낮아진다.

42 2개 이상의 분기 회로가 있을 때 순차적인 작동을 하기 위한 압력제어 밸브는?

① 감압 밸브
② 릴리프 밸브
③ 시퀀스 밸브
④ 리듀싱 밸브

🔍 압력제어 밸브
• 감압 밸브(reducing valve) : 유량 또는 입구 쪽 압력과 관계없이 출력 쪽 압력을 입구 쪽 압력보다 작은 설정 압력으로 조정하는 압력제어 밸브
• 릴리프 밸브(relief valve) : 회로의 압력이 밸브의 설정값에 달하였을 때 유체의 일부 또는 전량을 빼돌려서 회로 내의 압력을 설정값으로 유지해주는 압력제어 밸브
• 시퀀스 밸브(sequence valve) : 2개 이상의 분기 회로를 갖는 회로 중에서 그 작동 순서를 회로의 압력에 의하여 제어하는 밸브
• 카운터 밸런스 밸브(counter balance valve) : 중력 및 자체 중량에 의한 자유낙하를 방지하기 위해 배압을 유지해주는 압력제어 밸브
• 무부하 밸브(unloader valve) : 일정한 조건으로 펌프를 무부하로 주기 위해 사용되는 압력제어 밸브

43 다음 중 분기 회로에 사용되는 밸브로 가장 적합한 항은?

㉠ 릴리프 밸브
㉡ 리듀싱 밸브
㉢ 시퀀스 밸브
㉣ 언로더 밸브
㉤ 카운터 밸런스 밸브

① ㉠, ㉡
② ㉡, ㉢
③ ㉢, ㉣
④ ㉣, ㉤

🔍 시퀀스 밸브는 두 개 이상의 분기회로에서 유압회로의 압력에 의해 유압 액추에이터의 작동 순서를 제어하며, 리듀싱 밸브(감압밸브)는 유량이나 1차측의 압력과 무관하게 분기회로에서 2차측 압력을 설정값까지 감압하여 사용하는 제어 밸브이다.

44 유압회로의 압력에 의해 유압 액추에이터의 작동 순서를 제어하는 밸브는?

① 언로더 밸브
② 시퀀스 밸브
③ 감압 밸브
④ 릴리프 밸브

🔍 시퀀스 밸브(순차 밸브, sequence valve)는 2개 이상의 분기 회로를 갖는 회로 중에서 그 작동 순서를 회로의 압력에 의하여 제어하는 압력제어 밸브를 말한다.

정답 39 ③ 40 ④ 41 ① 42 ③ 43 ② 44 ②

45 유압장치에서 고압 소용량, 저압 대용량 펌프를 조합 운전할 때, 작동압이 규정 압력 이상으로 상승 시 동력 절감을 하기 위해 사용하는 밸브는?

① 감압 밸브
② 릴리프 밸브
③ 시퀀스 밸브
④ 무부하 밸브

🔍 언로더 밸브(무부하 밸브)는 일반적으로 고압 소용량의 유압 펌프와 저압 대용량의 유압 펌프를 조합하여 사용하는 경우에 사용되는 것으로 유압회로의 압력이 설정 압력에 도달하면 밸브가 열려 저압 펌프를 무부하로 하여 작동유 탱크로 보내 동력 절감과 동시에 작동유의 온도상승을 방지하는 작용을 한다.

46 실린더가 중력으로 인하여 제어 속도 이상으로 낙하하는 것을 방지하는 밸브는?

① 방향 제어 밸브
② 리듀싱 밸브
③ 시퀀스 밸브
④ 카운터 밸런스 밸브

🔍 카운터 밸런스 밸브는 유압회로의 한쪽 방향의 흐름에 대해 설정된 배압을 발생시키고, 다른 방향의 흐름은 자유롭게 흐르도록 하는 밸브로 체크 밸브가 내장되어 있다.

47 유압 실린더의 작동 속도가 정상보다 느릴 경우 예상되는 원인으로 가장 적절한 것은?

① 계통 내의 흐름 유량이 부족하다.
② 작동유의 점도가 약간 낮아짐을 알 수 있다.
③ 작동유의 점도지수가 높다.
④ 릴리프 밸브의 조정 압력이 너무 높다.

🔍 유압의 제어방법
- 압력 제어 : 일의 크기 제어
- 방향 제어 : 일의 방향 제어
- 유량 제어 : 일의 속도 제어

48 유압기기의 작동속도를 높이기 위하여 무엇을 변화시켜야 하는가?

① 유압 펌프의 토출유량을 증가시킨다
② 유압 모터의 압력을 높인다.
③ 유압 모터의 토출압력을 높인다.
④ 유압 모터의 크기를 작게 한다.

🔍 유압의 제어방법 중 유압기기의 작동속도는 유량의 제어를 통해 조절한다.

49 내경이 작은 파이프에서 미세한 유량을 조정하는 밸브는?

① 바이패스 밸브
② 스로틀 밸브
③ 니들 밸브
④ 압력보상 밸브

🔍 유량제어 밸브는 유압기기의 속도를 임의로 또는 단계별로 조정할 수 있는 밸브로 스로틀 밸브 (교축밸브), 니들 밸브, 분류 밸브 등이 있으며, 이 중 니들 밸브는 미세한 유량을 조정하는 밸브이다.

50 유량제어 밸브가 아닌 것은?

① 속도제어 밸브
② 체크 밸브
③ 교축 밸브
④ 급속배기 밸브

🔍 체크밸브(check valve)는 작동유의 흐름을 한쪽 방향으로만 흐르도록 하고 역류를 방지하는 역할을 하는 방향 제어 밸브 중의 하나이다.

51 유압장치에서 방향제어 밸브에 해당하는 것은?

① 셔틀 밸브
② 릴리프 밸브
③ 시퀀스 밸브
④ 언로더 밸브

🔍 릴리프 밸브, 시퀀스밸브, 언로더 밸브는 모두 압력제어 밸브에 해당한다.

52 방향제어 밸브를 동작시키는 방식이 아닌 것은?

① 수동식
② 유압 파일럿식
③ 전자식
④ 스프링식

🔍 방향제어 밸브를 조작 방식에 따라 분류하면 수동식, 기계식(캠식), 전자식, 파일럿식(유압식) 등으로 나눌 수 있다.

정답 45 ④ 46 ④ 47 ① 48 ① 49 ③ 50 ② 51 ① 52 ④

53 다음 유압기기 중 방향제어 밸브에 속하지 않는 것은?

① 매뉴얼 밸브(로터리형)
② 체크 밸브
③ 릴리프 밸브
④ 스풀 밸브

🔍 릴리프 밸브는 유압회로의 압력을 설정된 압력으로 제어하는 압력제어 밸브에 속한다.

54 유압회로 내에서 서지압(Surge Pressure)이란?

① 과도적으로 발생하는 이상 압력의 최대값
② 정상적으로 발생하는 압력의 최대값
③ 정상적으로 발생하는 압력의 최소값
④ 과도적으로 발생하는 이상 압력의 최소값

🔍 유체의 흐름이 제어밸브 등의 조작에 의해 급격하게 변할 때, 그 유체의 운동 에너지가 압력 에너지로 변하기 때문에 급격한 압력변동이 발생하는 데 이때 과도적으로 상승한 압력의 최대치를 서지압이라 한다.

55 유압회로 내에 잔압을 설정해 두는 이유로 가장 적절한 것은?

① 제동 해제 방지
② 유로 파손 방지
③ 오일 산화 방지
④ 작동 지연 방지

🔍 유압회로 내에 잔압을 두는 이유
• 작동 지연을 방지한다.
• 오일의 누출을 방지한다.
• 회로 내 베이퍼 로크 발생을 방지한다.
• 회로 내로 공기 유입을 방지한다.

56 그림의 유압 기호는 무엇을 표시하는가?

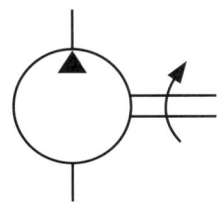

① 오일 쿨러   ② 유압 탱크
③ 유압 펌프   ④ 유압 모터

🔍 유압 펌프는 원 안에 작동유의 흐름 방향을 흑색삼각형으로 붙여서 나타낸다.

57 그림에서 요동형 액추에이터의 기호는?

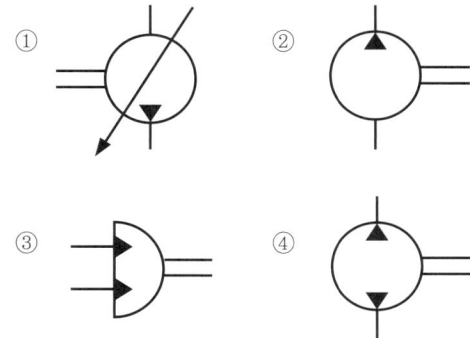

🔍 ① 가변용량형 유압 펌프, ② 정용량형 유압 펌프, ③ 요동형 액추에이터

58 그림에서 체크 밸브를 나타낸 것은?

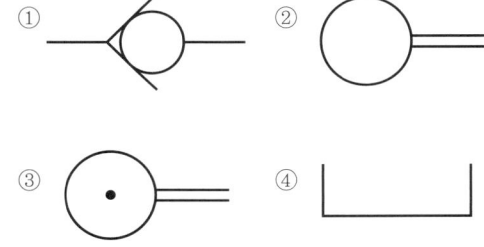

🔍 ① 체크 밸브, ④ 오일 탱크

59 그림의 유압기호에서 어큐뮬레이터는?

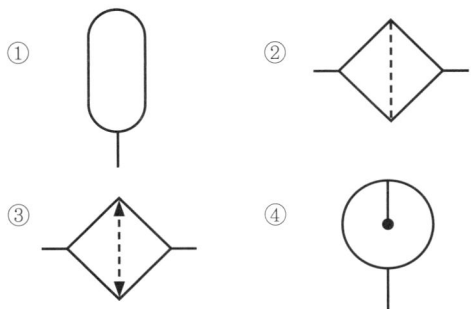

정답 53 ③ 54 ① 55 ④ 56 ③ 57 ③ 58 ① 59 ①

🔍 ① 어큐뮬레이터(축압기), ② 필터(일반기호), ④ 온도계

60 그림에서 드레인 배출기의 기호 표시는?

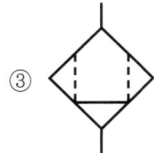

🔍 ② 밸브, ③ 드레인 배출기(수동배출)

61 정용량형 유압 펌프의 기호는?

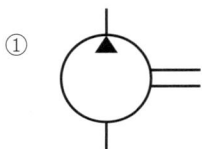
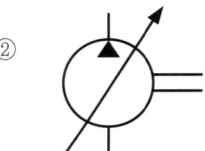

🔍 ① 정용량형 유압 펌프, ② 가변용량형 유압 펌프, ④ 전동기

62 유압 압력계의 기호는?

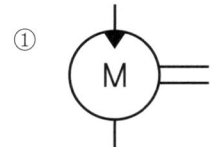

🔍 ④ 압력계

63 압력 스위치를 나타내는 것은?

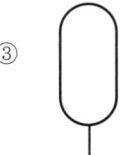
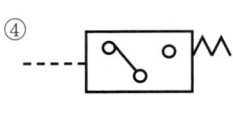

🔍 ① 압력계, ② 스톱 밸브, ③ 어큐뮬레이터, ④ 압력 스위치

64 방향전환 밸브의 조작방식에서 솔레노이드 조작기호는?

🔍 ① 단동 솔레노이드 조작, ② 스프링 조작, ③ 레버 조작, ④ 인력 조작

65 다음 그림에서 일반적으로 사용하는 유압기호로 맞는 것은?

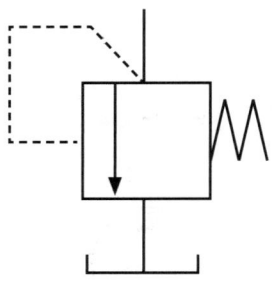

① 체크 밸브
② 시퀀스 밸브
③ 릴리프 밸브
④ 리듀싱 밸브

정답 60 ③ 61 ① 62 ④ 63 ④ 64 ① 65 ③

로더 점검

Craftsman Loader Operator

Lesson 01 일일점검(작업 전·중·후 점검)

1 작업 전 점검

1) 운전 전 점검 사항
① 주기(주차) 상태 확인
② 작업 반경 내 위험 요소 확인
③ 주변 시설물 확인

2) 장비의 점검 방법
① 점검 및 정비 간격은 아워 미터(작업시간 표시계)를 기준으로 한다.
② 점검 및 정비는 작업 조건이 나쁘거나 먼지나 습기가 많은 곳은 되도록 피하고 부득이한 경우는 간단하게 한다.
③ 계기판만으로 장비의 상태를 완전하게 보증할 수 없으므로 점검, 정비 목표의 내용에 따라 일상 점검을 실시한다.
④ 폐유는 반드시 지정 용기에 배유하고 산업 폐기물 처리 방법에 따라 폐기 처리한다.

3) 일상 점검 방법
① 작동유(유압유) 유량을 점검하고 부족하면 보충한다.
② 라디에이터 냉각수량을 점검하고 부족하면 보충한다.
③ 엔진 오일의 유량을 점검하고 부족하면 보충한다.
④ 각부 연결 핀의 그리스 상태를 점검하고 부족하면 보충한다.
⑤ 팬 벨트 상태를 살피고 장력을 점검한다. 장력은 장력 조정기로 자동 조절된다.
⑥ 연료 라인에 설치되어 있는 연료 필터와 수분 분리기를 점검한다.
⑦ 에어클리너를 점검한다. 에어클리너 엘리먼트가 막히면 압축공기를 안쪽에서 바깥쪽으로 불어 먼지를 제거하고 청소한다.

⑧ 타이어 공기압을 점검하고 부족하면 보충한다. 휠 로더 타이어의 공기압은 냉각 시 약 $3.5 kgf/cm^2$ 이다.

4) 일상 점검에 따른 조치 사항

① 일상 점검 중에 손상된 부품은 보수 또는 교체한다.
② 체결용 부품은 반드시 규정 토크로 체결한다.
③ 엔진 오일, 작동유, 연료와 냉각수 등의 누출을 육안으로 점검한다.
④ 일상 점검 결과 이상이나 고장이 있는 장비는 정비, 수리 완료한 후 운전한다.

2 작업 중 점검

1) 작업 중 엔진 누유 및 이상 유무 점검

① 엔진을 무부하 상태에서 중간 속도로 약 5분 정도 회전하여 엔진의 이상 폭발 소음(노킹, Knocking)과 온도 그리고 냄새 등을 점검한다.
② 로더의 작업장이 경사지 35° 이상에서 작업 시 엔진 오일 순환이 안 되어 엔진에 치명적인 고장이 발생되므로 35° 이하의 경사지에서 작업한다.
③ 엔진 오일 누유는 회전 부위 리테이너 실(Retainer Seal)과 기밀을 유지시켜 주는 패킹실(Packing Seal) 부분에서 발생하므로 크랭크샤프트 전·후와 헤드 개스킷 부분 그리고 사이드 개스킷을 주의 깊게 관찰해야 한다.

2) 유압 작동유 누유 및 시스템 점검

① 유압 시스템 작동유의 온도는 섭씨 50~60℃로 그 이상 상승하면 일단 중지하고 원인을 확인한다.
② 유압 시스템은 정밀 구조로 각종 실린더나 호스에서 유압유가 누유하면 누유한 곳에서 공기 중의 먼지나 이물질이 회로 내로 혼입되어 펌프, 밸브 등을 마모시킨다. 따라서 유압유가 누유한 부분 정비 후 사용한다.
③ 유압유 누유 부분은 실린더와 로드 부분의 실과 유압 호스 연결 부분 컨트롤 밸브의 스풀(Spool) 작동 부위 실에서 주로 발생한다.

3) 주행 및 조향장치 점검

① 엔진 시동 후 주차 브레이크 동작 상태 및 조향장치의 이상 유무를 점검한다.
② 모든 작동 장치가 윤활 오일의 공급이나 오일의 교환 시기를 지키지 않으면 고장의 원인이 되므로 교환 시기를 지켜야 한다.
③ 작동 중 동력전달장치 움직임의 이상 감각, 소음 또는 트랜스미션에서의 이상 온도와 소음이 발생하면 즉시 작업을 중단하고 전문 정비 요원에게 의뢰한다.

4) 계기판 점검

① 계기판 중 특히 엔진 오일 압력 게이지의 정상 압력은 2~3kgf/cm²으로 그 이하로 떨어지면 오일 순환이 이루어지지 않는 상태로 엔진의 작동부에 고장이 발생한다.
② 계기 중에 엔진 냉각수 온도는 온도 조절기가 70~80℃ 정도로 조정하지만, 그 이상으로 상승하면 엔진 과열로 엔진에 고장이 발생한다.
③ 토크컨버터 오일 온도와 유압유 오일 온도를 주의 깊게 관찰하여 매뉴얼에 지시된 규정 이하로 작동 시 작동을 중지하고 전문 진단을 받는다.

3 작업 후 점검

1) 작업 후 조치 및 일반적인 점검 사항

① 연료 탱크에 연료를 가득 채운다.
② 평탄하고 단단한 지면을 선택하여 주차하고 안전장치를 한다.
③ 장비를 청소한다.
④ 작업장치, 타이어, 트랙 등 장비 각 부문의 마모 상태를 확인한다.
⑤ 오일 누유 상태를 점검한다.
⑥ 볼트, 너트 등의 이완 여부를 확인한다.
⑦ 작업 완료 후 배출 밸브를 열어 에어 탱크 내에 고인 침전물을 배출시킨다.

2) 필터·오일 교환 주기 확인

① **연료 탱크의 결로 현상 방지**
    ㉮ 작업 후 연료를 가득 채운다.
    ㉯ 연료 라인의 물빼기 작업을 실시한다.
② **에어 클리너 청소**
    ㉮ 건식 에어 클리너 : 청소 지시기에 적색 표시가 나타나면 에어 클리너를 빼내어 저압 공기를 사용하여 필터 안쪽에서 바깥쪽으로 공기를 불어 청소한다.
    ㉯ 습식 에어 클리너 : 매일 한 번씩 더스트 트랩의 먼지를 청소하고, 필터 상부의 울은 6개월마다 빼내어 디젤에 담가서 깨끗이 청소 후 사용한다.
③ **필터 교환**
    ㉮ 엔진 오일 필터 : 오일 교환 시 같이 교환한다.
    ㉯ 연료 필터 : 제작사의 매뉴얼에 따라 교환한다.
    ㉰ 유압 작동유 필터 : 일반적으로 유압 오일 교환 주기에 따라 교환한다.
④ **오일 교환**
    ㉮ 디젤 엔진 : 매 250시간 가동 후 교환을 추천하지만, 연료에 포함된 유황(S) 함량을 파악하여 교환 주기를 결정한다.

㉯ 가솔린 엔진 : 가동 후 3개월 또는 5,000km 주행 시 교환한다.

⑤ **유압 작동유 교환**
㉮ 제작사 매뉴얼에 따라 교환하나 일반적인 정상 가동상태에서 교환 시간은 1,000~2,000시간으로 하고 있다.
㉯ 유압 작동유는 제작사에서 지정한 작동유를 사용하도록 한다.

> **주의사항**
> - 에어 클리너 청소 시 압축 공기 압력이 3kgf/cm² 이상이면 에어 클리너의 여과지가 터진다.
> - 오일에서 가장 중요한 것은 점도 지수이다.

3) 오일·냉각수 유출 점검

① **엔진 오일 누유 시 문제점**
㉮ 윤활과 냉각 작용이 불가하여 과열하고 섭동부는 열화로 고착 상태가 된다.
㉯ 배기가스나 배터리 쇼트에 의해 엔진에 화재가 발생한다.
㉰ 누유하는 부분으로 이물질이 혼입하여 마모가 발생한다.
㉱ 누유 부분에서 열로 인하여 냄새가 유발된다.
㉲ 엔진이 불결하고 이물질이 쌓이게 된다.

② **유압유 누유 시 문제점**
㉮ 유압장치 섭동부의 윤활 부족으로 마모와 열이 발생한다.
㉯ 펌프에서 유압유를 흡입할 때 공기를 흡입하여 유압장치에 공동현상(캐비테이션)을 일으켜 각 작동부와 압력부에 고열로 열화 현상을 만들어 유압 부품에 고장을 일으킨다.
㉰ 누유로 유압유 부족량이 많으면 유압장치가 작동되지 않는다.
㉱ 누유되는 곳으로 이물질이 혼입하여 유압장치의 수명을 단축시킨다.

③ **냉각수 누수 시 문제점**
㉮ 냉각수 순환이 불량해지고, 금속의 산화가 촉진된다.
㉯ 고열로 인하여 각 부품에 윤활이 불충분해지고 부품이 손상된다.
㉰ 작동 부분의 고착 및 변형이 발생한다.
㉱ 냉각수가 부족하면 워터펌프에서 공동현상을 일으켜 실린더와 라이너를 부식시킨다.

> **기관의 온도**
> 기관의 온도는 실린더 헤드 물 재킷 내의 냉각수 온도로 표시하며, 정상 작동 온도는 75~85℃이다.

4) 각부 체결 상태 확인

① 타이어와 휠 볼트 체결 상태
㉮ 장비의 작업, 전·후진 주행 및 작업물에 의한 충격으로 타이어의 휠 볼트 이완이 발생하여 볼트와 휠이 파손되는 고장이 발생할 수 있다.
㉯ 초기에는 50시간 간격으로 상태를 점검하고, 작업 시는 수시로 확인하여야 한다.

② 유압 라인 고정 볼트 체결 상태
㉮ 유압 호스나 파이프 체결 상태를 확인하기 위해서 각 유압 호스와 파이프에 걸리는 압력을 이해하고 압력에 따른 진동과 충격 그리고 흔들림을 사전에 파악해야 한다.
㉯ 붐, 버킷 및 암, 파워 스티어링 유압 라인 중 붐의 유압 라인은 장비에서 가장 많은 유량과 높은 압력을 사용하기 때문에 붐으로 연결되는 파이프나 유압 호스는 체결 밴드를 이용하여 단단히 체결하고 수시로 상태를 점검해야 한다.

③ 핀, 부싱과 고정 볼트 체결 상태
㉮ 작업 장치 버킷 작동은 핀, 부싱으로 연결되어 있어 수시로 핀의 체결 상태를 확인해야 한다.
㉯ 핀, 부싱이 마모되면 작업 성능이 떨어지고 진동과 울림으로 붐과 버킷의 구조물 구멍까지 마모가 나타난다.

5) 각부 연결 부위 그리스 주입

① 그리스의 종류 및 첨가제
㉮ 그리스의 종류 : 금속 비누계(다목적용), 비금속 비누계(특수 용도)
㉯ 그리스의 첨가제 : 산화방지제, 방청제, 고체 윤활제, 극압 첨가제, 착색제

② 작동부 그리스 주입
㉮ 버킷 부분 핀, 부싱 : 처음 장비 구입 시 50시간 후 주입하고 그 이후는 매 10시간 간격으로 주유
㉯ 붐 부분 핀, 부싱 : 실링이 되지 않는 곳은 매 10시간 주기, 실링이 되어 있는 곳은 매 30시간 주기로 주유
㉰ 조향장치 부분 핀, 부싱 : 매 10시간 주기로 주유
㉱ 주행장치 : 프로펠러 축과 유니버설 조인트, 저널 베어링 등의 회전체로 수동식 그리스 장치로 직접 주입

> ● 그리스 주입 시 주의 사항
> • 그리스 주입이 과다하면 지면으로 떨어져 환경오염과 실링이 파손되므로 적당량 주입한다.
> • 자동 그리스 주입 압축 공기의 압력은 규정대로 한다. 압력이 높으면 그리스가 튀어 나간다.
> • 리플의 주위는 청결히 하여 이물질이 혼입되지 않도록 한다.
> • 구동 장치 주유 시 아래로 들어가기 전 안전에 유의한다.

6) 작업 일보 작성

① **작업 일보** : 현장명, 작업 일자, 공사 담당자, 장비 운전원, 작업 종류, 작업 물량 그리고 건설기계 변동 사항에 관한 내역을 상세히 기록하는 일보

② **작업 일보 기록 사항의 중요성**
  ㉮ 향후 공사에 대한 문제점 또는 하자 관련 사항 등 민·형사상의 제반 문제에 대한 기초적인 자료이다.
  ㉯ 건설기계의 이력 사항으로 장비의 수리 내역, 중요 교환 부품, 예방 정비 내용, 수리비용, 장비 총 가동 시간 등 장비의 이력 사항에 대해서 전반적으로 기록하여 유지 관리하는 대장이다.
  ㉰ 장비 사용료 정산과 장비의 사고, 이관, 판매 해외로 양도 시 장비 관리 업무에 주요한 정보를 제공하는 장부(帳簿)이다.
  ㉱ 건설기계 매매 시 중고 장비의 성능을 판단하는 수리 내용, 주요 작업 내용, 예방 정비 기록, 총 가동 시간 등은 중고 장비의 가치를 평가하는 중요한 자료이다.

③ **작업 일보 작성 시 주의 사항**
  ㉮ 누구나 알기 쉬운 단어를 사용하여 기록한다.
  ㉯ 전문 용어나 외국어로 작성 시 괄호하고 반드시 우리말로 표시한다.
  ㉰ 시간은 24시로 기재한다.
  ㉱ 약어로 작성해서는 안 된다.
  ㉲ 작성은 반드시 볼펜으로 기록한다.

Lesson 02 예방점검(정기점검)

1 예방점검의 개요

1) 예방점검의 의의
① 장비 작동상 고장 예방
② 장비 수명의 연장 효과
③ 장비 가동률 증가 효과

2) 예방점검 구분 및 주요 점검사항
① **일상점검** : 운전(작업) 전 점검, 운전(작업) 중 점검, 운전(작업) 후 점검
② **주간점검** : 배터리 전해액, 작동 부위 그리스 주유 등
③ **월간점검** : 엔진 오일 교환, 연료 침전물 세척, 미션 및 액슬 오일 점검, 유압 오일 필터 교환 등

④ **분기점검** : 매 3개월마다 점검하는 것으로 오일 쿨러 세척, 라디에이터 점검, 연료 필터 교환, 브레이크 디스크 점검 등
⑤ **반기점검** : 매 6개월마다 점검하는 것으로 스윙 기어 케이스 오일 교환, 미션 오일 필터 교환, 토크 컨버터 필터 점검 등
⑥ **연간점검** : 매년 계획을 수립하여 점검하는 것으로 미션 오일 교환, 액슬 오일 교환, 냉각수 교환, 유압 오일 교환, 연료 분사 펌프 타이밍 점검 등

3) 점검 및 정비 시 주의사항

① 안전모, 안전화, 작업복 및 작업과 관련한 안전장구를 착용한다.
② 연료 또는 오일 취급 시 화기를 피하여야 하며, 소화기 등을 비치한다.
③ 2명 이상 작업 시 책임자를 정하도록 한다.
④ 실내에서 엔진 가동 등의 작업 시 적절한 환기 대책을 마련하도록 한다.
⑤ 특별한 경우를 제외하고 반드시 엔진을 정지시킨 후 작업해야 하며, 엔진 구동 작업이 필요한 경우에는 모든 컨트롤 레버를 중립으로 하여 작동되지 않도록 한다.
⑥ 유압회로는 엔진이 정지 중이더라고 잔류압력이 남아 있을 수 있으므로 분해 시는 이를 완전히 제거한 뒤 분해하도록 한다.
⑦ 작업장치는 완전히 지면에 내리고 엔진을 정지시킨다.
⑧ 라디에이터 캡 또는 유압 오일 탱크 캡을 열 때는 천천히 돌려 탱크 내부의 압력을 제거한 뒤에 열도록 한다.
⑨ 오일 필터 엘리멘트 또는 스트레이너를 교환한 뒤에는 회로 내의 공기 **빼기**를 실시한다.
⑩ 자격 조건이 필요한 점검 및 정비는 반드시 유자격자가 점검 및 정비하도록 한다.

2 정기점검 항목

1) 주간점검(매 50시간마다 점검)

① 연료탱크 침전물 배출
② 프레임 연결부 등에 그리스 주유
③ 배터리 전해액 수준 점검
④ 오일 수준 점검(유압 탱크, 차동기어장치, 액슬 하우징)
⑤ 팬 벨트의 장력 점검 및 조정(약 10kgf의 힘으로 눌러 8~12mm 정도 눌리면 정상)

2) **월간점검**(매 250시간마다 점검)
    ① 주요 장치에 오일 및 그리스 주유
    ② 배터리 전해액 수준 점검
    ③ 타이어 압력 점검
    ④ 팬 및 발전기(알터네이터) 벨트 점검
    ⑤ 연료 탱크 오물 제거
    ⑥ 연료 분사 밸브 분사 상태 점검 및 조정
    ⑦ 엔진 밸브 간극 점검 및 조정
    ⑧ 휠 허브너트 체결 토크 점검

3) **분기점검**(매 500시간마다 점검)
    ① 각 작동부 오일 점검 및 교환
    ② 오일 필터류 교환
    ③ 라디에이터 및 오일 쿨러 점검
    ④ 레버류 점검
    ⑤ 주 계기판 램프 점검
    ⑥ 라이트류 점검

4) **반기점검**(매 1,000시간마다 점검)
    ① 트랜스미션 오일 교환 및 여과망 세척
    ② 유압 펌프 구동장치 오일 교환
    ③ 엔진 밸브 조정
    ④ 연료 분사 노즐 점검
    ⑤ 스윙기어 케이스 오일 교환

4) **연간점검**(매 2,000시간마다 점검)
    ① 트랜스퍼 기어박스 오일 교환
    ② 액슬 오일 교환
    ③ 유압 탱크 오일 교환
    ④ 차동 장치 오일 교환
    ⑤ 유압 오일 교환
    ⑥ 냉각수 교환

적중 예상문제

CHAPTER 05 | 로더 점검

Lesson 1 일일점검(작업 전·중·후 점검)

01 장비 운전 전 점검사항으로 가장 거리가 먼 것은?

① 주기(주차) 상태 확인
② 작업 반경 내 위험 요소 확인
③ 배기가스 색 확인
④ 주변 시설물 확인

🔍 이상한 소리, 이상한 냄새, 배기가스 색 등은 작업 중에 확인이 가능한 사항이다.

02 기관(엔진)을 시동하기 전에 점검할 사항과 가장 관계가 먼 것은?

① 연료의 양
② 냉각수의 양
③ 엔진오일의 온도
④ 엔진오일의 양

🔍 엔진오일의 온도는 시동 후 기관이 정상가동된 상태에서 점검할 수 있지만 냉각수 온도계로 과열 여부를 판단하는 경우가 대부분이다.

03 건설기계 장비에서 기관(엔진)을 시동한 후 정상 운전 가능 상태를 확인하기 위해 운전자가 가장 먼저 점검해야 할 것은?

① 주행속도계
② 엔진오일량
③ 냉각수온도계
④ 오일압력계

🔍 기관을 시동한 후 정상 운전 가능 상태를 확인하기 위해 운전자가 가장 먼저 점검해야 할 사항은 오일압력계를 통해 정상범위에 있음을 확인하는 것이다.

04 기관(엔진)이 작동되는 상태에서 점검 가능한 사항이 아닌 것은?

① 냉각수의 온도
② 충전상태
③ 기관오일의 압력
④ 엔진오일량

🔍 엔진오일량은 기관이 작동되기 전에 실시하는 일상점검이다.

05 장비의 운전 중에도 안전을 위하여 점검하여야 하는 것은?

① 계기판 점검
② 냉각수량 점검
③ 타이어 압력 측정 및 점검
④ 팬 벨트 장력 점검

🔍 냉각수량, 타이어 압력, 팬 벨트 등은 운전 전에 점검할 사항이지만 계기판은 운전 중에도 점검이 가능한 요소이다.

06 로더 운전 중 운전석 계기판에서 확인해야 하는 것이 아닌 것은?

① 실린더 압력계
② 연료량 게이지
③ 냉각수 온도게이지
④ 충전 경고등

🔍 실린더 압력계는 정비사가 실린더 압력이 나쁠 경우 압축압력 게이지를 사용하여 점검해야 한다.

07 로더 운전 시 계기판에서 냉각수량 경고등이 점등되었다. 그 원인으로 가장 거리가 먼 것은?

① 냉각수량이 부족할 때
② 냉각 계통의 물 호스가 파손되었을 때
③ 라디에이터 캡이 열린 채 운행하였을 때
④ 냉각수 통로에 스케일(물 때)이 없을 때

정답 1. 일일점검(작업 전·중·후 점검) 01 ③ 02 ③ 03 ④ 04 ④ 05 ① 06 ① 07 ④

🔍 냉각수 통로에 스케일이 없으면 정상이므로 경고등이 점등되지 않는다.

🔍 일반적으로 휠 로더 타이어 공기압은 3.5kgf/cm²으로 맞추면 정상이다. 참고로 매 50시간마다 타이어 공기압을 점검한다.

08 운전 중 온도계기에 이상이 나타나면 다음 중 어느 것을 가장 먼저 점검해야 하는가?

① 오일 펌프 점검
② 에어클리너 엘리먼트 점검
③ 워터펌프 점검
④ 연료탱크 점검

🔍 냉각계통은 워터펌프이다.

12 로더의 일반적인 엔진 허용 운전 경사각은 약 몇 도인가?

① 10° ② 20°
③ 30° ④ 45°

🔍 로더의 엔진 허용 운전 경사각은 30°이므로 어떤 경우라도 초과한 상태로 운전하면 엔진의 과열로 인한 손상, 주요 윤활부의 조기 마모를 초래한다.

09 장비의 점검 방법에 대한 설명으로 틀린 것은?

① 점검 및 정비 간격은 주행거리를 기준으로 한다.
② 점검 및 정비는 작업 조건이 나쁘거나 먼지나 습기가 많은 곳은 되도록 피한다.
③ 계기판만으로 장비의 상태를 완전하게 보증할 수 없으므로 점검, 정비 목표의 내용에 따라 일상 점검을 실시한다.
④ 폐유는 반드시 지정 용기에 배유하고 산업 폐기물 처리 방법에 따라 폐기 처리한다.

🔍 점검 및 정비 간격은 아워 미터(작업시간 표시계)를 기준으로 한다.

13 로더의 작업 중 점검과 관련된 내용으로 틀린 것은?

① 유압 시스템 작동유의 온도가 60℃ 이상으로 상승하면 일단 작업을 중지하고 원인을 확인한다.
② 엔진 시동 후 주차 브레이크 동작 상태 및 조향장치의 이상 유무를 점검한다.
③ 냉각수 온도가 50℃ 이상으로 상승하면 엔진 과열로 엔진에 고장이 발생한다.
④ 엔진을 무부하 상태에서 중간 속도로 약 5분 정도 회전하여 엔진의 이상 폭발 소음 등을 점검한다.

🔍 계기 중에 엔진 냉각수 온도는 온도 조절기가 70~80℃ 정도로 조정하지만, 그 이상으로 상승하면 엔진 과열로 엔진에 고장이 발생한다.

10 공기청정기(건식)의 효율저하를 방지하려면 정기적으로 엘리먼트를 빼내어 어떻게 해야 하는가?

① 물걸레로 닦아낸다.
② 경유에 세척한다.
③ 물 속에 넣어 세척한다.
④ 압축공기로 먼지 등을 불어낸다.

🔍 에어클리너 엘리먼트가 막히면 압축 공기를 안쪽에서 바깥쪽으로 불어 먼지를 제거하고 청소한다.

14 작업 후 조치 및 일반적인 점검사항으로 적절하지 않은 것은?

① 연료 탱크에 남아있는 연료는 모두 제거한다.
② 평탄하고 단단한 지면을 선택하여 주차하고 안전장치를 한다.
③ 작업장치, 타이어, 트랙 등 장비 각 부문의 마모 상태를 확인한다.
④ 작업 완료 후 배출 밸브를 열어 에어 탱크 내에 고인 침전물을 배출시킨다.

🔍 작업 완료 후에는 연료 탱크에 연료를 가득 채워 결로 현상을 방지하여야 한다.

11 휠 로더 타이어의 공기압 정상치는 약 얼마인가?

① 0.5kgf/cm² ② 3.5kgf/cm²
③ 6.5kgf/cm² ④ 10.5kgf/cm²

정답 08 ③ 09 ① 10 ④ 11 ② 12 ③ 13 ③ 14 ①

15 운전 중인 기관(엔진)의 에어크리너가 막혔을 때 나타나는 현상으로 가장 적당한 것은?

① 배출가스 색은 검고 출력은 저하된다.
② 배출가스 색은 희고 출력은 정상이다.
③ 배출가스 색은 청백색이고 출력은 증가된다.
④ 배출가스 색은 무색이고 출력과는 무관하다.

🔍 에어클리너가 막히면 공기흡입이 줄어 배기색이 검고 충분한 출력을 내지 못한다.

16 건식 에어클리너의 청소 방법으로 옳은 것은?

① 고압 공기를 사용하여 필터 안쪽에서 바깥쪽으로 공기를 불어 청소한다.
② 저압 공기를 사용하여 필터 안쪽에서 바깥쪽으로 공기를 불어 청소한다.
③ 고압 공기를 사용하여 필터 바깥쪽에서 안쪽으로 공기를 불어 청소한다.
④ 저압 공기를 사용하여 필터 바깥쪽에서 안쪽으로 공기를 불어 청소한다.

🔍 에어 클리너 청소
- 건식 에어 클리너 : 청소 지시기에 적색 표시가 나타나면 에어 클리너를 빼내어 저압 공기를 사용하여 필터 안쪽에서 바깥쪽으로 공기를 불어 청소한다.
- 습식 에어 클리너 : 매일 한 번씩 더스트 트랩의 먼지를 청소하고, 필터 상부의 울은 6개월마다 빼내어 디젤에 담가서 깨끗이 청소 후 사용한다.

17 디젤 엔진의 오일 교환에 대한 설명이다. ( ) 안에 들어갈 내용으로 옳은 것은?

> 디젤 엔진의 오일은 매 250시간 가동 후 교환을 추천하지만, 연료에 포함된 ( ) 함량을 파악하여 교환 주기를 결정한다.

① 탄소(C)   ② 산소(O_2)
③ 마그네슘(Mg)   ④ 유황(S)

🔍 오일 교환
- 디젤 엔진 : 매 250시간 가동 후 교환을 추천하지만, 연료에 포함된 유황(S) 함량을 파악하여 교환 주기를 결정한다.
- 가솔린 엔진 : 가동 후 3개월 또는 5,000km 주행 시 교환한다.

18 기관(엔진)에 사용되는 윤활유의 성질 중 가장 중요한 것은?

① 온도
② 점도
③ 습도
④ 건도

🔍 윤활유(오일)에서 가장 중요한 것은 점도 지수이다.

19 장비의 엔진 오일이 새어나왔을 때의 문제점으로 가장 거리가 먼 것은?

① 윤활과 냉각 작용이 불가하여 과열하고 섭동부는 열화로 고착 상태가 된다.
② 배기가스나 배터리 쇼트에 의해 엔진에 화재가 발생한다.
③ 누유하는 부분으로 이물질이 혼입하여 마모가 발생한다.
④ 유압장치가 작동되지 않거나 수명이 단축된다.

🔍 보기 ④항은 유압유가 누유될 때 나타나는 문제점이다.

20 기관(엔진)의 냉각수 수온을 측정하는 곳은?

① 라디에이터의 윗물통
② 실린더 헤드 물 재킷부
③ 물 펌프 임펠러 내부
④ 온도 조절기 내부

🔍 엔진의 정상적인 작동 온도는 실린더 헤드 물 재킷 내의 온도로 나타낸다.

21 실린더 헤드 물 재킷부의 냉각수 온도를 기준으로 한 기관의 정상온도 범위는 얼마인가?

① 45~55℃
② 75~85℃
③ 95~105℃
④ 115~125℃

🔍 기관의 온도는 실린더 헤드 물 재킷 내의 냉각수 온도로 표시하며, 정상 작동 온도는 75~85℃이다.

정답   15 ①   16 ②   17 ④   18 ②   19 ④   20 ②   21 ②

22 유압 작동부에서 오일이 새고 있을 때 가장 먼저 점검해 보아야 하는 것은?

① 밸브(valve)   ② 기어(gear)
③ 플런저(plunger)   ④ 실(seal)

🔍 유압작동부의 오일이 새지 않도록 실(seal)이나 O링 및 패킹 등을 사용한다.

23 작동유(유압유) 속에 용해 공기가 기포로 발생하여 소음과 진동이 발생되는 현상은?

① 인화 현상
② 캐비테이션 현상
③ 조기착화 현상
④ 노킹 현상

🔍 유압계통에 공기혼입으로 기포발생과 소음이 생기는 현상을 공동현상(캐비테이션)이라고 한다.

24 유압유를 외관상 점검한 결과 정상적인 상태를 나타내는 것은?

① 투명한 색채로 처음과 변화가 없다.
② 암흑색채이다.
③ 흰 색채를 나타낸다.
④ 기포가 발생되어 있다.

🔍 유압유를 외관상 보았을 때 투명하지 못한 색채나 기포가 있으면 오염되었거나 열화된 것이다.

25 장비의 각 연결 부위에 그리스를 주유할 때의 주의 사항으로 틀린 것은?

① 그리스가 지면으로 떨어질 정도로 충분히 주입한다.
② 자동 그리스 주입 압축 공기의 압력은 규정대로 한다.
③ 리플의 주위는 청결히 하여 이물질이 혼입되지 않도록 한다.
④ 구동 장치 주유 시 아래로 들어가기 전 안전에 유의한다.

🔍 그리스 주입이 과다하면 지면으로 떨어져 환경오염과 실링이 파손되므로 적당량 주입한다.

Lesson 2 예방점검(정기점검)

01 예방점검의 의의로 가장 거리가 먼 것은?

① 장비 작동상 고장 예방
② 장비 유지비 증가 효과
③ 장비 가동율 증가 효과
④ 장비 수명의 연장 효과

🔍 예방점검의 의의
• 장비 작동상 고장 예방
• 장비 수명의 연장 효과
• 장비 가동률 증가 효과

02 장비의 점검 및 정비 주의사항에 대한 설명이다. 틀린 것은?

① 안전모, 안전화, 작업복 및 작업과 관련한 안전장구를 착용한다.
② 연료 또는 오일 취급 시 화기를 피하여야 하며, 소화기 등을 비치한다.
③ 모든 점검은 엔진을 가동한 상태에서 실시하도록 한다.
④ 자격 조건이 필요한 점검 및 정비는 반드시 유자격자가 점검 및 정비하도록 한다.

🔍 특별한 경우를 제외하고 반드시 엔진을 정지시킨 후 작업해야 하며, 엔진 구동 작업이 필요한 경우에는 모든 컨트롤 레버를 중립으로 하여 작동되지 않도록 한다.

03 점검주기에 따른 안전점검의 종류에 해당하지 않는 것은?

① 수시점검
② 정기점검
③ 특별점검
④ 구조점검

🔍 점검주기에 따른 안전점검의 종류에는 수시점검, 정기점검, 특별점검 및 임시점검이 있다.

정답 22 ④ 23 ② 24 ① 25 ①   2. 예방점검(정기점검) 01 ② 02 ③ 03 ④

04 오일 필터 엘리멘트 또는 스트레이너를 교환한 뒤에 가장 먼저 해야 할 사항은?

① 엔진을 저속 공회전시킨 후 공기빼기 작업을 실시한다.
② 엔진을 고속 공회전시킨 후 공기빼기 작업을 실시한다.
③ 유압장치를 최대한 부하 상태로 유지한다.
④ 압력을 측정한다.

🔍 오일 및 유압계통 교환 작업을 한 후에는 엔진을 저속 공회전시켜 가볍게 압력을 가한 상태에서 공기빼기 작업을 실시한다.

05 일상 점검정비 작업 내용에 속하지 않는 것은?

① 엔진오일량
② 브레이크액 수준 점검
③ 라디에이터 냉각수량
④ 연료 분사노즐 압력

🔍 분사노즐의 압력조정 및 점검은 특수정비 사항이다.

06 예방점검(예방정비)에 대한 설명 중 틀린 것은?

① 예기치 않은 고장이나 사고를 사전에 방지하기 위하여 행하는 점검이다.
② 예방점검을 실시할 때는 일정한 계획표를 작성 후 실시하는 것이 바람직하다.
③ 예방점검의 효과는 장비의 수명연장, 성능유지, 수리비 절감 등이 있다.
④ 예방정검은 전문정비사만 할 수 있다.

🔍 예방점검은 운전 전 점검, 운전 중 점검, 운전 후 점검이 있으며 조종사가 한다.

07 유압장치의 일상점검 항목이 아닌 것은?

① 오일의 양 점검
② 변질 상태 점검
③ 오일의 누유 여부 점검
④ 탱크 내부 점검

08 유압장치의 수명 연장을 위해 가장 중요한 요소는?

① 오일 탱크의 세척 및 교환
② 오일 필터의 점검 및 교환
③ 오일 펌프의 점검 및 교환
④ 오일 쿨러의 점검 및 세척

🔍 유압기기 고장의 75% 정도가 작동유 속의 불순물에 의한 것으로 오일 필터의 점검 및 교환은 유압장치 수명 연장을 위해 가장 중요한 요소이다.

09 유압회로의 압력을 점검하는 위치로 가장 적당한 것은?

① 유압 오일 탱크에서 유압 펌프 사이
② 유압 펌프에서 컨트롤 밸브 사이
③ 실린더에서 유압 오일 탱크 사이
④ 유압 오일 탱크에서 직접 점검

🔍 릴리프 밸브는 유압 펌프와 제어 밸브(컨트롤 밸브) 사이에 병렬로 연결되어 있으며, 압력을 점검하는 가장 적당한 위치는 유압 펌프와 제어 밸브 사이이다.

10 운전 중 갑자기 계기판에 충전 경고등이 점등되었다. 그 현상으로 맞는 것은?

① 정상적으로 충전이 되고 있음을 나타낸다.
② 충전이 되지 않고 있음을 나타낸다.
③ 충전계통에 이상이 없음을 나타낸다.
④ 주기적으로 점등되었다가 소등되는 것이다.

🔍 충전 경고등에 불이 들어오면 충전계통에 이상이 있음을 알려주는 경고등이다.

11 반드시 건설기계정비업체에서 정비하여야 하는 것은?

① 오일의 보충
② 배터리의 교환
③ 엔진 탈·부착 및 정비
④ 창유리의 교환

🔍 엔진의 탈부착 정비는 종합정비업에서 실시하여야 한다.

정답 04 ① 05 ④ 06 ④ 07 ④ 08 ② 09 ② 10 ② 11 ③

12 겨울철에 연료 탱크를 가득 채우는 주된 이유는?

① 연료가 적으면 증발하여 손실되므로
② 연료가 적으면 출렁거리기 때문에
③ 공기 중의 수분이 응축되어 물이 생기기 때문에
④ 연료 게이지에 고장이 발생하기 때문에

> 특히 겨울철에 연료 탱크를 가득 채우지 않으면 빈 공간에 공기 중의 수분이 응축되어 물이 생기는 결로현상이 발생할 수 있다.

13 건설기계에서 기동전동기가 회전하지 않을 경우 점검할 사항이 아닌 것은?

① 축전지의 방전 여부
② 배터리 단자의 접촉 여부
③ 배선의 단선 여부
④ 타이밍 벨트의 이완 여부

> 타이밍 벨트는 엔진의 크랭크축과 캠축을 이어주는 벨트이다.

14 팬 벨트에 대한 점검과정이다. 가장 적합하지 않은 것은?

① 팬 벨트는 눌러(약 10kgf) 처짐이 8~12mm 정도로 한다.
② 팬 벨트는 풀리의 밑 부분에 접촉되어야 한다.
③ 팬 벨트의 조정은 발전기를 움직이면서 조정한다.
④ 팬 벨트가 너무 헐거우면 기관 과열의 원인이 된다.

> 팬벨트가 풀리의 밑 부분에 접촉되면 마찰 면적이 좁아져서 미끄러지게 된다.

15 로더에서 매 1,000시간마다 점검 정비해야 할 항목으로 맞지 않는 것은?

① 각 작동부 오일 점검 및 교환
② 엔진 밸브 조정
③ 유압 펌프 구동장치 오일 교환
④ 연료 분사 노즐 점검

> 반기점검(매 1,000시간마다 점검)
> • 트랜스미션 오일 교환 및 여과망 세척
> • 유압 펌프 구동장치 오일 교환
> • 엔진 밸브 조정
> • 연료 분사 노즐 점검
> • 스윙기어 케이스 오일 교환

정답 12 ③ 13 ④ 14 ② 15 ①

PART 02

조종 및 작업

Craftsman Loader Operator

Chapter 01. 로더 일반
Chapter 02. 로더 조종 및 기능
Chapter 03. 로더 작업방법

로더 일반

Craftsman Loader Operator

Lesson 01 로더의 정의 및 개요

1 로더의 정의

1) 일반적인 정의

① 로더(Loader)란 트랙터 본체 전면에 적재장치인 셔블(shovel)용 버킷(bucket)을 부착한 장비로 프런트 로더가 대표적이며 건설공사에서 자갈, 모래, 흙을 퍼서 덤프(dump)차에 적재하는 일이 주된 용도이다.

② 휠(Wheel) 로더 작업을 할 때는 지표면에서 약 40~50cm 들고 이동하며 버킷의 산적용량(m³)으로 규격을 표시한다.

2) 건설기계관리법상의 범위

① 로더란 무한궤도(크롤러) 또는 타이어식으로 적재장치를 가진 자체중량 2톤 이상인 것을 말한다.
② 다만, 차체굴절식 조향장치가 있는 자체중량 4톤 미만인 것은 제외한다.

> **● 버킷의 용적**
> • 평적 : 버킷의 평적면 또는 평적표면 아랫부분의 용적
> • 산적 : 평적과 덧쌓인 용적(평적의 윗부분에 쌓여있는 굴착물의 용적)을 합한 것

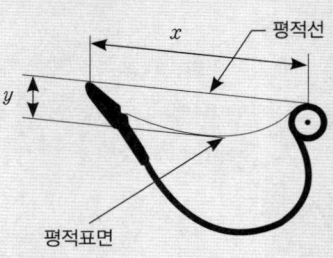

2. 로더의 개요

1) 기준부하 및 무부하상태
① **기준부하상태** : 로더의 버킷에 한국산업표준에 따른 비중의 토사를 산적한 상태에서 버킷을 가장 안쪽으로 기울이고 버킷의 밑면을 로더의 최저지상고까지 올린 상태

② **기준무부하상태** : 하중이 가해지지 아니한 버킷을 가장 안쪽으로 기울이고 버킷의 밑면을 로더의 최저지상고까지 올린 상태

2) 전경각 및 후경각
① **전경각** : 버킷을 가장 높이 올린 상태에서 버킷만을 가장 아래쪽으로 기울였을 때 버킷의 가장 넓은 바닥면이 수평면과 이루는 각도

② **후경각** : 버킷의 가장 넓은 바닥면을 지면에 닿게 한 후 버킷만을 가장 안쪽으로 기울였을 때 버킷의 가장 넓은 바닥면이 지면과 이루는 각도

③ 로더의 전경각은 45° 이상, 후경각은 35° 이상. 다만, 출입문이 전방에 설치된 로더의 전경각은 35° 이상, 후경각은 25° 이상이어야 하고, 버킷에 적재물배출장치(이젝터)를 설치한 경우에는 전경각 기준은 적용하지 않는다.

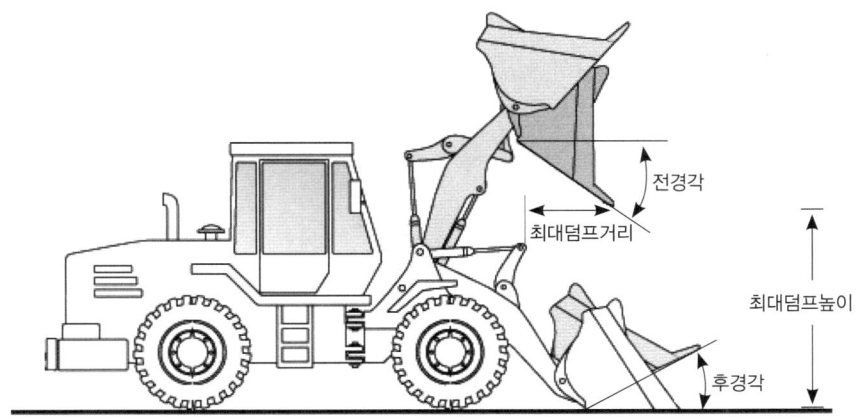

[로더의 전·후경각 및 덤프거리·높이]

3) 안정도 및 제동능력
① **전후안정도** : 타이어식 로더는 다음의 조건에 해당하는 지면에서 중심선이 지면의 기울어진 방향과 평행할 경우 앞이나 뒤로 넘어지지 아니하여야 한다.
  ㉮ 로더의 기준부하상태인 경우 구배가 100분의 15인 지면(15%)
  ㉯ 로더의 기준무부하상태인 경우 구배가 100분의 30인 지면(30%)

② **좌우 안정도** : 타이어식 로더는 다음의 조건에 해당하는 지면에서 중심선이 지면의 기울어진 방향과 직각으로 교차할 경우 옆으로 넘어지지 아니하여야 한다.

㉮ 로더의 기준부하상태에서 버킷만을 최고로 올린 상태인 경우 구배가 100분의 20인 지면(20%)
㉯ 로더의 기준무부하상태인 경우 구배가 100분의 60인 지면(60%)

③ **제동 능력** : 타이어식 로더는 다음의 조건에 해당하는 평탄하고 견고한 건조지면에서 정지상태를 유지할 수 있어야 한다.
㉮ 로더의 기준부하상태인 경우 구배가 100분의 15인 지면(15%)
㉯ 로더의 기준무부하상태인 경우 구배가 100분의 20인 지면(20%)

4) 조종실 등

① 출입문이 전방에 설치된 로더는 조종사가 조종실에 들어가거나 나갈 때 작업장치가 움직이지 않도록 안전장치를 설치하여야 한다.
② 출입문이 전방에 설치된 로더의 출입문 크기는 높이 875mm, 폭 550mm 이상이어야 한다.
③ 출입문이 전방에 설치된 로더는 출입문을 대신할 출입구가 있는 구조이어야 하며, 크기는 380mm × 550mm 이상이어야 한다.
④ 로더가 완전히 굴절된 조향 상태에서 로더 본체 사이에 조종실 통로가 있는 경우 통로는 150mm 이상의 간격이 있어야 한다.

5) 기타 사항

① **버킷**
㉮ 버킷의 승강, 정지 및 반전(反轉) 작용은 정확하게 이루어져야 한다.
㉯ 버킷과 연결된 붐 및 암 등은 균열, 만곡 및 절단된 곳이 없어야 한다.
② **고정장치** : 로더를 주차하거나 운반할 때 로더 본체의 굴절부가 굴절되지 않도록 고정하는 장치를 설치하여야 한다.
③ **유압배관** : 로더의 유압배관은 작동 압력의 최소 4배를 견딜 수 있어야 한다.

Lesson 02 로더의 구조 및 종류

1 로더의 구조

1) 로더의 제원(휠 로더)

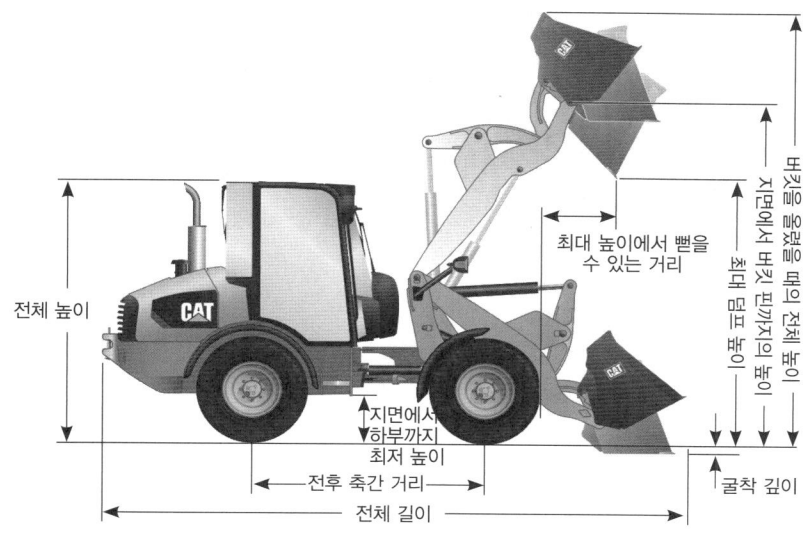

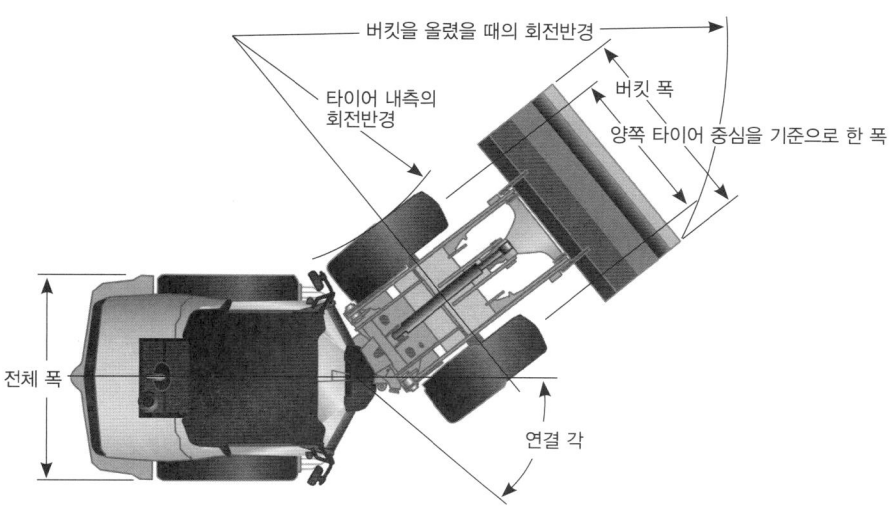

2) 로더의 각 부 명칭

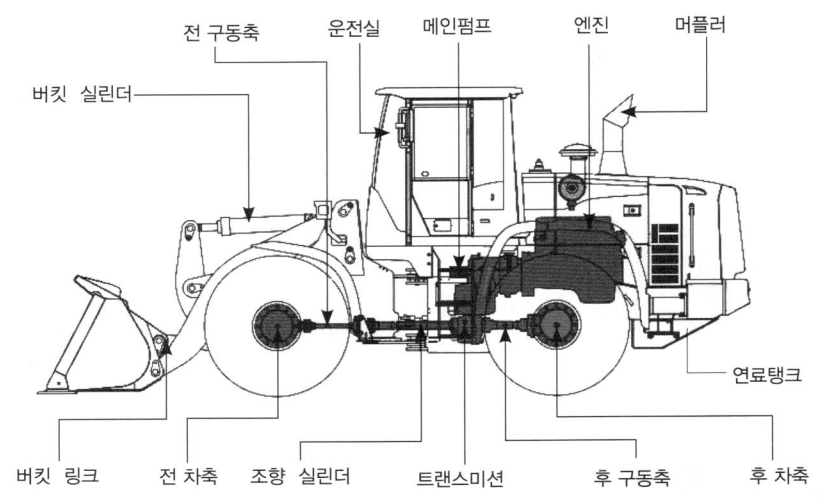

2 로더의 종류

1) 주행장치별 분류

① **크롤러 로더(Crawler loader)**
　㉮ 크롤러 트랙터 앞에 버킷이 설치되어 있으며 습지·사지 작업과 저속 견인력이 클 뿐 아니라 트랙 높이의 수중작업도 가능하다.

④ 장거리 이동이나 기동성은 떨어지며, 도로에는 반드시 트레일러 등 운반체에 실려 이동해야 한다.
④ 단단한 지반에서의 작업은 어려우며 암석 등 불균일한 노면과 터널과 같은 협소한 장소에서의 작업에 유리하다.

② **휠형 로더(Wheel loader)**
㉮ 타이어식 트랙터에 버킷을 설치한 로더로 작업 수행에는 능률적이지만 습지·연약지 작업은 곤란하다는 단점이 있다.
㉯ 화물이 차체의 앞부분에 있기 때문에 차체의 뒷부분에 카운터 웨이트(counter weight)를 두어 균형을 맞춘다.
㉰ 최고속도가 시속 15~30km 이하로 자동차보다 저속이며, 전륜구동 후륜조향 방식이다.

③ **스키드 스티어 로더(Skid steer loader)**
㉮ 소형 로더로 일반 차량과 달리 방향을 전환할 때 타이어의 방향이 틀어지지 않고 그대로 직선상에 있다.
㉯ 방향을 전환할 때는 한쪽 바퀴는 전진하고 다른 쪽 바퀴는 후진하게 되어 방향 전환이 되므로 제자리에서 360° 회전이 가능하다.
㉰ 작고 좁은 공간에서 작업이 필요할 경우 효과적이며, 다양한 작업장치 부착으로 적재 및 제설 작업, 굴착, 운반, 작은 콘크리트나 암반 파쇄, 도로 청소 등에서 사용된다.

④ **백호 로더(Backhoe loader)**
㉮ 처음에는 농업용 기계로 개발되었으나 최근에는 건설현장에서 매우 다양한 용도로 사용되고 있다.
㉯ 앞에는 로더 버킷을 장착하고, 후면에는 굴착기 버킷을 장착하여 전방 적재 작업과 후방 굴착 작업이 동시에 가능한 로더이다.
㉰ 작은 도랑을 만드는데 편리할 뿐만 아니라 작업장치를 교환하여 다른 작업도 가능하다.

● 휠 로더와 크롤러 로더의 비교

구분	휠 로더	무한궤도(크롤러) 로더
장점	• 기동성이 양호하여(약 20~40km/h) 작업속도가 빠르다. • 무한궤도식에 비해 방향전환이 좋다. • 포장된 노면을 손상시키지 않는다.	• 접지력이 좋아 운전이 안전하다. • 주행장치의 내구성이 좋다.
단점	• 지반이 불량한 지역에서 전복과 같은 안전사고 위험이 있다. • 접지압력이 높아 연약지반에서의 작업이 어렵다.	• 기동성이 떨어져 작업속도가 느리다. • 급조향 시 트랙이 벗겨질 우려가 있다. • 도로이동 시 트레일러 등의 운반장치가 필요하다.

[휠 로더]　　　　[크롤러 로더]　　　　[스키드 스티어 로드]　　　　[백호 로더]

2) 적하방식별 분류

① **프런트 엔드형(front end type)** : 트랙터 앞부분에 버킷이 부착되어 있어 앞으로 적하하거나 차체의 전반으로 굴착 등을 하는 방식이다.

② **사이드 덤프형(side dump type)** : 버킷이 좌·우 어느 쪽으로든지 기울어질 수 있어 터널이나 협소한 장소에서 덤프트럭 등에 손쉽게 적재할 수 있다.

③ **오버 헤드형(overhead type)** : 앞부분에서 굴착을 하여, 장비 위를 넘어 후면에 덤프할 수 있는 것으로 터널공사 등에 효과적이다.

④ **스윙형(swing type)** : 프런트 엔드형과 오버 헤드형이 조합된 것으로 앞뒤 양방향에 덤프할 수 있는 로더이다.

> ● **휠 로더 사용 시 금지사항**
> • 물건을 들어 올리거나 사람을 운송하는 수단으로 사용해서는 안 된다.(인양작업 금지)
> • 작업하는 작업대로 사용해서는 안 된다.
> • 트레일러를 끄는 등의 견인장비로 사용해서는 안 된다.

3) 버킷 용도별 분류

① **일반작업 버킷(General purpose bucket)** : 일반 토사, 자갈 등과 같이 굴착되어 쌓여있는 작업물의 적재에 적합하다.(비중 $1.6ton/m^3$ 이하)

② **암석작업 버킷(Rock bucket)** : 골재현장에서 발파된 암석이나 비중이 높은 돌, 자갈 등의 상차에 사용된다.(비중 $1.6ton/m^3$ 이상)

③ **다목적 버킷(Multi purpose bucket)** : 버킷이 열리게 되어 있으며, 일반버킷이나 도저와 같은 송토작업, 집게작업 등을 동시에 수행할 수 있다. 덤프 작용은 유압 실린더에 의해 버킷을 열어 행하게 된다.

④ **원목작업 버킷(Log fork bucket)** : 주로 원목이나 파이프 등의 길고 둥근 물체를 집어서 고정시킨 후 운반한다.

⑤ **사이드 덤프 버킷(Side dump bucket)** : 협소한 장소에서는 장비를 돌려 덤프하기 어려우나 사이드 덤프 버킷을 사용하면 바로 옆으로 덤프할 수 있어 편리하다. 좌·우·앞 등의 3방향으로 덤프할 수 있는 버킷도 있다.

⑥ **스켈리턴 버킷(Skeleton bucket)** : 강가에서의 골재 채취 등에 적합하며 작은 골재, 물 등이 빠져나가는 구조로 굴착된 골재와 암석 중 큰 것만 골라내는 작업에 사용된다.

⑦ **래크 블레이드 버킷(Rake blade bucket)** : 나무뿌리 뽑기, 제초, 제석 등 지반이 매우 굳은 땅의 굴착 등에 적합한 버킷이다.

⑧ **포크(Fork)** : 팔레트(pallet) 자재 작업 등 운반용에 사용한다.

[일반작업 버킷]   [암석작업 버킷]   [다목적 버킷]   [원목작업 버킷]

[사이드 덤프 버킷]   [스켈리턴 버킷]   [래크 블레이드 버킷]   [포크]

CHAPTER 01 적중 예상문제

CHECK POINT QUESTION

CHAPTER 01 | 로더 일반

Lesson 1 로더의 정의 및 개요

01 건설기계관리법상의 로더의 정의로 올바른 것은?

① 무한궤도(크롤러) 또는 타이어식으로 적재장치를 가진 자체중량 2톤 이상인 것을 말한다.
② 타이어식으로 적재장치를 가진 자체중량 2톤 이상인 것을 말한다.
③ 무한궤도(크롤러)식으로 적재장치를 가진 자체중량 2톤 이상인 것을 말한다.
④ 무한궤도(크롤러) 또는 타이어식으로 적재장치를 가진 자체중량 3톤 이상인 것을 말한다.

🔍 로더란 무한궤도(크롤러) 또는 타이어식으로 적재장치를 가진 자체중량 2톤 이상인 것. 다만, 차체굴절식 조향장치가 있는 자체중량 4톤 미만인 것은 제외한다.

02 대형건설기계에 해당하는 로더의 운전중량 및 운전중량 상태에서 축하중 기준으로 옳은 것은?

① 운전중량 30톤 초과, 운전중량 상태에서 축하중이 10톤 초과
② 운전중량 40톤 초과, 운전중량 상태에서 축하중이 10톤 초과
③ 운전중량 40톤 초과, 운전중량 상태에서 축하중이 20톤 초과
④ 운전중량 30톤 초과, 운전중량 상태에서 축하중이 20톤 초과

🔍 대형건설기계
- 길이가 16.7m를 초과하는 건설기계
- 너비가 2.5m를 초과하는 건설기계
- 높이가 4.0m를 초과하는 건설기계
- 최소회전반경이 12m를 초과하는 건설기계
- 총중량이 40톤을 초과하는 건설기계. 다만, 굴착기, 로더 및 지게차는 운전중량이 40톤을 초과하는 경우를 말한다.
- 총중량 상태에서 축하중이 10톤을 초과하는 건설기계. 다만, 굴착기, 로더 및 지게차는 운전중량 상태에서 축하중이 10톤을 초과하는 경우를 말한다.

03 휠 로더의 규격 표시로 알맞은 것은?

① 적재장치를 포함한 자체 중량
② 적재장치를 제외한 자체 중량
③ 버킷의 산적용량(m^3)
④ 트랙터 본체의 배기량

🔍 버킷의 산적용량(m^3)으로 규격을 표시한다.

04 로더의 기준부하상태에 대한 설명으로 옳은 것은?

① 로더의 버킷에 한국산업표준에 따른 비중의 토사를 산적한 상태에서 버킷을 가장 안쪽으로 기울이고 버킷의 밑면을 로더의 최저지상고까지 올린 상태
② 로더의 버킷에 한국산업표준에 따른 비중의 토사를 산적한 상태에서 버킷을 가장 바깥쪽으로 기울이고 버킷의 밑면을 로더의 최고지상고까지 올린 상태
③ 하중이 가해지지 아니한 버킷을 가장 안쪽으로 기울이고 버킷의 밑면을 로더의 최저지상고까지 올린 상태
④ 하중이 가해지지 아니한 버킷을 가장 바깥쪽으로 기울이고 버킷의 밑면을 로더의 최고지상고까지 올린 상태

🔍 기준부하상태 및 기준무부하상태
- 기준부하상태 : 로더의 버킷에 한국산업표준에 따른 비중의 토사를 산적한 상태에서 버킷을 가장 안쪽으로 기울이고 버킷의 밑면을 로더의 최저지상고까지 올린 상태
- 기준무부하상태 : 하중이 가해지지 아니한 버킷을 가장 안쪽으로 기울이고 버킷의 밑면을 로더의 최저지상고까지 올린 상태

정답 1. 로더의 정의 및 개요　01 ①　02 ②　03 ③　04 ①

05 로더와 관련하여 다음의 내용이 의미하는 것은?

> 버킷의 가장 넓은 바닥면을 지면에 닿게 한 후 버킷만을 가장 안쪽으로 기울였을 때 버킷의 가장 넓은 바닥면이 지면과 이루는 각도

① 전경각 ② 후경각
③ 굴착각 ④ 여유각

🔍 로더의 전경각 및 후경각
- 전경각 : 버킷을 가장 높이 올린 상태에서 버킷만을 가장 아래쪽으로 기울였을 때 버킷의 가장 넓은 바닥면이 수평면과 이루는 각도
- 후경각 : 버킷의 가장 넓은 바닥면을 지면에 닿게 한 후 버킷만을 가장 안쪽으로 기울였을 때 버킷의 가장 넓은 바닥면이 지면과 이루는 각도

06 다음 그림의 보기 중에서 로더의 전경각을 나타내는 것은?

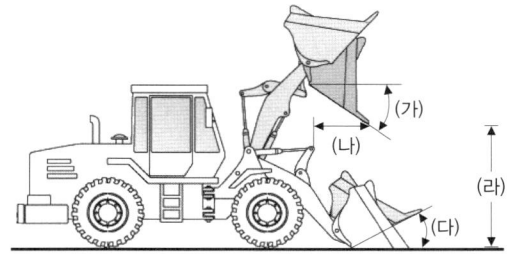

① (가) ② (나)
③ (다) ④ (라)

🔍 (가) 전경각, (나) 최대덤프거리, (다) 후경각, (라) 최대덤프높이

07 출입문이 전방에 설치된 로더의 전경각과 후경각 기준으로 맞는 것은?

① 전경각 45° 이상, 후경각 35° 이상
② 전경각 35° 이상, 후경각 25° 이상
③ 전경각 45° 이상, 후경각 25° 이상
④ 별도의 기준을 적용하지 않는다.

🔍 로더의 전경각은 45° 이상, 후경각은 35° 이상. 다만, 출입문이 전방에 설치된 로더의 전경각은 35° 이상, 후경각은 25° 이상이어야 하고, 버킷에 적재물배출장치(이젝터)를 설치한 경우에는 전경각 기준은 적용하지 않는다.

08 타이어식 로더의 전후안정도는 기준무부하상태인 경우 구배가 얼마인 지면에서 중심선이 지면의 기울어진 방향과 평행할 경우 앞이나 뒤로 넘어지지 아니하여야 하는가?

① 100분의 15인 지면
② 100분의 20인 지면
③ 100분의 30인 지면
④ 100분의 60인 지면

🔍 전후안정도 : 타이어식 로더는 다음의 조건에 해당하는 지면에서 중심선이 지면의 기울어진 방향과 평행할 경우 앞이나 뒤로 넘어지지 아니하여야 한다.
- 로더의 기준부하상태인 경우 구배가 100분의 15인 지면
- 로더의 기준무부하상태인 경우 구배가 100분의 30인 지면

09 다음은 로더의 조종실 등에 관한 설명이다. 틀린 것은?

① 출입문이 전방에 설치된 로더는 조종사가 조종실에 들어가거나 나갈 때 작업장치가 움직이지 않도록 안전장치를 설치하여야 한다.
② 출입문이 전방에 설치된 로더의 출입문 크기는 높이 875mm, 폭 550mm 이상이어야 한다.
③ 출입문이 전방에 설치된 로더는 출입문을 대신할 출입구가 있는 구조이어야 하며, 크기는 380mm×550mm 이상이어야 한다.
④ 로더가 완전히 굴절된 조향 상태에서 로더 본체 사이에 조종실 통로가 있는 경우 통로는 70mm 이상의 간격이 있어야 한다.

🔍 로더가 완전히 굴절된 조향 상태에서 로더 본체 사이에 조종실 통로가 있는 경우 통로는 150mm 이상의 간격이 있어야 한다.

10 로더의 유압배관은 작동압력의 최소 몇 배를 견딜 수 있어야 하는가?

① 2배
② 3배
③ 4배
④ 5배

🔍 로더의 유압배관은 작동 압력의 최소 4배를 견딜 수 있어야 한다.

정답 05 ② 06 ① 07 ② 08 ③ 09 ④ 10 ③

Lesson 2 로더의 구조 및 종류

01 크롤러 로더(crawler loader)의 특징에 대한 설명으로 틀린 것은?

① 무한 궤도식 트랙을 장착하여 암석 등 불균일한 노면에서의 작업이 가능하다.
② 처음 개발 당시에는 트랙터에 로더를 부착하여 사용하였다.
③ 근래에는 작업 효율성 저하로 건설현장에서 사용이 극히 제한되는 추세이다.
④ 장거리 이동이나 기동성에서 휠 로더에 비해 우수하다.

🔍 크롤러 로더는 장거리 이동이나 기동성이 떨어지는 단점이 있으며 도로이동 시에는 반드시 트레일러 등의 운반장치가 필요하다.

02 휠 로더와 비교한 크롤러 로더의 장점으로 알맞은 것은?

① 견인력이 좋다.
② 기동성이 좋다.
③ 작업속도가 빠르다.
④ 방향전환이 편리하다.

🔍 크롤러 로더는 굴착력과 견인력이 좋고 연약 지반에서의 작업이 가능하다. 반면에 기동성이 떨어지고 작업속도가 느리다.

03 휠형 로더의 구동 및 조향 방식으로 옳은 것은?

① 전륜 조향, 후륜 구동 방식
② 전륜 구동, 후륜 조향 방식
③ 전륜 구동 및 조향 방식
④ 후륜 구동 및 조향 방식

🔍 휠형 로더는 최고속도가 시속 15~30km 이하로 자동차보다 저속이며, 전륜구동 후륜조향 방식이다.

04 스키드 스티어 로더(Skid steer loader)에 대한 설명으로 틀린 것은?

① 방향을 전환할 때 타이어의 방향이 틀어지지 않고 그대로 직선상에 있다.
② 방향을 전환할 때에는 두 쪽 바퀴가 모두 전진 또는 후진하는 방식이다.
③ 작고 좁은 공간에서 작업이 필요할 경우 효과적이다.
④ 다양한 작업장치 부착으로 적재 및 제설작업, 굴착, 운반, 작은 콘크리트나 암반 파쇄, 도로청소 등에서 사용된다.

🔍 스키드 스티어 로더는 방향을 전환할 때 한쪽 바퀴는 전진하고 다른 쪽 바퀴는 후진하게 되어 방향 전환이 되므로 제자리에서 360° 회전이 가능하다.

05 휠 로더와 크롤러 로더의 단점을 보완한 것으로 타이어에 트랙을 감아 기동성을 향상시킨 형태의 로더는?

① 쿠션 로더
② 스키드 스티어 로더
③ 트랙 로더
④ 트레일러 로더

🔍 쿠션 로더(Cushion loader) : 휠 로더와 크롤러 로더의 단점을 보완한 것으로 타이어에 트랙을 감아 기동성을 향상시킨 형태의 로더이다.

06 로더 장비로 작업할 수 있는 가장 적합한 것은?

① 백호 작업
② 스노 플로우 작업
③ 훅 작업
④ 트럭과 호퍼에 토사 적재 작업

🔍 ① 굴착기, ② 그레이더, ③ 기중기, ④ 로더

07 로더를 활용하여 작업할 수 있는 것과 가장 거리가 먼 것은?

① 송토 작업
② 지면 고르기 작업
③ 벌개 작업
④ 트럭에 모래 상차 작업

🔍 벌개 작업이란 도저로 덤불과 수목 등을 제거하는 작업을 말한다.

정답 2. 로더의 구조 및 종류 01 ④ 02 ① 03 ② 04 ② 05 ① 06 ④ 07 ③

08 로더의 강력한 견인력을 이용하여 수행할 수 있는 작업에 해당하지 않는 것은?

① 지면 포장하기
② 트럭과 호퍼에 퍼 싣기
③ 배수로 등의 홈 파내기
④ 부피가 큰 재료를 끌어모으기

🔍 로더는 지면보다 조금 높은 곳의 토사 상차, 토사 적재 작업, 배수로나 도랑 등의 홈 파내기, 부피가 큰 재료를 끌어모으기 등의 작업에 적합하다.

09 다음 중 휠 로더 사용과 관련하여 옳지 않은 내용은?

① 휠 로더는 습지나 연약지 작업에는 곤란하다.
② 트레일러를 끄는 등의 견인장비로 사용해서는 안 된다.
③ 물건을 들어올리는 인양작업에도 효과적으로 사용된다.
④ 백호로더는 전면에 로더 버킷, 후면에 굴착기 버킷을 장착한 형태이다.

🔍 휠 로더를 물건을 들어 올리거나 사람을 운송하는 수단으로 사용해서는 안 된다.(인양작업 금지)

10 전면에는 로더 버킷, 후면에는 굴착기 버킷을 장착하여 상차와 소규모의 굴착작업이 가능한 로더는?

① 크롤러 로더(Crawler loader)
② 휠형 로더(Wheel loader)
③ 스키드 스티어 로더(Skid steer loader)
④ 백호 로더(Backhoe loader)

🔍 백호 로더(Backhoe loader)
• 앞에는 로더 버킷을 장착하고, 후면에는 굴착기 버킷을 장착하여 전방 적재 작업과 후방 굴착 작업이 동시에 가능한 로더이다.
• 작은 도랑을 만드는데 편리할 뿐만 아니라 작업장치를 교환하여 다른 작업도 가능하다.

11 타이어식 로더가 무한궤도식 로더에 비해 좋은 점은?

① 견인력
② 습지에서의 작업성
③ 기동성
④ 주행장치의 내구성

🔍 타이어식 로더의 장점
• 기동성이 양호하여(약 20~40km/h) 작업속도가 빠르다.
• 무한궤도식에 비해 방향전환이 좋다.
• 포장된 노면을 손상시키지 않는다.

12 타이어식 로더와 비교한 무한궤도식(크롤러) 로더의 단점으로 볼 수 없는 것은?

① 기동성이 떨어져 작업속도가 느리다.
② 연약지반에서의 작업이 어렵다.
③ 급조향 시 트랙이 벗겨질 우려가 있다.
④ 도로이동 시 트레일러 등의 운반장치가 필요하다.

🔍 무한궤도식(크롤러) 로더의 장·단점

구분	내용
장점	• 접지력이 좋아 운전이 안전하다. • 주행장치의 내구성이 좋다.
단점	• 기동성이 떨어져 작업속도가 느리다. • 급조향 시 트랙이 벗겨질 우려가 있다. • 도로이동 시 트레일러 등의 운반장치가 필요하다.

13 로더의 작업 중 가장 효과적인 작업은?

① 토사 적재 작업
② 굴토 작업
③ 제설 작업
④ 파이프 매설 작업

🔍 로더(Loader)란 트랙터 본체 전면에 적재장치인 셔블(shovel)용 버킷을 부착한 장비로 프런트 로더가 대표적이며 건설공사에서 자갈, 모래, 흙을 퍼서 덤프(dump)차에 적재하는 일이 주된 용도이다.

14 무한궤도식(크롤러) 로더로 할 수 있는 작업에 해당하지 않는 것은?

① 제설 작업
② 골재의 처리 작업
③ 수직 굴토 작업
④ 자갈 등의 상차 작업

🔍 수직으로 깊이 파는 굴토 작업은 기중기의 클램셸(clamshell) 작업을 통해 이루어진다.

정답 08 ① 09 ③ 10 ④ 11 ③ 12 ② 13 ① 14 ③

15 다음 중 유압 셔블의 특징이 아닌 것은?

① 구조가 간단하다.
② 프런트의 교환이 쉽다.
③ 운전 조작이 쉽다.
④ 회전 부분의 용량이 크다.

🔍 유압 셔블은 회전 부분의 용량이 적다.

16 적하방식에 따른 로더의 분류로 적합하지 않은 것은?

① 프런트 엔드형(front end type)
② 사이드 덤프형(side dump type)
③ 오버 헤드형(overhead type)
④ 언더 캐리지형(under carriage type)

🔍 적하방식별 분류
- 프런트 엔드형(front end type)
- 사이드 덤프형(side dump type)
- 오버 헤드형(overhead type)
- 스윙형(swing type)

17 적하방식에 따른 로더의 분류 중 앞부분에서 굴착을 하여, 장비 위를 넘어 후면에 덤프할 수 있는 것은?

① 프런트 엔드형(front end type)
② 사이드 덤프형(side dump type)
③ 오버 헤드형(overhead type)
④ 스윙형(swing type)

🔍 오버 헤드형은 앞부분에서 굴착을 하여, 장비 위를 넘어 후면에 덤프할 수 있는 것으로 터널공사 등에 효과적이다.

18 로더의 버킷 용도별 분류 중 굴착된 골재와 암석 중 큰 것만 골라내는 작업에 적합한 버킷은?

① 스켈리턴 버킷
② 다목적 버킷
③ 암석용 버킷
④ 로그 버킷

🔍 스켈리턴 버킷(Skeleton bucket) : 강가에서의 골재 채취 등에 적합하며 작은 골재, 물 등이 빠져나가는 구조로 굴착된 골재와 암석 중 큰 것만 골라내는 작업에 사용된다.

19 로더의 버킷 용도별 분류 중 나무뿌리 뽑기, 제초, 제석 등 지반이 매우 굳은 땅의 굴착 등에 적합한 버킷은?

① 스켈리턴 버킷
② 사이드 덤프 버킷
③ 래크 블레이드 버킷
④ 암석용 버킷

🔍 로더에 사용되는 버킷은 용도에 따라 일반작업 버킷, 다목적 버킷, 사이드 덤프 버킷, 스켈리턴 버킷, 암석작업 버킷, 래크 블레이드 버킷 등이 있으며, 나무뿌리 뽑기, 제초, 제석 등 지반이 매우 굳은 땅의 굴착 등에 적합한 버킷은 래크 블레이드 버킷이다.

20 다음 중 다목적 버킷(Multi purpose bucket)에 대한 설명으로 옳은 것은?

① 일반 토사, 자갈 등과 같이 굴착되어 쌓여있는 작업물의 적재에 적합하다.
② 버킷이 열리게 되어 있으며, 일반버킷이나 도저와 같은 송토작업, 집게작업 등을 동시에 수행할 수 있다.
③ 주로 원목이나 파이프 등의 길고 둥근 물체를 집어서 고정시킨 후 운반한다.
④ 골재현장에서 발파된 암석이나 비중이 높은 돌, 자갈 등의 상차에 사용된다.

🔍 ① 일반작업 버킷(General purpose bucket), ③ 원목작업 버킷(Log fork bucket), ④ 암석작업 버킷(Rock bucket)

21 작동장치가 별도로 필요치 않은 버킷 종류를 짧은 시간에 간단히 교체할 수 있도록 한 것은?

① 핀과 부싱
② 와이어
③ 피팅
④ 퀵 커플러

🔍 퀵 커플러(quick coupler)는 작동장치가 없는 버킷 종류를 짧은 시간에 간단히 교체 장착할 수 있도록 하는 기계식 연결이다.

정답 15 ④ 16 ④ 17 ③ 18 ① 19 ③ 20 ② 21 ④

22 로더의 조향 조작이 없이도 버킷의 작업물을 덤프 트럭에 상차할 수 있는 버킷은?

① 스켈리턴 버킷(Skeleton bucket)
② 그레이딩 버킷(Grading bucket)
③ 사이드 덤프 버킷(Side dump bucket)
④ 다목적 버킷(Multi purpose bucket)

- 스켈리턴 버킷(Skeleton bucket) : 골재 채취장에서 주로 사용되며 토사와 암석 분리에 효과적이다.
- 그레이딩 버킷(Grading bucket) : 표토 제거, 소규모 도저 작업, 조경, 평탄 작업용 버킷이다.
- 다목적 버킷(Multi purpose bucket) : 버킷이 열리게 되어 있으며, 일반버킷이나 도저와 같은 송토작업, 집게작업 등을 동시에 수행할 수 있다. 덤프 작용은 유압 실린더에 의해 버킷을 열어 행하게 된다.

정답 22 ③

CHAPTER 02
로더 조종 및 기능

Craftsman Loader Operator

Lesson 01 작업장치 조종 및 기능

1 로더의 작업장치

1) 붐(boom)과 버킷(bucket)
① 붐은 리프트 레버(lift lever)로 조작하고, 리프트 암(lift arm)을 올리고 내리는 것은 리프트 실린더(lift cylinder)에 의해 작동된다.
② 붐 리프트 레버에는 상승, 유지, 하강, 부동의 4가지 위치가 있으며, 붐이 원하는 위치까지 상승이 되면 자동으로 상승의 위치에서 유지 위치로 돌아가게 하는 킥아웃(kick-out) 장치가 있다.
③ 버킷은 틸트 레버(tilt lever)로 조작하며 전경(앞쪽으로 기울임), 후경(뒤쪽으로 기울임), 유지의 3가지 위치가 있다. 또한, 틸트 레버에는 버킷을 지면에 내려놓았을 굴착각도가 적당히 되도록 미리 설정해 주는 포지션(position) 장치가 있다.
④ 붐 킥아웃(kick-out) 장치는 붐이 일정한 높이에 이르면 자동적으로 멈추어 작업 능률과 안정성을 꾀하는 기능을 담당한다.
⑤ 버킷 투스(bucket tooth)는 굴착력을 높이기 위해 버킷에 부착하는 장치로 소모품이기 때문에 마모가 되면 교환해야 한다.
⑥ 덤핑 클리어런스(dumping clearance)는 버킷을 상승시켰을 때 버킷 투스 하단과 지면과의 거리를 말하는 것으로 트럭 적재함보다 높아야 적재작업을 할 때 버킷이 적재함에 닿지 않게 된다. 따라서, 덤핑 클리어런스가 커지면 버킷을 들어 올리는 높이가 높아진다.
⑦ 덤핑 리치(dumping reach)는 로더 앞에서부터 버킷 끝까지의 길이를 말하는 것으로 덤핑 리치가 길면 적재 높이가 높아져 덤프 작업에 유리하다.

2) 유압계통
① **유압계통 오일 순환** : 작동유(유압유) 탱크 → 유압 펌프 → 작업 컨트롤 밸브 → 액추에이터 → 작업 컨트롤 밸브 → 탱크 순으로 오일이 순환된다.
② **유압계통의 기능**
㉮ 버킷 실린더 : 보통 1~2개로 버킷의 오므림과 덤프 작용을 해준다.
㉯ 붐 실린더 : 보통 2개로 붐의 상승, 하강을 담당한다.

㉰ 조향 실린더 : 메인 펌프 유압을 공통으로 사용, 좌우에 하나씩 있으며 조향을 담당한다.
㉱ 작동유 탱크 : 오일 저장, 적정 온도 유지, 기포 발생 방지의 역할을 한다.
㉲ 유압 펌프 : 유압을 발생시켜 실린더와 모터를 움직여 준다.
㉳ 배관 : 유압 호스를 사용하며 이상 유압, 진동, 마찰 등에 의한 손상이 없는지 점검해야 한다.

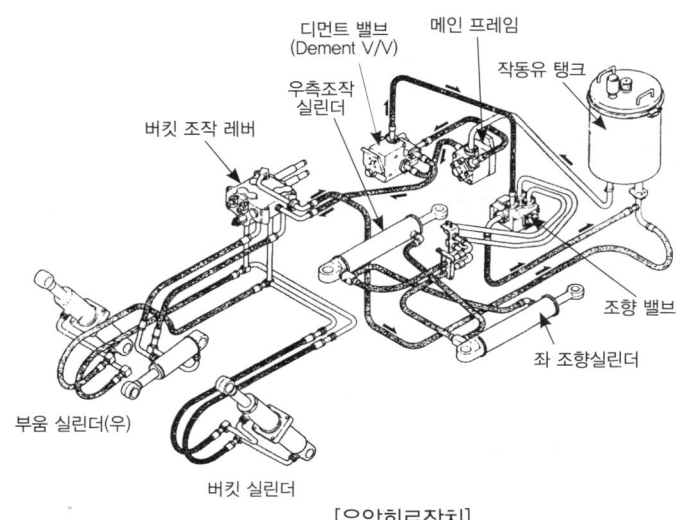

[유압회로장치]

2 조종레버 조작과 작업장치 작동

1) 조종 레버와 작업장치

① 조종 레버는 붐 및 버킷 조작을 한다.
② 조종 레버를 손에서 놓으면 자동으로 중립으로 되돌아간다.
③ 붐 프런트, 붐 킥 아웃과 버킷 레벨러의 위치에서 조종 레버를 놓으면 각각의 기능이 완료되었을 때 조종 레버는 중립으로 되돌아간다.
④ 버킷 동작 및 붐 동작으로 유압유를 예열할 수 있다.

> ● 버킷 레벨러(bucket leveler)의 역할
> 유압 실린더의 로드 행정을 제한한다.

2) 조종(조이스틱, 원 레버) 레버와 작업장치 작동 방법

① 붐을 하강시키려면 조종 레버를 (앞으로) 민다.
② 붐을 상승(붐 킥 아웃 작동)시키려면 조종 레버를 (뒤로) 당긴다.
③ 버킷 롤백(버킷 레벨러 작동) 작동은 조종 레버를 좌측으로 움직인다.

④ 버킷 덤프 작동은 조종 레버를 우측으로 움직인다.
⑤ 붐 플로트(float) 작동은 조종 레버를 붐 하강 위치에서 한 번 더 (앞으로) 민다.

> ● 스틱 레버(투 레버)의 작동
> • 붐(오른쪽) 레버 : 당기면(뒤로) 붐 상승, 밀면(앞으로) 붐 하강
> • 버킷(왼쪽) 레버 : 당기면(뒤로) 버킷 오므려짐(롤백), 밀면(앞으로) 버킷 펴짐(덤프)

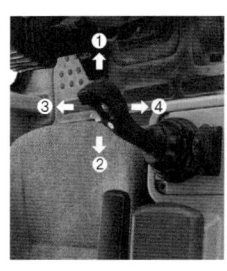  

[조이스틱 조종 레버 조작]

※ 조종레버

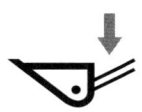
① 붐 하강
조종레버를 앞으로 움직인다.

② 붐 상승
조정레버를 뒤로 움직인다.

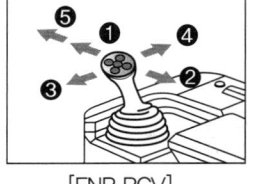 

[FNR RCV]   [핑거팁 RCV]

③ 버킷 롤백
조종레버를 좌측으로 움직인다

④ 버킷 덤프
조종레버를 우측으로 움직인다.

⑤ 붐 플로트
조종레버를 붐 하강 위치에서 한번 더 앞으로 움직인다.

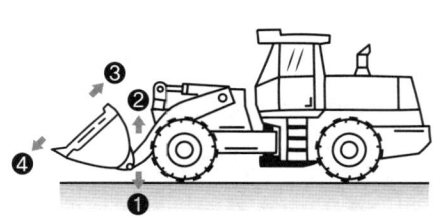

[조종 레버 사용법]

Lesson 02 주행장치 조종 및 기능

1. 동력 및 조향장치

1) 동력전달 순서

종류	동력전달 순서
휠형 일체식	기관 → 토크 컨버터 → 변속기 → 하이포이드 피니언 차동 기어 → 액슬축 → 유성 피니언 기어 → 바퀴
휠형 관절식	기관 → 토크 컨버터 → 제1축 → 변속기 → 제2축 → 액슬 → 바퀴 → 제3축 → 액슬 → 바퀴
크롤러형 마찰 클러치식	기관 → 플라이휠 클러치 → 변속기 → 피니언 및 베벨 기어 → 조향 클러치 및 브레이크 → 최종 감속 기어 → 스프로킷 → 트랙
크롤러형 토크 컨버터식	기관 → 토크 컨버터 → 변속기 → 피니언 및 베벨 기어 → 조향 클러치 및 브레이크 → 최종 감속 기어 → 스프로킷 → 트랙

2) 조향장치

① **후륜(뒷바퀴) 조향식**
  ㉮ 조향 핸들에 의해 뒷바퀴가 조향되는 방식이다.
  ㉯ 회전반경이 커서 안정성이 좋다.
  ㉰ 회전반경이 큰 만큼 좁은 장소에서 작업이 곤란하고 작업능률이 저하된다.

② **허리꺾기 조향식(차체 굴절식)**
  ㉮ 전부 몸체와 후부 몸체 사이에 관절 이음(articulation joint)으로 중심선을 일치시킨 위치에 연결한 것으로 현재 사용되는 대부분의 로더가 이에 해당한다.
  ㉯ 회전반경이 작아 좁은 장소에서의 작업이 용이하다.
  ㉰ 작업시간을 단축하여 작업능률을 향상시킬 수 있다.
  ㉱ 작업 시 안정성이 결여된다.
  ㉲ 핀과 조인트 부분의 고장이 빈번하다.
  ㉳ 앞·뒷바퀴 구동식이다.

③ **조향 클러치식**
  ㉮ 무한궤도가 장착된 크롤러 로더에 사용한다.
  ㉯ 조향 클러치와 브레이크가 설치되어 조향 작용을 돕고, 도저는 레버로 조작하는 반면 로더는 페달로 조작한다.

3) 클러치 컷오프 밸브(Clutch cut-off valve)

① 클러치 컷오프의 개요
㉮ 클러치 컷오프(clutch cut-off) 밸브는 브레이크 페달(pedal)을 밟았을 때 변속 클러치가 떨어져 엔진의 동력이 차축까지 전달되지 않게 하는 장치로 경사지에서는 이 밸브를 상향(up)으로 선택하여 로더가 미끄러지는 것을 방지해야 한다.
㉯ 클러치 컷오프는 평지에서 적재나 덤핑을 하고자 브레이크 페달을 밟아 로더를 정지시켰을 때 엔진의 동력 모두를 적재나 덤핑에 사용하기 위한 목적으로 설치된다.
㉰ 클러치 컷오프 밸브의 위치를 변환하고자 할 때는 브레이크를 풀고 조작하여야 한다.

② 클러치 컷오프의 기능
㉮ 변속기가 변속 범위에 있을 때 브레이크가 작동되면 일시적으로 변속 클러치가 풀리도록 한다.
㉯ 평지 작업에서는 레버를 하향(down)시켜 변속 클러치를 풀리도록 하여 제동을 쉽도록 한다.
㉰ 경사지 작업에서는 레버를 상향(up)시켜 변속 클러치를 계속 물리게 하여 로더의 미끄러짐을 방지한다.

2 로더의 주행

1) 휠 로더의 안전 운전 준수 사항
① 운전석 의자를 운전자의 높이에 맞춘다.
② 핸들과 의자의 거리를 맞춘다. 이때 안전 운전을 위해 브레이크 페달과 가속 페달을 끝까지 밟을 수 있는지 확인한다.
③ 백미러를 운전석에서 시야가 확보될 수 있도록 조정한다.
④ 안전벨트를 잠근다.
⑤ 시동 전 경적을 울린다.
⑥ 시동을 걸고 주차 브레이크를 해제한다.
⑦ 주행 자동 스위치의 ON 상태를 확인한다.
⑧ 시동을 걸고 1단으로 전진 주행 후, 후진 주행을 한다.
⑨ 주행 시 버킷을 높이 들고 방향 전환을 하지 않는다.
⑩ 주행 후 하차 시 반드시 주차 스위치를 ON 상태로 한다.

2) 주행 및 이동 간 안전
① 휠 로더는 자력으로 도로 주행이 가능한 건설기계이나 도로 주행은 긴급 시 단거리를 이동할 경우에만 허용된다. 따라서, 원거리 이동은 반드시 트레일러에 상차하여 수송한다.
② 주행 시에는 버킷을 지면에서 40~50cm 정도 위로 올리고 버킷에 물건을 적재해서는 안 된다.
③ 장거리 구간 이동 시에는 40km 또는 1시간마다 장비를 멈추고 타이어와 구성 부품을 식히도록 한다.

④ 작업장 내에서 사전에 지정해 준 경로 이외로는 운행해서는 안 되며, 작업공정상 부득이한 경우에는 현장의 작업책임자 동의하에 운행하여야 한다.

⑤ 경사지에서 내려올 때는 반드시 기어를 넣고 주행해야 하며(중립상태로 운전 금지) 이때 버킷은 지면에서 20~30cm 정도로 하여 긴급 시 브레이크로 사용한다.

⑥ 특히, 경사지에서의 작업 및 주행은 미끄러짐과 횡전도의 위험이 크므로 주의해야 하며, 장비가 미끄러지거나 불안할 때는 즉시 버킷을 내려서 안전 대책을 취해야 한다.

⑦ 눈이 덮인 비탈길에서는 브레이크에 의한 급정지를 피하고 버킷을 접지시켜 멈추도록 한다.

> **● 작업환경에 따른 로더 타이어의 선택**
> - 범용 타이어 : 일반적인 타이어의 효율적인 마모방지로 수명이 길다. 야적장에서 상차, 소운반, 고르기작업에 사용된다.
> - 미끄럼 방지형 타이어(Rug형 타이어) : 부드럽거나 미끄러운 땅, 습지에서 사용하며, 접지력을 향상시켜 작업시간을 단축하고 연비를 좋게 한다.
> - 험로용 타이어(Block형, Diamond형 패턴) : 거칠고 딱딱한 노면에서 사용하며, 진동을 줄여 승차감을 좋게 하고 안정성이 향상된다.

CHAPTER 02 적중 예상문제

CHECK POINT QUESTION

CHAPTER 02 | 로더 조종 및 기능

Lesson 1 작업장치 조종 및 기능

01 로더의 작업장치와 관련된 설명으로 틀린 것은?

① 붐(boom)은 리프트 레버(lift lever)로 조작한다.
② 버킷(bucket)은 틸트 레버(tilt lever)로 조작한다.
③ 버킷 투스(bucket tooth)는 반영구적인 사용이 가능하다.
④ 덤핑 클리어런스가 커지면 버킷을 들어 올리는 높이가 높아진다.

🔍 버킷 투스(bucket tooth)는 굴착력을 높이기 위해 버킷에 부착하는 장치로 소모품이기 때문에 마모가 되면 교환해야 한다.

02 로더에 관한 설명으로 옳지 않은 것은?

① 붐 리프트 레버는 상승, 하강의 2가지 위치가 있다.
② 버킷 틸트 레버는 전경, 후경, 유지의 3가지 위치가 있다.
③ 버킷 틸트 레버에는 버킷을 지면에 내려놓았을 굴착각도가 적당히 되도록 미리 설정해 주는 포지션(position) 장치가 있다.
④ 붐 실린더붐이 원하는 위치까지 상승이 되면 자동으로 상승의 위치에서 유지 위치로 돌아가게 하는 킥아웃 장치가 있다.

🔍 붐 리프트 레버(lift lever)는 상승, 유지, 하강, 부동의 4가지 위치가 있다.

03 로더에서 부동 위치가 설치되어 있는 것은?

① 고압 컨트롤 밸브
② 버킷 컨트롤 밸브
③ 붐 컨트롤 밸브
④ 고압 실린더

🔍 붐은 리프트 레버로 조작되며, 붐 실린더에서는 상승, 유지, 하강, 부동의 위치가 있으며, 붐이 원하는 위치까지 상승이 되면 자동으로 상승의 위치에서 유지 위치로 돌아가게 하는 킥아웃 장치가 있다.

04 로더의 자동 유압 붐의 킥아웃(kick-out) 장치에 대한 설명으로 옳은 것은?

① 붐이 일정한 높이에 이르면 자동적으로 멈추어 작업 능률과 안전성을 기하는 장치
② 버킷 링크를 조정하여 덤프 실린더가 수평이 되게 하는 장치
③ 가끔 침전물이나 물을 뽑아내고 이물질을 걸러내는 장치
④ 로더의 고속 작동 시 자동적으로 버킷의 수평을 조정하는 장치

🔍 킥아웃 장치는 붐이 원하는 위치까지 상승이 되면 자동으로 상승의 위치에서 유지 위치로 돌아가게 하는 장치로 작업 능률과 안정성을 기할 수 있다.

05 로더에서 "덤핑 클리어런스(dumping clearance)"가 의미하는 것은?

① 로더 뒤에서부터 버킷 끝까지의 길이를 말한다.
② 버킷을 상승시켰을 때 버킷 투스 하단과 지면과의 거리를 말한다.
③ 버킷을 상승시켰을 때 버킷 투스 상단과 지면과의 거리를 말한다.
④ 로더 앞에서부터 버킷 끝까지의 길이를 말한다.

🔍 덤핑 클리어런스(dumping clearance)는 버킷을 상승시켰을 때 버킷 투스 하단과 지면과의 거리를 말하는 것으로 트럭 적재함보다 높아야 적재작업을 할 때 버킷이 적재함에 닿지 않게 된다. 따라서, 덤핑 클리어런스가 커지면 버킷을 들어 올리는 높이가 높아진다.

정답 1. 작업장치 조종 및 기능 01 ③ 02 ① 03 ③ 04 ① 05 ②

06 타이어식 로더에서 트럭에 적재작업을 할 때 덤핑 클리어런스는 어때야 하는가?

① 덤핑 클리어런스가 불필요하다.
② 트럭 적재함보다 낮아야 한다.
③ 트럭 적재함보다 높아야 한다.
④ 트럭 적재함의 높이와 상관없다.

🔍 트럭 적재함보다 높아야 적재작업을 할 때 버킷이 적재함에 닿지 않게 된다.

07 로더의 "덤핑 리치"가 긴 경우에 대한 설명으로 옳은 것은?

① 적재 높이가 높아져 덤프 작업에 유리하다.
② 적재 높이가 낮아져 덤프 작업에 불리하다.
③ 적재 높이가 낮아져 덤프 작업에 유리하다.
④ 적재 높이가 높아져 덤프 작업에 불리하다.

🔍 덤핑 리치(dumping reach)는 로더 앞에서부터 버킷 끝까지의 길이를 말하는 것으로 덤핑 리치가 길면 적재 높이가 높아져 덤프 작업에 유리하다.

08 로더의 작업장치 유압계통에 관한 설명이다. 틀린 것은?

① 붐 실린더는 붐의 상승, 하강 작용을 담당한다.
② 버킷 실린더는 버킷의 오므림과 덤프 작용을 한다.
③ 유압 펌프는 유압을 발생시켜 실린더와 모터를 움직여 준다.
④ 작업장치 작동을 위한 실린더는 주로 단동식이 사용된다.

🔍 작업장치 작동을 위한 실린더는 주로 복동식이 사용된다.

09 로더 작업장치의 유압계통에 대한 설명으로 틀린 것은?

① 버킷 실린더는 보통 1~2개로 버킷의 오므림과 덤프 작용을 해준다.
② 붐 실린더는 1개만으로 붐의 상승, 하강을 담당한다.
③ 조향 실린더는 메인 펌프 유압을 공통으로 사용하며 좌우에 하나씩 있으며 조향을 담당한다.
④ 작동유 탱크는 오일 저장, 적정 온도 유지, 기포 발생 방지의 역할을 한다.

🔍 붐 실린더는 보통 2개로 붐의 상승, 하강을 담당한다.

10 로더의 유압 라인 중 가장 많은 유량과 높은 압력을 사용하는 부분은?

① 붐 유압 라인
② 버킷 유압 라인
③ 암 유압 라인
④ 파워 스티어링 유압 라인

🔍 붐의 유압 라인은 로더에서 가장 많은 유량과 높은 압력을 사용하기 때문에 붐으로 연결되는 파이프나 유압 호스는 특히 체결 밴드를 이용하여 단단히 체결하고 수시로 점검해야 한다.

11 로더에서 버킷 레벨러의 기능은?

① 유압 실린더의 로드 행정을 제한한다.
② 유압 실린더의 유압을 일정하게 유지시킨다.
③ 컨트롤 밸브의 마모를 방지한다.
④ 거버너의 역할을 도와준다.

🔍 버킷 레벨러(bucket leveler)는 유압 실린더의 로드 행정을 제한한다.

12 휠 로더의 작업장치 작동에 대한 설명이다. 틀린 것은?

① 버킷 동작 및 붐 동작으로 유압유를 예열할 수 있다.
② 조종 레버는 붐 및 버킷을 조작한다.
③ 조종 레버를 손에서 놓으면 자동으로 중립으로 되돌아간다.
④ 붐 프런트 작동은 조종 레버를 붐 상승 위치에서 한 번 더 앞으로 움직인다.

🔍 붐 프런트 작동은 조종 레버를 붐 하강 위치에서 한 번 더 앞으로 움직인다.

정답 06 ③ 07 ① 08 ④ 09 ② 10 ① 11 ① 12 ④

13 휠 로더의 붐과 버킷 레버를 동시에 당기면 어떻게 되는가?

① 붐만 상승한다.
② 버킷만 오므려진다.
③ 붐은 상승하고, 버킷은 오므려진다.
④ 붐은 하강하고, 버킷은 펴진다.

🔍 스틱 레버의 작동
• 붐 레버 : 당기면(뒤로) 붐 상승, 밀면(앞으로) 붐 하강
• 버킷 레버 : 당기면(뒤로) 버킷 오므려짐(롤백), 밀면(앞으로) 버킷 펴짐(덤프)

14 다음과 같은 로더의 조종 레버에서 "3" 방향으로 움직이면 어떤 동작이 이루어지는가?

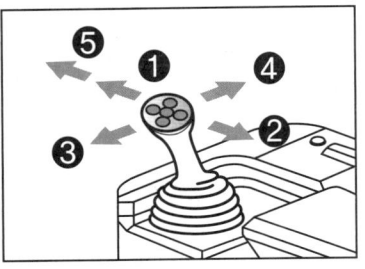

① 붐 상승
② 붐 하강
③ 버킷 롤백
④ 버킷 덤프

🔍 1 - 붐 하강, 2 - 붐 상승, 3 - 버킷 롤백, 4 - 버킷 덤프, 5 - 붐 플로트

15 휠 로더 붐 제어 레버의 작동 위치가 아닌 것은?

① 상승
② 하강
③ 부동
④ 틸트

🔍 붐 리프트 레버(lift lever)는 상승, 유지, 하강, 부동의 4가지 위치가 있다.

Lesson 2 주행장치 조종 및 기능

01 로더의 동력 전달 순서로 맞는 것은?

① 엔진 → 토크 컨버터 → 유압 변속기 → 종감속 장치 → 구동륜
② 엔진 → 유압 변속기 → 종감속 장치 → 토크 컨버터 → 구동륜
③ 엔진 → 유압 변속기 → 토크 컨버터 → 종감속 장치 → 구동륜
④ 엔진 → 토크 컨버터 → 종감속 장치 → 유압 변속기 → 구동륜

🔍 로더가 주행할 때의 동력 전달 순서는 엔진 → 토크 컨버터 → 변속기 → 트랜스퍼 기어 → 추진축과 자재이음 → 차동기어장치 → 종감속 장치 → 구동륜(바퀴)이다.

02 로더의 동력조향장치 구성을 열거한 것이다. 적당치 않은 것은?

① 유압펌프
② 복동 유압 실린더
③ 제어밸브
④ 하이포이드 피니언

🔍 동력조향장치는 동력부(유압펌프), 작동부(복동 유압 실린더), 제어부로 구성되어 있다.

03 타이어식 로더에 차동제한 장치가 있을 때의 장점으로 맞는 것은?

① 충격이 완화된다.
② 조향이 원활해진다.
③ 연약한 지반에서 작업이 유리하다.
④ 변속이 용이하다.

🔍 차동제한 장치를 사용하면 연약지반에서 차동작용이 되지 않아 작업이 유리해진다.

04 타이어식 로더에서 기관 시동 후 동력전달 과정에 대한 설명으로 틀린 것은?

① 바퀴는 구동 차축에 설치되며 허브에 링 기어가 고정된다.
② 토크 변환기는 변속기 앞부분에서 동력을 받고 변속기와 함께 알맞은 회전비와 토크 비율을 조정한다.
③ 종감속기어는 최종 감속을 하고 구동력을 증대한다.
④ 차동장치의 차동제한장치는 없고 유성기어장치에 의해 차동제한을 한다.

🔍 차동장치는 선회 시 양쪽 바퀴의 회전을 다르게 하여 원활하게 동력을 전달하는 역할을 하는 장치로 모터 그레이더를 제외한 대부분의 중장비에 설치되어 있다.

05 휠 로더의 휠 허브에 있는 유성 기어 장치의 동력전달 순서로 옳은 것은?

① 선 기어 → 유성 기어 → 유성 기어 캐리어 → 바퀴
② 유성 기어 캐리어 → 유성 기어 → 선 기어 → 바퀴
③ 링 기어 → 유성 기어 → 선 기어 → 바퀴
④ 선 기어 → 링 기어 → 유성 기어 캐리어 → 바퀴

🔍 유성기어형 종감속 장치의 동력 전달은 선 기어 → 유성 기어 → 유성 기어 캐리어 → 바퀴로 전달된다.

06 차체 굴절식 로더의 구동 방식은?

① 앞바퀴 구동식
② 뒷바퀴 구동식
③ 앞·뒷바퀴 구동식
④ 중간 액슬 구동식

🔍 차체 굴절식(허리꺾기식) 로더는 앞 차체와 뒷 차체를 등분하여 앞·뒤 차체 사이를 핀과 조인트로 결합시켜 자유롭게 조향할 수 있도록 구성된 로더로 앞·뒷바퀴 구동식이다.

07 차체 굴절식(허리꺾기식) 로더의 조향장치에 필요한 부품이 아닌 것은?

① 유압 실린더
② 조향 펌프
③ 웜 기어
④ 컴프레서

🔍 차체 굴절식(허리꺾기식)은 앞·뒤 차체 사이에 유압 실린더를 좌우에 1개씩 설치하고 조향 핸들을 작동하면 유압 실린더의 신축 작용으로 앞·뒤 차체 사이가 꺾여 조향하는 방식이다.

08 휠 허브에 있는 유성기어 장치에서 유성기어가 핀과 융착되었을 때 일어나는 현상은?

① 바퀴의 회전속도가 빨라진다.
② 바퀴의 회전속도가 늦어진다.
③ 바퀴가 돌지 않는다.
④ 아무 관계가 없다.

🔍 유성기어는 차동기어장치의 동력을 차축을 통하여 전달받아 동력을 감속하여 타이어로 전달하는 역할을 하는 것으로 핀과 융착되면 바퀴가 돌지 않는다.

09 로더 장비에서 자동 변속기가 동력전달을 하지 못한다면 그 원인으로 가장 적합한 것은?

① 연속하여 덤프트럭에 토사 상차작업을 하였다.
② 다판 클러치가 마모되었다.
③ 오일의 압력이 과대하다.
④ 오일이 규정량 이상이다.

🔍 다판 클러치는 클러치하우징 내에 구동디스크와 피동디스크가 차례로, 여러 쌍 반복적으로 설치되어 있는 형식으로 클러치가 접속되면 동력이 전달되고, 클러치가 분리되면 동력이 차단된다.

10 다음 중 로더 조향장치의 설명으로 틀린 것은?

① 허리꺾기 조향이 사용된다.
② 유압식에 의하여 작동된다.
③ 후륜 조향식이 사용된다.
④ 전륜 조향식이 사용된다.

🔍 크롤러형은 조향 클러치방식, 타이어형은 허리꺾기식과 뒷바퀴(후륜) 조향식이 있으며 유압식(동력조향식)으로 작동된다.

정답 04 ④ 05 ① 06 ③ 07 ④ 08 ③ 09 ② 10 ④

11 로더에서 허리꺾기 조향식의 설명으로 가장 거리가 먼 것은?

① 최근 많이 사용된다.
② 좁은 장소에서의 작업에 유리하다.
③ 유압 실린더를 사용하여 굴절하는 형식이다.
④ 후륜 조향식에 비해 선회반경이 크다.

🔍 허리꺾기식(차체굴절식)은 회전반경이 작아 좁은 장소에서의 작업이 용이하다.

12 차체 굴절식 로더의 조향장치에 필요한 부품이 아닌 것은?

① 유압실린더
② 유압펌프
③ 제어밸브
④ 언로더 밸브

🔍 차체 굴절식(허리꺾기 조향식)
 • 전부 몸체와 후부 몸체 사이에 관절 이음(articulation joint)으로 중심선을 일치시킨 위치에 연결한 것으로 현재 사용되는 대부분의 로더가 이에 해당한다.
 • 조향장치는 유압펌프, 유압실린더, 제어밸브로 구성된다.

13 로더의 조향 핸들이 무겁다. 다음 중 틀린 것은?

① 조향 오일의 점도 차이가 난다.
② 조향 오일 펌프가 불량하다.
③ 조향 유압조절밸브가 불량하다.
④ 조향 오일이 부족하다.

🔍 조향 핸들이 무거운 이유
 • 조향 오일 펌프가 불량하다.
 • 조향 유압조절밸브가 불량하다.
 • 조향 기어 박스 내의 조향 오일이 부족하다.
 • 조향 기어의 백래시가 작다.
 • 유압이 낮다.
 • 호스나 부품 속에 공기가 침입했다.

14 로더 주행 중 동력 조향 핸들의 조작이 무거운 이유가 아닌 것은?

① 유압이 낮다.
② 호스나 부품 속에 공기가 침입했다.
③ 오일펌프의 회전이 빠르다.
④ 오일이 부족하다.

🔍 동력 조향 핸들이 무거운 이유
 • 호스나 부품 속에 공기가 들어있거나 오일 수준이나 유압이 낮은 경우
 • V 벨트가 미끄러지는 경우

15 로더의 동력 조향 장치가 고장났을 때 수동으로 조작을 쉽게 하기 위한 것은?

① 안전 체크 밸브
② 흐름 제어 밸브
③ 압력 조절 밸브
④ 밸브 스풀

🔍 안전 체크 밸브는 제어 밸브 속에 들어 있으며, 엔진이 정지된 경우나 오일 펌프의 고장, 회로에서의 오일 누출 등의 이유로 유압이 발생하지 못할 때 조향 핸들의 조작을 수동으로 할 수 있게 하는 밸브이다.

16 브레이크 페달(pedal)을 밟았을 때 변속 클러치가 떨어져 엔진의 동력이 차축까지 전달되지 않게 하는 장치는?

① 킥아웃 장치
② 클러치 컷오프 밸브
③ 포지션 장치
④ 덤핑 클리어런스

🔍 클러치 컷오프(clutch cut-off) 밸브는 브레이크 페달(pedal)을 밟았을 때 변속 클러치가 떨어져 엔진의 동력이 차축까지 전달되지 않게 하는 장치로 경사지에서는 이 밸브를 상향(up)으로 선택하여 로더가 미끄러지는 것을 방지해야 한다.

17 클러치 컷오프 밸브의 기능에 대한 설명으로 틀린 것은?

① 변속기가 변속 범위에 있을 때 브레이크가 작동되면 일시적으로 변속 클러치가 풀리도록 한다.
② 평지 작업에서는 레버를 하향(down)시켜 변속 클러치를 풀리도록 하여 제동을 쉽도록 한다.
③ 경사지 작업에서는 레버를 상향(up)시켜 변속 클러치를 계속 물리게 하여 로더의 미끄러짐을 방지한다.
④ 클러치 컷오프 밸브의 위치를 변환하고자 할 때는 브레이크를 작동한 상태에서 조작하여야 한다.

정답 11 ④ 12 ④ 13 ① 14 ③ 15 ① 16 ② 17 ④

🔍 클러치 컷오프 밸브의 위치를 변환하고자 할 때는 브레이크를 풀고 조작하여야 한다.

18 로더의 클러치 컷오프 밸브의 설명 중 관계가 없는 것은?

① 변속기의 클러치 작동을 자동적으로 행한다.
② 경사지 작업에서는 업(up) 위치에 놓고 작업한다.
③ 브레이크를 밟으면 변속기 클러치가 차단된다.
④ 기관의 동력을 로딩이나 적재에 사용하기 위해서 작동된다.

🔍 클러치 컷오프는 브레이크 페달을 밟았을 때 변속 클러치가 떨어져 엔진의 동력이 차축까지 전달되지 않도록 하는 장치이며, 경사지 작업 시에는 이 밸브를 상향(up)으로 선택하여 로더가 굴러 내려가는 것을 방지하여야 한다. 설치 목적은 로더를 정지시켰을 때 기관의 동력 모두를 로딩이나 적재에 사용하기 위한 것이다.

정답 18 ①

로더 작업방법

Lesson 01 로더 작업의 기초

1 작업 전 점검 및 작업 시 주의사항

1) 작업 전 점검사항
① 작업 시작 전 장비의 안전 잠금 레버가 해제되었는지를 확인한다.
② 보호 장치나 덮개가 올바른 위치에 있는지 확인한다.
③ 장비 운전 전 경적을 울려 주변에 주의를 환기시킨다.
④ 작업 범위 내에 사람이나 장애물 및 시설물의 위치를 확인하도록 한다.
⑤ 제설작업과 관련하여 눈이 쌓은 땅이나 동결 노면에서 작업을 할 때는 휠 로더인 경우 타이어에 체인을 장착하고 급발진, 급정지, 급선회를 피하도록 한다.

2) 작업 시 일반적인 주의사항
① 운전자의 시야 확보와 차량의 안전성을 유지하기 위해 짐을 싣는 버킷은 지상으로부터 40~50cm 위치로 하여 운반한다.
② 버킷에 무리한 하중이 걸리지 않도록 적절한 견인력을 유지하도록 한다.
③ 작업 대상물이 단단한 경우 투스 타입이나 커팅 엣지 타입 버킷을 사용한다.
④ 투스(tooth)는 소모품으로 마모 상태를 확인하여 교환하도록 한다.
⑤ 덤프 작업을 위해서는 조종레버를 '덤프' 위치로 한 후 원위치로 되돌린다.
⑥ 작업 대상물의 비중을 고려하여 적절한 버킷을 사용한다.
⑦ 현장의 먼지가 엔진으로 오지 않도록 가급적 바람을 등지고 작업한다.
⑧ 낙석 위험이 있는 현장에서 작업 시에는 운전실 보호 장치(ROPS/FOPS)를 한다.
⑨ 장비를 주기(주차)하고 운전실을 이탈할 때는 버킷을 지면에 완전히 내리고, 조종레버를 중립으로 한 뒤 시동키를 빼고 운전실도 잠그도록 한다.
⑩ 장비에 오르고 내릴 때는 부착된 사다리를 이용하고 반드시 3점을 지지한다.

- **안전운전실의 종류**
  - 로프스 캐빈(ROPS cabin) : 로더 작업 중 전복사고 발생 시 충격 에너지를 흡수하여 운전원을 보호하는 강구조물 운전실
  - 폽스 캐빈(FOPS cabin) : 낙석의 위험이 있는 장소에서 낙석의 충격을 흡수하고 운전원의 생명을 보호하는 운전실
  - 스틸 캐빈(Steel cabin) : 일반 스틸 철판으로 제작하여 운전실을 밀폐하고 히터와 에어컨을 장착하여 계기장치와 운전원을 보호하는 운전실
  - 원두막 운전실(Canopy) : 열대 기후에 주로 사용하여 히터나 에어컨이 부착되지 않아 외부 먼지나 비바람으로부터 운전실 내부가 보호되지 않는 운전실

2 작업장 조건에 따른 유의사항

1) 경사지 작업

① 경사도를 초과하여 작업할 경우 장비고장 및 전복의 우려가 있으므로 10° 이상의 경사지에서는 작업하지 말아야 하며, 불가피한 경우 평탄 작업 후 수행한다.
② 경사지에서 내려올 때는 변속 레버를 저속 위치로 하고 엔진 브레이크를 충분히 활용한다.
③ 경사진 곳 운행 시 작업장치를 내려 중심을 낮추도록 한다.(20~30cm 정도)
④ 엔진 허용 운전경사각은 30°로 이를 초과한 상태로 운전하면 엔진의 과열로 인한 손상, 주요윤활부의 조기 마모를 초래한다.
⑤ 경사지 쌓기 작업 중에 뒷부분의 카운터 웨이트(counter weight)가 지면에 닿지 않게 한다.

- **일반적인 로더의 주행 가능 경사도**
  - 오르막 경사도 : 25°
  - 내리막 경사도 : 30° ~ 35°
  - 옆(측면) 경사도 : 10° ~ 16°

2) 동절기 운전

① 기온에 적합한 엔진오일과 연료를 사용하고, 냉각수에 규정량의 부동액을 넣는다.
② 장비사용설명서를 참조하여 엔진 시동 후 난기운전을 한다.
③ 배터리는 항상 완전히 충전하도록 한다.
④ 작업을 마친 후에는 동결방지를 위해 청소 후 침목 위에 주기(주차)한다.

3) 습지(바닷가, 강가)에서의 운전

① 작업 시 액슬 하우징이 잠기지 않도록 하여야 하며, 액슬 하우징이 잠기는 수중이나 습지에서는 작업하지 않도록 한다.
② 바닷가에서는 각 부의 플러그, 코크, 볼트 등의 잠금 상태를 점검하여 염분이 들어가지 않도록 한다.
③ 작업 후 반드시 세차하여 염분을 제거하고 유압 실린더 등 전장품의 부식을 방지하여야 한다.
④ 각 부 점검 및 급유는 가급적 자주 수행하며, 수중에서 장시간 사용하는 베어링부에는 충분히 급유한다.

Lesson 02 로더 작업방법

1 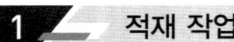 적재 작업

1) I형(전진 · 후진법)

① 로더가 버킷에 작업물을 담아 후퇴하고 곧바로 로더와 작업 대상물 사이에 덤프트럭이 들어오는 방식으로 연약지반에서 대형 로더가 작업할 때 주로 이용된다.
② 바람을 등지고 덤프작업을 하여 엔진에 먼지가 흡입되는 것을 방지하도록 한다.
③ 작업 현장은 평탄하게 하고 붐 상승 상태에서 급선회와 급브레이크는 하지 않는다.

2) V형(45° 상차법)

① 덤프트럭은 작업 대상물에 60°로 진입하여 정지하고, 로더만 45° 선회를 2회 하여 싣는 방식이다.
② 트럭의 중앙에 덤프하도록 장비의 위치를 정하고, 트럭이 버킷 폭의 2배 이상의 길이면 전방에서 후방으로 덤프한다.
③ 버킷을 흔들어 부착된 토사를 떨어뜨리고, 버킷을 가득 채워 덤프위치로 할 때 후방으로 떨어지는 것을 방지하기 위해 지상에서 버킷을 흔들어 안정시키고 들어 올린다.

3) L형과 T형(90° 회전법)

① L형은 덤프트럭이 작업 대상물에 90°로 진입하여 정지하고, 로더만 90° 선회를 2회하여 싣는 방식을 말하며, T형은 덤프트럭이 작업 대상물과 평행하게 진입하여 정지하고, 로더만 90° 선회를 4회하여 싣는 방식이다.
② 협소한 장소에서 작업 시 이용된다.
③ I형과 V형에 비해 비교적 작업 효율이 떨어진다.

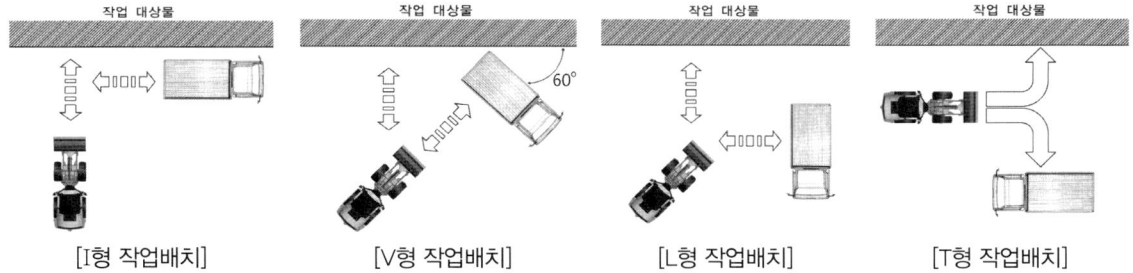

| [I형 작업배치] | [V형 작업배치] | [L형 작업배치] | [T형 작업배치] |

2 운반 및 평탄 작업

1) 재료 운반 작업

① 운반은 장비로 적재 → 운반 → 투입을 연속으로 하는 작업으로 운반 거리는 50~150m 이내가 적당하다.

② 양호한 운전 시계를 확보하고, 차량의 안전성을 유지하기 위해서 짐을 싣는 버킷을 지면에서 약 40~50cm 높이 정도 띄우고 운반한다.

③ 버킷에 과대한 하향의 힘이 걸리지 않도록 견인력을 유지한다.

④ 딱딱한 재료를 취급할 때는 투스 타입이나 커팅 에지 타입 버킷을 사용한다.

⑤ 사용하는 버킷의 용량이 장비의 능력 이상이면 장비의 수명이 단축되므로 작업에 적절한지 확인한다.

2) 메우기 작업

① 제자리에서 얻은 재료가 명시된 요건을 만족하면 그 재료를 되메우기에 사용할 수 있다.

② 되메우기는 모든 지중 구조물의 주위에 요구되며 쓰지 않는 공동, 수직 갱구, 통기공, 수평 갱구, 구멍, 그 밖의 빈 공간은 모두 메워야 한다.

③ 지하 구체 공사 종료 후 되메움 시기는 흙의 반입 방법, 다짐 방법, 콘크리트 강도 등을 고려하여 구조물에 손상이 없도록 결정한다.

④ 되메우기에 앞서 구조체에 붙어 있는 거푸집 등은 완전히 제거한다.

⑤ 되메우기 흙의 재료는 공사 시방서에 따른다. 공사 시방서에 그 내용이 없는 경우에는 현장 책임자의 승인을 얻어 사질토나 굴착된 흙 중에 체가름하여 잡석이나 다짐에 방해되는 이물질을 제거한 후 사용한다.

⑥ 모래로 되메우기할 경우 충분한 물다짐을 실시하고, 일반 흙으로 되메우기 경우에는 두께 약 30cm 마다 다짐 밀도의 규정 또는 공사 시방 시방서에서 요구하는 다짐 밀도로 다진다.

⑦ 되메우기 시 충분한 다짐(상대 다짐도 95%)을 하여 건물 완성 후 건물 주위의 흙이 침하하여 묻혀 있는 가스관, 상하수도관, 전기 통신 설비 등에 영향이 없도록 한다.

⑧ 도로부 메우기에는 다음과 같은 흙을 사용해서는 안 된다.
　㉮ 벤토나이트, 유기질토 등 흡수성이 크며 압축성이 큰 흙

㉯ 빙토, 빙설, 초목 및 다량의 부식물을 함유한 흙
㉰ 통상적인 방법으로 최적 함수량에서 명시된 밀도로 다져질 수 없는 부적합한 성질의 재료
㉱ 요구되는 다짐도로 다져질 수 없을 만큼 너무 젖어 있고, 공사에 사용하기 전에 제자리에서 건조시킬 수 없는 재료

> ● 되메우기와 뒤채우기
> • 되메우기 : 구조물 주위의 여분으로 굴착한 부분에 토사를 메워서 원상 복귀하는 작업으로 보통 다짐 완료 시 한 층의 두께가 30cm 이내로 한다.
> • 뒤채우기 : 구조물의 배면에 잡석이나 자갈과 같이 투수성이 좋은 재료를 채우는 작업으로 보통 다짐 완료 시 한 층의 두께가 20cm 이내로 한다.

3) 평탄 작업(그레이딩 작업)

① 지면을 고르기 작업 전에 파여진 부분을 메운다.
② 지면 고르기 작업을 한번 마친 후 로더를 45° 회전시켜서 반복한다.
③ 지면은 북쪽과 남쪽, 동쪽과 서쪽 방향의 순서로 고른다.
④ 지면 고르기 작업은 반드시 장비를 후진시키면서 수행하도록 한다.
⑤ 밀기 작업을 할 때는 지면에 버킷 밑부분을 밀착시키고 수행한다.
⑥ 밀기 작업을 할 때는 버킷 위치를 '덤프(Dump)' 위치에 놓지 않도록 한다.

3 굴착 작업

1) 퇴적 토사의 작업

① 버킷을 지면과 평행하게 하고 장비를 전진시키면서 퇴적 토사에 넣는다. 버킷을 수평 방향이 아닌 위치로 밀면 동력이 저하되고 버킷이 흙더미를 깊게 파낼 수 없다.
② 버킷이 토사에 충분히 파고들면 장비를 전진시키면서 조종 레버를 상승 위치로 한다. 그리고 조종 레버를 버킷 롤백(Roll back) 위치로 하여 버킷에 가득 싣는다.
③ 토사로 파고들기가 어려울 때는 조종 레버를 전후로 움직여 버킷의 투스 부분을 상하로 움직인다.
④ 앞바퀴가 들어 올려진 상태에서의 작업은 구동력을 저하할 뿐만 아니라 뒷바퀴에 무리가 따르므로 절대로 하지 않는다.

2) 수평지의 굴착 작업

① 버킷의 투스 부분을 앞으로 약간 숙인다.
② 조종 레버로 굴착 깊이를 조정하면서 전진한다.
③ 장비를 전진시키면서 버킷 조종 레버를 이용하여 버킷을 조금 들어 올리면서 토사를 퍼내어 굴착한다.

4 선택장치 작업 등

1) 유압식 선택장치의 부착

① 선택장치의 작동 유압(kg/cm^2)과 로더의 유압이 맞는지 확인한다.
② 선택장치의 사용 유량(L/min)이 로더의 토출 유량과 맞는지 확인한다.
③ 선택장치와 부착할 로더의 핀, 부싱의 크기가 같은지 확인한다.
④ 선택장치의 유압 작동 조작은 어떤 레버를 사용하여 작동할 것인지 확인한다.
⑤ 장착할 수 있는 공구와 정비사를 준비한다.
⑥ 선택장치 장착 시 로더의 유압 호스나 파이프를 분리하기 때문에 먼지가 없는 깨끗한 장소에서 작업한다.
⑦ 선택장치의 작동 압력이 로더의 압력보다 낮을 때 감압 밸브를 설치하여 선택장치를 보호한다.
⑧ 만약 선택장치의 작동 유량이 로더의 유량보다 크면 선택장치의 성능이 저하된다.

2) 기계식 선택장치의 부착

① 기계식 선택장치는 로더 앞부분에 로드 바를 설치하여 대형 롤을 운반하는 작업에 일부 사용한다.
② 매뉴얼의 장착 지시에 따라 핀과 핀 홀의 일치 여부를 확인한다.
③ 선택장치의 무게를 파악하고 로더의 임계 하중(Tipping load)과 사전 비교한다.
④ 작동 장치가 없는 버킷 종류의 기계식 연결은 퀵 커플러(Quick coupler)로 간단히 교체 장착이 가능하다.

3) 기타 작업 시 주의사항

① 압토작업 시에는 버킷의 밑면을 지면과 평행하게 되도록 하여 작업하고, 버킷을 덤프 위치로 하고 압토작업을 하지 않아야 한다.
② 퇴적 토사의 작업 시 앞바퀴가 들린 상태에서의 작업은 구동력을 저하시키며 뒷바퀴에 무리를 주게 되므로 하지 않는다.
③ 굴착 작업시 버킷의 한쪽에만 굴착력이 걸리는 것을 방지하여야 하며, 버킷을 지면에 너무 강하게 누르면 견인력이 손실되므로 삼가야 한다.

CHAPTER 03 적중 예상문제

CHECK POINT QUESTION

CHAPTER 03 | 로더 작업방법

Lesson 1 로더 작업의 기초

01 페이로더 앞바퀴를 가장 쉽게 갈아 끼우는 방법은?

① 잭으로 고이고 침목을 받친다.
② 버킷으로 누른 다음 침목을 받친다.
③ 버킷을 들고 잭으로 고인다.
④ 지렛대로 올리고 침목을 받친다.

02 휠 로더 운전을 위해 기관을 시동하고자 할 때 조치사항으로 옳지 않은 것은?

① 붐과 버킷 레버가 중립에 있는지 확인한다.
② 변속 레버가 중립에 있는지 확인한다.
③ 유압계의 압력을 정상으로 한다.
④ 예열장치를 먼저 작동시킨 후 기관의 시동을 건다.

🔍 엔진 시동 전 확인 사항
• 주차 브레이크는 잠금 위치(주차 스위치 ON)에 있는지 확인한다.
• 기어 선택 레버는 중립(N)에 있는지 확인한다.
• 붐과 버킷 레버가 중립에 있는지 확인한다.
• 유압 차단 안전 레버는 차단되어 있는지 확인한다.

03 무한궤도식 로더의 주행 방법 중 틀린 것은?

① 가능하면 평탄한 길을 택하여 주행한다.
② 요철이 심한 곳은 신속히 통과한다.
③ 돌 등이 스프로킷에 부딪치거나 올라타지 않도록 한다.
④ 연약한 땅은 피해서 간다.

🔍 지면이 고르지 않거나 장애물을 통과할 때는 서행하여야 하며, 특히 장애물 통과 시 장비의 무게중심이 급격하게 이동되지 않도록 한다.

04 로더를 시동시키기 위해 시동 키를 꽂고 ON 위치로 했을 때 계기판의 점등 상태로 옳은 것은?

① 버저가 약 3초간 울리고 모든 램프가 점등된다.
② 버저는 울리지 않고 모든 램프가 점등된다.
③ 배터리 충전 경고등만 점등된다.
④ 예열경고등만 점등된다.

🔍 시동 키를 꽂고 ON 위치로 돌리면 버저가 약 3초간 울리고 계기판의 모든 램프가 점등된다. 만일 점등되지 않거나 버저가 울리지 않으면 단선이나 전구의 이상 유무를 점검하여야 한다.

05 로더의 시동키를 꽂고 ON 위치로 돌리면 계기판의 모든 램프가 점등되고 약 3초 후 다른 램프는 소등되고 일부 램프만 점등 상태로 남아있게 된다. 아래의 보기에서 점등 상태를 유지하는 램프를 모두 고르면?

㉮ 배터리 충전 경고등
㉯ 엔진 오일 압력 경고등
㉰ 주행 브레이크 압력 저하 경고등

① ㉮   ② ㉮, ㉯
③ ㉯, ㉰   ④ ㉮, ㉯, ㉰

🔍 정상일 때는 약 3초 후 다른 램프는 소등되고 배터리 충전 경고등, 엔진 오일 압력 경고등, 주행 브레이크 압력 저하 경고등은 점등된다. 이 상태에서 시동 스위치를 'START' 위치로 돌려 엔진을 시동하면 정상 상태에서 3가지 경고등은 소등된다.

06 크롤러 로더의 트랙이 잘 벗겨지는 이유로 거리가 먼 것은?

① 고속 주행 시 급방향 전환하는 경우
② 경사면을 측면으로 주행하는 경우
③ 트랙의 장력이 큰 경우
④ 트랙과 롤러 사이에 돌이 낀 상태로 조향하는 경우

정답 1. 로더 작업의 기초 01 ② 02 ③ 03 ② 04 ① 05 ④ 06 ③

🔍 **트랙이 잘 벗겨지는 경우**
- 고속 주행 시 급선회하였을 경우
- 경사면을 측면으로 주행하는 경우
- 트랙의 장력이 현저히 작을 경우
- 트랙과 롤러 사이에 돌이 낀 상태로 조향하는 경우
- 프런트 아이들러와 스프로킷의 중심이 틀릴 때
- 리코일 스프링의 장력이 약할 때
- 측면을 경사시켜 작업할 때

07 로더의 주행 및 이동 간 안전에 관한 사항으로 틀린 것은?

① 주행 시에는 버킷을 최대한 올린 상태로 주행하도록 한다.
② 경사지에서 내려올 때는 반드시 기어를 넣고 주행해야 한다.
③ 눈이 덮인 비탈길에서는 브레이크에 의한 급정지를 피하고 버킷을 접지시켜 멈추도록 한다.
④ 원거리 이동은 반드시 트레일러에 상차하여 수송한다.

🔍 주행 시에는 버킷을 지면에서 40~50cm 정도 위로 올리고 버킷에 물건을 적재해서는 안 된다.

08 로더를 운전하려고 시동을 걸 때의 조치사항으로 잘못된 것은?

① 연료 및 각종 오일을 점검한다.
② 붐과 버킷 레버를 중립에 둔다.
③ 변속기 레버를 중립에 둔다.
④ 유압계의 압력을 정상으로 조정한다.

🔍 유압계의 압력은 시동 후 운전과정을 통해 조정된다.

09 눈이 덮인 비탈길 운행 시 로더의 미끄러짐이 있을 때 가장 효과적인 조치는?

① 급정지한다.
② 기어를 중립으로 둔다.
③ 버킷을 접지시켜 멈춘다.
④ 버킷을 올린다.

🔍 눈이 덮인 비탈길에서는 브레이크에 의한 급정지를 피하고 버킷을 접지시켜 멈추도록 한다.

10 낙석의 위험이 있는 장소에서 사용할 수 있는 운전실로 가장 적합한 것은?

① 폽스 캐빈(FOPS cabin)
② 로프스 캐빈(ROPS cabin)
③ 스틸 캐빈(Steel cabin)
④ 캐노피(Canopy)

🔍
- 폽스 캐빈(FOPS cabin) : 낙석의 위험이 있는 장소에서 낙석의 충격을 흡수하고 운전원의 생명을 보호하는 운전실
- 로프스 캐빈(ROPS cabin) : 로더 작업 중 전복사고 발생 시 충격 에너지를 흡수하여 운전원을 보호하는 강구조물 운전실

11 타이어식 로더의 운전 시 주의해야 할 사항 중 틀린 것은?

① 새로 구축한 구축물 주변 부분은 연약 지반이므로 주의한다.
② 경사지를 내려갈 때는 클러치를 분리하거나 변속레버를 중립에 놓는다.
③ 토양이 조건과 엔진의 회전수를 고려하여 운전한다.
④ 버킷의 움직임과 흙의 부하에 따라 변화있게 대처하여 작업한다.

🔍 경사지에서 내려올 때는 반드시 기어를 넣고 주행해야 하며(중립상태로 운전 금지) 이때 버킷은 지면에서 20~30cm 정도로 하여 긴급 시 브레이크로 사용한다.

12 일반적인 로더의 엔진 허용 운전경사각은 몇 도(°) 인가?

① 15° ② 30°
③ 45° ④ 60°

🔍 일반적인 로더의 엔진 허용 운전경사각은 30°로 이를 초과한 상태로 운전하면 엔진의 과열로 인한 손상, 주요 윤활부의 조기 마모를 초래한다.

13 일반적인 로더로 주행이 가능한 오르막 경사도는?

① 15° ② 25°
③ 45° ④ 60°

정답 07 ① 08 ④ 09 ③ 10 ① 11 ② 12 ② 13 ②

> 일반적인 로더의 주행 가능 경사도
> - 오르막 경사도 : 25°
> - 내리막 경사도 : 30°~35°
> - 옆(측면) 경사도 : 10°~16°

14 바닷가, 강가 등과 같은 지역에서 로더 작업 시 주의 사항으로 옳지 않은 것은?

① 작업 시 액슬 하우징이 잠기더라도 작업에 무리가 없다.
② 각부의 플러그, 코크, 볼트 등의 잠금 상태를 점검하여 염분이 들어가지 않도록 한다.
③ 작업 후 반드시 세차하여 염분을 제거한다.
④ 수중에서 장시간 사용하는 베어링부에는 충분히 급유한다.

> 작업 시 물이 액슬 하우징의 바닥보다 더 높이 올라오면 고장의 원인이 되므로 잠기지 않도록 하여야 한다.

15 휠 로더의 작업 시 안전수칙이다. 맞지 않는 것은?

① 장비에는 운전자 이외는 승차시키지 않는다.
② 장비를 사용하지 않을 때는 버킷을 지면에 내려놓는다.
③ 장비에 오르고 내릴 때는 부착된 사다리를 이용하고 반드시 3점을 지지한다.
④ 빈 버킷을 항상 높이 들고 이동한다.

> 이동 시에는 버킷을 지면에서 40~50cm 정도 위로 올리고 이동한다.

Lesson 2 로더 작업방법

01 휠 로더의 일반적인 작업과 거리가 먼 것은?

① 굴착작업(digging work)
② 인양작업(salvage work)
③ 적재작업(loading work)
④ 정리작업(arrangement work)

> 휠 로더는 물건을 들어 올리거나 사람을 운송하는 수단으로 사용해서는 안 된다.(인양작업 금지)

02 로더의 작업 중 그레이딩 작업이란?

① 굴착 작업
② 깎아내기 작업
③ 지면 고르기 작업
④ 적재 작업

> 그레이딩 작업(지면 고르기 작업) : 작업 전에 파진 부분을 메우고 버킷을 약간 기울여야 하며 지면을 고를 때는 로더를 45° 회전시켜 작업한다.

03 로더를 이용한 메우기 작업과 관련하여 메우기 재료의 일반적인 조건으로 옳지 않은 것은?

① 압축성이 적을 것
② 팽창성이 좋을 것
③ 배수성이 좋을 것
④ 동결 저항력이 좋을 것

> 메우기 재료는 팽창성이 없어야 한다.

04 로더의 토사 깎기 작업방법으로 잘못된 것은?

① 특수 상황 외에는 항상 로더가 평행이 되도록 한다.
② 로더의 무게가 버킷과 함께 작동되도록 한다.
③ 깎이는 깊이 조정은 붐을 약간 상승시키거나 버킷을 복귀시켜야 한다.
④ 버킷의 각도는 35~45°로 깎기 시작하는 것이 좋다.

> 로더로 토사 깎기 작업을 할 때는 버킷을 수평이나 약 5° 정도 기울여 작업하는 것이 좋다.

정답 14 ① 15 ④ 2. 로더 작업방법 01 ② 02 ③ 03 ② 04 ④

05 로더 작업에서 트럭이나 쌓여있는 흙 쪽으로 이동할 때는 버킷을 지면에서 약 몇 m 정도 위로 하는 것이 좋은가?

① 0.1m ② 1.5m
③ 1m   ④ 0.5m

🔍 운반 시의 자세는 버킷을 지면에서 약 40~50cm 위치하도록 중심을 낮게 유지하여야 한다.

06 로더 버킷에 토사를 채울 때 버킷은 지면과 어떻게 놓고 시작하는 것이 좋은가?

① 45° 경사지게 한다.
② 평행하게 한다.
③ 상향으로 한다.
④ 하향으로 한다.

🔍 로더 버킷에 토사를 채울 때 버킷은 지면과 평행하게 하고, 토사를 깎기 시작할 때는 버킷을 약 5° 정도 기울여 깎는 것이 좋다.

07 로더의 작업 방법으로 맞는 것은?

① 굴착 작업시는 버킷을 올려 세우고 작업을 하며 적재시는 전경각 35°를 유지해야 한다.
② 굴착 작업 시는 버킷을 수평 또는 약 5° 정도 앞으로 기울이는 것이 좋다.
③ 작업 시는 변속기의 단수를 높이면 작업 효율이 좋아진다.
④ 단단한 땅을 굴착 시에는 그라인더로 버킷을 날카롭게 만든 후 작업을 하며 굴착시에는 후경각 45°를 유지해야 한다.

🔍 토사를 깎으며 출발할 때는 버킷을 약 5° 기울여 출발하고, 전진 시에는 깎을 때 깊이는 약간 올리든가 버킷을 약간 복귀시키는 것으로 조정한다.

08 로더의 버킷에 토사를 적재 후 이동 시 지면과 가장 적당한 간격은?

① 장애물의 식별을 위해 지면으로부터 약 2m 정도 높이에 위치하고 이동한다.
② 작업시 화물을 적재 후, 후진할 때는 다른 물체와 접촉을 방지하기 위해 약 3m 높이로 이동한다.
③ 작업시간을 고려하여 항시 트럭적재함 높이만큼 위치하고 이동한다.
④ 안전성을 고려하여 지면으로부터 약 40~50cm 위치하고 이동한다.

🔍 로더의 버킷에 토사를 적재 후 이동 시 지면으로부터 약 40~50cm 위치하고 이동한다.

09 무한궤도식 로더로 진흙탕이나 수중작업을 할 때 관련된 사항으로 틀린 것은?

① 작업 전에 기어실과 클러치실 등의 드레인 플러그의 조임 상태를 확인한다.
② 습지용 슈를 사용했으면 주행장치의 베어링에 주유하지 않는다.
③ 작업 후에는 세차를 하고 각 베어링에 주유를 해야 한다.
④ 작업 후 기어실과 클러치실의 드레인 플러그를 열어 물의 침입을 확인한다.

🔍 습지용 슈는 슈의 단면이 삼각형으로 접지 면적이 넓어 접지 압력이 작게 설계된 것으로 사용되는 슈의 종류와 주행장치의 베어링 주유 여부는 관련이 없다.

10 로더로 제방이나 쌓여있는 흙더미에서 작업할 때 버킷의 날을 지면과 어떻게 유지하는 것이 가장 좋은가?

① 20° 정도 전경시킨 각
② 30° 정도 전경시킨 각
③ 버킷과 지면이 수평으로 나란하게
④ 90° 직각을 이룬 전경과 후경을 교차로

🔍 로더로 제방이나 쌓여있는 흙더미에서 작업할 때는 버킷의 날을 지면과 수평으로 나란하게 유지하는 것이 가장 좋다.

11 로더로 적재, 운반, 투입을 연속적으로 하는 작업을 무엇이라 하는가?

① 굴착 작업
② 그레이딩 작업
③ 스트리핑 작업
④ 운반 작업

정답 05 ④ 06 ② 07 ② 08 ④ 09 ② 10 ③ 11 ④

🔍 운반 작업이란 장비로 적재 → 운반 → 투입을 연속적으로 하는 작업을 말하며, 운반 시의 자세는 버킷을 지면에서 약 40~50cm 정도 뜨게 하여 중심을 낮게 한다.

12 로더로 지면 고르기 작업 시 한 번의 고르기를 마친 후 장비를 몇 도(°) 회전시켜서 반복하는 것이 좋은가?

① 25°
② 45°
③ 90°
④ 180°

🔍 지면 고르기를 할 때는 동쪽과 서쪽, 남쪽과 북쪽 순으로 진행한 다음 로더를 45° 회전시켜 작업한다.

13 로더 작업과 관련한 설명으로 틀린 것은?

① 압토 작업은 버킷을 덤프 위치로 한 뒤 작업한다.
② 퇴적 토사의 작업 시 앞바퀴가 들린 상태로 작업하지 않는다.
③ 굴착 작업 시 한쪽에만 굴착력이 걸리는 것을 방지한다.
④ 굴착 작업 시는 버킷을 수평 또는 약 5° 기울여 토사를 깎기 시작한다.

🔍 압토작업 시에는 버킷의 밑면을 지면과 평행하게 되도록 하여 작업하고, 버킷을 덤프 위치로 하고 압토작업을 하지 않아야 한다.

14 로더를 이용한 그레이딩(지면 고르기) 작업에 대한 설명으로 틀린 것은?

① 지면 고르기 작업 전에 파여진 부분을 메운다.
② 지면 고르기 작업을 한번 마친 후 로더를 45° 회전시켜서 반복한다.
③ 지면은 북쪽과 남쪽, 동쪽과 서쪽방향의 순서로 고른다.
④ 지면 고르기 작업은 장비를 전진시키면서 수행하도록 한다.

🔍 지면 고르기 작업은 반드시 장비를 후진시키면서 수행하도록 한다.

15 기계식 스키드 로더로 덤프작업을 할 때 올바른 버킷 조종법은?

① 페달의 뒷부분을 누른다.
② 페달의 앞부분을 누른다.
③ 레버를 앞으로 민다.
④ 레버를 뒤로 당긴다.

🔍 기계식 스키드 로더 작업
• 붐(왼발) 페달 : 뒷부분을 누르면 붐 상승, 앞부분을 누르면 붐 하강
• 버킷(오른발) 페달 : 뒷부분을 누르면 오므려짐(롤백), 앞부분을 누르면 펴짐(덤프)

16 로더로 상차 작업 대상물에 진입하는 방법 중 없는 것은?

① 좌우 옆으로 진입방법(N형)
② 직진 · 후진법(I형)
③ 90° 회전법(T형)
④ V형 상차법(V형)

🔍 로더의 상차 적재 작업 : I형(직 · 후진법), V형(45° 상차법), 90° 회전법(T형, L형)

17 로더의 상차 작업 방식 중 로더가 버킷에 작업물을 담아 후퇴하고 곧바로 로더와 작업 대상물 사이에 덤프 트럭이 들어오는 방식은?

① V형 상차 방법
② T형 상차 방법
③ L형 상차 방법
④ I형 상차 방법

🔍 직진 · 후진법(I형)은 로더가 버킷에 작업물을 담아 후퇴하고 곧바로 로더와 작업 대상물 사이에 덤프트럭이 들어오는 방식으로 연약지반에서 대형 로더가 작업할 때 주로 이용된다.

18 로더의 상차 작업 방식 중 90° 회전법에 대한 설명으로 틀린 것은?

① 덤프트럭은 정지된 상태에서 로더만 선회하는 방식이다.
② 로더가 90° 선회를 4회 하여 싣는 방식이다.
③ 협소한 장소에서 작업 시 이용된다.
④ I형이나 V형에 비해 작업 효율이 좋다.

🔍 T형(90° 회전법)은 협소한 장소에서 작업 시 이용되며, I형과 V형에 비해 비교적 작업 효율이 떨어진다.

정답 12 ② 13 ① 14 ④ 15 ② 16 ① 17 ④ 18 ④

PART 03
법규 및 안전관리

Craftsman Loader Operator

Chapter 01. 건설기계 관리법규
Chapter 02. 안전관리

건설기계 관리법규

Lesson 01 건설기계 관리법

1. 총칙

1) 건설기계관리법의 목적

건설기계의 등록·검사·형식승인 및 건설기계사업과 건설기계조종사면허 등에 관한 사항을 정하여 건설기계를 효율적으로 관리하고 건설기계의 안전도를 확보하여 건설공사의 기계화를 촉진함을 목적으로 한다.

2) 용어의 정의

용어	용어의 정의
건설기계	건설공사에 사용할 수 있는 기계로서 대통령령이 정하는 것을 말한다.
건설기계사업	건설기계대여업·건설기계정비업·건설기계매매업 및 건설기계해체재활용업을 말한다.
건설기계대여업	건설기계의 대여를 업(業)으로 하는 것을 말하며, 등록은 다음 구분에 따른다. • 일반건설기계대여업 : 5대 이상의 건설기계로 운영하는 사업(2 이상의 개인 또는 법인이 공동으로 운영하는 경우를 포함) • 개별건설기계대여업 : 1인의 개인 또는 법인이 4대 이하의 건설기계로 운영하는 사업
건설기계정비업	건설기계를 분해·조립 또는 수리하고 그 부분품을 가공제작·교체하는 등 건설기계의 원활한 사용을 위한 일체의 행위(경미한 정비행위 등 국토교통부령이 정하는 것을 제외한다)를 함을 업으로 하는 것을 말한다.
건설기계매매업	중고건설기계의 매매 또는 매매의 알선과 그에 따른 등록사항에 관한 변경신고의 대행을 업으로 하는 것을 말한다.
건설기계해체재활용업	폐기 요청된 건설기계의 인수(引受), 재사용 가능한 부품의 회수, 폐기 및 그 등록말소 신청의 대행을 업으로 하는 것을 말한다.
중고건설기계	건설기계를 제작·조립 또는 수입한 자로부터 법률행위 또는 법률의 규정에 의하여 건설기계를 취득한 때부터 사실상 그 성능을 유지할 수 없을 때까지의 건설기계를 말한다.
건설기계형식	건설기계의 구조·규격 및 성능 등에 관하여 일정하게 정한 것을 말한다.

2 등록·등록번호표와 운행

1) 등록

건설기계의 소유자는 대통령령이 정하는 바에 따라 건설기계 소유자의 주소지 또는 건설기계의 사용본거지를 관할하는 특별시장·광역시장 또는 시·도지사에게 건설기계 취득일로부터 2월(전시, 사변, 기타 이에 준하는 국가비상사태 하에서는 5일) 이내에 등록신청을 하여야 한다.

2) 등록의 말소

① **소유자의 신청으로 등록말소**
  ㉮ 건설기계가 천재지변 또는 이에 준하는 사고 등으로 사용할 수 없게 되거나 멸실된 경우
  ㉯ 건설기계의 차대가 등록 시의 차대와 다른 경우
  ㉰ 건설기계가 법 규정에 따른 건설기계안전기준에 적합하지 아니하게 된 경우
  ㉱ 건설기계를 수출하는 경우
  ㉲ 건설기계를 도난당한 경우
  ㉳ 건설기계해체재활용업자에게 폐기를 요청한 경우
  ㉴ 구조적 제작결함 등으로 건설기계를 제작자 또는 판매자에게 반품한 경우
  ㉵ 건설기계를 교육·연구목적으로 사용하는 경우
  ㉶ 건설기계를 횡령 또는 편취당한 경우

② **시·도지사의 직권으로 등록말소**
  ㉮ 거짓이나 그 밖의 부정한 방법으로 등록을 한 경우
  ㉯ 정기검사 명령, 수시검사 명령 또는 정비 명령에 따르지 아니한 경우
  ㉰ 건설기계를 폐기한 경우
  ㉱ 내구연한(정밀진단을 받아 연장된 경우에는 그 연장기간)을 초과한 건설기계

③ **소유자가 신청하는 경우 등록말소의 신청 기한**
  ㉮ 건설기계를 도난당한 경우 : 도난당한 날부터 2개월 이내
  ㉯ 건설기계를 수출하는 경우 : 수출하는 자가 수출하기 전까지
  ㉰ 그 밖의 경우 : 사유가 발생한 날부터 30일 이내

3) 임시운행

건설기계는 등록을 한 후가 아니면 이를 사용하거나 운행하지 못한다. 다만, 등록하기 전에 일시적으로 운행할 필요가 있을 경우에는 국토교통부령이 정하는 바에 따라 임시번호표를 제작·부착하여야 하며, 이 경우 건설기계를 제작·수입·조립한 자가 번호표를 제작·부착하며 임시운행 기간은 15일을 초과할 수 없다. 단, 신개발 건설기계를 시험·연구의 목적으로 운행하는 경우 임시운행 허가기간은 3년 이내이며, 임시 운행 사유는 다음과 같은 경우이다.

① 등록신청을 하기 위하여 건설기계를 등록지로 운행하는 경우
② 신규등록검사 및 확인검사를 받기 위하여 건설기계를 검사장소로 운행하는 경우

③ 수출을 하기 위하여 건설기계를 선적지로 운행하는 경우
④ 수출을 하기 위하여 등록말소한 건설기계를 점검·정비의 목적으로 운행하는 경우
⑤ 신개발 건설기계를 시험·연구의 목적으로 운행하는 경우
⑥ 판매 또는 전시를 위하여 건설기계를 일시적으로 운행하는 경우

> **● 벌칙**
> 미등록 건설기계를 사용하거나 운행한 자는 2년 이하의 징역이나 2천만원 이하의 벌금을 내야 한다.

4) 건설기계 등록번호표
① 등록된 건설기계에는 국토교통부령이 정하는 바에 의하여 시·도지사의 등록번호표 봉인자 지정을 받은 자에게서 등록번호표의 제작, 부착과 등록번호를 새김한 후 봉인을 받아야 한다.
② 또한, 건설기계 등록이 말소되거나 등록된 사항 중 대통령령이 정하는 사항이 변경된 때에는 등록번호표의 봉인을 뗀 후 그 번호표를 10일 이내에 시·도지사에게 반납하여야 하고 누구라도 시·도지사의 새김 명령을 받지 않고 건설기계 등록번호표를 지우거나 그 식별을 곤란하게 하는 행위를 하여서는 안된다.

5) 등록의 표지
건설기계 등록번호표에는 등록관청, 용도, 기종 및 등록번호를 표시하여야 한다. 또한, 번호표에 표시되는 모든 문자 및 외곽선은 1.5mm 튀어나와야 한다.

구분		색칠	등록번호
비사업용	관용	흰색 바탕에 검은색 문자	0001~0999
	자가용	흰색 바탕에 검은색 문자	1000~5999
대여사업용		주황색 바탕에 검은색 문자	6000~9999

6) 기종별 기호표시

표시	기종	표시	기종
01	불도저	15	콘크리트 펌프
02	굴착기	16	아스팔트 믹싱 플랜트
03	로더	17	아스팔트 피니셔
04	지게차	18	아스팔트 살포기
05	스크레이퍼	19	골재 살포기

06	덤프 트럭	20	쇄석기
07	기중기	21	공기 압축기
08	모터 그레이더	22	천공기
09	롤러	23	항타 및 항발기
10	노상 안정기	24	사리 채취기
11	콘크리트 뱃칭 플랜트	25	준설선
12	콘크리트 피니셔	26	특수 건설기계
13	콘크리트 살포기	27	타워크레인
14	콘크리트 믹서 트럭		

7) 대형 건설기계의 특별표지

다음에 해당되는 대형 건설기계는 특별표지를 부착하여야 한다.

① 길이가 16.7m를 초과하는 건설기계
② 너비가 2.5m를 초과하는 건설기계
③ 높이가 4.0m를 초과하는 건설기계
④ 최소 회전 반경이 12m를 초과하는 건설기계
⑤ 총중량이 40톤을 초과하는 건설기계(다만, 굴착기, 로더 및 지게차는 운전중량이 40톤을 초과하는 경우를 말함)
⑥ 총중량 상태에서 축하중이 10톤을 초과하는 건설기계(다만, 굴착기, 로더 및 지게차는 운전중량 상태에서 축하중이 10톤을 초과하는 경우를 말함)

3 검사와 구조변경

1) 건설기계검사

건설기계의 소유자는 다음의 구분에 따른 검사를 받은 후 검사증을 교부받아 항상 당해 건설기계에 비치하여야 한다.

① **신규등록검사** : 건설기계를 신규로 등록할 때 실시하는 검사
② **정기검사** : 건설공사용 건설기계로서 3년의 범위 내에서 국토교통부령이 정하는 검사유효기간이 끝난 후에 계속하여 운행하고자 할 때 실시하는 검사와 대기환경보전법에 따른 운행차의 정기검사
③ **구조변경검사** : 등록된 건설기계의 주요 구조나 원동기, 동력전달장치, 제동장치 등 주요 장치를 변경 또는 개조하였을 때 실시하는 검사(사유 발생일로부터 20일 이내에 검사를 받아야 한다)
④ **수시검사** : 성능이 불량하거나 사고가 빈발하는 건설기계의 안전성 등을 점검하기 위하여 수시로 실시하는 검사와 건설기계 소유자의 신청에 의하여 실시하는 검사

● 정기검사 유효기간(특수건설기계 제외)

기종	구분	검사 유효기간	
		연식 20년 이하	연식 20년 초과
굴착기	타이어식	1년	
로더	타이어식	2년	1년
지게차	1톤 이상	2년	1년
덤프 트럭	–	1년	6개월
기중기	–	1년	
모터그레이더	–	2년	1년
콘크리트 믹서트럭	–	1년	6개월
콘크리트펌프	트럭 적재식	1년	6개월
아스팔트살포기	–	1년	
천공기	–	1년	
항타 및 항발기	–	1년	
타워크레인	–	6개월	
그 밖의 건설기계 (특수건설기계 제외)	–	3년	1년

2) 정기검사의 신청

① 검사 유효기간의 만료일 전후 각각 31일 이내의 기간에 신청한다.

② 건설기계 검사증 사본과 보험가입을 증명하는 서류를 시·도지사에게 제출하여야 한다.

③ 다만, 규정에 의하여 검사 대행을 하게 한 경우에는 검사 대행자에게 이를 제출하여야 한다.

3) 정기검사의 연기

① 검사신청기간 만료일까지 정기검사 연기 신청서를 제출한다.

② 연기 신청은 시·도지사 또는 검사 대행자에게 한다.

③ 검사 연기를 하는 경우 그 연기 기간은 6월 이내로 한다.

4) 검사소에서 검사를 받아야 하는 건설기계

① 덤프 트럭

② 콘크리트 믹서 트럭

③ 트럭 적재식 콘크리트 펌프

④ 아스팔트 살포기

⑤ 트럭지게차(국토교통부장관이 정하는 특수건설기계인 트럭지게차)

5) 건설기계가 위치한 장소에서 검사를 받을 수 있는 경우

① 도서지역에 있는 경우

② 자체 중량이 40톤을 초과하는 경우

③ 축하중이 10톤을 초과하는 경우

④ 너비가 2.5m를 초과하는 경우

⑤ 최고 속도가 35km/h 미만인 경우

6) 건설기계의 구조변경 및 범위

① 건설기계의 기종 변경, 육상 작업용 건설기계의 규격 증가 또는 적재함의 용량 증가를 위한 구조변경은 할 수 없다.

② **주요 구조의 변경 및 개조의 범위**

㉮ 원동기의 형식 변경　　　　　㉯ 동력전달 장치의 형식 변경
㉰ 제동 장치의 형식 변경　　　　㉱ 주행 장치의 형식 변경
㉲ 유압 장치의 형식 변경　　　　㉳ 조종 장치의 형식 변경
㉴ 조향 장치의 형식 변경　　　　㉵ 작업 장치의 형식 변경
㉶ 건설기계의 길이 · 너비 · 높이 등의 변경
㉷ 수상작업용 건설기계의 선체의 형식 변경

4 건설기계 조종사

1) 조종사 면허

① 건설기계를 조종하려는 사람은 시장 · 군수 또는 구청장에게 건설기계조종사면허를 받아야 한다. 다만, 국토교통부령으로 정하는 건설기계를 조종하려는 사람은 도로교통법의 관련 조항에 따른 운전면허를 받아야 한다.

② 건설기계조종사면허는 국토교통부령으로 정하는 바에 따라 건설기계의 종류별로 받아야 한다.

③ 건설기계조종사면허를 받으려는 사람은 국가기술자격법에 따른 해당 분야의 기술자격을 취득하고 적성검사에 합격하여야 한다.

④ 국토교통부령으로 정하는 소형 건설기계의 건설기계조종사면허의 경우에는 시 · 도지사가 지정한 교육기관에서 실시하는 소형 건설기계의 조종에 관한 교육과정의 이수로 위 ③항의 국가기술자격법에 따른 기술자격의 취득을 대신할 수 있다.

> **● 벌칙**
> 조종사 면허를 받지 않고 건설기계를 조종한 자는 1년 이하의 징역 또는 1천만원 이하의 벌금에 처한다.

2) 운전면허로 조종하는 건설기계(1종 대형면허)

① 덤프 트럭
② 아스팔트 살포기
③ 노상 안정기
④ 콘크리트 믹서 트럭
⑤ 콘크리트 펌프
⑥ 천공기(트럭 적재식)
⑦ 특수 건설기계 중 국토교통부장관이 지정하는 건설기계

3) 건설기계 조종사 면허의 종류

면허의 종류	조종할 수 있는 건설기계
1. 불도저	불도저
2. 5톤 미만의 불도저	5톤 미만의 불도저
3. 굴착기	굴착기
4. 3톤 미만의 굴착기	3톤 미만의 굴착기
5. 로더	로더
6. 3톤 미만의 로더	3톤 미만의 로더
7. 5톤 미만의 로더	5톤 미만의 로더
8. 지게차	지게차
9. 3톤 미만의 지게차	3톤 미만의 지게차
10. 기중기	기중기
11. 롤러	롤러, 모터그레이더, 스크레이퍼, 아스팔트피니셔, 콘크리트피니셔, 콘크리트살포기 및 골재살포기
12. 이동식 콘크리트펌프	이동식 콘크리트펌프
13. 쇄석기	쇄석기, 아스팔트믹싱플랜트 및 콘크리트뱃칭플랜트
14. 공기압축기	공기압축기
15. 천공기	천공기(타이어식, 무한궤도식 및 굴진식 포함. 다만, 트럭적재식은 제외), 항타 및 항발기
16. 5톤 미만의 천공기	5톤 미만의 천공기(트럭적재식은 제외)
17. 준설선	준설선 및 자갈채취기
18. 타워크레인	타워크레인
19. 3톤 미만의 타워크레인	3톤 미만의 타워크레인

4) 건설기계조종사면허의 결격사유

① 18세 미만인 사람

② 건설기계 조종상의 위험과 장해를 일으킬 수 있는 정신질환자 또는 뇌전증환자로서 국토교통부령으로 정하는 사람

③ 앞을 보지 못하는 사람, 듣지 못하는 사람, 그 밖에 국토교통부령으로 정하는 장애인

④ 건설기계 조종상의 위험과 장해를 일으킬 수 있는 마약·대마·향정신성의약품 또는 알코올중독자로서 국토교통부령으로 정하는 사람

⑤ 건설기계조종사면허가 취소된 날부터 1년(거짓이나 그 밖의 부정한 방법으로 건설기계조종사면허를 받은 경우와 건설기계조종사면허의 효력정지기간 중 건설기계를 조종한 경우의 사유로 인해 취소된 경우에는 2년)이 지나지 아니하였거나 건설기계조종사면허의 효력정지처분 기간 중에 있는 사람

5) 건설기계조종사면허의 취소·정지처분 기준

위반행위	처분기준
가. 거짓이나 그 밖의 부정한 방법으로 건설기계조종사면허를 받은 경우	취소
나. 건설기계조종사면허의 효력정지기간 중 건설기계를 조종한 경우	취소
다. 건설기계조종사면허의 결격사유에 해당하게 된 경우	취소
라. 건설기계의 조종 중 고의 또는 과실로 중대한 사고를 일으킨 경우	
1) 인명피해	
① 고의로 인명피해(사망·중상·경상 등을 말한다)를 입힌 경우	취소
② 과실로 산업안전보건법에 따른 다음의 중대재해가 발생한 경우 (1) 사망자가 1명 이상 발생한 재해 (2) 3개월 이상의 요양이 필요한 부상자가 동시에 2명 이상 발생한 재해 (3) 부상자 또는 직업성질병자가 동시에 10명 이상 발생한 재해	취소
③ 그 밖의 인명피해를 입힌 경우	
(1) 사망 1명마다	면허효력정지 45일
(2) 중상 1명마다	면허효력정지 15일
(3) 경상 1명마다	면허효력정지 5일
2) 재산피해 : 피해금액 50만원마다	면허효력정지 1일 (90일을 넘지 못함)
3) 건설기계의 조종 중 고의 또는 과실로 가스공급시설을 손괴하거나 가스공급시설의 기능에 장애를 입혀 가스의 공급을 방해한 경우	면허효력정지 180일
마. 건설기계조종사면허증을 다른 사람에게 빌려 준 경우	취소
사. 법 규정을 위반하여 술에 취하거나 마약 등 약물을 투여한 상태에서 조종한 경우	
1) 술에 취한 상태(혈중알콜농도 0.03% 이상 0.08% 미만)에서 건설기계를 조종한 경우	면허효력정지 60일
2) 술에 취한 상태에서 건설기계를 조종하다가 사고로 사람을 죽게 하거나 다치게 한 경우	취소

위반행위	처분기준
3) 술에 만취한 상태(혈중알콜농도 0.08% 이상)에서 건설기계를 조종한 경우	취소
4) 2회 이상 술에 취한 상태에서 건설기계를 조종하여 면허효력정지를 받은 사실이 있는 사람이 다시 술에 취한 상태에서 건설기계를 조종한 경우	취소
5) 약물(마약, 대마, 향정신성 의약품 및 환각물질)을 투여한 상태에서 건설기계를 조종한 경우	취소
아. 정기적성검사를 받지 않고 1년이 지난 경우	취소
자. 정기적성검사 또는 수시적성검사에서 불합격한 경우	취소

6) 적성검사 기준

① 두 눈을 동시에 뜨고 잰 시력(교정시력을 포함)이 0.7 이상이고 두 눈의 시력이 각각 0.3 이상일 것

② 55데시벨(보청기를 사용하는 사람은 40데시벨)의 소리를 들을 수 있고, 언어분별력이 80퍼센트 이상일 것

③ 시각은 150도 이상일 것

④ 정신병자 · 지적장애인 · 뇌전증환자, 마약 · 대마 · 향정신성의약품 · 알코올 중독자가 아닐 것

7) 건설계조종사면허증의 반납

① 건설기계조종사면허를 받은 자가 다음의 사유가 발생하는 때에는 그 사유가 발생한 날부터 10일 이내에 주소지를 관할하는 시장 · 군수 또는 구청장에게 그 면허증을 반납하여야 한다.

② **면허증의 반납 사유**

㉮ 면허가 취소된 때

㉯ 면허의 효력이 정지된 때

㉰ 면허증의 재교부를 받은 후 잃어버린 면허증을 발견한 때

5 벌칙

1) 2년 이하의 징역 또는 2천만원 이하의 벌금

① 등록되지 아니한 건설기계를 사용하거나 운행한 자

② 등록이 말소된 건설기계를 사용하거나 운행한 자

③ 시 · 도지사의 지정을 받지 않고 등록번호표를 제작하거나 등록번호를 새긴 자

④ 검사대행자 또는 그 소속 직원에게 재물이나 그 밖의 이익을 제공하거나 제공 의사를 표시하고 부정한 검사를 받은 자

⑤ 건설기계의 주요 구조나 원동기, 동력전달장치, 제동장치 등 주요 장치를 변경 또는 개조한 자

⑥ 무단 해체한 건설기계를 사용 · 운행하거나 타인에게 유상 · 무상으로 양도한 자

⑦ 제작결함에 따른 시정명령을 이행하지 아니한 자
⑧ 등록을 하지 아니하고 건설기계사업을 하거나 거짓으로 등록을 한 자
⑨ 등록이 취소되거나 사업의 전부 또는 일부가 정지된 건설기계사업자로서 계속하여 건설기계사업을 한 자

2) 1년 이하의 징역 또는 1천만원 이하의 벌금

① 거짓이나 그 밖의 부정한 방법으로 건설기계 등록을 한 자
② 건설기계의 등록번호를 지워 없애거나 그 식별을 곤란하게 한 자
③ 건설기계의 구조변경검사 또는 수시검사를 받지 아니한 자
④ 건설기계의 정비명령을 이행하지 아니한 자
⑤ 형식승인, 형식변경승인 또는 확인검사를 받지 아니하고 건설기계의 제작등을 한 자
⑥ 제작등을 한 건설기계의 사후관리에 관한 명령을 이행하지 아니한 자
⑦ 내구연한을 초과한 건설기계 또는 건설기계 장치 및 부품을 운행하거나 사용한 자
⑧ 내구연한을 초과한 건설기계 또는 건설기계 장치 및 부품의 운행 또는 사용을 알고도 말리지 아니하거나 운행 또는 사용을 지시한 고용주
⑨ 부품인증을 받지 아니한 건설기계 장치 및 부품을 사용한 자
⑩ 부품인증을 받지 아니한 건설기계 장치 및 부품을 건설기계에 사용하는 것을 알고도 말리지 아니하거나 사용을 지시한 고용주
⑪ 매매용 건설기계의 운행금지 등의 의무를 위반하여 매매용 건설기계를 운행하거나 사용한 자
⑫ 폐기인수 사실을 증명하는 서류의 발급을 거부하거나 거짓으로 발급한 자
⑬ 폐기요청을 받은 건설기계를 폐기하지 아니하거나 등록번호표를 폐기하지 아니한 자
⑭ 건설기계조종사면허를 받지 아니하고 건설기계를 조종한 자
⑮ 건설기계조종사면허를 거짓이나 그 밖의 부정한 방법으로 받은 자
⑯ 소형 건설기계의 조종에 관한 교육과정의 이수에 관한 증빙서류를 거짓으로 발급한 자
⑰ 술에 취하거나 마약 등 약물을 투여한 상태에서 건설기계를 조종한 자와 그러한 자가 건설기계를 조종하는 것을 알고도 말리지 아니하거나 건설기계를 조종하도록 지시한 고용주
⑱ 건설기계조종사면허가 취소되거나 건설기계조종사면허의 효력정지처분을 받은 후에도 건설기계를 계속하여 조종한 자
⑲ 건설기계를 도로나 타인의 토지에 버려둔 자

3) 300만원 이하의 과태료

① 등록번호표를 부착하지 아니하거나 봉인하지 아니한 건설기계를 운행한 자
② 건설기계의 정기검사를 받지 아니한 자

③ 건설기계임대차 등에 관한 계약서를 작성하지 아니한 자

④ 건설기계조종사의 정기적성검사 또는 수시적성검사를 받지 아니한 자

⑤ 시설 또는 업무에 관한 보고를 하지 아니하거나 거짓으로 보고한 자

⑥ 소속 공무원의 검사·질문을 거부·방해·기피한 자

⑦ 중대한 사고 발생 시 제작결함 또는 안전기준 적합여부의 조사를 위해 사고 현장을 출입하는 직원의 출입을 거부하거나 방해한 자

4) 100만원 이하의 과태료

① 수출의 이행 여부를 신고하지 아니하거나 폐기 또는 등록을 하지 아니한 자

② 건설기계에 등록번호표를 부착·봉인하지 아니하거나 등록번호를 새기지 아니한 자

③ 등록번호표를 가리거나 훼손하여 알아보기 곤란하게 한 자 또는 그러한 건설기계를 운행한 자

④ 건설기계 등록번호의 새김명령을 위반한 자

⑤ 건설기계안전기준에 적합하지 아니한 건설기계를 사용하거나 운행한 자 또는 사용하게 하거나 운행하게 한 자

⑥ 검사유효기간이 끝난 날부터 31일이 지난 건설기계를 사용하게 하거나 운행하게 한 자 또는 사용하거나 운행한 자

⑦ 특별한 사정 없이 건설기계임대차 등에 관한 계약과 관련된 자료를 제출하지 아니한 자

⑧ 법에서 정한 건설기계사업자의 의무를 위반한 자

⑨ 안전교육 등을 받지 아니하고 건설기계를 조종한 자

5) 50만원 이하의 과태료

① 등록 전 일시적으로 운행하는 건설기계에 임시번호표를 붙이지 아니하고 운행한 자

② 등록사항의 변경신고를 하지 아니하거나 거짓으로 신고한 자

③ 건설기계 등록의 말소를 신청하지 아니한 자

④ 등록번호표 제작자가 지정받은 사항에 대한 변경 사유가 있음에도 변경신고를 하지 아니하거나 거짓으로 변경신고한 자

⑤ 등록번호표의 반납 사유가 있음에도 등록번호표를 반납하지 아니한 자

⑥ 건설기계의 정비 범위를 위반하여 건설기계를 정비한 자

⑦ 건설기계사업자의 등록 사항 변경신고를 하지 아니하거나 거짓으로 신고한 자

⑧ 건설기계사업자의 지위를 승계하고도 신고를 하지 아니하거나 거짓으로 신고한 자

⑨ 건설기계를 주택가 주변의 도로·공터 등에 세워 두어 교통소통을 방해하거나 소음 등으로 주민의 조용하고 평온한 생활환경을 침해한 자

적중 예상문제

CHECK POINT QUESTION

CHAPTER 01 | 건설기계 관리법규

Lesson 1 건설기계관리법

01 건설기계 등록 신청을 받을 수 있는 자는 누구인가?

① 행정안전부장관　② 읍·면·동장
③ 서울특별시장　　④ 경찰서장

🔍 건설기계의 소유자가 건설기계의 등록을 할 때에는 특별시장·광역시장·도지사 또는 특별자치도지사에게 건설기계 등록신청을 하여야 한다.

02 건설기계 소유자는 건설기계 등록사항에 변경이 있을 때(전시·사변 기타 이에 준하는 비상사태하의 경우는 제외)에는 등록사항의 변경신고를 변경이 있는 날부터 며칠 이내에 하여야 하는가?

① 10일　② 15일
③ 20일　④ 30일

🔍 건설기계의 소유자는 건설기계등록사항에 변경(주소지 또는 사용본거지가 변경된 경우를 제외)이 있는 때에는 그 변경이 있은 날부터 30일(상속의 경우에는 상속개시일부터 3개월) 이내에 건설기계등록사항변경신고서와 함께 필요한 서류를 첨부하여 등록을 한 시·도지사에게 제출하여야 한다. 다만, 전시·사변 기타 이에 준하는 국가비상사태에 있어서는 5일 이내에 하여야 한다.

03 건설기계 등록말소 사유 중 반드시 시·도지사가 직권으로 등록 말소하여야 하는 것은?

① 거짓이나 그 밖의 부정한 방법으로 등록을 한 경우
② 검사최고를 받고도 정기검사를 받지 아니한 경우
③ 건설기계를 도난당한 경우
④ 건설기계를 수출하는 경우

🔍 직권으로 등록을 말소해야 하는 경우
- 거짓이나 그 밖의 부정한 방법으로 등록을 한 경우
- 건설기계를 폐기한 경우

04 건설기계 등록의 말소를 하고자 할 때 신청서는 누구에게 제출하는가?

① 구청장
② 시·도지사
③ 국토교통부장관
④ 읍·면·동장

🔍 건설기계의 등록 및 등록사항에 대한 변경신고 및 등록 말소는 모두 시·도지사에게 신청하여야 한다.

05 건설기계 등록 말소 사유에 해당되지 않는 것은?

① 건설기계가 천재지변으로 멸실된 경우
② 정비 또는 개조를 목적으로 해체된 경우
③ 건설기계를 폐기한 경우
④ 건설기계의 차대가 등록시의 차대와 다른 경우

🔍 건설기계 등록 말소 사유(주요 사항)
- 거짓이나 그 밖의 부정한 방법으로 등록을 한 경우(직권 말소 사항)
- 건설기계를 폐기한 경우(직권 말소 사항)
- 건설기계가 천재지변 또는 이에 준하는 사고 등으로 사용할 수 없게 되거나 멸실된 경우
- 건설기계의 차대(車臺)가 등록 시의 차대와 다른 경우
- 건설기계가 건설기계안전기준에 적합하지 아니하게 된 경우
- 시·도지사의 정기검사 명령, 수시검사 명령 또는 정비 명령에 따르지 아니한 경우(직권 말소 사항)
- 건설기계를 수출하는 경우
- 건설기계를 도난당한 경우
- 구조적 제작 결함 등으로 건설기계를 제작자 또는 판매자에게 반품한 때
- 건설기계를 교육·연구 목적으로 사용하는 경우

06 시·도지사는 건설기계 등록원부를 건설기계의 등록을 말소한 날부터 몇 년간 보존하여야 하는가?

① 1년　② 2년
③ 4년　④ 10년

🔍 시·도지사는 건설기계등록원부를 건설기계의 등록을 말소한 날부터 10년간 보존하여야 한다.

정답 1. 건설기계관리법　01 ③　02 ④　03 ①　04 ②　05 ②　06 ④

07 건설기계의 기종별 기호 표시방법으로 맞지 않는 것은?

① 07 : 기중기
② 01 : 아스팔트 살포기
③ 03 : 로더
④ 13 : 콘크리트 살포기

🔍 01 : 불도저, 18 : 아스팔트 살포기

08 등록사항의 변경 또는 등록이전신고 대상이 아닌 것은?

① 소유자 변경
② 소유자의 주소지 변경
③ 건설기계의 소재지 변경
④ 건설기계의 사용본거지 변경

09 다음 중 건설기계 임시운행 사유가 아닌 것은?

① 등록신청을 하기 위하여 건설기계를 등록지로 운행하는 경우
② 신규등록검사를 받기 위하여 건설기계를 검사장소로 운행하는 경우
③ 신개발 건설기계를 시험·연구의 목적으로 운행하는 경우
④ 수리를 위해 정비업체로 운행하는 경우

🔍 미등록 건설기계의 임시운행 사유
• 등록신청을 하기 위하여 건설기계를 등록지로 운행하는 경우
• 신규등록검사 및 확인검사를 받기 위하여 건설기계를 검사장소로 운행하는 경우
• 수출을 하기 위하여 건설기계를 선적지로 운행하는 경우
• 수출을 하기 위하여 등록말소한 건설기계를 점검·정비의 목적으로 운행하는 경우
• 신개발 건설기계를 시험·연구의 목적으로 운행하는 경우
• 판매 또는 전시를 위하여 건설기계를 일시적으로 운행하는 경우

10 시·도지사로부터 등록번호표 제작 통지를 받은 건설기계 소유자는 며칠 이내에 등록번호표 제작자에게 제작 신청을 하여야 하는가?

① 3일   ② 10일
③ 20일   ④ 30일

🔍 시·도지사로부터 등록번호표 제작을 통지받거나 명령받은 건설기계소유자는 그 받은 날부터 3일 이내에 등록번호표제작자에게 그 통지서 또는 명령서를 제출하고 등록번호표제작을 신청하여야 한다.

11 등록번호표 제작자는 등록번호표 제작 등의 신청을 받은 날로부터 며칠 이내에 시행하여야 하는가?

① 3일   ② 5일
③ 7일   ④ 10일

🔍 등록번호표제작자는 등록번호표제작의 신청을 받은 때에는 7일 이내에 등록번호표제작을 하여야 하며, 등록번호표제작 통지(명령)서는 3년간 보존하여야 한다.

12 등록번호표의 반납 사유가 발생하였을 경우에는 며칠 이내에 반납하여야 하는가?

① 5일   ② 10일
③ 15일   ④ 30일

🔍 등록된 건설기계의 소유자는 다음의 어느 하나에 해당하는 경우에는 10일 이내에 등록번호표의 봉인을 떼어낸 후 그 등록번호표를 시·도지사에게 반납하여야 한다.
• 건설기계의 등록이 말소된 경우
• 건설기계의 등록사항 중 대통령령으로 정하는 사항이 변경된 경우
• 등록번호표의 부착 및 봉인을 신청하는 경우

13 자가용 건설기계 등록번호표의 도색은?

① 청색판에 흰색문자
② 적색판에 흰색문자
③ 흰색판에 검은색문자
④ 녹색판에 흰색문자

🔍 건설기계의 임시번호표 및 등록번호표
• 임시번호표(미등록 및 등록된 건설기계) : 흰색 페인트판에 검은색 문자
• 등록번호표
 – 비사업용(관용 또는 자가용) : 흰색 바탕에 검은색 문자
 – 대여사업용 : 주황색 바탕에 검은색 문자

14 건설기계 등록번호표 중 관용에 해당하는 것은?

① 0001~0999   ② 1000~5999
③ 6000~9999   ④ 1001~4999

정답 07 ② 08 ③ 09 ④ 10 ① 11 ③ 12 ② 13 ③ 14 ①

> **등록번호표의 규격**
> - 재질은 알루미늄 제판
> - 번호표에 표시되는 모든 문자 및 외곽선은 1.5mm 튀어나와야 한다.
> - 등록번호
>   - 관용 : 0001~0999
>   - 자가용 : 1000~5999
>   - 대여사업용 : 6000~9999

15 건설기계 적재중량을 측정할 때 측정인원은 1인당 몇 kg을 기준으로 하는가?

① 50kg
② 55kg
③ 60kg
④ 65kg

> 적재중량 측정 시 탑승자 1명의 체중은 65kg을 기준으로 한다.

16 건설기계사업을 영위하고자 하는 자는 누구에게 등록하여야 하는가?

① 시장·군수 또는 구청장
② 전문건설기계정비업자
③ 국토교통부장관
④ 건설기계해체활용업자

> 건설기계사업을 하려는 자(지방자치단체는 제외)는 사업의 종류별로 시장·군수 또는 구청장(자치구의 구청장을 말한다.)에게 등록하여야 한다.

17 건설기계대여업을 하고자 하는 자는 누구에게 등록하여야 하는가?

① 고용노동부장관
② 행정안전부장관
③ 국토교통부장관
④ 시장·군수 또는 구청장

> 건설기계대여업(건설기계조종사와 함께 건설기계를 대여하는 경우와 건설기계의 운전경비를 부담하면서 건설기계를 대여하는 경우를 포함)의 등록을 하려는 자는 건설기계대여업등록신청서에 관련 서류를 첨부하여 시장·군수 또는 구청장에게 제출하여야 한다.

18 건설기계정비업의 업종구분에 해당하지 않은 것은?

① 종합건설기계정비업
② 부분건설기계정비업
③ 전문건설기계정비업
④ 특수건설기계정비업

> **건설기계사업의 종류**
> - 건설기계대여업 : 일반건설기계대여업, 개별건설기계대여업
> - 건설기계정비업 : 종합건설기계정비업, 부분건설기계정비업, 전문건설기계정비업
> - 건설기계매매업
> - 건설기계해체활용업

19 건설기계검사의 종류가 아닌 것은?

① 신규등록검사
② 정기검사
③ 구조변경검사
④ 예비검사

> **건설기계 검사의 종류**
> - 신규등록검사 : 건설기계를 신규로 등록할 때 실시하는 검사
> - 정기검사 : 건설공사용 건설기계로서 3년의 범위에서 검사유효기간이 끝난 후에 계속하여 운행하려는 경우에 실시하는 검사와 대기환경보전법 및 소음·진동관리법에 따른 운행차의 정기검사
> - 구조변경검사 : 건설기계의 주요 구조를 변경하거나 개조한 경우 실시하는 검사
> - 수시검사 : 성능이 불량하거나 사고가 자주 발생하는 건설기계의 안전성 등을 점검하기 위하여 수시로 실시하는 검사와 건설기계 소유자의 신청을 받아 실시하는 검사

20 건설기계로 등록된 덤프트럭의 정기검사 유효기간은?(단, 연식 20년 이하인 경우)

① 6월
② 1년
③ 1년 6월
④ 2년

> **주요 건설기계의 정기검사 유효기간**
>
> | 기종 | 검사유효기간 | |
> | --- | --- | --- |
> | | 연식 20년 이하 | 연식 20년 초과 |
> | 굴착기(타이어식) | 1년 | |
> | 로더(타이어식) | 2년 | 1년 |
> | 지게차(1톤 이상) | 2년 | 1년 |
> | 덤프트럭 | 1년 | 6개월 |
> | 기중기 | 1년 | |

21 타이어식 굴착기의 정기검사 유효기간은?

① 3년
② 6월
③ 2년
④ 1년

정답 15 ④ 16 ① 17 ④ 18 ④ 19 ④ 20 ② 21 ④

22 연식 20년 이하인 1톤 이상 지게차의 정기검사 유효기간은?

① 6월
② 1년
③ 2년
④ 3년

23 정기 검사대상 건설기계의 정기검사 신청기간 중 맞는 것은?

① 건설기계의 정기검사 유효기간 만료일 후 16일 이내에 신청한다.
② 건설기계의 정기검사 유효기간 만료일 전후 31일 이내에 신청한다.
③ 건설기계의 정기검사 유효기간 만료일 전 5일 이내에 신청한다.
④ 건설기계의 정기검사 유효기간 만료일 전 16일 이내에 신청한다.

> 건설기계의 정기검사
> • 검사유효기간의 만료일 전후 각각 31일 이내에 시·도지사에게 신청
> • 검사신청을 받은 시·도지사 또는 검사대행자는 신청을 받은 날부터 5일 이내에 검사일시와 검사장소를 지정하여 신청인에게 통지

24 건설기계 신규등록검사를 실시할 수 있는 자는?

① 국토교통부장관
② 군수
③ 검사대행자
④ 행정안전부장관

> 신규등록검사는 건설기계를 신규로 등록할 때 실시하는 검사로 검사행자가 실시한다.

25 정기검사 연기를 할 경우 연기기간은 얼마 이내인가?

① 5월
② 4월
③ 6월
④ 2월

> 정기검사의 연기
> • 건설기계소유자는 천재지변, 건설기계의 도난, 사고발생, 압류, 1월 이상에 걸친 정비 그 밖의 부득이 한 사유로 검사신청기간 내에 검사를 신청할 수 없는 경우에는 검사신청기간 만료일까지 검사연기신청서에 연기사유를 증명할 수 있는 서류를 첨부하여 시·도지사에게 제출하여야 한다.(검사대행을 하게 한 경우에는 검사대행자에게 제출)
> • 검사연기신청을 받은 시·도지사 또는 검사대행자는 그 신청일부터 5일 이내에 검사연기여부를 결정하여 신청인에게 통지하여야 하며, 검사연기 불허통지를 받은 자는 검사신청기간 만료일부터 10일 이내에 검사신청을 하여야 한다.
> • 연기기간은 6월 이내로 하며, 이 경우 그 연기기간동안 검사유효기간이 연장된 것으로 본다.

26 정기검사를 받을 수 없는 사유가 발생한 경우 연기신청은 언제까지 하여야 하는가?

① 검사유효기간 만료일까지
② 검사신청기간 만료일로부터 10일 이내
③ 검사신청기간 만료일까지
④ 검사유효기간 만료일 10일 전까지

27 검사소에서 검사를 받아야 할 건설기계 중 해당 건설기계가 위치한 장소에서 검사를 할 수 있는 경우가 아닌 것은?

① 도서지역에 있는 경우
② 자체중량이 40톤을 초과하거나 축중이 10톤을 초과하는 경우
③ 너비가 2.5미터에 미달하는 경우
④ 최고속도가 시간당 35km 미만인 경우

> 너비가 2.5미터를 초과하는 경우 당해 건설기계가 위치한 장소에서 검사를 할 수 있다.

28 건설기계의 구조변경검사는 누구에게 신청하여야 하는가?

① 건설기계정비업소
② 자동차검사소
③ 검사대행자(건설기계검사소)
④ 건설기계해체활용업소

> 구조변경검사는 건설기계의 주요 구조를 변경하거나 개조한 경우 실시하는 검사로 주요구조를 변경 또는 개조한 날부터 20일 이내에 검사대행자에게 신청하여야 한다.

정답 22 ③ 23 ② 24 ③ 25 ③ 26 ③ 27 ③ 28 ③

29 다음 중 건설기계의 구조 또는 장치를 변경하는 것과 관련이 없는 설명은?

① 건설기계정비업소에서 구조 또는 장치의 변경 작업을 한다.
② 관할 시·도지사에게 구조변경 승인을 받아야 한다.
③ 구조변경 검사를 받아야 한다.
④ 구조변경 검사는 주요구조를 변경 또는 개조한 날부터 20일 이내에 신청하여야 한다.

> 건설기계의 소유자가 등록된 건설기계의 주요 구조를 변경 또는 개조하고자 하는 때에는 건설기계안전기준에 적합하게 하여야 하며, 별도의 신청없이 변경 후 검사에 합격해야만 한다.

30 제작자로부터 건설기계를 구입한 자가 무상으로 사후관리를 받을 수 있는 법정기간은?

① 3월
② 6월
③ 18월
④ 12월

> 건설기계의 제작자는 건설기계를 판매한 날부터 12개월(당사자 간에 12개월을 초과하여 별도 계약하는 경우에는 그 해당기간)동안 무상으로 건설기계의 정비 및 정비에 필요한 부품을 공급하여야 한다.

31 건설기계관리법상 건설기계 조종사의 면허를 받을 수 있는 자는?

① 파산자로서 복권되지 아니한 자
② 사지의 활동이 정상적이 아닌 자
③ 마약 또는 알코올 중독자
④ 심신장애자

> 건설기계조종사면허의 결격사유
> • 18세 미만인 사람
> • 건설기계 조종상의 위험과 장해를 일으킬 수 있는 정신질환자 또는 뇌전증환자
> • 앞을 보지 못하는 사람, 듣지 못하는 사람. 그 밖에 국토교통부령으로 정하는 장애인
> • 건설기계 조종상의 위험과 장해를 일으킬 수 있는 마약·대마·항정신성의약품 또는 알코올중독자
> • 건설기계조종사면허가 취소된 상태이거나 효력정지처분 기간 중에 있는 사람

32 건설기계 조종사 면허에 관한 사항 중 틀린 것은?

① 시장·군수 또는 구청장에게 건설기계조종사 면허를 받아야 한다.
② 건설기계조종사면허는 건설기계의 종류별로 받아야 한다.
③ 5톤 미만의 불도저는 교육과정을 이수함으로써 기술자격의 취득을 대신할 수 있다.
④ 특수건설기계 조종은 특수조종면허를 받아야 한다.

> 특수건설기계 중 국토교통부 장관이 지정하는 건설기계는 도로교통법에 따른 운전면허를 받아서 조종할 수 있다.

33 건설기계를 운전해서는 안 되는 사람은?

① 국제운전면허증을 가진 사람
② 범칙금 납부 통고서를 교부받은 사람
③ 면허시험에 합격하고 면허증 교부 전에 있는 사람
④ 운전면허증을 분실하여 재교부 신청 중인 사람

> 면허시험에 합격했더라도 면허증을 교부 받기 전이라면 면허를 취득한 것으로 보지 않는다.

34 건설기계조종사 면허가 취소되었을 경우, 그 사유가 발생한 날로부터 며칠 이내에 면허증을 반납해야 하는가?

① 10일 이내
② 30일 이내
③ 14일 이내
④ 7일 이내

> 건설기계조종사면허를 받은 자가 다음에 해당하는 때에는 그 사유가 발생한 날부터 10일 이내에 주소지를 관할하는 시장·군수 또는 구청장에게 그 면허증을 반납하여야 한다.
> • 면허가 취소된 때
> • 면허의 효력이 정지된 때
> • 면허증의 재교부를 받은 후 잃어버린 면허증을 발견한 때

정답 29 ② 30 ④ 31 ① 32 ④ 33 ③ 34 ①

35 건설기계 조종사 면허 적성검사 기준으로 틀린 것은?

① 두 눈의 시력이 각각 0.3 이상
② 시각은 150도 이상
③ 청력은 10m의 거리에서 60데시벨을 들을 수 있을 것
④ 두 눈을 동시에 뜨고 잰 시력이 0.7 이상

> 건설기계조종사의 적성검사 기준
> - 두 눈을 동시에 뜨고 잰 시력(교정시력 포함)이 0.7이상이고 두 눈의 시력이 각각 0.3이상일 것
> - 55데시벨(보청기를 사용하는 사람은 40데시벨)의 소리를 들을 수 있고, 언어분별력이 80퍼센트 이상일 것
> - 시각은 150도 이상일 것
> - 건설기계 조종상의 위험과 장해를 일으킬 수 있는 정신질환자 또는 뇌전증환자가 아닐 것
> - 건설기계 조종상의 위험과 장해를 일으킬 수 있는 마약·대마·항정신성의약품 또는 알코올중독자가 아닐 것

36 건설기계관리법상 등록되지 아니한 건설기계를 사용하거나 운행한 자에 대한 벌칙은?

① 300만원 이하의 과태료
② 100만원 이하의 벌금
③ 1년 이하의 징역 또는 1천만원 이하의 벌금
④ 2년 이하의 징역 또는 2천만원 이하의 벌금

> 2년 이하의 징역 또는 2천만원 이하의 벌금
> - 등록되지 아니한 건설기계를 사용하거나 운행한 자
> - 등록이 말소된 건설기계를 사용하거나 운행한 자
> - 시·도지사의 지정을 받지 아니하고 등록번호표를 제작하거나 등록번호를 새긴 자
> - 건설기계의 주요 구조나 원동기, 동력전달장치, 제동장치 등 주요 장치를 변경 또는 개조한 자
> - 무단 해체한 건설기계를 사용·운행하거나 타인에게 유상·무상으로 양도한 자
> - 제작결함에 따른 시정명령을 이행하지 아니한 자
> - 등록을 하지 아니하고 건설기계사업을 하거나 거짓으로 등록을 한 자
> - 등록이 취소되거나 사업의 전부 또는 일부가 정지된 건설기계사업자로서 계속하여 건설기계사업을 한 자

37 건설기계 운전자가 조종 중 고의로 중상 2명, 경상 5명의 사고를 일으킬 때 면허처분 기준은?

① 취소
② 면허효력 정지 30일
③ 면허효력 정지 20일
④ 면허효력 정지 10일

> 건설기계조종사면허의 취소 사유
> - 거짓이나 그 밖의 부정한 방법으로 건설기계조종사면허를 받은 경우
> - 건설기계조종사면허의 효력정지기간 중 건설기계를 조종한 경우
> - 건설기계조종사면허 취득의 결격사유에 해당하게 된 경우
> - 건설기계 조종 중 고의로 사망, 중상, 경상 등을 입힌 경우
> - 건설기계 조종 중 과실로 산업안전보건법에 따른 다음의 중대재해가 발생한 경우
>   – 사망자가 1명 이상 발생한 재해
>   – 3개월 이상의 요양이 필요한 부상자가 동시에 2명 이상 발생한 재해
>   – 부상자 또는 직업성질병자가 동시에 10명 이상 발생한 재해

38 건설기계 조종사의 면허 취소 사유 설명으로 맞는 것은?(단, 산업안전보건법에 따른 중대재해가 아닌 경우이다.)

① 과실로 인하여 1명을 사망하게 하였을 때
② 면허정지 처분을 받은 자가 그 기간 중에 건설기계를 조종한 때
③ 과실로 인하여 10명에게 경상을 입힌 때
④ 건설기계로 1천만원 이상의 재산 피해를 냈을 때

정답 35 ③ 36 ④ 37 ① 38 ②

CHAPTER 02 안전관리

Craftsman Loader Operator

Lesson 01 산업안전

1. 산업안전일반

1) 안전관리와 재해

① 안전사고와 재해
  ㉮ 안전사고 : 고의성이 없는 어떤 불안전한 행동이나 조건이 선행되어 발생하는 사고
  ㉯ 재해(Loss, Calamity) : 안전사고의 결과로 일어난 인명피해 및 재산의 손실
  ㉰ 무재해 사고(near accident, 아차사고) : 인명이나 물적 등 일체의 피해가 없는 사고

② 산업재해의 통계적 분류
  ㉮ 사망 : 업무로 인해서 목숨을 잃게 되는 경우
  ㉯ 중경상 : 부상으로 인하여 8일 이상의 노동 상실을 가져온 상해 정도
  ㉰ 경상해 : 부상으로 1일 이상 7일 이하의 노동 상실을 가져온 상해 정도
  ㉱ 무상해 사고 : 응급처치 이하의 상처로 작업에 종사하면서 치료를 받는 상해 정도

③ **재해예방의 4원칙** : 손실 우연의 원칙, 원인 계기의 원칙, 예방 가능의 원칙, 대책 선정의 원칙

④ **무재해운동의 3원칙** : 무(zero)의 원칙, 선취의 원칙, 전원참가의 원칙

2) 재해의 원인

① **직접원인(물적요인)**
  ㉮ 불안전한 행동(행위) : 위험장소 접근, 안전장치의 기능 제거, 복장·보호구의 잘못사용, 기계·기구 잘못사용, 운전 중인 기계장치의 손질, 불안전한 속도 조작, 위험물 취급 부주의, 불안전한 상태 방치, 불안전한 자세 동작, 감독 및 연락 불충분
  ㉯ 불안전한 상태 : 물 자체 결함, 안전 방호장치 결함, 보호구의 결함, 물의 배치 및 작업장소 결함, 작업환경의 결함, 생산 공정의 결함, 경계표시·설비의 결함

② **간접원인**
  ㉮ 기술적 원인 : 건물·기계장치 설계 불량, 구조·재료의 부적합, 생산 공정의 부적당, 점검·정비·보존 불량
  ㉯ 교육적 원인 : 안전의식의 부족, 안전수칙의 오해, 경험훈련의 미숙, 작업방법의 교육 불충분, 유해위험 작업의 교육 불충분

㉰ 관리적 원인 : 안전관리 조직 결함, 안전수칙 미제정, 작업준비 불충분, 인원배치 부적당, 작업지시 부적당

3) 재해율 계산

① **연천인율** : 근로자 1,000명당 1년간에 발생하는 재해자 수를 뜻한다.

$$연천인율 = \frac{재해자수}{평균 근로자수} \times 1,000$$

② **도수율(빈도율)** : 도수율은 연 100만 근로시간당 몇 건의 재해가 발생했는가를 나타낸다.

$$도수율 = \frac{재해자수}{연간 총근로시간} \times 1,000,000$$

③ **연천인율과 도수율의 관계** : 연천인율과 도수율의 관계는 그 계산기준이 다르기 때문에 정확히 환산하기는 어려우나 재해발생율을 서로 비교하려 할 경우 다음 식이 성립한다.

$$연천인율 = 도수율 \times 2.4 \text{ 또는 } 도수율 = \frac{연천인율}{2.4} \times 1,000$$

④ **강도율** : 산업재해의 경중의 정도를 알기 위해 많이 사용되며, 근로시간 1,000시간당 발생한 근로손실일수를 뜻한다.

$$강도율 = \frac{총 근로손실일수}{연간 총근로시간} \times 1,000$$

2 안전표지와 색채

1) 안전보건표지의 색채

① **금지표지** : 바탕은 흰색, 기본모형은 빨간색, 관련 부호 및 그림은 검은색
② **경고표지** : 바탕은 노란색, 기본모형, 관련 부호 및 그림은 검은색. 다만, 인화성물질 경고, 산화성물질 경고, 폭발성물질 경고, 급성독성물질 경고, 부식성물질 경고 및 발암성·변이원성·생식독성·전신독성·호흡기과민성 물질 경고의 경우 바탕은 무색, 기본모형은 빨간색(검은색도 가능)
③ **지시표지** : 바탕은 파란색, 관련 그림은 흰색
④ **안내표지** : 바탕은 흰색, 기본모형 및 관련 부호는 녹색 또는 바탕은 녹색, 관련 부호 및 그림은 흰색
⑤ **출입금지표지** : 글자는 흰색바탕에 흑색. 단, 다음 글자는 적색
㉮ ○○○제조/사용/보관 중
㉯ 석면취급/해체 중
㉰ 발암물질 취급 중

2) 안전보건표지의 색채, 색도기준 및 용도

색채	색도기준	용도	사용례
빨간색	7.5R 4/14	금지	정지신호, 소화설비 및 그 장소, 유해행위의 금지
		경고	화학물질 취급장소에서의 유해·위험 경고
노란색	5Y 8.5/12	경고	화학물질 취급장소에서의 유해·위험 경고 이외의 위험 경고, 주의표지 또는 기계방호물
파란색	2.5PB 4/10	지시	특정 행위의 지시 및 사실의 고지
녹색	2.5G 4/10	안내	비상구 및 피난소 사람 또는 차량의 통행 표시
흰색	N9.5	–	파란색 또는 녹색에 대한 보조색
검은색	N0.5	–	문자 및 빨간색 또는 노란색에 대한 보조색

3) 안전보건표지의 종류

Lesson 02 작업 및 화재안전

1 수공구 · 전동공구 사용시 주의사항

1) 스패너 렌치

① 스패너의 입이 너트 폭과 맞는 것을 사용하고 입이 변형된 것은 사용치 않는다.

② 스패너를 너트에 단단히 끼워서 앞으로 잡아 당길 때 힘이 걸리도록 한다.

③ 스패너를 두 개로 연결하거나 자루에 파이프를 이어 사용해서는 안 된다.

④ 멍키 렌치는 웜과 랙의 마모에 유의하여 물림상태를 확인한 후 사용한다.

⑤ 멍키 렌치는 아래 턱 방향으로 돌려서 사용한다.

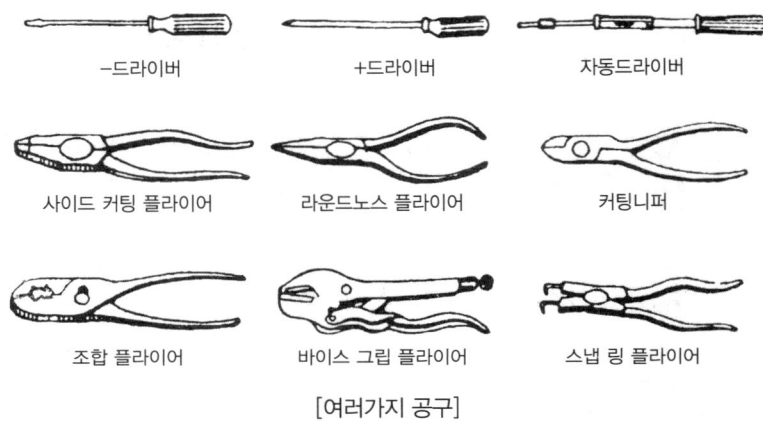

[여러가지 공구]

⑥ 복스 렌치는 볼트, 너트 주위를 완전히 감싸게 되어 사용 중에 미끄러지지 않는다.

⑦ 토크 렌치는 볼트나 너트의 조임력을 규정값에 정확히 맞도록 하기 위해 사용하며, 오픈 엔드 렌치는 연료 파이프 피팅을 풀고 조일 때 사용한다.

2) 해머

① 자루가 꺾여질 듯 하거나 타격면이 닳아 경사진 것은 사용하지 않는다.

② 쐐기를 박아서 자루가 단단한 것을 사용한다.

③ 작업에 맞는 무게의 해머를 사용하고 또 주위상황을 확인하고 한두번 가볍게 친 다음 본격적으로 두들긴다.

④ 장갑이나 기름 묻은 손으로 자루를 잡지 않는다.

⑤ 재료에 변형이나 요철이 있을 때 해머를 타격하면 한쪽으로 튕겨서 부상당할 수 있으므로 주의한다.

⑥ 담금질한 것은 함부로 두들겨서는 안 된다.

⑦ 물건에 해머를 대고 몸의 위치를 정하여 발을 힘껏 딛고 작업한다.

⑧ 처음부터 크게 휘두르지 않고 목표에 잘 맞기 시작한 후 차차 크게 휘두른다.

3) 정 작업시 안전수칙

① 머리가 벗겨진 정은 사용하지 않는다.
② 정 머리에 기름이 묻어 있으면 깨끗이 닦아내고 사용한다.
③ 날끝이 결손된 것이나 둥글어진 것은 사용하지 않는다.
④ 방진안경을 착용하며 반대편의 차폐막을 설치한다.
⑤ 정 작업은 처음에는 가볍게 두들기고 목표가 정해진 후에 차츰 세게 두들긴다. 또 작업이 끝날 때에는 타격을 약하게 한다.
⑥ 담금질한 재료를 정으로 쳐서는 안 된다.
⑦ 절삭 면을 손가락으로 만지거나 절삭 칩을 손으로 제거하지 않도록 한다.

4) 연삭기 작업의 안전수칙

① 안전 커버를 떼고 작업해서는 안 된다.
② 숫돌 바퀴에 균열이 있는가 확인한다.
③ 나무 해머로 가볍게 두드려 보아 맑은 음이 나는가 확인한다. 만약 상처가 있으면 탁음이 난다.
④ 숫돌차의 과속 회전은 파괴의 원인이 되므로 유의한다.
⑤ 숫돌차의 표면이 심하게 변형된 것은 반드시 수정(dressing)해야 한다.
⑥ 받침대(rest)는 숫돌차의 중심선보다 낮게 하지 않는다. 작업 중 일감이 빨려 들어갈 위험이 있기 때문이다.
⑦ 숫돌차의 주면과 받침대와의 간격은 3mm 이내로 유지해야 한다.
⑧ 연삭 숫돌을 교환한 후에는 시운전을 3분 이상 한 후에 작업을 시작하여야 한다.
⑨ 숫돌 바퀴가 안전하게 끼워졌는지 확인한다.
⑩ 연삭기의 커버는 충분한 강도를 가진 것으로 규정된 치수의 것을 사용한다.
⑪ 숫돌차의 측면에 서서 연삭해야 하며 반드시 보호안경을 써야 한다.

2 용접 관련 작업

1) 가스 용접 작업을 할 때의 안전수칙

① 봄베 주둥이 쇠나 몸통에 녹이 슬지 않도록 오일이나 그리스를 바르면 폭발한다.
② 토치는 반드시 작업대 위에 놓고 기름이나 그리스가 묻지 않도록 한다.
③ 가스를 완전히 멈추지 않거나 점화된 상태로 방치해 두지 말아야 한다.
④ 봄베는 던지거나 넘어뜨리지 말아야 한다.
⑤ 산소 용기의 보관 온도는 40℃ 이하로 해야 한다.
⑥ 아세틸렌 밸브를 먼저 열고 점화한 후 산소 밸브를 연다.
⑦ 점화는 성냥불로 직접하지 않으며, 반드시 소화기를 준비해야 한다.

⑧ 산소 용접할 대 역류·역화가 일어나면 빨리 산소 밸브부터 잠가야 한다.

⑨ 운반할 때에는 운반용으로 된 전용 운반차량을 사용한다.

● 고압가스 용기의 도색

가스의 종류	도색의 구분	가스의 종류	도색의 구분
액화석유가스(LPG)	회색	산소	녹색(호스는 흑색 또는 녹색)
수소	주황색	아세틸렌	황색(호스는 적색)

2) 산소-아세틸렌 사용할 때의 안전수칙

① 산소는 산소병에 35℃에서 150기압으로 압축 충전한다.

② 아세틸렌의 사용 압력은 1기압이며, 1.5기압 이상이면 폭발할 위험성이 있다.

③ 산소 봄베에서 산소의 누출여부를 확인하는 방법으로 가장 안전한 것은 비눗물 사용이다.

④ 산소통의 메인 밸브가 얼었을 때 약 40℃ 이하의 물로 녹여야 한다.

⑤ 아세틸렌 도관(호스)은 적색, 산소 도관은 흑색으로 구별한다.

3) 카바이드를 취급할 때 안전수칙

① 밀봉해서 보관한다.

② 인화성이 없는 곳에 보관한다.

③ 저장소에 전등을 설치할 경우 방폭 구조로 한다.

④ 카바이드를 습기가 있는 곳에 보관을 하면 수분과 카바이드가 작용하여 아세틸렌 가스를 발생시키고, 소석회로 변화한다.

⑤ 카바이드 저장소에는 전등 스위치가 옥내에 있으면 위험하다.

3 운반·작업상의 안전

1) 작업시의 크레인 안전사항

① 크레인 안전 규칙에 정해진 자가 운전하도록 한다.

② 과부하 제한, 경사각의 제한, 기타 안전 수칙의 정해진 사항을 준수한다.

③ 운전자 교체시 인수인계를 확실히 하고 필요조치를 행한다.

④ 크레인 승강은 지정된 사다리를 이용하여 오르고 내린다.

⑤ 매일 작업개시 전 권과 방지 장치, 브레이크, 클러치, 컨트롤러 기능, 와이어 로프의 이상 여부 등을 점검하고, 움직일 때는 경적이나 전등을 밝힌다.

⑥ 정비 점검시는 반드시 안전표시를 부착한다.

⑦ 위로 올릴 때는 훅 화물이 중심에 똑바로 되도록 하여 움직인다.
⑧ 화물 위에 사람이 승차하지 않도록 한다.
⑨ 크레인은 신호수와 호흡을 맞춰 운반한다.
⑩ 주행, 횡행, 선회 운전 시 급격한 이동을 금한다.
⑪ 운전 중에 정지할 경우에는 컨트롤러를 정지 위치에 놓고 메인 스위치를 내린다.
⑫ 운전 중에 점검, 송유 등을 하지 않는다.
⑬ 운전실을 이탈하지 않는다. 이탈시는 필히 스위치를 내린다.

2) 작업장의 정리정돈 사항

① 작업장에 불필요한 물건이나 재료 등을 제거하여 정리정돈을 철저히 하여야 한다.
② 작업 통로상에는 통행에 지장을 초래하는 장애물을 놓아서는 안되며 용접선, 그라인더선, 제품 적재 등 작업장에 무질서하게 방치하면 발이 걸려 낙상 사고를 당한다.
③ 벽이나 기둥에 불필요한 것이 있으면 제거하여야 한다.
④ 작업대 및 캐비닛 위에 물건이 불안전하게 놓여 있다면 안전하게 정리정돈하여야 한다.
⑤ 각 공장 통로 바닥에 기름기가 없어야 하며, 기름기를 완전히 제거할 수 없을 경우에는 모래를 깔아 낙상 사고를 방지하여야 한다.
⑥ 어두운 조명은 교체 사용하며, 제품 및 물건들을 불안전하게 적치해서는 안 된다.
⑦ 각 공장 작업장의 통로 표식을 폭 넓이 80cm 이상 황색으로 표시해야 한다.
⑧ 노후 및 퇴색한 안전표시판 및 각종 안전표시판을 교체 부착하여 안전의식을 고취시킨다.
⑨ 작업장 바닥에 기름을 흘리지 말아야 하며 흘린 기름은 즉시 제거한다.
⑩ 공구 등은 사용 후 공구함, 공구대 등 지정된 장소에 두어야 한다.
⑪ 작업이 끝나면 항상 정리정돈을 해야 한다.

3) 작업 복장의 착용 요령

① 작업 종류에 따라 규정된 복장, 안전모, 안전화 및 보호구를 착용하여야 한다.
② 복장은 몸에 알맞은 것을 착용해야 한다.(주머니가 많은 것도 좋지 않다.)
③ 작업복의 소매와 바지의 단추를 풀면 안 되며, 상의의 옷자락이 밖으로 나오지 않도록 하여 단정한 옷 차림을 갖추어야 한다.
④ 수건을 허리에 차거나 어깨나 목에 걸지 않도록 한다.
⑤ 오손된 작업복이나 지나치게 기름이 묻은 작업복은 착용할 수 없다.
⑥ 신발은 가죽 제품으로 만든 튼튼한 안전화를 착용하고 장갑은 작업 용도에 따라 적합한 것을 착용한다.

4 안전모

1) 안전모의 선택 방법
① 작업 성질에 따라 머리에 가해지는 각종 위험으로부터 보호할 수 있는 종류의 안전모를 선택해야 한다.
② 규격에 알맞고 성능 검정에 합격한 제품이어야 한다(성능 검정은 한국산업안전공단에서 실시하는 성능 시험에 합격한 제품을 말함).
③ 가볍고 성능이 우수하며 머리에 꼭 맞고 충격 흡수성이 좋아야 한다.

2) 안전모의 종류
안전모는 다음의 표와 같이 다양한 종류가 있으므로 작업 내용에 따라 선정되어야 한다. 또 안전모를 착용하였을 때의 효과를 높이기 위해서는 사용시에 벗겨지는 일이 없도록 턱끈을 확실히 조이는 등 올바른 착용 방법에 대해 작업자에게 지도하는 것이 중요하다.

종류기호	사용 구분	모체의 재질	내전압성
AB	물체의 낙하 또는 비래(날아옴) 및 추락에 의한 위험을 방지 또는 경감시키기 위한 것	합성수지	비내전압성
AE	물체의 낙하 또는 비래(날아옴)에 의한 위험을 방지 또는 경감하고, 머리 부위 감전에 의한 위험을 방지하기 위한 것	합성수지(FRP)	내전압성
ABE	물체의 낙하 또는 비래(날아옴) 및 추락에 의한 위험을 방지 또는 경감하고, 머리 부위 감전에 의한 위험을 방지하기 위한 것	합성수지(FRP)	내전압성

※ 내전압성이란 7,000V 이하의 전압에 견디는 것을 말한다.
※ FRP : Fiber Glass Reinfocest Plastic(유리섬유 강화 플라스틱)

3) 안전모의 명칭 및 규격
산업 현장에서 사용되는 안전모의 각 부품 명칭은 다음 그림과 같다. 모체는 합성수지 또는 강화 플라스틱제이며 착장제 및 턱끈은 합성면포 또는 가죽이고 충격 흡수용으로 발포성 스티로폼을 사용하며, 폭은 10mm 이상이어야 한다. 안전모의 무게는 턱끈 등의 부속품을 제외한 무게가 440g을 초과해서는 안된다.

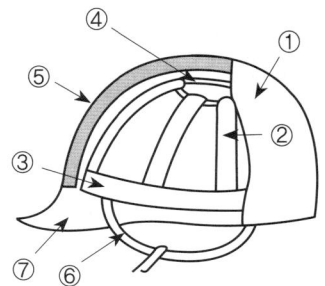

①	모체	
②	착장체	머리받침끈
③		머리고정대
④		머리받침고리
⑤	충격흡수재	
⑥	턱끈	
⑦	모자챙(차양)	

[안전모의 명칭]

5 기타 보호구 관련 사항

1) 보호구의 구비조건
① 착용이 간편할 것
② 작업에 방해가 되지 않도록 할 것
③ 유해 · 위험요소에 대한 방호성능이 충분할 것
④ 재료의 품질이 양호할 것
⑤ 구조와 끝마무리가 양호할 것
⑥ 외양과 외관이 양호할 것

2) 보호구의 사용원칙
① 보호구는 보호구 사용을 필요로 하는 작업에서는 반드시 착용할 것
② 보호구는 위험 대상물에 대해 충분한 보호 효과를 가질 것
③ 보호구는 착용한 사람에게 유해한 작용을 미치지 않을 것
④ 보호구는 착용이 간편하며 작업하기 쉬울 것
⑤ 보호구는 견고하며 내구성이 있고 외관도 미려할 것

3) 보호구의 종류와 적용 작업

보호구의 종류	구분	적용 작업 및 작업장
호흡용 보호구	방진마스크	분체작업, 연마작업, 광택작업, 배합작업
	방독마스크	유기용제, 유기가스, 미스트, 흄발생작업
	송기마스크, 산소호흡기, 공기호흡기	저장조, 하수구 등 청소 및 산소결핍 위험작업장
청력 보호구	귀마개, 귀덮개	소음발생 작업장
안구 및 시력 보호구	전안면 보호구	강력한 분진비산작업과 유해광선 발생작업
	시력보호 안경	유해광선 발생 작업보호의와 장갑, 장화
안전화, 안전장갑	장갑	피부로 침입하는 화학물질 또는 강산성물질 취급 작업
	장화	피부로 침입하는 화학물질 또는 강산성물질 취급 작업
보호복	방열복, 방열면	고열발생 작업장
	전신보호복	강산 또는 맹독유해물질이 강력하게 비산되는 작업
	부분보호복	강산 또는 맹독유해물질이 심하게 비산되지 않는 작업
피부보호크림	–	피부염증 또는 홍반 유발 물질에 노출되는 작업장

4) 안전화 등급 및 사용 장소

① **중작업용 안전화** : 광업, 건설업 및 철광업등에서 원료취급, 가공, 강재취급 및 강재 운반, 건설업 등에서 중량물 운반작업, 가공대상물의 중량이 큰 물체를 취급하는 작업장으로서 날카로운 물체에 의해 찔릴 우려가 있는 장소

② **보통작업용 안전화** : 기계공업, 금속가공업, 운반, 건축업 등 공구 가공품을 손으로 취급하는 작업 및 차량 사업장, 기계 등을 운전조작하는 일반작업장으로서 날카로운 물체에 의해 찔릴 우려가 있는 장소에서 사용

③ **경작업용 안전화** : 금속 선별, 전기제품 조립, 화학제품 선별, 반응장치 운전, 식품 가공업 등 비교적 경량의 물체를 취급하는 작업장으로서 날카로운 물체에 의해 찔릴 우려가 있는 장소에서 사용

6 화재안전

1) 연소의 3요소

① **가연물** : 목재, 종이 등 산소와 반응하여 발열 반응하는 물질
② **산소공급원** : 산소, 공기 등
③ **점화원** : 전기불꽃, 정전기불꽃, 충격마찰의 불꽃, 단열압축, 나화 및 고온표면 등

2) 소화효과

① **냉각소화** : 냉각에 의한 소화방법, 액체의 증발잠열 또는 열용량이 큰 고체를 이용
② **질식소화** : 산소의 공급을 차단하는 소화방법, 산소농도 저하로 인한 소화
③ **제거소화** : 가연물을 제거하여 소화, 기체 및 액체로 인한 대화재의 경우 유일한 소화법
④ **억제소화** : 연속적 관계의 차단 소화방법, 할로겐, 알칼리 금속 첨가로 불활성화

3) 화재등급별 소화방법

구분	A급 화재	B급 화재	C급 화재	D급 화재
명칭	일반화재	유류화재	전기화재	금속화재(Al, Mg)
주 소화효과	냉각	질식	냉각, 질식	질식
적응 소화제	• 물 소화기 • 강화액 소화기	• CO_2 소화기 • 포말 소화기 • 분말 소화기 • 증발성 액체 소화기	• 유기성 소화액 • CO_2 소화기 • 분말 소화기	• 건조사 • 팽창 질석 • 팽창 진주암
구분색	백색	황색	청색	–

4) 이산화탄소(CO_2) 및 할로겐화합물 소화약제의 특징

① 소화속도가 빠르다.

② 저장에 의한 변질이 없어 장기간 저장이 용이하다.

③ 밀폐공간에서는 질식 및 중독의 위험성 때문에 사용이 제한된다.

④ 전기 절연성이 우수하며 부식성이 없다.

5) 소화기 사용방법

① **포말소화기 사용법**

㉮ 노즐의 끝을 손으로 막고 통을 옆으로 눕힌다.

㉯ 밑의 손잡이를 잡고 소화 약액이 혼합되도록 흔든다.

㉰ 노점을 화점에 향하고 손을 놓는다.

② **분말소화기 사용법**

㉮ 안전핀을 뽑는다.

㉯ 호스를 불꽃에 향하게 한다.

㉰ 레버를 힘껏 누른다.

㉱ 화점 부위에 접근하여 방사한다.

CHAPTER 02 적중 예상문제

CHAPTER 02 | 안전관리

Lesson 1 산업안전

01 다음 중 안전보건표지의 종류가 아닌 것은?

① 안내표지 ② 허가표지
③ 지시표지 ④ 금지표지

> 안전보건표지의 종류 : 금지표지, 경고표지, 지시표지, 안내표지

02 산업안전 색채 종류 중 빨간색으로 표시되지 않는 것은?

① 방화표지 ② 주의표지
③ 금지표지 ④ 방향표지

> 안전보건표지의 색채
> • 금지표지 : 바탕은 흰색, 기본모형은 빨간색, 관련 부호 및 그림은 검은색
> • 경고표지 : 바탕은 노란색, 기본모형, 관련 부호 및 그림은 검은색. 다만, 인화성물질 경고, 산화성물질 경고, 폭발성물질 경고, 급성독성물질 경고, 부식성물질 경고 및 발암성 · 변이원성 · 생식독성 · 전신독성 · 호흡기과민성 물질 경고의 경우 바탕은 무색, 기본모형은 빨간색(검은색도 가능)
> • 지시표지 : 바탕은 파란색, 관련 그림은 흰색
> • 안내표지 : 바탕은 흰색, 기본모형 및 관련 부호는 녹색 또는 바탕은 녹색, 관련 부호 및 그림은 흰색

03 안전보건표지 중 안내표지의 바탕색으로 맞는 것은?

① 검은색 ② 녹색
③ 빨간색 ④ 노란색

> 안내표지 : 바탕은 흰색, 기본모형 및 관련 부호는 녹색 또는 바탕은 녹색, 관련 부호 및 그림은 흰색

04 산업안전 녹색표지 부착위치로서 잘못된 것은?

① 안전모의 좌 · 우면
② 안전완장
③ 작업복의 우측 어깨
④ 작업복의 오른쪽 가슴위치

05 다음 그림의 안전보건표지가 나타내는 것은?

① 녹십자 표지
② 출입금지
③ 인화성 물질경고
④ 보안경 착용

> 안전보건표지
> | 출입금지 | 인화성 물질경고 | 보안경 착용 |

06 안전보건표지에서 그림이 표시하는 것으로 맞는 것은?

① 독극물 경고
② 폭발물 경고
③ 고압전기 경고
④ 낙하물 경고

> 안전보건표지
> | 독극물 경고 | 폭발물 경고 | 낙하물 경고 |

07 안전보건표지에서 그림이 나타내는 것으로 맞는 것은?

① 비상구 표지 ② 방사선 위험 표지
③ 탑승 금지 표지 ④ 보행금지 표지

정답 1. 산업안전 01 ② 02 ② 03 ② 04 ④ 05 ① 06 ③ 07 ④

🔍 **안전보건표지**

비상구 표지	방사선 위험 표지	탑승 금지 표지

08 다음 그림은 안전보건표지의 어떠한 내용을 나타내는가?

① 지시표지
② 금지표지
③ 경고표지
④ 안내표지

🔍 **지시표시**

보안경 착용	방독마스크 착용	방진마스크 착용	보안면 착용	안전모 착용
귀마개 착용	안전화 착용	안전장갑 착용	안전복 착용	

09 다음의 안전보건표지가 나타내는 것은?

① 비상구
② 출입금지
③ 인화성 물질 경고
④ 보안경 착용

🔍 **안전보건표지**

비상구	인화성 물질경고	보안경 착용

10 건설기계 조종사가 일반적인 작업조건에 의해 생길 수 있는 직업병은?

① 난청
② 납 중독
③ 신경통
④ 벤젠 중독

🔍 건설기계 조종사의 작업조건을 고려하면 소음 등에 의해 청각과 관련된 직업병이 생길 수 있다.

11 산업안전에서 안전의 3요소와 가장 거리가 먼 것은?

① 관리적 요소
② 자본적 요소
③ 기술적 요소
④ 교육적 요소

🔍 **산업안전의 3요소**
• 기술적 요소 : 설계상 결함, 장비 불량, 안전시설 미설치
• 교육적 요소 : 안전교육 미실시, 작업태도 및 작업방법 불량
• 관리적 요소 : 안전관리 조직 미편성, 적성을 고려하지 않은 배치, 작업환경 불량

12 다음은 재해 발생시 조치요령이다. 조치순서로 맞는 것은?

㉠ 운전정지	㉡ 2차 재해방지
㉢ 피해자 구조	㉣ 응급처치

① ㉠-㉢-㉡-㉣
② ㉠-㉢-㉣-㉡
③ ㉢-㉣-㉠-㉡
④ ㉢-㉣-㉡-㉠

🔍 재해발생 시 조치요령 : 운전정지 → 피해자 구조 → 응급처치 → 2차 재해방지

13 작업장에서 안전모를 쓰는 이유는?

① 작업원의 사기 진작을 위해
② 작업원의 안전을 위해
③ 작업원의 멋을 위해
④ 작업원의 합심을 위해

🔍 보호구를 사용하는 목적은 작업장에서의 안전을 위한 것이다.

14 감전되거나 전기화상을 입을 위험이 있는 작업에서 제일 먼저 작업자가 구비해야할 것은?

① 완강기
② 구급차
③ 보호구
④ 신호기

정답 08 ① 09 ② 10 ① 11 ② 12 ② 13 ② 14 ③

> 감전 등의 위험이 있는 작업장에서는 내전압성을 갖춘 안전모 등의 보호구를 착용하여야 한다.

15 안전작업 사항으로 잘못된 것은?

① 전기장치는 접지를 하고, 이동식 전기기구는 방호장치를 한다.
② 엔진에서 배출되는 일산화탄소에 대비한 통풍장치를 설치한다.
③ 담뱃불은 발화력이 약하므로 어느 곳에서나 흡연해도 무방하다.
④ 주요 장비 등은 조작자를 지정하여 누구나 조작하지 않도록 한다.

16 안전보호구 선택 시 유의사항으로 틀린 것은?

① 보호구 검정에 합격하고 보호성능이 보장될 것
② 착용이 용이하고 크기 등 사용자에게 편리할 것
③ 작업 행동에 방해되지 않을 것
④ 반드시 강철로 제작되어 안전 보장형일 것

> 보호구의 구비조건
> • 착용이 간편할 것
> • 작업에 방해가 되지 않도록 할 것
> • 유해·위험요소에 대한 방호성능이 충분할 것
> • 재료의 품질이 양호할 것
> • 구조와 끝마무리가 양호할 것
> • 외양과 외관이 양호할 것

17 안전사고와 부상의 종류에서 중상해란 어느 정도의 상해를 말하는가?

① 부상으로 1주 이상의 노동 손실을 가져온 상해 정도
② 부상으로 2주 이상의 노동 손실을 가져온 상해 정도
③ 부상으로 3주 이상의 노동 손실을 가져온 상해 정도
④ 부상으로 4주 이상의 노동 손실을 가져온 상해 정도

> 산업재해의 통상적인 분류에 의하면 중경상은 부상으로 인하여 8일 이상의 노동손실을 가져온 상해정도를 말하며, 안전사고와 부상의 종류에서 중상해란 부상으로 2주 이상의 노동손실을 가져온 상해정도를 말한다.

Lesson 2 작업 및 화재안전

01 일반공구 사용법에서 안전한 사용법에 적합치 않은 것은?

① 녹이 생긴 볼트나 너트에는 오일을 넣어 스며들게 한 다음 돌린다.
② 렌치에 파이프 등의 연장대를 끼워서 사용하여서는 안된다.
③ 언제나 깨끗한 상태로 보관한다.
④ 렌치의 조정 조에 잡아당기는 힘이 가해져야 한다.

> 렌치는 잡아당길 수 있는 위치에서 작업하도록 하며, 렌치의 조정 조에 잡아 당기는 힘이 가해져서는 안 된다.

02 작업에 필요한 수공구의 보관에 알맞지 않는 것은?

① 공구함을 준비하여 종류와 크기별로 보관한다.
② 사용한 수공구는 방치하지 말고 소정의 장소에 보관한다.
③ 날이 있거나 뾰족한 물건은 위험하므로 뚜껑을 씌워둔다.
④ 회전숫돌은 오래 사용하기 위하여 수분이 있는 곳에 보관한다.

03 작업장에서 수공구 재해예방 대책으로 잘못된 사항은?

① 결함이 없는 안전한 공구 사용
② 공구의 올바른 사용과 취급
③ 공구는 항상 오일을 바른 후 보관
④ 작업에 알맞은 공구 사용

> 공구는 면 걸레로 깨끗이 닦아서 지정된 장소에 보관하여야 한다.

04 스패너, 렌치를 사용할 때의 주의사항으로 적합하지 않는 것은?

① 너트에 맞는 것을 사용한다.
② 스패너 또는 렌치는 뒤로 밀어 돌려야 한다.
③ 해머 대용으로 사용하지 않는다.
④ 무리한 힘을 가하지 않는다.

정답 15 ③ 16 ④ 17 ② **2. 작업 및 화재안전** 01 ④ 02 ④ 03 ③ 04 ②

🔍 스패너나 렌치는 앞으로 잡아 당길 때 힘이 걸리도록 해야 한다.

05 수공구 사용상의 재해의 원인이 아닌 것은?

① 잘못된 공구 선택
② 사용법의 미숙지
③ 공구의 점검 소홀
④ 연마된 공구 사용

06 렌치 사용시 적합지 않는 것은?

① 너트에 맞는 것을 사용할 것
② 렌치를 몸 밖으로 밀어 움직이게 할 것
③ 해머 대용으로 사용치 말 것
④ 파이프 렌치를 사용할 때는 정지상태를 확실히 할 것

🔍 렌치는 앞으로 잡아 당길 때 힘이 걸리도록 해야 한다.

07 복스렌치가 오픈렌치보다 많이 사용되는 이유로 가장 적합한 것은?

① 볼트, 너트 주위를 완전히 감싸게 되어 있어서 사용 중 미끄러지지 않는다.
② 여러 가지 크기의 볼트, 너트에 사용할 수 있다.
③ 값이 싸며, 적은 힘으로 작업할 수 있다.
④ 가볍고, 사용하는데 양손으로 사용할 수 있다.

🔍 복스 렌치는 오픈 렌치와 규격이 동일하지만, 여러 방향에서 사용이 가능하며, 볼트나 너트 주위를 완전히 감싸게 되어 있어서 사용 중에 미끄러지지 않은 장점이 있다.

08 소켓 렌치 사용에 대한 설명으로 틀린 것은?

① 임펙트용으로 사용되므로 수작업시는 사용하지 않도록 한다.
② 큰 힘으로 조일 때 사용한다.
③ 오픈 렌치와 규격이 동일하다.
④ 사용 중 잘 미끄러지지 않는다.

🔍 소켓 렌치는 큰 힘으로 조일 때 사용하며 수작업 시 효과적으로 사용된다.

09 수공구인 렌치를 사용할 때 지켜야 할 안전사항으로 옳은 것은?

① 볼트를 조일 때 렌치를 해머로 쳐서 조이면 강하게 조일 수 있다.
② 볼트를 풀 때 렌치를 당겨서 힘을 받도록 한다.
③ 렌치는 연장대를 끼워서 조이면 큰 힘을 조일 수 있다.
④ 볼트를 풀 때 지렛대 원리를 이용하여 렌치를 밀어서 힘이 받도록 한다.

10 스패너 작업 방법으로 안전상 올바른 것은?

① 스패너로 죄고 풀 때 항상 앞으로 당긴다.
② 스패너로 볼트를 죌 때는 앞으로 당기고 풀 때는 뒤로 민다.
③ 스패너 사용시 몸의 중심을 항상 옆으로 한다.
④ 스패너의 입이 너트의 치수보다 조금 큰 것을 사용한다.

11 드라이버 사용방법으로 틀린 것은?

① 날 끝이 홈의 폭과 길이에 맞는 것을 사용한다.
② 날 끝이 수평이어야 한다.
③ 전기작업시에는 절연된 자루를 사용한다.
④ 작은 공작물은 가능한 손으로 잡고 작업한다.

🔍 작은 크기의 부품인 경우 바이스에 고정시키고 작업하도록 한다.

12 드라이버(driver)의 올바른 사용법으로 가장 적절하지 않는 것은?

① 날 끝이 재료의 홈에 맞는 것을 사용한다.
② 공작물을 바이스(vise)에 고정시킨다.
③ 강하게 조여있는 작은 공작물은 손으로 단단히 잡고 조인다.
④ 전기작업시 절연된 손잡이를 사용한다.

13 일반적으로 장갑을 착용하고 작업을 하게 되는데, 안전을 위하여 오히려 장갑을 사용하지 않아야 하는 작업은?

① 전기 용접 작업   ② 해머 작업
③ 타이어 교환 작업   ④ 건설기계 운전

정답 05 ④ 06 ② 07 ① 08 ① 09 ② 10 ① 11 ④ 12 ③ 13 ②

🔍 해머작업 시 장갑을 끼면 미끄러질 수 있기 때문에 장갑은 착용하지 말아야 한다.

14 해머 사용 중 사용법이 틀린 것은?

① 타격면이 닳아 경사진 것은 사용하지 않는다.
② 장갑이나 기름묻은 손으로 자루를 잡지 않는다.
③ 담금질한 것은 단단하므로 한 번에 정확히 타격한다.
④ 물건에 해머를 대고 몸의 위치를 정한다.

🔍 해머를 사용할 때는 처음에는 작게 휘두르고 차차 크게 휘두르며, 열처리 된 재료는 해머리 타격하지 않아야 한다.

15 해머 사용 시 주의사항이 아닌 것은?

① 쐐기를 박아서 자루가 단단한 것을 사용한다.
② 기름이 묻은 손으로 자루를 잡지 않는다.
③ 타격면이 닳아 경사진 것은 사용하지 않는다.
④ 처음에는 크게 휘두르고, 차차 작게 휘두른다.

🔍 처음에는 작게 휘두르고, 차차 크게 휘두른다.

16 다음 중 일반 드라이버 사용시 안전수칙으로 틀린 것은?

① 정을 대신할 때는 드라이버를 사용한다.
② 드라이버에 충격압력을 가하지 말아야 한다.
③ 자루가 쪼개졌거나 또한 허슬한 드라이버는 사용하지 않는다.
④ 드라이버의 끝을 항상 양호하게 관리하여야 한다.

🔍 드라이버를 정 대신으로 사용해서는 안 된다.

17 인화성 물질이 아닌 것은?

① 아세틸렌 가스 ② 가솔린
③ 프로판 가스   ④ 산소

🔍 인화성 가스(flammable gas)
• 대기 중 산소농도가 보통인 경우에도 발화할 수 있는 가스
• 공기, 산소 또는 아산화질소와 일정 비율로 혼합될 경우 발화할 수 있는 가스

18 아세틸렌 가스 용기의 취급 방법 중 틀린 것은?

① 용기의 온도는 50℃ 이하로 유지할 것
② 용기는 반드시 세워서 보관할 것
③ 전도, 전락 방지 조치를 할 것
④ 충전용기와 빈 용기는 명확히 구분하여 각각 보관할 것

🔍 아세틸렌 가스 용기의 온도는 40℃ 이하로 유지하여야 한다.

19 다음에서 산소가스 용접기에 사용되는 용기의 도색으로 모두 맞는 것은?

| ㉠ 산소 – 녹색   ㉡ 수소 – 흰색 |
| ㉢ 아세틸렌 – 황색 |

① ㉠
② ㉡, ㉢
③ ㉠, ㉢
④ ㉠, ㉡, ㉢

🔍 용기와 도관의 색
• 산소 : 용기 녹색, 도관 녹색
• 아세틸렌 : 용기 황색, 도관 적색

20 산소 아세틸렌 가스용접에서 토치의 점화시 작업의 우선순위 설명으로 올바른 것은?

① 토치의 아세틸렌 밸브를 먼저 연다.
② 토치의 산소 밸브를 먼저 연다.
③ 산소 밸브와 아세틸렌 밸브를 동시에 연다.
④ 혼합가스밸브를 먼저 연 다음 아세틸렌 밸브를 연다.

🔍 산소 아세틸렌 가스용접에서 토치 점화 시에는 토치의 아세틸렌 밸브를 먼저 열고 점화한 후 산소 밸브을 연다.

21 용접 작업시 유해 광선으로 눈에 이상이 생겼을 때 응급처치 요령으로 적당한 것은?

① 안약을 넣고 안대를 한다.
② 온수 찜질 후 치료한다.
③ 냉수로 씻어낸 다음 치료한다.
④ 바람을 마주보고 눈을 깜박거린다.

정답 14 ③ 15 ④ 16 ① 17 ④ 18 ① 19 ③ 20 ① 21 ③

> 용접 작업 시 유해광선이 눈에 들어오면 전광성 안염 등의 눈병이 발생한다. 따라서, 유해광선으로 인해 눈에 이상이 생기면 냉수로 씻어낸 후 필요한 치료를 하여야 한다.

22 가스누설 검사에 가장 좋고 안전한 것은?

① 아세톤
② 비눗물
③ 순수한 물
④ 성냥불

23 연삭기의 안전한 사용방법이 아닌 것은?

① 숫돌측면 사용제한
② 보안경과 방진마스크 착용
③ 숫돌덮개 설치 후 작업
④ 숫돌과 받침대 간격 6mm 이상 유지

> 연삭기의 숫돌에는 직경 5cm 이상의 덮개를 씌워야 하며, 탁상용 연삭기 사용 시에는 작업받침대와 숫돌 간격을 3mm 이내로 하여야 한다.

24 일반적으로 정밀한 부속품을 세척하기 위해 가장 안전한 것은?

① 와이어 브러시
② 걸레
③ 건
④ 에어건

25 사고로 인한 재해가 가장 많이 발생할 수 있는 것은?

① 기관
② 벨트, 풀리
③ 동력전달장치
④ 래크

> 벨트, 풀리는 협착(물건에 끼워진 상태 또는 말려든 상태)에 의한 재해가 빈번하게 발생할 수 있다.

26 위험기계기구에 설치하는 방호장치가 아닌 것은?

① 급정지 장치
② 자동전격 방지장치
③ 역화방지 장치
④ 하중측정 장치

27 벨트 취급에 대한 안전사항 중 틀린 것은?

① 벨트 교환시 회전을 완전히 멈춘 상태에서 한다.
② 벨트의 회전을 정지할 때 손으로 잡고서 한다.
③ 벨트의 적당한 장력을 유지하도록 한다.
④ 벨트에 기름이 묻지 않도록 한다.

> 벨트의 회전을 멈출 때 손으로 잡고서 하면 사고 우려가 있다.

28 벨트를 풀리에 걸 때는 어떤 상태에서 걸어야 하는가?

① 회전을 정지시킨 후
② 저속으로 회전할 때
③ 중속으로 회전할 때
④ 고속으로 회전할 때

29 기계에 사용되는 방호덮개 장치의 구비 조건으로 틀린 것은?

① 마모나 외부로부터 충격에 쉽게 손상되지 않을 것
② 작업자가 임의로 제거 후 사용할 수 있을 것
③ 검사나 급유조정 등 정비가 용이할 것
④ 최소의 손질로 장시간 사용할 수 있을 것

> 기계에 사용되는 방호덮개는 작업자가 임의로 제거할 수 없어야 한다.

30 기계장치의 안전관리를 위해 정지상태에서 점검하는 사항이 아닌 것은?

① 볼트 · 너트의 헐거움
② 스위치 및 외관상태
③ 힘이 걸린 부분의 흠집
④ 이상음 및 진동상태

31 전기 기기의 손상방지 대책에 관한 사항으로 옳은 것은?

① 퓨즈 단선시는 철선으로 연결하여 임시 사용한다.
② 퓨즈 단선시는 전선으로 연결 후 계속 사용한다.
③ 코드의 연결은 가급적 길게 한다.
④ 퓨즈 단선시 정격 퓨즈로 교체 후 사용한다.

정답 22 ② 23 ④ 24 ④ 25 ② 26 ④ 27 ② 28 ① 29 ② 30 ④ 31 ④

32 다음 중 보호안경을 끼고 작업해야 하는 사항으로 가장 거리가 먼 것은?

① 산소용접 작업시
② 그라인더 작업시
③ 건설기계 장비 일상점검 작업시
④ 장비의 하부에서 점검 정비 작업시

33 보호안경을 사용하는 설명으로 맞지 않는 것은?

① 유해 광선으로부터 눈을 보호하기 위하여
② 중량물이 떨어질 때 신체를 보호하기 위하여
③ 비산되는 칩으로부터 눈을 보호하기 위하여
④ 유해 약물로부터 눈을 보호하기 위하여

🔍 중량물이 떨어질 때 신체를 보호하기 위해서는 안전모를 착용해야 한다.

34 작업시 보안경을 반드시 사용해야 하는 것으로 적합하지 않은 것은?

① 장비 밑에서 정비 작업할 때
② 인체에 해로운 가스가 발생하는 작업장
③ 철분, 모래 등이 날리는 작업장
④ 전기용접 및 가스용접 작업장

🔍 인체에 해로운 가스가 발생하는 작업장에서는 방독마스크를 착용해야 한다.

35 흡연으로 인한 화재를 예방하기 위한 것으로 옳은 것은?

① 금연구역으로 지정된 장소에서 흡연한다.
② 흡연장소 부근에 인화성 물질을 비치한다.
③ 배터리를 충전할 때 흡연은 가능한 삼가하되 배터리의 캡을 열고 했을 때는 관계없다.
④ 담배꽁초는 반드시 지정된 용기에 버려야 한다.

36 가동하고 있는 원동기에서 화재가 발생하였다. 그 소화작업으로 가장 먼저 취해야 할 안전한 방법은?

① 원인분석을 하고, 모래를 뿌린다.
② 경찰에 신고한다.
③ 점화원을 차단한다.
④ 원동기를 가속하여 팬의 바람으로 끈다.

🔍 화재 발생 시 우선 조치는 점화원을 차단하고 이후 화재 유형에 적합한 소화작업을 한다.

37 화상을 입었을 때 응급조치 중 가장 옳은 것은?

① 빨리 찬물에 담갔다가 아연화 연고를 바른다.
② 빨리 메틸알코올에 담근다.
③ 빨리 옥도정기를 바른다.
④ 빨리 아연화 연고를 바르고 붕대를 감는다.

🔍 차가운 물에 담그거나 흐르는 찬물로 화상부위를 열을 내려준 후 아연화 연고를 바른다.

38 안전적 측면에서 인화점이 낮은 연료는?

① 화재 발생 위험이 있다.
② 연소상태의 불량 원인이 된다.
③ 압력 저하 요인이 발생한다.
④ 화재 발생 부분에서 안전하다.

🔍 인화점이 낮다는 것은 낮은 온도에서 쉽게 불이 붙을 수 있다는 것이다.

39 다음 배출물 가스 중에서 인체에 가장 해가 없는 가스는?

① HC
② CO
③ CO_2
④ NOx

40 안전적인 측면에서 병 속에 들어 있는 약품을 냄새로 알아보고자 할 때 가장 좋은 방법은?

① 종이로 적셔서 알아본다.
② 숟가락으로 약간 떠내어 냄새를 직접 맡아본다.
③ 내용물을 조금 쏟아서 확인한다.
④ 손바람을 이용하여 확인한다.

정답 32 ③ 33 ② 34 ② 35 ④ 36 ③ 37 ① 38 ① 39 ③ 40 ④

41 방화 방지 조치로서 적합하지 않는 것은?

① 가연성 물질을 인화장소에 두지 않는다.
② 유류 취급 장소에는 방화수를 준비한다.
③ 흡연은 정해진 장소에서만 한다.
④ 화기는 정해진 장소에서만 취급한다.

🔍 유류 화재에는 방화사나 분말소화기, 포말소화기 등을 사용해야 한다.

42 유류 화재시 소화를 위한 방법으로 가장 거리가 먼 것은?

① 방화커튼을 이용하여 화재 진압
② 모래를 사용하여 화재 진압
③ CO_2 소화기를 이용하여 화재 진압
④ 물을 이용하여 화재 진압

43 소화작업에 대한 설명 중 틀린 것은?

① 가연물질의 공급을 차단시킨다.
② 유류화재시 표면에 물을 붓는다.
③ 산소의 공급을 차단한다.
④ 점화원을 발화점 이하의 온도로 낮춘다.

🔍 유류화재시 표면에 물을 부으면 유류가 물 위에 떠서 불이 더욱 확산될 수 있다.

44 소화작업의 기본 요소가 아닌 것은?

① 가연물질을 제거하면 된다.
② 산소를 차단하면 된다.
③ 점화원을 냉각시키면 된다.
④ 연료를 기화시키면 된다.

45 작업장에서 휘발유 화재가 일어났을 경우 가장 적합한 소화 방법은?

① 물 호스의 사용
② 불의 확대를 막는 덮개의 사용
③ 소다 소화기의 사용
④ 탄산가스 소화기의 사용

🔍 유류화재는 B급화재로 포말소화기, 이산화탄소(탄산가스) 소화기, 분말 소화기, 증발성 액체 소화기를 적용한다.

46 이산화탄소 소화기의 일반적 특징이 아닌 것은?

① 연소물의 온도를 인화점 이하로 냉각시킨다.
② 저장에 따른 변질이 없다.
③ 전기절연성이 크다.
④ 소화시 부식성이 없다.

🔍 이산화탄소 소화기의 특징
• 소화속도가 빠르다
• 저장에 의한 변질이 없어 장기간 저장이 용이하다.
• 밀폐공간에서는 질식 및 중독의 위험성 때문에 사용이 제한된다.
• 전기 절연성이 우수하며 부식성이 없다.

47 산·알칼리 소화기는 어떤 화재에 가장 적합한가?

① A급 화재   ② B급 화재
③ C급 화재   ④ D급 화재

🔍 산·알칼리 소화기는 보통화재인 A급 화재에 사용한다.

48 전기시설과 관련된 화재로 분류되는 것은?

① A급 화재   ② B급 화재
③ C급 화재   ④ D급 화재

🔍 화재의 등급
• A급 화재 : 일반화재
• B급 화재 : 유류, 가스화재
• C급 화재 : 전기화재
• D급 화재 : 금속화재(Al, Mg)

49 전기화재 소화시 가장 좋은 소화기는?

① 모래   ② 물
③ 이산화탄소 ④ 포말소화기

🔍 전기화재 시에는 유기성 소화액, 이산화탄소 소화기 등을 사용한다.

50 건설기계에는 소화기를 사용이 편리한 곳에 비치하도록 되어 있다. 다음 중 어떤 종류의 소화기가 가장 적합한가?

① A급 화재소화기
② 포말 B소화기
③ ABC소화기
④ 포말소화기

정답 41 ② 42 ④ 43 ② 44 ④ 45 ④ 46 ① 47 ① 48 ③ 49 ③ 50 ③

🔍 ABC소화기는 금속화재를 제외한 모든 화재에 적용할 수 있다.

51 폭발의 우려가 있는 가스 또는 분진을 발생하는 장소에서 지켜야 할 일에 속하지 않는 것은?

① 불연성 재료의 사용금지
② 화기의 사용금지
③ 인화성 물질 사용금지
④ 점화의 원인이 될 수 있는 기계사용 금지

🔍 폭발의 우려가 있는 가스 또는 분진이 발생되는 장소에서는 점화원 및 인화성 물질을 될 수 있는 것들을 사용하지 말아야 한다.

52 다음 중 옳지 못한 것은?

① 전등 삿갓은 종이 및 연소하기 쉬운 것을 사용치 말 것
② 기름 묻은 걸레는 정해진 용기에 보관하여야 한다.
③ 흡연은 정해진 장소에서 할 것
④ 쓰고 남은 기름은 하수구에 버릴 것

53 기계 및 기계장치를 불안전하게 취급할 때 사고가 발생하는 원인을 든 것으로 틀린 것은?

① 안전장치 및 보호장치가 잘 되어 있지 않을 때
② 적합한 공구를 사용하지 않을 때
③ 정리 정돈 및 조명장치가 잘 되어 있지 않을 때
④ 기계 및 기계장치가 너무 넓은 장소에 설치되어 있을 때

54 작업상의 안전수칙으로 적합하지 않은 것은?

① 차를 받칠 때는 안전 잭이나 고임목으로 고인다.
② 벨트 등의 회전부위에 주의한다.
③ 배터리액이 눈에 들어갔을 때는 알칼리유로 씻는다.
④ 기관 시동시에는 소화기를 비치한다.

🔍 배터리액은 묽은 황산으로 눈에 들어가면 물로 세척하고 전문의의 치료를 받아야 한다.

55 다음 중 건설기계 작업장에서 갖추어야 할 안전용품과 관계가 먼 것은?

① 응급용 의약품   ② 방청용 오일
③ 소화용구   ④ 지혈제

56 작업개시 전 운전자의 조치사항으로 가장 거리가 먼 것은?

① 점검에 필요한 점검내용을 숙지한다.
② 운전하는 장비의 사양을 숙지 및 고장나기 쉬운 곳을 파악하여야 한다.
③ 장비의 이상 유무를 작업 전에 항상 점검하여야 한다.
④ 주행로 상의 복수의 장비가 있을 때는 충돌방지를 위하여 주행로 양측에 콘크리트 옹벽을 친다.

57 야간작업을 할 경우 안전운전 방법으로 틀린 것은?

① 작업장에는 조명이 불필요하고 통로만 조명시설을 한다.
② 전조등 또는 기타 조명장치를 이용한다.
③ 원근감이 불명확해지므로 조명장치를 이용한다.
④ 지면의 고저감의 착각을 일으키기 쉬우므로 안전속도로 운전한다.

🔍 야간작업 시는 작업장 통로 뿐만 아니라 작업장에도 충분한 조명시설을 해야 한다.

58 안전한 작업을 하기 위하여 작업복장을 선정할 때의 유의사항으로 가장 거리가 먼 것은?

① 착용자의 취미, 기호 등을 감안하여 적절한 스타일을 선정한다.
② 화기사용 장소에서는 방염성, 불연성의 것을 사용하도록 한다.
③ 상의의 끝이나 바지자락 등이 기계에 말려 들어갈 위험이 없도록 한다.
④ 작업복은 몸에 맞고 동작이 편하도록 제작한다.

정답 51 ① 52 ④ 53 ④ 54 ③ 55 ② 56 ④ 57 ① 58 ①

> 작업 복장은 착용자의 취미, 기호 등이 아니라 안전에 우선을 두어야 한다.

59 작업장에서의 복장에 대하여 유의할 사항으로 틀린 것은?

① 상의의 옷자락이 밖으로 나오지 않도록 한다.
② 작업복은 몸에 맞는 것을 입는다.
③ 기름이 묻은 작업복은 될 수 있는 한 입지 않는다.
④ 수건은 허리춤에 끼거나 목에 감는다.

60 안전사항으로 운전 및 정비 작업시의 작업복으로 적당치 않은 것은?

① 점퍼형으로 상의 옷자락을 여밀 수 있는 것
② 작업용구 등을 넣기 위해 호주머니가 많은 것
③ 소매를 오무려 붙이도록 되어 있는 것
④ 소매를 손목까지 가릴 수 있는 것

> 작업복은 가급적 호주머니를 최소화해야 한다.

61 안전작업은 복장의 착용상태에 따라 달라진다. 다음에서 권장사항이 되지 않는 것은?

① 땀을 닦기 위한 수건이나 손수건을 허리나 목에 걸고 작업해서는 안 된다.
② 옷소매는 되도록 폭이 좁게 된 것이나, 단추가 달린 것은 되도록 피한다.
③ 물체 추락의 우려가 있는 작업장에서는 아무리 덥더라도 작업모를 착용해야 한다.
④ 복장을 단정하게 하기 위해 넥타이를 꼭 매야 한다.

62 다음 중 작업복의 조건으로서 가장 알맞은 것은?

① 작업자의 편안함을 위하여 자율적인 것이 좋다.
② 도면, 공구 등을 넣어야 하므로 주머니가 많아야 한다.
③ 작업에 지장이 없는 한 손발이 노출되는 것이 간편하고 좋다.
④ 주머니가 적고 팔이나 발이 노출되지 않는 것이 좋다.

63 물품을 운반할 때 주의할 사항으로 틀린 것은?

① 가벼운 화물은 규정보다 많이 적재하여도 된다.
② 긴 물건을 쌓을 때는 끝에 표시를 한다.
③ 정밀한 물품은 상자에 넣고 쌓는다.
④ 가벼운 것을 위에 무거운 것을 밑에 쌓는다.

> 가벼운 화물이더라도 규정에 따라 적재하여야 한다.

64 안전작업 측면에서 장갑을 착용하고 해도 가장 무리가 없는 작업은?

① 연삭 작업을 할 때
② 무거운 물건을 들 때
③ 해머 작업을 할 때
④ 정밀기계 작업을 할 때

> 장갑을 착용해서는 안 되는 작업
> • 연삭 작업   • 해머 작업
> • 드릴 작업   • 정밀기계 작업

65 인양 물체의 중심을 측정하여 인양하여야 한다. 다음 중 잘못된 것은?

① 와이어 로프나 매달기용 체인이 벗겨질 우려가 있으면 되도록 높이 인양한다.
② 인양 물체를 서서히 올려 지상 약 30cm 지점에서 정지 확인한다.
③ 인양 물체의 중심이 높으면 물체가 기울 수 있다.
④ 형상이 복잡한 물체의 무게 중심을 목측한다.

> 와이어 로프나 매달기용 체인이 벗겨질 우려가 있으면 작업을 중지하고 필요한 조치를 하여야 한다.

66 공장에서 엔진 등 중량물을 이동하려고 한다. 가장 좋은 방법은?

① 여러 사람이 들고 조용히 움직인다.
② 체인 블록이나 호이스트를 사용한다.
③ 로프로 묶고 살며시 잡아 당긴다.
④ 지렛대를 이용하여 움직인다.

> 중량물은 인력운반이 금지되며, 체인 블록이나 호이스트를 사용해서 운반하여야 한다.

정답 59 ④ 60 ② 61 ④ 62 ④ 63 ① 64 ② 65 ① 66 ②

MEMO

PART 04

CBT 복원문제

Craftsman Loader Operator

01. CBT 복원문제 1회
02. CBT 복원문제 2회
03. CBT 복원문제 3회
04. CBT 복원문제 4회
05. CBT 복원문제 5회
06. CBT 복원문제 6회
07. CBT 복원문제 7회

01 CBT 복원문제

QUESTIONS FROM PREVIOUS TESTS

01 건설기계 범위에 해당되지 않는 것은?

① 준설선
② 3톤 지게차
③ 항타 및 항발기
④ 자체 중량 1톤 미만의 굴착기

🔍 건설기계관리법상 건설기계의 범위에 해당하는 굴착기는 무한궤도 또는 타이어식으로 굴착장치를 가진 자체중량 1톤 이상인 것을 말한다.

02 건설기계 조종사 면허를 취소하거나 정지시킬 수 있는 사유에 해당하지 않는 것은?

① 면허증을 타인에게 대여한 때
② 조종 중 고의로 인명피해를 입힌 때
③ 면허를 부정한 방법으로 취득하였음이 밝혀졌을 때
④ 여행을 목적으로 1개월 이상 해외로 출국하였을 때

🔍 보기 ①, ②, ③항은 모두 면허 취소에 해당하는 사항이다.

03 건설기계관리법상 소형건설기계에 포함되지 않는 것은?

① 3톤 미만의 굴착기
② 5톤 미만의 불도저
③ 천공기
④ 공기압축기

🔍 소형건설기계
- 5톤 미만의 불도저
- 5톤 미만의 로더
- 트럭적재식을 제외한 5톤 미만의 천공기
- 3톤 미만의 지게차
- 3톤 미만의 굴착기
- 3톤 미만의 타워크레인
- 공기압축기
- 이동식 콘크리트펌프
- 쇄석기
- 준설선

04 시·도지사는 건설기계 등록원부를 건설기계의 등록을 말소한 날 부터 몇 년간 보존하여야 하는가?

① 1년
② 3년
③ 5년
④ 10년

🔍 시·도지사는 건설기계등록원부를 건설기계의 등록을 말소한 날부터 10년간 보존하여야 한다.

05 정기검사 유효기간이 1년인 건설기계는?(단, 연식 20년 이하인 경우이다.)

① 타이어식 기중기
② 모터그레이더
③ 타이어식 로더
④ 1톤 이상의 지게차

🔍 건설기계의 정기검사 유효기간

기종	검사유효기간	
	연식 20년 이하	연식 20년 초과
로더(타이어식)	2년	1년
지게차(1톤 이상)	2년	1년
기중기	1년	
모터그레이더	2년	1년

06 건설기계조종사 면허증 발급 신청시 첨부하는 서류와 가장 거리가 먼 것은?

① 신체검사서
② 국가기술자격수첩
③ 주민등록표 등본
④ 소형건설기계 조종교육 이수증

🔍 면허증 발급 신청시 첨부 서류
- 신체검사서
- 소형건설기계조종교육이수증(소형건설기계조종사면허증을 발급신청하는 경우에 한정한다)
- 건설기계조종사면허증(건설기계조종사면허를 받은 자가 면허의 종류를 추가하고자 하는 때에 한한다)
- 6개월 이내에 촬영한 탈모상반신 사진 2매

07 건설기계관리법상 등록번호표를 부착하지 아니하거나 봉인하지 아니한 건설기계를 운행한 자에 과태료는 얼마 이상인가?

① 50만원 ② 100만원
③ 200만원 ④ 300만원

> • 등록번호표를 부착하지 아니하거나 봉인하지 아니한 건설기계를 운행한 자 : 300만원 이상
> • 건설기계에 등록번호표를 부착·봉인하지 아니하거나 등록번호를 새기지 아니한 자 : 100만원 이상
> • 등록번호표를 가리거나 훼손하여 알아보기 곤란하게 한 자 또는 그러한 건설기계를 운행한 자 : 100만원 이상

08 건설기계관리법상 건설기계의 범위로 옳은 것은?

① 덤프트럭 : 적재 용량 10톤 이상인 것
② 기중기 : 무한궤도식으로 레일식인 것
③ 불도저 : 무한궤도식 또는 타이어식인 것
④ 공기 압축기 : 공기 토출량이 매분당 10세제곱미터 이상의 이동식인 것

> 건설기계의 범위
> • 덤프트럭 : 적재용량 12톤 이상인 것
> • 기중기 : 무한궤도 또는 타이어식으로 강재의 지주 및 선회장치를 가진 것
> • 공기압축기 : 공기토출량이 매분당 2.83m³ 이상의 이동식인 것

09 대여사업용 건설기계등록 번호표의 색으로 맞는 것은?

① 흰색 바탕에 검은색 문자
② 녹색 바탕에 흰색 문자
③ 청색 바탕에 흰색 문자
④ 주황색 바탕에 검은색 문자

> 건설기계등록번호표
> • 비사업용(관용 또는 자가용) : 흰색 바탕에 검은색 문자
> • 대여사업용 : 주황색 바탕에 검은색 문자

10 건설기계조종사의 적성검사 기준으로 가장 거리가 먼 것은?

① 두 눈을 동시에 뜨고 잰 시력이 0.7 이상이고, 두 눈의 시력이 각각 0.3 이상일 것
② 시각은 150° 이상일 것
③ 교정시력의 경우는 시력이 2.0 이상일 것
④ 언어분별력이 80% 이상일 것

> 적성검사 기준
> • 두 눈을 동시에 뜨고 잰 시력(교정시력 포함)이 0.7 이상이고 두 눈의 시력이 각각 0.3 이상일 것
> • 55dB(보청기를 사용하는 사람은 40dB)의 소리를 들을 수 있고, 언어분별력이 80% 이상일 것
> • 시각은 150° 이상일 것

11 교류 발전기의 유도전류는 어디에서 발생하는가?

① 로터 ② 전기자
③ 계자 코일 ④ 스테이터

> 교류 발전기에서 로터는 회전체, 스테이터는 고정체로 유도전류는 고정체인 스테이터에서 발생한다.

12 전류의 3대 작용이 아닌 것은?

① 발열 작용 ② 자기 작용
③ 원심 작용 ④ 화학 작용

> 전류의 3대 작용 : 발열작용, 화학작용, 자기작용

13 냉각수에 엔진오일이 혼합되는 원인으로 가장 적합한 것은?

① 물 펌프 마모 ② 수온 조절기 파손
③ 방열기 코어 파손 ④ 헤드 가스킷 파손

> 헤드 가스킷은 실린더 블록과 헤드에 설치되어 기밀유지의 역할을 하는 것으로 파손 시 냉각수에 엔진오일이 혼합될 수 있다.

14 기관에서 폭발행정 말기에 배기가스가 실린더 내의 압력에 의해 배기밸브를 통해 배출 되는 현상은?

① 블로바이(blow by) ② 블로백(blow back)
③ 블로다운(blow down) ④ 블로업(blow up)

> 용어 설명
> • 블로다운 : 폭발행정 말기에 배기가스가 실린더 내의 압력에 의해 배기밸브를 통해 배출되는 현상
> • 블로바이 : 압축행정시 피스톤 링과 실린더 사이로 혼합가스가 새는 현상
> • 블로백 : 압축행정시 밸브 가이드 사이로 혼합가스가 새는 현상

15 디젤 기관의 연료 여과기에 장착되어 있는 오버플로 밸브의 역할이 아닌 것은?

① 연료 계통의 공기를 배출한다.
② 분사 펌프의 압송 압력을 높인다.
③ 연료압력의 지나친 상승을 방지한다.
④ 연료 공급 펌프의 소음 발생을 방지한다.

> 오버플로 밸브의 기능
> • 회로 내 공기 배출
> • 연료 여과기 보호
> • 연료 탱크 내 기포 발생 방지
> • 분사 펌프의 소음 발생 방지
> • 연료 압력의 지나친 상승을 방지

16 여과기 종류 중 원심력을 이용하여 이물질을 분리시키는 형식은?

① 건식 여과기
② 오일 여과기
③ 습식 여과기
④ 원심식 여과기

17 기관의 연료장치에서 희박한 혼합비가 미치는 영향으로 옳은 것은?

① 시동이 쉬워진다.
② 저속 및 공전이 원활하다.
③ 연소속도가 빠르다.
④ 출력(동력)의 감소를 가져온다.

> 혼합비가 희박하다는 것은 공기의 양이 이론공기량 보다 많은 경우로 희박한 혼합비에서는 출력의 감소가 초래된다.

18 기동 전동기에서 마그네틱 스위치는?

① 전자석 스위치이다.
② 전류 조절기이다.
③ 전압 조절기이다.
④ 저항 조절기이다.

> 기동 전동기에서 마그네틱 스위치(솔레노이드 스위치)는 배터리에서 기동 전동기로 흐르는 큰 전류를 단속하는 스위치 작용과 기동 전동기 피니언과 엔진 플라이 휠 링 기어를 맞물리도록 하는 역할을 하며, 전자석 스위치이다.

19 24V의 동일한 용량의 축전지 2개를 직렬로 접속하면?

① 전류가 증가한다.
② 전압이 높아진다.
③ 저항이 감소한다.
④ 용량이 감소한다.

> 축전지를 직렬로 접속하면 전압이 상승하고, 병렬로 접속하면 전류가 상승한다.

20 윤활장치에 사용되고 있는 오일펌프로 적합하지 않은 것은?

① 기어 펌프
② 로터리 펌프
③ 베인 펌프
④ 나사 펌프

> 윤활장치에 사용되고 있는 오일펌프는 기어 펌프, 로터리 펌프, 베인 펌프 등이 있으며, 4행정 사이클 기관에 주로 사용되는 오일펌프는 로터리식과 기어식이다.

21 유압 모터와 연결된 감속기의 오일 수준을 점검할 때의 유의사항으로 틀린 것은?

① 오일이 정상 온도일 때 오일 수준을 점검해야 한다.
② 오일량은 영하(-)의 온도상태에서 가득 채워야 한다.
③ 오일 수준을 점검하기 전에 항상 오일 수준 게이지 주변을 깨끗하게 청소한다.
④ 오일량이 너무 적으면 모터 유닛이 올바르게 작동하지 않거나 손상될 수 있으므로 오일량은 항상 정량유지가 필요하다.

22 유압장치에서 오일의 역류를 방지하기 위한 밸브는?

① 변환 밸브
② 압력조절 밸브
③ 체크 밸브
④ 흡기 밸브

> 체크 밸브는 유체의 흐름 방향을 한쪽 방향으로만 흐르게 하는 밸브를 말한다.

23 플런저식 유압펌프의 특징이 아닌 것은?

① 구동축이 회전운동을 한다.
② 플런저가 회전운동을 한다.

③ 가변용량형과 정용량형이 있다.
④ 기어펌프에 비해 최고 압력이 높다.

🔍 플런저가 실린더 내를 왕복 운동하여 흡입, 송출한다.

24 압력 제어밸브의 종류가 아닌 것은?

① 교축 밸브(throttle valve)
② 릴리프 밸브(relief valve)
③ 시퀀스 밸브(sequence valve)
④ 카운터 밸런스 밸브(counter balance valve)

🔍 교축 밸브(스로틀 밸브)는 밸브 내의 유로 면적을 외부로부터 바꾸어 줌으로써 오일의 유로에 저항을 부여하는 유량 조정 밸브이다.

25 각종 압력을 설명한 것으로 틀린 것은?

① 계기압력 : 대기압을 기준으로 한 압력
② 절대압력 : 완전진공을 기준으로 한 압력
③ 대기압력 : 절대압력과 계기압력을 곱한 압력
④ 진공압력 : 대기압 이하의 압력, 즉 음(-)의 계기압력

🔍 대기압이란 공기의 무게에 의해 생기는 대기의 압력을 말한다. 참고로 계기압력과 대기압력의 합을 절대압력이라 한다.

26 기체-오일식 어큐뮬레이터에 가장 많이 사용되는 가스는?

① 산소
② 질소
③ 아세틸렌
④ 이산화탄소

27 가변 용량형 유압펌프의 기호 표시는?

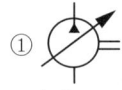

🔍 ① 가변 용량형 유압펌프, ② 정용량형 유압펌프, ③ 스프링

28 일반적으로 유압장치에서 릴리프 밸브가 설치되는 위치는?

① 펌프와 오일탱크 사이
② 펌프와 제어밸브 사이
③ 여과기와 오일탱크 사이
④ 실린더와 여과기 사이

🔍 릴리프 밸브는 유압 회로의 최고압력을 제어하는 밸브로 회로의 압력을 일정하게 유지시키는 밸브이다. 일반적으로 펌프와 제어밸브 사이에 설치된다.

29 유압장치에서 액추에이터의 종류에 속하지 않는 것은?

① 유압실린더
② 유압모터
③ 감압밸브
④ 플런저 모터

🔍 액추에이터(actuator)는 유압의 에너지를 기계적 에너지로 변화시키는 장치로 유압의 에너지에 의해서 직선 왕복 운동을 하는 유압 실린더와 유압의 에너지에 의해서 회전 운동을 하는 유압 모터가 있다. 플런저 모터는 유압 모터의 한 종류이다.

30 유압유의 주요 기능이 아닌 것은?

① 열을 흡수한다.
② 동력을 전달한다.
③ 필요한 요소 사이를 밀봉한다.
④ 움직이는 기계요소를 마모시킨다.

🔍 유압유의 주요 기능
• 동력을 전달한다.
• 움직이는 부분에 대한 효율을 증대시킨다.
• 맞물린 부위의 간극을 밀봉한다.
• 열을 흡수한다.

31 보기에서 작업자의 올바른 안전 자세로 모두 짝지어진 것은?

[보기]
a. 자신의 안전과 타인의 안전을 고려한다.
b. 작업에 임해서는 아무런 생각 없이 작업한다.
c. 작업장 환경 조성을 위해 노력한다.
d. 작업 안전 사항을 준수한다.

① a, b, c
② a, c, d
③ a, b, d
④ a, b, c, d

32 작업장에서 작업복을 착용하는 주된 이유는?

① 작업 속도를 높이기 위해서
② 작업자의 복장 통일을 위해서
③ 작업장의 질서를 확립시키기 위해서
④ 재해로부터 작업자의 몸을 보호하기 위해서

> 작업복을 착용하는 주된 이유는 재해로부터 작업자의 몸을 보호하기 위한 것이 첫 번째이다.

33 스패너 사용 시 주의사항으로 잘못된 것은?

① 스패너의 입이 너트 폭과 맞는 것을 사용한다.
② 필요시 두 개를 이어서 사용할 수 있다.
③ 스패너를 너트에 정확히 장착하여 사용한다.
④ 스패너의 입이 변형된 것은 폐기한다.

> 스패너에 파이프 등 연장대를 끼우거나, 두 개를 이어서 사용해서는 안 된다.

34 재해 발생원인 중 직접원인이 아닌 것은?

① 기계 배치의 결함
② 교육 훈련 미숙
③ 불량 공구 사용
④ 작업 조명의 불량

> 직접원인이란 직접적으로 사고를 일으키는 불안전 행동이나 불안전한 기계적 상태를 포함한다. 보기 중 ②항은 간접원인 중 교육적 원인에 속한다.

35 안전제일에서 가장 먼저 선행되어야 하는 이념으로 맞는 것은?

① 재산 보호
② 생산성 향상
③ 신뢰성 향상
④ 인명 보호

> 안전관리란 재해로부터 인간의 생명과 재산을 보존하기 위한 계획적이고 체계적인 제반 활동을 의미한다.

36 동력공구 사용 시 주의사항으로 틀린 것은?

① 보호구는 사용 안 해도 무방하다.
② 에어 그라인더는 회전수에 유의한다.
③ 규정 공기압력을 유지한다.
④ 압축공기 중의 수분을 제거하여 준다.

> 보호구는 해당 작업에 적합한 것을 항상 사용해야 한다.

37 연삭기에서 연삭칩의 비산을 막기 위한 안전 방호 장치는?

① 안전 덮개
② 광전식 안전 방호장치
③ 급정지 장치
④ 양수 조작식 방호장치

> 연삭기의 방호장치는 덮개이다.

38 점검주기에 따른 안전점검의 종류에 해당되지 않는 것은?

① 수시점검
② 정기점검
③ 특별점검
④ 구조점검

> 점검주기에 따른 안전점검의 종류에는 수시점검, 정기점검, 특별점검 및 임시점검이 있다.

39 작업장에서 지킬 안전사항 중 틀린 것은?

① 안전모는 반드시 착용한다.
② 고압전기, 유해가스 등에 적색 표지판을 부착한다.
③ 해머작업을 할 때는 장갑을 착용한다.
④ 기계의 주유시는 동력을 차단한다.

> 해머작업 시에는 미끄러질 위험이 있으므로 장갑을 착용해서는 안 된다.

40 B급 화재에 대한 설명으로 옳은 것은?

① 목재, 섬유류 등의 화재로서 일반적으로 냉각 소화를 한다.
② 유류 등의 화재로서 일반적으로 질식 효과(공기차단)로 소화한다.
③ 전기기기의 화재로서 일반적으로 전기 절연성을 갖는 소화제로 소화한다.
④ 금속나트륨 등의 화재로서 일반적으로 건조사를 이용한 질식효과로 소화한다.

🔍 화재의 종류
- A급 화재 : 일반 가연물 화재
- B급 화재 : 유류 화재
- C급 화재 : 전기 화재
- D급 화재 : 금속 화재

41 로더의 규격 표시로 알맞은 것은?

① 적재장치를 포함한 자체 중량
② 적재장치를 제외한 자체 중량
③ 트랙터 본체의 배기량
④ 버킷의 평적용량(m^3)

🔍 로더는 버킷의 평적용량(m^3)으로 규격을 표시한다.

42 일반적으로 휠 로더의 구동과 조향 방식으로 맞는 것은?

① 전륜 구동, 후륜 조향 방식
② 후륜 구동, 전륜 조향 방식
③ 전륜 구동 및 조향 방식
④ 후륜 구동 및 조향 방식

🔍 휠 로더는 전륜 구동, 후륜 조향방식이며, 화물이 자체의 앞부분에 두어지기 때문에 작업 균형을 맞추기 위해 차체의 뒷부분에 카운터 웨이트(균형추, counter weight)가 있다.

43 적하방식에 따른 로더의 분류 중 앞부분에서 굴착을 하여, 장비 위를 넘어 후면에 덤프할 수 있는 것은?

① 프런트 엔드형(front end type)
② 오버 헤드형(overhead type)
③ 사이드 덤프형(side dump type)
④ 스윙형(swing type)

🔍 오버 헤드형은 앞부분에서 굴착을 하여, 장비 위를 넘어 후면에 덤프할 수 있는 것으로 터널공사 등에 효과적이다.

44 로더의 버킷 용도별 분류 중 나무뿌리 뽑기, 제초, 제석 등 지반이 매우 굳은 땅의 굴착 등에 적합한 버킷은?

① 스켈리턴 버킷
② 사이드 덤프 버킷
③ 래크 블레이드 버킷
④ 암석용 버킷

🔍 로더에 사용되는 버킷은 용도에 따라 일반작업 버킷, 다목적 버킷, 사이드 덤프 버킷, 스켈리턴 버킷, 암석작업 버킷, 래크 블레이드 버킷 등이 있으며, 나무뿌리 뽑기, 제초, 제석 등 지반이 매우 굳은 땅의 굴착 등에 적합한 버킷은 래크 블레이드 버킷이다.

45 휠 로더 운전을 위해 기관을 시동하고자 할 때 조치사항으로 옳지 않은 것은?

① 붐과 버킷 레버가 중립에 있는지 확인한다.
② 변속 레버가 중립에 있는지 확인한다.
③ 유압계의 압력을 정상으로 한다.
④ 예열장치를 먼저 작동시킨 후 기관의 시동을 건다.

🔍 엔진 시동 전 확인 사항
- 주차 브레이크는 잠금 위치(주차 스위치 ON)에 있는지 확인한다.
- 기어 선택 레버는 중립(N)에 있는지 확인한다.
- 붐과 버킷 레버가 중립에 있는지 확인한다.
- 유압 차단 안전 레버는 차단되어 있는지 확인한다.

46 타이어식 로더의 허브에 있는 유성 기어 장치의 기능에 대한 설명으로 옳은 것은?

① 바퀴 회전 정지
② 바퀴 회전 속도 감속, 구동력 감소
③ 바퀴 회전 속도 감속, 구동력 증가
④ 바퀴 회전 속도 증속, 구동력 증가

🔍 허브에 있는 유성 기어 장치의 기능은 바퀴 회전 속도 감속, 구동력 증가이다.

47 로더의 동력조향장치 구성을 열거한 것이다. 적당치 않은 것은?

① 유압펌프
② 복동 유압 실린더
③ 제어밸브
④ 하이포이드 피니언

🔍 동력조향장치는 동력부(유압펌프), 작동부(복동 유압 실린더), 제어부로 구성되어 있다.

48 차체 굴절식(허리꺾기식) 로더의 조향 장치에 필요한 부품이 아닌 것은?

① 유압 실린더
② 조향 펌프
③ 웜 기어
④ 컴프레셔

🔍 차체 굴절식(허리꺾기식)은 앞·뒤 차체 사이에 유압 실린더를 좌우에 1개씩 설치하고 조향 핸들을 작동하면 유압 실린더의 신축 작용으로 앞·뒤 차체 사이가 꺾여 조향하는 방식이다.

49 로더장비에서 자동 변속기가 동력전달을 하지 못한다면 그 원인으로 가장 적합한 것은?

① 연속하여 덤프트럭에 토사 상차작업을 하였다.
② 다판 클러치가 마모되었다.
③ 오일의 압력이 과대하다.
④ 오일이 규정량 이상이다.

🔍 다판 클러치는 클러치하우징 내에 구동디스크와 피동디스크가 차례로, 여러 쌍 반복적으로 설치되어 있는 형식으로 클러치가 접속되면 동력이 전달되고, 클러치가 분리되면 동력이 차단된다.

50 휠 로더의 일반적인 작업과 거리가 먼 것은?

① 굴착작업(digging work)
② 인양작업(salvage work)
③ 적재작업(loading work)
④ 정리작업(arrangement work)

🔍 휠 로더는 물건을 들어 올리거나 사람을 운송하는 수단으로 사용해서는 안 된다.(인양작업 금지)

51 로더로 제방이나 쌓여 있는 흙더미에서 작업할 때 버킷의 날을 지면과 어떻게 유지하는 것이 가장 좋은가?

① 20° 정도 전경시킨 각
② 30° 정도 전경시킨 각
③ 버킷과 지면이 수평으로 나란하게
④ 90° 직각을 이룬 전경과 후경을 교차로

🔍 로더로 제방이나 쌓여있는 흙더미에서 작업할 때는 버킷의 날을 지면과 수평으로 나란하게 유지하는 것이 가장 좋다.

52 로더로 적재, 운반, 투입을 연속적으로 하는 작업을 무엇이라 하는가?

① 굴착작업
② 그레이딩작업
③ 스트리핑작업
④ 운반작업

🔍 운반작업이란 장비로 적재 → 운반 → 투입을 연속적으로 하는 작업을 말하며, 운반 시의 자세는 버킷을 지면에서 약 40~50cm 정도 뜨게 하여 중심을 낮게 한다.

53 로더의 상차 적재 방법 중 좁은 장소에서 주로 이용되며 비교적 효율이 낮은 상차 방법은 무엇인가?

① 비트 상차법
② 직진·후진 상차법(I형)
③ 90° 회전법(T형)
④ V형 상차법

🔍 T형(90° 회전법)은 협소한 장소에서 작업시 이용되며, I형과 V형에 비해 비교적 작업 효율이 떨어진다.

54 로더 작업 시 붐을 상승시키려면?

① 조종레버를 당긴다.
② 조종레버를 민다.
③ 조종레버를 좌측으로 움직인다.
④ 조종레버를 우측으로 움직인다.

🔍 붐을 하강시키려면 조종레버를 밀고, 상승시키려면 조종레버를 당긴다.

55 로더의 지면 고르기 작업 방법을 설명한 것으로 옳지 않은 것은?

① 모래땅이면 지면 고르기 작업을 하지 않는다.
② 지면 고르기 작업을 하기 전에 패인 부분을 메운다.
③ 지면 고르기 작업을 한번 마친 후 로더를 45° 회전시켜서 반복한다.
④ 지면 고르지 작업은 북쪽과 남쪽, 동쪽과 서쪽 순서로 한다.

🔍 로더의 작업 전에는 지면의 상태와 상관없이 지면 고르기 작업을 하여야 한다.

56 토사를 적재할 때 로더는 덤프트럭과 토사 더미에 몇 도(°)를 유지하면서 적재하는 것이 효과적인가?

① 15° ② 30°
③ 45° ④ 65°

🔍 토사를 적재할 때 로더는 덤프트럭과 토사 더미에 45°를 유지하면서 적재하는 것이 효과적이다.

57 일반적으로 휠 로더의 적정 타이어 공기압은?

① $1.5 kg/cm^2$
② $2.5 kg/cm^2$
③ $3.5 kg/cm^2$
④ $4.5 kg/cm^2$

🔍 타이어 공기압은 매 50시간마다 점검하며, 일반적으로 휠 로더 타이어 공기압은 $3.5 kg/cm^2$으로 맞추면 정상이다.

58 로더의 버킷 레벨러의 기능은?

① 유압 실린더의 로드 행정을 제한한다.
② 유압 실린더의 유압을 일정하게 유지시킨다.
③ 컨트롤 밸브의 마모를 방지한다.
④ 거버너의 역할을 도와준다.

🔍 버킷 레벨러(bucket leveller)는 유압 실린더의 로드 행정을 제한한다.

59 로더의 에어 컴프레셔 내의 순환오일은 무슨 오일인가?

① 기어오일 ② 유압오일
③ 엔진오일 ④ 미션오일

60 타이어에 트랙을 감아 기동성을 향상시킨 로더는?

① 휠 로더 ② 크롤러 로더
③ 백호 로더 ④ 쿠션 로더

🔍 쿠션 로더(Cushion loader)는 휠 로더와 크롤러 로더의 단점을 보완한 것으로 타이어에 트랙을 감아 기동성을 향상시킨 형태의 로더이다.

정답 CBT 복원문제 01회

01 ④	02 ④	03 ③	04 ④	05 ①
06 ③	07 ④	08 ③	09 ④	10 ③
11 ④	12 ③	13 ④	14 ③	15 ②
16 ④	17 ④	18 ①	19 ②	20 ④
21 ②	22 ③	23 ②	24 ①	25 ②
26 ②	27 ①	28 ②	29 ③	30 ④
31 ②	32 ④	33 ③	34 ②	35 ④
36 ①	37 ①	38 ④	39 ③	40 ②
41 ④	42 ①	43 ②	44 ③	45 ③
46 ③	47 ④	48 ④	49 ②	50 ②
51 ③	52 ④	53 ③	54 ①	55 ①
56 ③	57 ③	58 ①	59 ③	60 ④

CBT 복원문제

01 건설기계관리법상 건설기계를 검사유효기간이 끝난 후에 계속 운행하고자 할 때는 어느 검사를 받아야 하는가?

① 신규등록검사 ② 계속검사
③ 수시검사   ④ 정기검사

> 건설기계의 검사
> • 신규 등록검사 : 건설기계를 신규로 등록할 때 실시하는 검사
> • 정기검사 : 건설공사용 건설기계로서 검사유효기간이 끝난 후에 계속하여 운행하려는 경우에 실시하는 검사와 운행차의 정기검사
> • 구조변경검사 : 건설기계의 주요 구조를 변경하거나 개조한 경우 실시하는 검사
> • 수시검사 : 성능이 불량하거나 사고가 자주 발생하는 건설기계의 안전성 등을 점검하기 위하여 수시로 실시하는 검사와 건설기계 소유자의 신청을 받아 실시하는 검사

02 도로교통법상 규정한 운전면허를 받아 조종할 수 있는 건설기계가 아닌 것은?

① 타워크레인
② 덤프트럭
③ 콘크리트펌프
④ 콘크리트믹서트럭

> 덤프트럭, 콘크리트펌프, 콘크리트믹서트럭은 운전면허 중 제1종 대형면허를 취득하면 운전이 가능한 건설기계이다.

03 건설기계관리법상 정기적성검사 또는 수시적성검사를 받지 아니한 건설기계조종사에 대한 과태료는?

① 100만원 이하 ② 50만원 이하
③ 500만원 이하 ④ 300만원 이하

> 300만원 이하의 과태료(주요 사항)
> • 등록번호표를 부착하지 아니하거나 봉인하지 아니한건설기계를 운행한 자
> • 건설기계의 정기검사를 받지 아니한 자
> • 건설기계임대차 등에 관한 계약서를 작성하지 아니한 자
> • 건설기계조종사의 정기적성검사 또는 수시적성검사를 받지 아니한 자

04 보기의 (   )안에 알맞은 것은?

[보기]
건설기계소유자가 부득이한 사유로 검사신청기간 내에 검사를 받을 수 없는 경우에는 검사연기사유 증명서류를 시·도지사에게 제출하여야 한다.
검사연기를 허가받으면 검사 유효기간은 (   )월 이내로 연장된다.

① 1   ② 2
③ 3   ④ 6

> 검사의 연기
> • 건설기계소유자는 천재지변, 건설기계의 도난, 사고발생, 압류, 1월 이상에 걸친 정비 그 밖의 부득이 한 사유로 검사신청기간 내에 검사를 신청할 수 없는 경우에는 검사신청기간 만료일까지 검사연기신청서에 연기사유를 증명할 수 있는 서류를 첨부하여 시·도지사에게 제출하여야 한다.
> • 검사연기신청을 받은 시·도지사 또는 검사대행자는 그 신청일부터 5일 이내에 검사연기여부를 결정하여 신청인에게 통지하여야 한다. 이 경우 검사연기 불허통지를 받은 자는 검사신청기간 만료일부터 10일 이내에 검사신청을 하여야 한다.
> • 검사를 연기하는 경우에는 그 연기기간을 6월 이내로 한다. 이 경우 그 연기기간동안 검사유효기간이 연장된 것으로 본다.

05 건설기계의 소유자는 건설기계등록사항에 변경이 있는 때에 그 변경이 있은 날부터 며칠 이내에 건설기계등록사항변경신고서를 시·도지사에게 제출하여야 하는가?(단, 상속의 경우를 제외한다.)

① 15일 ② 20일
③ 25일 ④ 30일

> 건설기계의 소유자는 건설기계등록사항에 변경(주소지 또는 사용본거지가 변경된 경우를 제외)이 있는 때에는 그 변경이 있은 날부터 30일(상속의 경우에는 상속개시일부터 3개월) 이내에 건설기계등록사항변경신고서에 필요한 서류를 첨부하여 등록을 한 시·도지사에게 제출하여야 한다. 다만, 전시, 사변 기타 이에 준하는 국가비상사태 하에 있어서는 5일 이내에 하여야 한다.

06 건설기계관리법상 건설기계 운전자의 과실로 경상 6명의 인명 피해를 입혔을 때 처분기준은?

① 면허효력정지 10일 ② 면허효력정지 20일
③ 면허효력정지 30일 ④ 면허효력정지 60일

> 🔍 인명피해를 입힌 때의 처분기준
> • 사망 1명마다 : 면허효력정지 45일
> • 중상 1명마다 : 면허효력정지 15일
> • 경상 1명마다 : 면허효력정지 5일

07 건설기계 형식 승인은 누가 하는가?

① 고용노동부장관
② 시 · 도지사
③ 시장 · 군수 또는 구청장
④ 국토교통부장관

> 🔍 건설기계를 제작 · 조립 또는 수입하려는 자는 해당 건설기계의 형식에 관하여 국토교통부령으로 정하는 바에 따라 국토교통부장관의 승인을 받아야 한다.

08 건설기계 등록번호표에 대한 설명으로 틀린 것은?

① 재질은 철판 또는 알루미늄 판이 사용된다.
② 굴착기의 경우 기종별 기호 표시는 02로 한다.
③ 번호표에 표시되는 문자 및 외곽선은 1.5mm 튀어 나와야 한다.
④ 모든 번호표의 규격은 동일하다.

> 🔍 번호표의 규격은 덤프트럭 · 콘크리트믹서트럭 · 콘크리트펌프 · 타워크레인과 그 밖의 건설기계로 구분되어 정해져 있다.

09 건설기계 소유자가 정비업소에 건설기계 정비를 의뢰한 후 정비업자로부터 정비완료 통보를 받고 며칠 이내에 찾아가지 않을 때 보관 · 관리 비용을 지불하여야 하는가?

① 5일 ② 10일
③ 15일 ④ 20일

> 🔍 건설기계사업자가 건설기계소유자로부터 받을 수 있는 보관 · 관리비용은 정비완료사실을 건설기계소유자에게 통보한 날부터 5일이 경과하여도 당해 건설기계를 찾아가지 아니하는 경우 당해 건설기계의 보관 · 관리에 소요되는 실제비용으로 한다. 다만, 그 금액은 당해 지역의 공영주차장의 주차요금을 초과할 수 없으며, 정비완료 사실을 통보한 날부터 5일 이내의 기간에 해당하는 비용은 이를 징수할 수 없다.

10 건설기계 형식신고 대상 기계가 아닌 것은?

① 불도저
② 무한궤도식 굴착기
③ 아스팔트 피니셔
④ 리프트

> 🔍 건설기계의 범위(총 27종) : 불도저, 굴착기, 로더, 지게차, 스크레이퍼, 덤프트럭, 기중기, 모터그레이더, 롤러, 노상안정기, 콘크리트뱃칭플랜트, 콘크리트피니셔, 콘크리트살포기, 콘크리트믹서트럭, 콘크리트펌프, 아스팔트믹싱플랜트, 아스팔트피니셔, 아스팔트살포기, 골재살포기, 쇄석기, 공기압축기, 천공기, 항타 및 항발기, 사리채취기, 준설선, 특수건설기계, 타워크레인

11 기관의 피스톤이 고착되는 원인으로 틀린 것은?

① 냉각수의 양이 부족할 때
② 기관오일이 부족하였을 때
③ 기관이 과열되었을 때
④ 압축 압력이 정상일 때

> 🔍 피스톤의 고착 원인
> • 냉각수 량이 부족할 때
> • 기관오일이 부족하였을 때
> • 기관이 과열되었을 때
> • 피스톤 간극이 적을 때

12 기관의 운전 상태를 감시하고 고장진단 할 수 있는 기능은?

① 윤활 기능 ② 제동 기능
③ 조향 기능 ④ 자기진단 기능

13 납축전지 터미널에 녹이 발생했을 때의 조치방법으로 가장 적합한 것은?

① 물걸레로 닦아내고 더 조인다.
② 녹을 닦은 후 고정시키고 소량의 그리스를 상부에 도포한다.
③ (+)와 (-)터미널을 서로 교환한다.
④ 녹슬지 않게 엔진오일을 도포하고 확실히 더 조인다.

> 🔍 납축전지 터미널에 녹이 발생하면 녹을 닦은 후 고정시키고 소량의 그리스를 상부에 도포한다.

14 기관 윤활유의 구비 조건이 아닌 것은?

① 점도가 적당할 것 ② 청정력이 클 것
③ 비중이 적당할 것 ④ 응고점이 높을 것

🔍 기관 윤활유는 인화점은 높고, 응고점은 낮은 것이 좋다.

15 직류직권 전동기에 대한 설명 중 틀린 것은?

① 기동 회전력이 분권 전동기에 비해 크다.
② 부하에 따른 회전 속도의 변화가 크다.
③ 부하를 크게 하면 회전속도가 낮아진다.
④ 부하에 관계없이 회전속도가 일정하다.

🔍 전동기의 특성

구분	장점	단점
직권 전동기	기동회전력이 크다.	회전속도의 변화가 크다.
분권 전동기	회전속도의 변화가 없다.	회전력이 비교적 작다.
복권 전동기	직권과 분권의 양쪽 특성을 갖는다.	구조가 복잡하다.

16 소음기나 배기관 내부에 많은 양의 카본이 부착되면 배압은 어떻게 되는가?

① 낮아진다.
② 저속에는 높아졌다가 고속에는 낮아진다.
③ 높아진다.
④ 영향을 미치지 않는다.

🔍 소음기나 배기관 내부에 많은 양의 카본이 부착되면 배압은 높아지고 이에 따라 기관 과열, 기관의 출력 감소, 냉각수 온도 과열이 초래된다.

17 보기에 나타낸 것은 기관에서 어느 구성품을 형태에 따라 구분한 것인가?

[보기]
직접분사식, 예연소실식, 와류실식, 공기실식

① 연료분사장치 ② 연소실
③ 점화장치   ④ 동력전달장치

🔍 보기는 연소실을 형태에 따라 구분한 것으로 디젤기관은 압축열에 의한 자연착화기관이므로 공기와 연료가 잘 혼합될 수 있는 구조여야 하며, 특히 압축 행정에서 와류를 일어나게 하여 혼합을 돕는 등 여러 가지 구비 조건을 갖추어야 한다.

18 냉각장치에 사용되는 라디에이터의 구성품이 아닌 것은?

① 냉각수 주입구
② 냉각핀
③ 코어
④ 물재킷

🔍 물재킷은 습식라이너의 바깥 둘레를 구성하는 것으로 냉각수와 직접 접촉한다.

19 충전장치에서 발전기는 어떤 축과 연동되어 구동되는가?

① 크랭크축
② 캠축
③ 추진축
④ 변속기 입력축

🔍 직류 발전기는 계자 코일과 철심으로 된 전자석의 N극과 S극 사이에 둥근형의 아마추어 코일을 넣고, 코일 A와 B를 정류자의 정류자면 E와 F에 접속한 다음 크랭크축 풀리와 팬 벨트로 회전시키면 코일 A와 B가 함께 회전하는 도체는 자력선을 끊어 전자 유도 작용에 의한 전압을 발생시키는 일종의 자려자식이며 계자 코일과 전기자 코일의 연결이 직렬식(직권식), 병렬식(분권식), 직·병렬식(복권식)이 있다.

20 디젤기관에서 인젝터간 연료 분사량이 일정하지 않을 때 나타나는 현상은?

① 연료 분사량에 관계없이 기관은 순조로운 회전을 한다.
② 연료 소비에는 관계가 있으나 기관 회전에는 영향을 미치지 않는다.
③ 연소 폭발음의 차이가 있으며 기관은 부조를 하게 된다.
④ 출력은 향상되나 기관은 부조를 하게 된다.

🔍 인젝터에서 각 실린더 별로 분사량이 달리하여 분사하면 폭발 상태가 달라지므로 부조상태가 된다.

21 유압펌프에서 발생된 유체에너지를 이용하여 직선운동이나 회전운동을 하는 유압기기는?

① 오일 쿨러   ② 제어 밸브
③ 액추에이터   ④ 어큐뮬레이터

🔍 액추에이터(actuator)는 유압의 에너지를 기계적 에너지로 변환시키는 장치로 유압의 에너지에 의해서 직선 왕복 운동을 하는 유압 실린더와 유압의 에너지에 의해서 회전 운동을 하는 유압 모터가 있다.

22 유압장치에서 방향제어 밸브에 해당하는 것은?

① 셔틀 밸브   ② 릴리프 밸브
③ 시퀀스 밸브 ④ 언로더 밸브

🔍 유압밸브
• 압력제어 밸브 : 일의 크기 조정(릴리프 밸브, 감압 밸브, 시퀀스 밸브, 언로더 밸브, 카운터 밸런스 밸브 등)
• 유량제어 밸브 : 일의 속도 제어(스로틀 밸브, 압력보상 유량제어 밸브 등)
• 방향제어 밸브 : 일의 방향을 변환(체크 밸브, 스풀 밸브, 감속 밸브, 셔틀 밸브 등)

23 압력제어 밸브의 종류가 아닌 것은?

① 언로더 밸브 ② 스로틀 밸브
③ 시퀀스 밸브 ④ 릴리프 밸브

🔍 문제 18번 해설 참조

24 유압유의 점검사항과 관계없는 것은?

① 점도   ② 마멸성
③ 소포성   ④ 윤활성

🔍 유압유의 점검사항 : 점도, 소포성, 윤활성

25 그림의 유압 기호는 무엇을 표시하는가?

① 유압실린더   ② 어큐뮬레이터
③ 오일 탱크   ④ 유압실린더 로드

🔍 그림의 유압 기호는 어큐뮬레이터(축압기)이며, 축압기는 유압 에너지의 저장, 충격흡수 등에 이용된다.

26 그림과 같이 2개의 기어와 케이싱으로 구성되어 오일을 토출하는 펌프는?

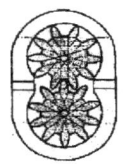

① 내접 기어 펌프
② 외접 기어 펌프
③ 스크루 기어 펌프
④ 트로코이드 기어 펌프

🔍 내접 기어 펌프와 외접 기어 펌프

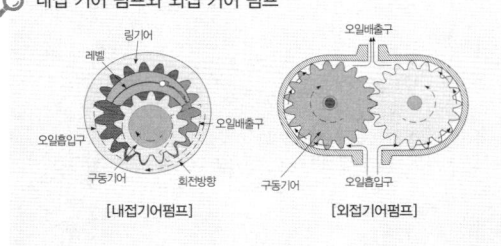

[내접기어펌프]   [외접기어펌프]

27 작업 중에 유압펌프로 부터 토출유량이 필요하지 않게 되었을 때, 토출유를 탱크에 저압으로 귀환 시키는 회로는?

① 시퀀스 회로
② 어큐뮬레이터 회로
③ 블리드 오프 회로
④ 언로더 회로

🔍 회로의 용어 정의
• 시퀀스 회로 : 실린더를 순차적으로 작동시키기 위한 회로
• 어큐뮬레이터 회로 : 유압 펌프 토출구 가까이에 어큐뮬레이터를 설치하고 밸브 변환 시에 발생하는 서지 압력을 흡수하고 펌프의 순간적인 과부하 방지 및 회로에서의 진동, 소음, 배관의 느슨함에 의해서 발생하는 누유 및 파손 등을 방지하는 회로
• 블리드 오프 회로 : 유량조절 밸브를 바이패스 회로에 설치하고 유압 실린더를 송유하는 작동유 이외의 작동유를 탱크로 복귀시키는 회로

28 유압모터를 선택할 때의 고려사항과 가장 거리가 먼 것은?

① 동력
② 부하
③ 효율
④ 점도

🔍 점도는 유압유와 관련이 있는 것으로 유압모터 선택 시 고려사항에는 해당되지 않는다.

29 유압유에 요구되는 성질이 아닌 것은?

① 산화 안정성이 있을 것
② 윤활성과 방청성이 있을 것
③ 보관 중에 성분의 분리가 있을 것
④ 넓은 온도범위에서 점도변화가 적을 것

🔍 유압유의 구비조건
- 넓은 온도 범위에서 점도의 변화가 적을 것
- 점도 지수가 높을 것
- 산화에 대한 안정성이 있을 것
- 윤활성과 방청성이 있을 것
- 착화점이 높을 것
- 적당한 유동성이 있을 것
- 물리적, 화학적인 변화가 없고 비압축성일 것
- 유압장치에 사용되는 재료에 대하여 불활성일 것

30 유압유에 포함된 불순물을 제거하기 위해 유압펌프 흡입관에 설치하는 것은?

① 부스터
② 스트레이너
③ 공기 청정기
④ 어큐뮬레이터

🔍 스트레이너는 유압탱크에 설치되어 유압 펌프로 유압유를 유도하고 유압유 속의 불순물을 여과한다.

31 수공구 사용시 안전수칙으로 바르지 못한 것은?

① 톱 작업은 밀 때 절삭되게 작업한다.
② 줄 작업으로 생긴 쇳가루는 브러시로 털어 낸다.
③ 해머작업은 미끄러짐을 방지하기 위해서 반드시 면장갑을 끼고 작업한다.
④ 조정 렌치는 조정조가 있는 부분에 힘을 받지 않게 하여 사용한다.

🔍 해머작업시 장갑을 끼면 미끄러지기 쉬워 위험하다.

32 화재 발생시 초기 진화를 위해 소화기를 사용하고자 할 때, 다음 보기에서 소화기 사용방법에 따른 순서로 맞는 것은?

[보기]
a. 안전핀을 뽑는다.
b. 안전핀 걸림 장치를 제거한다.
c. 손잡이를 움켜잡아 분사한다.
d. 노즐을 불이 있는 곳으로 향하게 한다.

① a → b → c → d
② c → a → b → d
③ d → b → c → a
④ b → a → d → c

33 크레인으로 인양 시 물체의 중심을 측정하여 인양하여야 한다. 다음 중 잘못된 것은?

① 형상이 복잡한 물체의 무게 중심을 확인한다.
② 인양 물체를 서서히 올려 지상 약 30cm 지점에서 정지하여 확인한다.
③ 인양 물체의 중심이 높으면 물체가 기울 수 있다.
④ 와이어로프나 매달기용 체인이 벗겨질 우려가 있으면 되도록 높이 인양한다.

🔍 인양 물체의 중심이 높으면 물체가 기울거나 와이어로프나 매달기용 체인이 벗겨질 우려가 있으므로 중심은 될 수 있는 한 낮게 하여 매달도록 하여야 한다.

34 작업 중 기계에 손이 끼어 들어가는 안전사고가 발생했을 경우 우선적으로 해야 할 것은?

① 신고부터 한다.
② 응급처치를 한다.
③ 기계의 전원을 끈다.
④ 신경 쓰지 않고 계속 작업한다.

🔍 먼저 기계의 전원을 꺼서 정지시키고 응급처치를 한다.

35 렌치의 사용이 적합하지 않는 것은?

① 둥근 파이프를 죌 때 파이프 렌치를 사용하였다.
② 렌치는 적당한 힘으로 볼트, 너트를 죄고 풀어야 한다.
③ 오픈 렌치로 파이프 피팅 작업에 사용하였다.
④ 토크 렌치의 용도는 큰 토크를 요할 때만 사용한다.

🔍 토크 렌치는 볼트, 너트, 스크루 등을 규정된 값으로 조일 때 사용하는 정밀 측정 공구로 다수의 볼트에 토크를 주어 나사산의 파손이나 탈락을 방지하는 용도로 사용된다.

36 감전되거나 전기화상을 입을 위험이 있는 곳에서 작업 시 작업자가 착용해야 할 것은?

① 구명구
② 보호구
③ 구명조끼
④ 비상벨

37 다음 중 안전의 제일 이념에 해당하는 것은?

① 품질 향상
② 재산 보호
③ 인간 존중
④ 생산성 향상

🔍 안전관리란 재해로부터 인간의 생명과 재산을 보존하기 위한 계획적이고 체계적인 제반 활동을 의미한다.

38 안전관리상 장갑을 끼고 작업할 경우 위험할 수 있는 것은?

① 드릴 작업
② 줄 작업
③ 용접 작업
④ 판금 작업

🔍 드릴 작업 시 장갑을 끼면 손이 말려들 위험이 있다.

39 위험기계·기구에 설치하는 방호장치가 아닌 것은?

① 하중측정장치
② 급정지장치
③ 역화방지장치
④ 자동전격방지장치

🔍 하중측정장치는 하중을 측정하는 장치로 방호장치와는 거리가 멀다.

40 전기 감전위험이 생기는 경우로 가장 거리가 먼 것은?

① 몸에 땀이 배어 있을 때
② 옷이 비에 젖어 있을 때
③ 앞치마를 하지 않았을 때
④ 발밑에 물이 있을 때

🔍 물 및 습기 등은 도전성이 높은 액체로 습윤 장소에서는 감전의 위험이 커진다.

41 건설기계관리법 상의 로더의 정의로 올바른 것은?

① 무한궤도(크롤러) 또는 타이어식으로 적재장치를 가진 자체중량 2톤 이상인 것을 말한다.
② 타이어식으로 적재장치를 가진 자체중량 2톤 이상인 것을 말한다.
③ 무한궤도(크롤러)식으로 적재장치를 가진 자체중량 2톤 이상인 것을 말한다.
④ 무한궤도(크롤러) 또는 타이어식으로 적재장치를 가진 자체중량 3톤 이상인 것을 말한다.

🔍 로더란 무한궤도(크롤러) 또는 타이어식으로 적재장치를 가진 자체중량 2톤 이상인 것. 다만, 차체굴절식 조향장치가 있는 자체중량 4톤 미만인 것은 제외한다.

42 버킷에 표준 하중을 적재한 상태에서 지표 기준면으로부터 최대 높이로 올리는 데 필요한 시간을 무엇이라 하는가?

① 상승 시간
② 덤프 시간
③ 기준 시간
④ 표준 작동 시간

🔍 상승 시간이란 버킷에 표준 하중을 적재한 상태에서 지표 기준면에서 최대 높이로 올리는 데 필요한 시간을 말한다.

43 스키드 스티어 로더(Skid steer loader)에 대한 설명으로 틀린 것은?

① 방향을 전환할 때 타이어의 방향이 틀어지지 않고 그대로 직선상에 있다.
② 방향을 전환할 때에는 두 쪽 바퀴가 모두 전진 또는 후진하는 방식이다.
③ 작고 좁은 공간에서 작업이 필요할 경우 효과적이다.
④ 다양한 작업장치 부착으로 적재 및 제설작업, 굴착, 운반, 작은 콘크리트나 암반 파쇄, 도로 청소 등에서 사용된다.

> 스키드 스티어 로더는 방향을 전환할 때 한쪽 바퀴는 전진하고 다른 쪽 바퀴는 후진하게 되어 방향 전환이 되므로 제자리에서 360° 회전이 가능하다.

44 로더에서 복합적인 기계장치에 유압장치를 첨부하여 강력한 견인력을 구비하고 수행할 수 있는 작업에 해당되지 않는 것은?

① 트럭과 호퍼에 퍼 싣기
② 지면 포장하기
③ 배수로 등의 홈 파내기
④ 부피가 큰 재료를 끌어 모으기

> 로더는 지면보다 조금 높은 곳의 토량 상차, 토사 적재 작업, 배수로나 도랑 등의 홈 파내기, 부피가 큰 재료를 끌어 모으기 등의 작업에 적합하다.

45 크롤러 로더로 할 수 있는 작업에 해당되지 않는 것은?

① 제설 작업 ② 골재의 처리 작업
③ 수직 굴토 작업 ④ 자갈 등의 상차 작업

> 수직으로 깊이 파는 굴토 작업은 기중기의 클램셸(clamshell) 작업을 통해 이루어진다.

46 타이어식 로더가 무한궤도식 로더에 비해 좋은 점은?

① 견인력
② 습지에서의 작업성
③ 기동성
④ 좁은 공간에서의 선회성

> 타이어식 로더의 특징
> • 작업 수행에는 능률적이지만 습지·연약지 작업에는 곤란하다.
> • 차체의 뒷부분에 카운터 웨이트(counter weight)를 두어 균형을 맞춘다.
> • 최고속도가 시속 15~30km 이하로 자동차보다 저속이지만 무한궤도식에 비해 기동성이 양호하다.
> • 전륜구동 후륜조향 방식이다.

47 환향장치가 하는 역할은?

① 제동을 쉽게 하는 장치이다.
② 분사압력 증대 장치이다.
③ 분사시기를 조정하는 장치이다.
④ 장비의 진행 방향을 바꾸는 장치이다.

> 조향(환향) 장치는 건설기계의 주행방향을 바꾸기 위한 조종장치로 조향핸들(steering wheel)을 회전시켜 앞바퀴를 조향하는 구조로 되어 있다.

48 적하방식에 따른 로더의 분류로 적합하지 않은 것은?

① 언더 캐리지형(under carriage type)
② 사이드 덤프형(side dump type)
③ 오버 헤드형(overhead type)
④ 프런트 엔드형(front end type)

> 적하방식별 분류
> • 프런트 엔드형(front end type)
> • 사이드 덤프형(side dump type)
> • 오버 헤드형(overhead type)
> • 스윙형(swing type)

49 작동장치가 별도로 필요치 않은 버킷 종류를 짧은 시간에 간단히 교체할 수 있도록 한 것은?

① 핀과 부싱 ② 와이어
③ 피팅 ④ 퀵 커플러

> 퀵 커플러(quick coupler)는 작동장치가 없는 버킷 종류를 짧은 시간에 간단히 교체 장착할 있도록 하는 기계식 연결이다.

50 변속 레버를 작동시켜도 로더가 진행되지 않는 고장 원인과 거리가 먼 것은?

① 토크컨버터의 오일 부족

② 다판클러치의 작동 불량
③ 변속레버 스풀의 작동 불량
④ 동력인출장치의 작동 불량

🔍 동력인출장치는 엔진의 동력을 주행 목적이 아닌 그 이외의 다른 목적에 사용하고자 할께 사용하는 장치로 로더가 진행되지 않는 원인과는 거리가 멀다.

51 타이어식 로더의 휠 허브(wheel hub)에 설치된 유성기어 장치에서 액슬축(Axle Gear)에 설치된 기어는?

① 유성 기어 ② 선 기어
③ 링 기어   ④ 유성 기어 캐리어

🔍 선 기어는 차축(액슬축) 끝에 설치되어 유성 기어를 회전시키고, 유성 기어는 링 기어를 회전시킨다.

52 크롤러 로더의 주행 방법 중 틀린 것은?

① 가능하면 평탄한 길을 택하여 주행한다.
② 요철이 심한 곳은 신속히 통과한다.
③ 돌 등이 스프로킷에 부딪치거나 올라타지 않도록 한다.
④ 연약한 땅은 피해서 간다.

🔍 지면이 고르지 않거나 장애물을 통과할 때는 서행하여야 하며, 특히 장애물 통과 시 장비의 무게중심이 급격하게 이동되지 않도록 한다.

53 다음 중 크롤러 로더의 일반적인 환향장치에 대한 설명으로 옳은 것은?

① 허리꺾기 환향이 사용된다.
② 유압식에 의하여 작동된다.
③ 후륜 환향식이 사용된다.
④ 조향 클러치식이 사용된다.

🔍 크롤러형은 조향 클러치방식, 타이어형은 허리꺾기식과 뒷바퀴(후륜) 조향식이 있으며 유압식(동력조향식)으로 작동된다.

54 휠 로더의 각부 연결 핀이 있는 곳에 사용하는 오일은?

① 엔진오일   ② 기어오일
③ 그리스   ④ 미션오일

🔍 휠 로더의 각부 연결 핀이 있는 곳에는 그리스(grease)를 주입하며, 대표적인 주입 부위는 센터 피벗 핀 2개소, 뒤차축 피벗부 2개소, 조향 실린더 핀 4개소 등이 있다.

55 로더의 난기운전과 관련한 설명으로 틀린 것은?

① 장비의 작동유 온도를 적정하게 유지하기 위해 실시한다.
② 난기운전은 주로 봄, 여름에 실시한다.
③ 난기운전을 실시해야 할 상황에서 하지 않으면 유압기기 등에 고장이 발생할 수 있다.
④ 난기운전은 작동유의 온도를 30℃ 이상이 되도록 실시한다.

🔍 로더 장비의 적정 작동유 온도는 50℃이다. 따라서, 겨울철 한랭 시에는 작업하기 전에 작동유를 30℃ 이상이 되도록 난기운전을 실시하여야 한다.

56 로더의 자동 유압 붐 킥아웃의 기능은?

① 붐이 일정한 높이에 이르면 자동적으로 멈추어 작업 능률과 안전성을 기하는 장치
② 버킷 링크를 조정하여 덤프 실린더가 수평이 되게 하는 장치
③ 가끔 침전물이나 물을 뽑아내고 이물질을 걸러내는 장치
④ 로더의 고속 작동 시 자동적으로 버킷의 수평을 조정하는 장치

🔍 킥아웃 장치는 붐이 원하는 위치까지 상승이 되면 자동으로 상승의 위치에서 유지 위치로 돌아가게 하는 장치로 작업 능률과 안정성을 기할 수 있다.

57 로더의 작업 중 그레이딩 작업이란?

① 굴착 작업
② 깎아내기 작업
③ 지면 고르기 작업
④ 적재 작업

🔍 그레이딩 작업(지면 고르기 작업) : 작업 전에 파진 부분을 메우고 버킷을 약간 기울여야 하며 지면을 고를 때는 로더를 45° 회전시켜 작업한다.

58 로더 작업을 끝내고 주차할 때 주의할 사항으로 옳지 않은 것은?

① 주차 브레이크를 작동시킨다.
② 변속기 컨트롤 레버를 중립 위치에 놓는다.
③ 기관을 정지하고 반드시 시동키를 뽑는다.
④ 버킷을 지면에서 약 40cm에 유지한다.

🔍 로더를 주기(주차)할 때는 버킷을 지면에 내려놓아야 한다.

59 로더 작업 중 전복사고 발생시 운전원을 보호하는 강 구조물의 운전실은?

① 폽스 캐빈(FOPS cabin)
② 로프스 캐빈(ROPS cabin)
③ 스틸 캐빈(Steel cabin)
④ 캐노피(Canopy)

🔍 • 폽스 캐빈(FOPS cabin) : 낙석의 위험이 있는 장소에서 낙석의 충격을 흡수하고 운전원의 생명을 보호하는 운전실
• 로프스 캐빈(ROPS cabin) : 로더 작업 중 전복사고 발생 시 충격 에너지를 흡수하여 운전원을 보호하는 강구조물 운전실

60 휠 로더로 경사지를 내려올 때 버킷의 위치로 알맞은 것은?

① 지면에 최대한 밀착시킨다.
② 지면으로부터 20~30cm 정도 띄운다.
③ 지면으로부터 40~50cm 정도 띄운다.
④ 지면으로부터 1m 이상 띄운다.

🔍 경사지에서 내려올 때는 반드시 기어를 넣고 주행해야 하며(중립상태로 운전 금지) 이때 버킷은 지면에서 20~30cm 정도로 하여 긴급 시 브레이크 역할을 할 수 있도록 한다.

정답 CBT 복원문제 02회

01 ④	02 ①	03 ④	04 ④	05 ④
06 ③	07 ④	08 ④	09 ①	10 ④
11 ④	12 ④	13 ②	14 ④	15 ④
16 ③	17 ②	18 ④	19 ①	20 ③
21 ③	22 ①	23 ②	24 ②	25 ②
26 ②	27 ④	28 ④	29 ③	30 ②
31 ③	32 ④	33 ③	34 ③	35 ④
36 ②	37 ③	38 ①	39 ①	40 ③
41 ①	42 ①	43 ②	44 ②	45 ②
46 ③	47 ②	48 ①	49 ④	50 ④
51 ②	52 ②	53 ④	54 ③	55 ②
56 ①	57 ③	58 ④	59 ②	60 ②

03 CBT 복원문제 ○ QUESTIONS FROM PREVIOUS TESTS

01 건설기계 운전자가 조종 중 고의로 인명피해를 입히는 사고를 일으켰을 때 면허처분 기준은?

① 면허취소
② 면허효력 정지 30일
③ 면허효력 정지 20일
④ 면허효력 정지 10일

🔍 건설기계조종사면허의 취소 사유
• 거짓이나 그 밖의 부정한 방법으로 건설기계조종사면허를 받은 경우
• 건설기계조종사면허의 효력정지기간 중 건설기계를 조종한 경우
• 건설기계조종사면허 취득의 결격사유에 해당하게 된 경우
• 건설기계 조종 중 고의로 사망, 중상, 경상 등을 입힌 경우
• 건설기계 조종 중 과실로 산업안전보건법에 따른 다음의 중대재해가 발생한 경우
 - 사망자가 1명 이상 발생한 재해
 - 3개월 이상의 요양이 필요한 부상자가 동시에 2명 이상 발생한 재해
 - 부상자 또는 직업성질병자가 동시에 10명 이상 발생한 재해

02 건설기계 등록번호표의 표시내용이 아닌 것은?

① 기종
② 등록 번호
③ 등록 관청
④ 장비 연식

🔍 건설기계등록번호표에는 등록관청·용도·기종 및 등록번호를 표시하여야 하며, 압형으로 제작한다.

03 건설기계의 구조 변경 가능 범위에 속하지 않는 것은?

① 수상작업용 건설기계 선체의 형식변경
② 적재함의 용량 증가를 위한 변경
③ 건설기계의 길이, 너비, 높이 변경
④ 조종장치의 형식 변경

🔍 구조의 변경 및 개조의 범위
• 원동기·동력전달장치·제동장치·주행장치·유압장치·조종장치·조향장치·작업장치의 형식변경. 다만, 가공작업을 수반하지 아니하고 작업장치를 선택부착하는 경우에는 작업장치의 형식변경으로 보지 아니한다.
• 건설기계의 길이·너비·높이 등의 변경
• 수상작업용 건설기계의 선체의 형식변경
※다만, 건설기계의 기종변경, 육상작업용 건설기계규격의 증가 또는 적재함의 용량증가를 위한 구조변경은 이를 할 수 없다.

04 특별표지판 부착 대상인 대형 건설기계가 아닌 것은?

① 길이가 15m인 건설기계
② 너비가 2.8m인 건설기계
③ 높이가 4.5m인 건설기계
④ 총중량 45톤인 건설기계

🔍 특별표지판 부착 대상 대형 건설기계
• 길이가 16.7m를 초과하는 건설기계
• 너비가 2.5m를 초과하는 건설기계
• 높이가 4.0m를 초과하는 건설기계
• 최소회전반경이 12m를 초과하는 건설기계
• 총중량이 40톤을 초과하는 건설기계
• 총중량 상태에서 축하중이 10톤을 초과하는 건설기계

05 성능이 불량하거나 사고가 자주 발생하는 건설기계의 안전성 등을 점검하기 위하여 실시하는 검사는?

① 예비검사
② 구조변경검사
③ 수시검사
④ 정기검사

🔍 건설기계의 검사
• 신규 등록검사 : 건설기계를 신규로 등록할 때 실시하는 검사
• 정기검사 : 건설공사용 건설기계로서 검사유효기간이 끝난 후에 계속하여 운행하려는 경우에 실시하는 검사와 운행차의 정기검사
• 구조변경검사 : 건설기계의 주요 구조를 변경하거나 개조한 경우 실시하는 검사
• 수시검사 : 성능이 불량하거나 사고가 자주 발생하는 건설기계의 안전성 등을 점검하기 위하여 수시로 실시하는 검사와 건설기계 소유자의 신청을 받아 실시하는 검사

06 건설기계의 등록 전에 임시운행 사유에 해당되지 않는 것은?

① 장비 구입 전 이상유무 확인을 위해 1일간 예비 운행을 하는 경우
② 등록신청을 하기 위하여 건설기계를 등록지로 운행하는 경우
③ 수출을 하기 위하여 건설기계를 선적지로 운행하는 경우
④ 신개발 건설기계를 시험·연구의 목적으로 운행하는 경우

🔍 **임시운행 사유**
- 등록신청을 하기 위하여 건설기계를 등록지로 운행하는 경우
- 신규등록검사 및 확인검사를 받기 위하여 건설기계를 검사장소로 운행하는 경우
- 수출을 하기 위하여 건설기계를 선적지로 운행하는 경우
- 신개발 건설기계를 시험·연구의 목적으로 운행하는 경우
- 판매 또는 전시를 위하여 건설기계를 일시적으로 운행하는 경우

07 건설기계 소유자가 건설기계를 취득한 경우 해당 건설기계의 등록신청은 누구에게 해야 하는가?

① 국토교통부장관
② 전문 건설기계정비업자
③ 시·도지사
④ 건설기계해체재활용업자

🔍 건설기계의 소유자는 건설기계를 취득한 날로부터 2월 이내에 특별시장·광역시장 또는 도지사(이하 "시·도지사"라 한다.)에게 건설기계등록신청을 하여야 한다.

08 건설기계관리법상 경상이란?

① 5일 미만의 치료를 요하는 진단이 있을 때
② 3주 이상의 치료를 요하는 진단이 있을 때
③ 3주 미만의 치료를 요하는 진단이 있을 때
④ 7일 이상의 치료를 요하는 진단이 있을 때

🔍 **건설기계관리법상 중경상의 구분**
- 중상 : 3주 이상의 치료를 요하는 진단이 있을 때
- 경상 : 3주 미만의 치료를 요하는 진단이 있을 때

09 건설기계 임시운행 번호표의 도색은?

① 청색 페인트 판에 흰색 문자
② 흰색 페인트 판에 검은색 문자
③ 녹색 페인트 판에 검은색 문자
④ 검은색 페인트 판에 흰색 문자

🔍 **건설기계의 임시번호표 및 등록번호표**
- 임시번호표(미등록 및 등록된 건설기계) : 흰색 페인트판에 검은색 문자
- 등록번호표
  - 비사업용(관용 또는 자가용) : 흰색 바탕에 검은색 문자
  - 대여사업용 : 주황색 바탕에 검은색 문자

10 건설기계의 구조 또는 장치를 변경하는 사항으로 적합하지 않은 것은?

① 관할 시·도지사에게 구조변경 승인을 받아야 한다.
② 건설기계정비업소에서 구조 또는 장치의 변경 작업을 한다.
③ 구조변경검사를 받아야 한다.
④ 구조변경검사는 주요구조를 변경 또는 개조한 날부터 20일 이내에 신청하여야 한다.

🔍 건설기계의 구조를 변경하고자 할 경우에는 건설기계정비업소에서 구조 또는 장치를 변경하고 주요구조 및 장치를 변경한 날로부터 20일 이내에 시·도지사의 구조변경검사를 받아야 한다.

11 디젤기관의 예열 장치에서 코일형 예열 플러그와 비교한 실드형 예열 플러그의 설명 중 틀린 것은?

① 발열량이 크고 열용량도 크다.
② 예열 플러그들 사이의 회로는 병렬로 결선되어 있다.
③ 기계적 강도 및 가스에 의한 부식에 약하다.
④ 예열 플러그 하나가 단선되어도 나머지는 작동된다.

🔍 실드형 예열 플러그는 금속제 보호관에 코일이 들어 있는 형태로 기계적 강도 및 가스에 의한 부식에 강하다. 이와 달리 코일형 예열 플러그는 히트 코일이 노출되어 있어 적열 상태는 좋으나 가스 부식에 약하며 배선은 직렬로 되어 있다.

12 디젤기관의 연소실 중 연료 소비율이 낮으며 연소 압력이 가장 높은 연소실 형식은?

① 예연소실식   ② 와류실식
③ 직접분사실식 ④ 공기실식

🔍 직접분사실식은 연소실이 피스톤 헤드나 실린더 헤드에 있어 이곳에 연료를 분사하는 방식으로 연료 소비율이 낮고 열효율이 높고 시동이 쉽다.

13 기동 전동기 구성품 중 자력선을 형성하는 것은?

① 전기자   ② 계자 코일
③ 슬립링   ④ 브러시

> 기동 전동기는 축전지의 전류가 브러시, 정류자, 전기자 코일을 통해 계자 코일을 통과하므로 계자 철심에는 강력한 자력선이 생기게 되며, 전자력의 방향이 정해지고 전기자는 회전하게 된다.

14 라디에이터(Radiator)에 대한 설명으로 틀린 것은?

① 라디에이터의 재료 대부분은 알루미늄 합금이 사용된다.
② 단위 면적당 방열량이 커야한다.
③ 냉각 효율을 높이기 위해 방열핀이 설치된다.
④ 공기 흐름 저항이 커야 냉각 효율이 높다.

> 라디에이터의 구비 조건 중 하나는 공기 흐름 저항이 적어야 한다는 점이다. 이는 공기 흐름 저항이 적어야 냉각 효율이 높기 때문이다.

15 커먼레일 디젤기관의 연료장치 시스템에서 출력요소는?

① 공기 유량 센서 ② 인젝터
③ 엔진 ECU   ④ 브레이크 스위치

> 커먼레일 연료 분사장치는 분사펌프를 사용하지 않고 연료를 1,350bar 정도로 압축하여 인젝터를 사용하여 연소실 내에 직접 분사하는 전자제어식 디젤기관이다. 따라서 출력요소는 고압의 연료를 연소실에 미립자 형태로 분사하는 인젝터가 된다.

16 디젤기관 연료여과기에 설치된 오버플로 밸브(overflow valve)의 기능이 아닌 것은?

① 여과기 각 부분 보호
② 연료공급펌프 소음발생 억제
③ 운전 중 공기 배출 작용
④ 인젝터의 연료분사시기 제어

> 오버플로 밸브의 기능
> • 회로 내 공기 배출
> • 연료 여과기 보호
> • 연료 탱크 내 기포 발생 방지
> • 분사 펌프의 소음 발생 방지

17 4행정 기관에서 1 사이클을 완료할 때 크랭크축은 몇 회전 하는가?

① 1회전   ② 2회전
③ 3회전   ④ 4회전

> 4행정 기관에서는 크랭크축 2회전에 모든 실린더가 1 회씩 폭발한다.

18 엔진오일이 연소실로 올라오는 주된 이유는?

① 피스톤 링 마모   ② 피스톤 핀 마모
③ 커넥팅로드 마모 ④ 크랭크축 마모

> 피스톤 링이 마모되면 실린더벽에 뿌려진 오일을 긁어내리지 못하며 연소실로 오일이 올라가 연소된다.

19 교류발전기의 다이오드가 하는 역할은?

① 전류를 조정하고, 교류를 정류한다.
② 전압을 조정하고, 교류를 정류한다.
③ 교류를 정류하고, 역류를 방지한다.
④ 여자전류를 조정하고, 역류를 방지한다.

> 교류발전기에 설치된 다이오드는 스테이터에서 발생된 교류 전류를 직류로 정류하고 배터리의 전류가 발전기로 역류되는 것을 방지한다.

20 축전지의 전해액으로 알맞은 것은?

① 순수한 물   ② 과산화납
③ 해면상납   ④ 묽은 황산

> 납산축전지의 전해액은 묽은 황산이다.

21 다음 유압기호가 나타내는 것은?

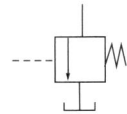

① 릴리프 밸브   ② 감압 밸브
③ 순차 밸브   ④ 무부하 밸브

> 유압기호

구분	릴리프 밸브	감압(리듀싱) 밸브	순차 (시퀀스)밸브	무부하 밸브
유압 기호				

22 유압장치에서 방향제어밸브에 대한 설명으로 틀린 것은?

① 유체의 흐름 방향을 변환한다.
② 액추에이터의 속도를 제어한다.
③ 유체의 흐름 방향을 한쪽으로 허용한다.
④ 유압실린더나 유압모터의 작동 방향을 바꾸는 데 사용된다.

🔍 속도를 제어하는 것은 유량제어밸브의 역할이다.

23 유압장치에서 작동 및 움직임이 있는 곳의 연결관으로 적합한 것은?

① 플렉시블 호스   ② 구리 파이프
③ 강 파이프   ④ PVC 호스

🔍 유압식 조작기구의 브레이크 파이프 및 호스는 방청 처리된 3~8mm 강파이프 사용하며, 요동이 심한 곳은 플렉시블 호스를 사용한다.

24 유압계통에 사용되는 오일의 점도가 너무 낮을 경우 나타날 수 있는 현상이 아닌 것은?

① 시동 저항 증가
② 펌프 효율 저하
③ 오일 누설 증가
④ 유압회로 내 압력 저하

🔍 오일 점도가 낮을 경우 나타나는 현상
• 펌프 효율 저하
• 액추에이터의 효율 저하
• 회로 내의 누유
• 유압 저하
• 유압장치 각 부의 누유

25 유압펌프가 작동 중 소음이 발생할 때의 원인으로 틀린 것은?

① 펌프 축의 편심 오차가 크다.
② 펌프 흡입관 접합부로부터 공기가 유입된다.
③ 릴리프 밸브 출구에서 오일이 배출되고 있다.
④ 스트레이너가 막혀 흡입용량이 너무 작아졌다.

26 유압장치에 사용되는 오일 실(seal)의 종류 중류 중 O-링이 갖추어야 할 조건은?

① 체결력이 작을 것
② 압축변형이 적을 것
③ 작동 시 마모가 클 것
④ 오일의 입·출입이 가능할 것

🔍 O-링은 오일 실(seal)의 한 종류로 내열성, 내탄성, 내구성, 내마모성 등이 좋아야 한다.

27 건설기계의 유압장치를 가장 적절히 표현한 것은?

① 오일을 이용하여 전기를 생산하는 것
② 기체를 액체로 전환시키기 위해 압축하는 것
③ 오일의 연소에너지를 통해 동력을 생산하는 것
④ 오일의 유체에너지를 이용하여 기계적인 일을 하는 것

🔍 유압 액추에이터는 유압을 기계적 에너지로 바꾸는 것으로 유압 모터와 실린더를 말한다.

28 자체중량에 의한 자유낙하 등을 방지하기 위하여 회로에 배압을 유지하는 밸브는?

① 감압 밸브
② 체크 밸브
③ 릴리프 밸브
④ 카운터 밸런스 밸브

🔍 카운터 밸런스 밸브(counter balance valve)는 유압 실린더 등이 자유 낙하되는 것을 방지하기 위하여 배압을 유지시키는 역할을 한다.

29 제동 유압장치의 작동원리는 어느 이론에 바탕을 둔 것인가?

① 열역학 제1법칙
② 보일의 법칙
③ 파스칼의 원리
④ 가속도 법칙

🔍 모든 유압의 원리는 파스칼의 원리를 응용한 것이다.

30 유압 모터의 종류에 포함되지 않는 것은?

① 기어형
② 베인형
③ 플런저형
④ 터빈형

🔍 유압 모터는 기어형, 베인형, 액시얼 플런저형, 레이디얼 플런저형, 멀티 스트로크형이 있다.

31 밀폐된 공간에서 엔진을 가동할 때 가장 주의해야 할 사항은?

① 소음으로 인한 추락
② 배출가스 중독
③ 진동으로 인한 직업병
④ 작업 시간

🔍 엔진 가동시 배출가스는 밀폐된 공간에서 인체에 치명적인 영향을 끼칠 수 있다. 참고로 디젤기관에서 규제하는 배출가스는 매연이다.

32 해머 작업 시 틀린 것은?

① 장갑을 끼지 않는다.
② 작업에 알맞은 무게의 해머를 사용한다.
③ 해머는 처음부터 힘차게 때린다.
④ 자루가 단단한 것을 사용한다.

🔍 해머 작업 시에는 작게 시작하여 차차 큰 행정으로 작업하는 것이 좋다.

33 크레인으로 무거운 물건을 위로 달아 올릴 때 주의할 점이 아닌 것은?

① 달아 올릴 화물의 무게를 파악하여 제한하중 이하에서 작업한다.
② 매달린 화물이 불안전하다고 생각될 때는 작업을 중지한다.
③ 신호의 규정이 없으므로 작업자가 적절히 한다.
④ 신호자의 신호에 따라 작업한다.

34 전기 기기에 의한 감전 사고를 막기 위하여 필요한 설비로 가장 중요한 것은?

① 접지 설비
② 방폭등 설비
③ 고압계 설비
④ 대지 전위 상승 설비

🔍 접지설비란 외부 낙뢰 또는 전기설비 지락 사고로부터 접지전위와 접촉전압의 상승을 허용치 이내로 억제하여 인체를 보호하기 위한 설비를 말한다.

35 진동 장애의 예방대책이 아닌 것은?

① 실외작업을 한다.
② 저진동 공구를 사용한다.
③ 진동업무를 자동화 한다.
④ 방진장갑과 귀마개를 착용한다.

🔍 진동 장애 예방대책
• 충격 완충장치 설치
• 진동 흡수 장갑 착용
• 진동 경감 공구의 설계 등

36 벨트를 교체 할 때 기관의 상태는?

① 고속상태   ② 중속상태
③ 저속상태   ④ 정지상태

🔍 벨트를 걸 때나 교체할 때는 엔진을 정지한 후에 작업해야 한다.

37 다음 중 드라이버 사용방법으로 틀린 것은?

① 날 끝 홈의 폭과 깊이가 같은 것을 사용한다.
② 전기 작업 시 자루는 모두 금속으로 되어 있는 것을 사용한다.
③ 날 끝이 수평이어야 하며 둥글거나 빠진 것은 사용하지 않는다.
④ 작은 공작물이라도 한손으로 잡지 않고 바이스 등으로 고정하고 사용한다.

🔍 전기 작업 시 자루가 모두 금속으로 되어 있는 경우 감전의 위험이 있다. 따라서, 자루는 절연체로 되어 있는 것을 사용해야 한다.

38 화재 및 폭발의 우려가 있는 가스발생장치 작업장에서 지켜야 할 사항으로 맞지 않는 것은?

① 불연성 재료 사용금지
② 화기 사용금지
③ 인화성 물질 사용금지
④ 점화원이 될 수 있는 기계 사용금지

> 불연성 재료는 불에 타지 않는 재료를 말하며 불연재료, 준불연재료, 난연재료를 모두 포함한다.

39 소화 작업의 기본요소가 아닌 것은?

① 가연물질을 제거하면 된다.
② 산소를 차단하면 된다.
③ 점화원을 제거시키면 된다.
④ 연료를 기화시키면 된다.

> 연소는 3요소인 가연물, 산소공급원, 점화원이 반드시 구비되어야 일어나며, 이 중 하나라도 구비되지 않으면 연소는 일어나지 않는다.

40 유류 화재시 소화방법으로 부적절한 것은?

① 모래를 뿌린다.
② 다량의 물을 부어 끈다.
③ ABC소화기를 사용한다.
④ B급 화재 소화기를 사용한다.

> 유류 화재는 B급 화재에 해당되며 탄산가스(이산화탄소, CO_2) 소화기, 모래 등을 이용한 질식소화를 통해 화재를 진압한다.

41 로더의 전경각과 후경각에 대한 기준으로 맞는 것은? (단, 출입문이 전방에 설치된 로더가 아닌 경우이다.)

① 전경각 45° 이상, 후경각 35° 이상
② 전경각 35° 이상, 후경각 25° 이상
③ 전경각 45° 이상, 후경각 25° 이상
④ 별도의 기준을 적용하지 않는다.

> 로더의 전경각은 45° 이상, 후경각은 35° 이상. 다만, 출입문이 전방에 설치된 로더의 전경각은 35° 이상, 후경각은 25° 이상이어야 하고, 버킷에 적재물배출장치(이젝터)를 설치한 경우에는 전경각 기준은 적용하지 않는다.

42 크롤러 로더(crawler loader)의 특징에 대한 설명으로 틀린 것은?

① 무한 궤도식 트랙을 장착하여 암석 등 불균일한 노면에서의 작업이 가능하다.
② 처음 개발 당시에는 트랙터에 로더를 부착하여 사용하였다.
③ 장거리 이동이나 기동성이 떨어지는 단점이 있다.
④ 작업 효율성이 뛰어나 건설현장에서의 사용이 늘어나는 추세이다.

> 크롤러 로더의 경우 근래에는 작업 효율성 저하로 건설현장에서 사용이 극히 제한되는 추세이다.

43 로더의 치수에서 버킷을 최고 올림 상태에서 45° 앞으로 기울인 경우 지면에서 버킷 투스 끝단까지를 무엇이라 하는가?

① 덤프 거리
② 덤핑 리치
③ 덤프 높이
④ 버킷 상승 전 높이

> 버킷을 최고 올림 상태에서 45° 앞으로 기울인 경우 지면에서 버킷 투스 끝단까지를 덤프 높이라 한다.

44 로더 장비로 작업할 수 있는 가장 적합한 것은?

① 백호 작업
② 스노 플로우 작업
③ 훅 작업
④ 트럭과 호퍼에 토사 적재 작업

> ① 굴착기, ② 그레이더, ③ 기중기, ④ 로더

45 로더의 동력 전달 순서로 맞는 것은?

① 엔진 → 유압 변속기 → 종감속 장치 → 토크 컨버터 → 구동륜
② 엔진 → 토크 컨버터 → 유압 변속기 → 종감속 장치 → 구동륜
③ 엔진 → 유압 변속기 → 토크 컨버터 → 종감속 장치 → 구동륜

④ 엔진 → 토크 컨버터 → 종감속 장치 → 유압 변속기 → 구동륜

> 로더가 주행할 때의 동력 전달 순서는 엔진 → 토크 컨버터 → 변속기 → 트랜스퍼 기어 → 추진축과 자재이음 → 차동기어장치 → 종감속 장치 → 구동륜(바퀴)이다.

46 로더의 시동 키를 꽂고 ON 위치로 돌리면 계기판의 램프가 모든 점등되고 약 3초 후 다른 램프는 소등되고 일부 램프만 점등 상태로 남아있게 된다. 점등 상태를 유지하는 램프를 모두 고르면?

① 배터리 충전 경고등
② 배터리 충전 경고등, 엔진 오일압 경고등
③ 엔진 오일압 경고등, 주행 브레이크 압력 저하 경고등
④ 배터리 충전 경고등, 엔진 오일압 경고등, 주행 브레이크 압력 저하 경고등

> 정상일 때는 약 3초 후 다른 램프는 소등되고 배터리 충전 경고등, 엔진 오일압 경고등, 주행 브레이크 압력 저하 경고등은 점등된다.

47 로더의 클러치 컷-오프 밸브의 기능이 아닌 것은?

① 변속기의 변속 범위에 있을 때 브레이크 페달을 밟으면 순간적으로 변속 클러치가 풀리도록 한다.
② 평지에서 작업을 할 때는 레버를 하향시켜 변속 클러치가 풀리도록 하여 제동을 용이하게 한다.
③ 경사지에서 작업을 할 때는 레버를 상향시켜 변속 클러치가 계속 물려 있도록 하여 미끄럼을 방지한다.
④ 변속기의 변속을 용이하게 한다.

> 클러치 컷-오프는 브레이크 페달을 밟았을 때 변속 클러치가 떨어져 엔진의 동력이 차축까지 전달되지 않도록 하는 장치이며, 경사지 작업 시에는 이 밸브를 상향(up)으로 선택하여 로더가 굴러 내려가는 것을 방지하여야 한다. 설치 목적은 로더를 정지시켰을 때 기관의 동력 모두를 로딩이나 적재에 사용하기 위한 것이다.

48 로더의 유압 라인 중 가장 많은 유량과 높은 압력을 사용하는 부분은?

① 버킷 유압 라인
② 붐 유압 라인
③ 암 유압 라인
④ 파워 스티어링 유압 라인

> 붐의 유압 라인은 로더에서 가장 많은 유량과 높은 압력을 사용하기 때문에 붐으로 연결되는 파이프나 유압 호스는 특히 체결 밴드를 이용하여 단단히 체결하고 수시로 점검해야 한다.

49 로더에서 허리꺾기 조향식의 설명으로 가장 거리가 먼 것은?

① 최근 많이 사용된다.
② 후륜 조향식에 비해 선회반경이 작다.
③ 유압 실린더를 사용하여 굴절하는 형식이다.
④ 좁은 장소에서의 작업에 불리하다.

> 허리꺾기식(차체 굴절식)은 회전반경이 작아 좁은 장소에서의 작업이 용이하다.

50 다음 중 휠 로더의 붐 조종레버의 작동 위치가 아닌 것은?

① 상승
② 하강
③ 부동
④ 틸트

> 붐 조종레버의 작동 위치에는 상승, 하강, 유지, 부동의 4가지가 있다.

51 로더로 굴착 면에 진입하는 방법으로 옳지 않은 것은?

① 측면으로 진입한다.
② 돌출된 부분의 진입은 피하도록 한다.
③ 직각으로 진입한다.
④ 급가속, 급선회, 급제동을 하지 않는다.

52 눈이 덮힌 비탈길 운행시 로더의 미끄러짐이 있을 때 가장 효과적인 조치는?

① 급정지한다.
② 기어를 중립으로 둔다.
③ 버킷을 접지시켜 멈춘다.
④ 버킷을 올린다.

🔍 눈이 덮힌 비탈길에서는 브레이크에 의한 급정지를 피하고 버킷을 접지시켜 멈추도록 한다.

53 일반적인 로더의 엔진 허용 운전경사각은 몇 도(°) 인가?

① 15°
② 30°
③ 45°
④ 60°

🔍 엔진 허용 운전경사각은 30°로 이를 초과한 상태로 운전하면 엔진의 과열로 인한 손상, 주요 윤활부의 조기 마모를 초래한다.

54 휠 로더의 붐과 버킷 레버를 동시에 당기면 어떻게 작동하는가?

① 붐만 상승한다.
② 버킷만 오므려진다.
③ 붐은 상승하고 버킷은 오므려진다.
④ 작동이 안 된다.

🔍 붐과 버킷 레버를 동시에 당기면 붐은 상승하고 버킷은 오므려진다.

55 무한궤도식 로더에서 덤핑 클리어런스가 커졌을 때 생기는 현상으로 옳은 것은?

① 상승 속도가 빨라진다.
② 주행 속도가 빨라진다.
③ 버킷을 들어 올리는 높이가 높아진다.
④ 롤링 속도가 빨라진다.

🔍 로더의 덤핑 클리어런스는 버킷을 상승시켰을 때 버킷 투스 하단과 지면과의 거리를 말하는 것으로 덤핑 클리어런스가 커지면 버킷을 들어 올리는 높이가 높아진다.

56 로더의 작업장치에 대한 설명으로 옳지 않은 것은?

① 작업 장치를 작동하게 하는 실린더 형식은 주로 단동식이다.
② 버킷 실린더는 버킷을 오므리거나 벌리는 작업을 한다.
③ 로더 규격은 표준 버킷의 평적용량(m^3)으로 표시한다.
④ 붐 실린더는 붐의 상승과 하강작용을 한다.

🔍 로더의 작업장치를 작동하게 하는 유압 실린더는 복동식을 사용한다.

57 로더 장비의 적재 방법이 아닌 것은?

① I-방식
② V-방식
③ T-방식
④ U-방식

🔍 로더의 상차 적재 작업 : I형(직·후진법), V형(45° 상차법), T형(90° 상차법), L형

58 휠 로더의 덤핑 리치에 대한 설명으로 옳은 것은?

① 덤핑 리치가 짧으면 흙을 싣기가 편리하다.
② 덤핑 리치는 붐과 버킷의 길이를 말한다.
③ 덤핑 리치가 길면 흙을 싣기가 편리하다.
④ 버킷을 들어 올리면 덤핑 리치가 길어진다.

🔍 덤핑 리치(dumping reach)는 로더 앞에서부터 버킷 끝까지의 길이를 말하는 것으로 덤핑 리치가 길면 적재 높이가 높아져 덤프 작업에 유리하다.

59 일반적인 로더로 주행 가능한 오르막 경사도는?

① 15°   ② 25°
③ 45°   ④ 60°

🔍 일반적인 로더의 주행 가능 경사도
• 오르막 경사도 : 25°
• 내리막 경사도 : 30°~35°
• 옆(측면) 경사도 : 10°~16°

60 휠 로더의 휠 허브에 있는 유성 기어 장치의 동력 전달 순서로 옳은 것은?

① 선 기어 → 유성 기어 → 유성 기어 캐리어 → 바퀴
② 유성 기어 캐리어 → 유성 기어 → 선 기어 → 바퀴
③ 링 기어 → 유성 기어 → 선 기어 → 바퀴
④ 선 기어 → 링 기어 → 유성 기어 캐리어 → 바퀴

🔍 유성기어형 종감속 장치의 동력 전달은 선 기어 → 유성 기어 → 유성 기어 캐리어 → 바퀴로 전달된다.

정답 CBT 복원문제 03회

01 ①	02 ④	03 ②	04 ①	05 ③
06 ①	07 ③	08 ③	09 ②	10 ①
11 ③	12 ③	13 ②	14 ④	15 ②
16 ④	17 ②	18 ①	19 ③	20 ④
21 ④	22 ②	23 ①	24 ①	25 ③
26 ②	27 ④	28 ④	29 ③	30 ④
31 ②	32 ③	33 ③	34 ①	35 ①
36 ④	37 ②	38 ①	39 ④	40 ②
41 ①	42 ④	43 ③	44 ④	45 ②
46 ④	47 ④	48 ②	49 ④	50 ①
51 ①	52 ③	53 ②	54 ③	55 ③
56 ①	57 ④	58 ③	59 ②	60 ①

04 CBT 복원문제

01 건설기계관리법상 건설기계의 범위로 옳은 것은?

① 덤프트럭 : 적재 용량 10톤 이상인 것
② 기중기 : 무한궤도식으로 레일식인 것
③ 불도저 : 무한궤도식 또는 타이어식인 것
④ 공기 압축기 : 공기 토출량이 매분당 10세제곱미터 이상의 이동식인 것

> 건설기계의 범위
> • 덤프트럭 : 적재용량 12톤 이상인 것
> • 기중기 : 무한궤도 또는 타이어식으로 강재의 지주 및 선회장치를 가진 것
> • 공기압축기 : 공기토출량이 매분당 2.83m^3 이상의 이동식인 것

02 건설기계 소유자가 관련법에 의하여 등록번호표를 반납하고자 하는 때에는 누구에게 하여야 하는가?

① 국토교통부장관　② 구청장
③ 시·도지사　　　④ 동장

> 사유가 발생한 날로부터 10일 이내에 등록번호표의 봉인을 떼어낸 후 그 등록번호표를 시·도지사에게 반납하여야 한다.

03 건설기계를 도로에 계속 버려두거나 정당한 사유 없이 타인의 토지에 버려둔 자에 대한 벌칙은?

① 강제 처리 외 벌칙은 없음
② 1년 이하의 징역 또는 1천만원 이하의 벌금
③ 과태료 30만원
④ 주차장 폐쇄조치

> 1년 이하의 징역 또는 1천만원 이하의 벌금(주요사항)
> • 거짓이나 그 밖의 부정한 방법으로 건설기계 등록을 한 자
> • 건설기계의 등록번호를 지워 없애거나 그 식별을 곤란하게 한 자
> • 법에서 정한 건설기계의 구조변경검사 또는 수시검사를 받지 아니한 자
> • 건설기계의 정비명령을 이행하지 아니한 자
> • 폐기요청을 받은 건설기계를 폐기하지 아니하거나 등록번호표를 폐기하지 아니한 자
> • 건설기계조종사면허를 받지 아니하고 건설기계를 조종한 자
> • 건설기계조종사면허를 거짓이나 그 밖의 부정한 방법으로 받은 자
> • 건설기계조종사면허가 취소되거나 건설기계조종사면허의 효력정지처분을 받은 후에도 건설기계를 계속하여 조종한 자
> • 건설기계를 도로나 타인의 토지에 버려둔 자

04 건설기계 소유자가 건설기계의 정비를 요청하여 그 정비가 완료된 후 장기간 해당 건설기계를 찾아가지 아니하는 경우 정비사업자가 할 수 있는 조치사항은?

① 건설기계를 말소시킬 수 있다.
② 건설기계의 보관·관리에 드는 비용을 받을 수 있다.
③ 건설기계의 폐기인수증을 발부할 수 있다.
④ 과태료를 부과할 수 있다.

> 건설기계사업자는 건설기계의 정비를 요청한 자가 정비가 완료된 후 장기간 건설기계를 찾아가지 아니하는 경우에는 국토교통부령으로 정하는 바에 따라 건설기계의 정비를 요청한 자로부터 건설기계의 보관·관리에 드는 비용을 받을 수 있다.

05 건설기계관리법상 건설기계 정비업의 등록 구분으로 옳은 것은?

① 종합건설기계정비업, 부분건설기계정비업, 전문건설기계정비업
② 종합건설기계정비업, 단종건설기계정비업, 전문건설기계정비업
③ 부분건설기계정비업, 전문건설기계정비업, 개별건설기계정비업
④ 종합건설기계정비업, 특수건설기계정비업, 전문건설기계정비업

> 건설기계정비업의 종류 : 종합건설기계정비업, 부분건설기계정비업, 전문건설기계정비업

06 건설기계의 번호표 색상 기준으로 틀린 것은?

① 자가용 : 흰색 바탕에 검은색 문자
② 대여사업용 : 주황색 바탕에 검은색 문자
③ 관용 : 흰색 바탕에 검은색 문자
④ 임시용 : 주황색 바탕에 검은색 문자

> 미등록 건설기계 및 등록된 건설기계의 임시번호표
> • 번호표 크기 : 가로 520mm×세로 110mm
> • 재질 : 목판
> • 색질 : 흰색 페인트판에 검은색 문자

07 반드시 건설기계정비업체에서 정비하여야 하는 것은?

① 오일의 보충
② 배터리의 교환
③ 창유리의 교환
④ 엔진 탈 · 부착 및 정비

🔍 엔진의 탈 · 부착 및 정비는 반드시 건설기계정비업체를 통해 정비하여야 한다.

08 건설기계에서 구조변경 및 개조를 할 수 없는 항목은?

① 원동기의 형식변경
② 제동장치의 형식변경
③ 유압장치의 형식변경
④ 적재함의 용량증가를 위한 구조변경

🔍 주요구조의 변경 및 개조의 범위
- 원동기의 형식변경
- 동력전달장치의 형식변경
- 제동장치 · 주행장치 · 유압장치 · 조종장치 · 조향장치의 형식변경
- 작업장치의 형식변경(단, 가공작업을 수반하지 아니하고 작업장치를 선택부착하는 경우는 제외)
- 건설기계의 길이 · 너비 · 높이 등의 변경
- 수상작업용 건설기계의 선체의 형식변경
※ 건설기계의 기종변경, 육상작업용 건설기계규격의 증가 또는 적재함의 용량증가를 위한 구조변경은 할 수 없다.

09 건설기계의 검사를 연장 받을 수 있는 기간을 잘못 설명한 것은?

① 해외 임대를 위하여 일시 반출된 경우 : 반출기간 이내
② 압류된 건설기계의 경우 : 압류기간 이내
③ 건설기계대여업을 휴지한 경우 : 사업의 개정신고를 하는 때 까지
④ 장기간 수리가 필요한 경우 : 소유자가 원하는 기간

🔍 검사를 연장 받을 수 있는 기간
- 남북경제협력 등으로 북한지역의 건설공사에 사용되는 건설기계와 해외임대를 위하여 일시 반출되는 경우 : 반출기간 이내
- 압류된 건설기계의 경우 : 압류기간 이내
- 타워크레인 또는 천공기가 해체된 경우 : 해체되어 있는 기간 이내
- 건설기계대여업을 휴지한 경우 : 사업의 개정신고를 하는 때 까지

10 건설기계관리법령상 조종사면허를 받은 자가 면허의 효력이 정지된 때에는 그 사유가 발생한 날부터 며칠 이내에 주소지를 관할하는 시장 · 군수 또는 구청장에게 그 면허증을 반납해야 하는가?

① 10일 이내
② 30일 이내
③ 60일 이내
④ 100일 이내

🔍 건설기계조종사면허를 받은 자가 면허가 취소된 때, 면허의 효력이 정지된 때, 면허증의 재교부를 받은 후 잃어버린 면허증을 발견한 때에는 그 사유가 발생한 날부터 10일 이내에 주소지를 관할하는 시장 · 군수 또는 구청장에게 그 면허증을 반납하여야 한다.

11 과급기 케이스 내부에 설치되며 공기의 속도 에너지를 압력에너지로 바꾸는 장치는?

① 임펠러
② 디퓨저
③ 터빈
④ 디플렉터

🔍 임펠러는 터빈에 의해 회전하는 공기 가압날개이고, 터빈은 배기가스 압력으로 회전되며, 속도에너지를 압력에너지로 변화시키는 것은 디퓨저이다.

12 기관을 시동하여 공전 상태에서 점검하는 사항으로 틀린 것은?

① 배기가스 색 점검
② 냉각수 누수 점검
③ 팬벨트 장력 점검
④ 이상소음 발생 유무 점검

🔍 팬벨트의 장력 점검은 기관이 정지된 상태에서 해야 한다.

13 디젤 기관에서 연료장치의 구성 요소가 아닌 것은?

① 분사노즐   ② 연료필터
③ 분사펌프   ④ 예열플러그

🔍 예열플러그는 디젤 기관에서 흡입되는 공기가 차가울 때 시동이 쉽도록 공기를 가열해 주는 장치이다.

14 오일펌프로 사용되고 있는 로터리 펌프에 대한 설명으로 틀린 것은?

① 기어 펌프와 같은 장점이 있다.
② 바깥 로터의 잇수는 안 로터 잇수보다 1개가 적다.
③ 소형화할 수 있어 현재 가장 많이 사용되고 있다.
④ 일명 트로코이드 펌프(Trochoid Pump)라고도 한다.

🔍 로터리 펌프는 바깥 로터의 잇수가 1개 더 많아 내측 로터 회전 시 체적의 변화가 발생되어 펌핑작용을 할 수 있다.

15 윤활유가 갖추어야 할 성질로 틀린 것은?

① 점도가 적당할 것
② 응고점이 낮을 것
③ 인화점이 낮을 것
④ 발화점이 높을 것

🔍 윤활유은 인화점과 발화점이 모두 높아야 한다.

16 디젤 기관에서 시동이 되지 않는 원인으로 가장 거리가 먼 것은?

① 연료가 부족하다.
② 기관의 압축압력이 높다.
③ 연료 공급펌프가 불량하다.
④ 연료계통에 공기가 혼입되어 있다.

🔍 디젤 기관에서 실린더 벽이 마모되거나 피스톤 링이 마모되면 압축압력이 저하되어 블로바이 현상이나 오일의 희석, 피스톤 슬랩 현상이 일어난다.

17 유압 실린더의 주요 구성부품이 아닌 것은?

① 피스톤로드
② 피스톤
③ 실린더
④ 커넥팅로드

🔍 유압 실린더는 내부에 피스톤과 피스톤 로드가 있다. 참고로 커넥팅로드는 엔진에서 피스톤과 크랭크축을 연결하여주는 연결 막대를 말한다.

18 실린더 헤드의 변형원인으로 틀린 것은?

① 기관의 과열
② 실린더 헤드 볼트 조임 불량
③ 실린더 헤드 커버 개스킷 불량
④ 제작시 열처리 불량

🔍 실린더 헤드 커버 개스킷이 불량하면 오일이 누유되며, 이는 실린더 헤드의 변형과는 관계가 없다.

19 냉각장치에서 소음이 발생하는 원인으로 틀린 것은?

① 수온조절기 불량
② 팬벨트 장력 헐거움
③ 냉각 팬 조립 불량
④ 물 펌프 베어링 마모

🔍 수온조절기는 냉각수의 온도를 일정하게 유지할 수 있도록 하는 일종의 온도 조절 장치로 이것이 불량하면 엔진이 과열되거나 워밍업 시간이 길어지는 등의 결과를 초래하지만 소음 발생과는 관련이 없다.

20 실린더 라이너(Cylinder liner)에 대한 설명으로 틀린 것은?

① 종류는 습식과 건식이 있다.
② 일명 슬리브(Sleeve)라고도 한다.
③ 냉각효과는 습식보다 건식이 더 좋다.
④ 습식은 냉각수가 실린더 안으로 들어갈 염려가 있다.

🔍 습식 라이너는 냉각수가 직접 접촉되어 건식 라이너에 비해 냉각효과가 좋으나 라이너 외측 하부의 고무 실링(sealing) 등의 열화 및 밀착 불량 등으로 냉각수가 실린더 안으로 들어갈 염려가 있다.

21 압력제어 밸브 종류에 해당하지 않는 것은?

① 감압 밸브
② 시퀀스 밸브
③ 교축 밸브
④ 언로더 밸브

🔍 압력제어 밸브는 일의 크기를 제어하는 것으로 릴리프 밸브, 리듀싱 밸브(감압밸브), 시퀀스 밸브, 언로더 밸브, 카운터 밸런스 밸브가 있다. 참고로 교축 밸브(스로틀 밸브)는 유량제어 밸브에 속한다.

22 왁스 실에 왁스를 넣어 온도가 높아지면 팽창 축을 올려 열리는 온도 조절기는?

① 벨로즈형
② 펠릿형
③ 바이패스 밸브형
④ 바이메탈형

> 펠릿형은 수온이 규정 온도까지 높아지면 펠릿안의 왁스가 팽창하여 밸브가 열리는 방식으로 벨로즈형에 비해 수압의 영향을 덜 받아 온도를 정확히 제어할 수 있다.

23 건설기계에 사용되는 전기장치 중 플레밍의 오른손 법칙이 적용되어 사용되는 부품은?

① 발전기
② 기동전동기
③ 점화코일
④ 릴레이

> 플레밍의 법칙
> • 왼손 법칙 : 자기장의 전류에 미치는 힘의 방향에 관한 법칙(전동기, 전압기, 전류계)
> • 오른손 법칙 : 전자유도에 의해서 생기는 유도전류의 방향을 나타내는 법칙(발전기)

24 엔진 정지 상태에서 계기판 전류계의 지침이 정상에서 (-)방향을 지시하고 있다. 그 원인이 아닌 것은?

① 전조등 스위치가 점등 위치에서 방전되고 있다.
② 배선에서 누전되고 있다.
③ 엔진 예열장치를 동작시키고 있다.
④ 발전기에서 축전지로 충전되고 있다.

> 발전기에서 축전지로 충전이 되고 있으면 전류계의 지침은 (+) 방향을 지시한다.

25 건설기계 기관에서 축전지를 사용하는 주된 목적은?

① 기동전동기의 작동
② 연료펌프의 작동
③ 워터펌프의 작동
④ 오일펌프의 작동

> 축전지는 전기적인 에너지를 화학적인 에너지로 바꾸어 저장하고, 다시 필요에 따라 전기적인 에너지로 바꾸어 공급할 수 있는 기능을 갖고 있다.

26 기동 전동기의 동력전달기구를 동력전달방식으로 구분한 것이 아닌 것은?

① 벤딕스식
② 피니언 섭동식
③ 계자 섭동식
④ 전기자 섭동식

> 기동 전동기 동력전달방식 : 벤딕스식, 피니언 섭동식, 전기자 섭동식

27 유압장치에 사용되는 것으로 회전운동을 하는 것은?

① 유압 실린더
② 셔틀 밸브
③ 유압 모터
④ 컨트롤 밸브

> 액추에이터(actuator)는 유압의 에너지를 기계적 에너지로 변화시키는 장치로 유압의 에너지에 의해서 직선 왕복 운동을 하는 유압 실린더와 유압의 에너지에 의해서 회전 운동을 하는 유압 모터가 있다.

28 황산과 증류수를 이용하여 전해액을 만들 때의 설명으로 옳은 것은?

① 황산을 증류수에 부어야 한다.
② 증류수를 황산에 부어야 한다.
③ 황산과 증류수를 동시에 부어야 한다.
④ 철재용기를 사용한다.

> 질그릇이나 전기가 통하지 않는 그릇을 사용해야 하며, 황산을 증류수에 조금씩 섞어가며 혼합한다.

29 클러치 페달의 자유간극 조정 방법은?

① 클러치 링키지 로드로 조정
② 클러치 베어링을 움직여서 조정
③ 클러치 스프링 장력으로 조정
④ 클러치 페달 리턴 스프링 장력으로 조정

> 클러치 페달의 자유간극은 링키지 로드나 페달 또는 마스터 실린더 뒤편의 로드 조정 너트로 한다.

30 타이어식 장비에서 핸들의 유격이 클 경우가 아닌 것은?

① 타이로드의 볼 조인트 마모
② 스티어링 기어박스 장착부의 풀림
③ 스테빌라이저 마모
④ 아이들 암 부싱의 마모

🔍 스테빌라이저는 차체의 기울기를 방지하는 현가장치로 차의 평형을 유지시키고 차의 롤링을 방지한다.

31 산업안전보건법상 안전·보건표지의 종류가 아닌 것은?

① 위험 표지
② 경고 표지
③ 지시 표지
④ 금지 표지

🔍 안전·보건표지의 종류 : 금지표지, 경고표지, 지시표지, 안내표지

32 산소가 결핍되어 있는 장소에서 사용하는 마스크는?

① 방진 마스크
② 방독 마스크
③ 특급 방진 마스크
④ 송풍 마스크

🔍 호흡용 보호구
- 방진마스크 : 분체·연마·광택·배합작업
- 방독마스크 : 유기용제, 가스, 미스트, 흄(fume) 발생작업
- 송풍(송기)마스크 : 저장조, 하수구 등 산소결핍 위험작업장

33 일반 공구 사용에 있어 안전관리에 적합하지 않은 것은?

① 작업 특성에 맞는 공구를 선택하여 사용할 것
② 공구는 사용 전에 점검하여 불완전한 공구는 사용하지 말 것
③ 작업 진행 중 옆 사람에게 공구를 줄때는 가볍게 던져줄 것
④ 손이나 공구에 기름이 묻었을 때에는 완전히 닦은 후 사용할 것

🔍 공구의 전달은 손에서 손으로 옮겨야 하며, 던져서 전달하는 등의 행위를 금한다.

34 재해 유형에서 중량물을 들어 올리거나 내릴 때 손 또는 발이 취급 중량물과 물체에 끼어 발생하는 것은?

① 전도
② 낙하
③ 감전
④ 협착

🔍 재해 형태
- 전도 : 사람이 평면상으로 넘어졌을 때를 말함(과속, 미끄러짐 포함)
- 낙하 : 물건이 주체가 되어 사람이 맞은 경우
- 감전 : 전기 접촉이나 방전에 의해 사람이 충격을 받은 경우

35 산소-아세틸렌 사용 시 안전수칙으로 잘못된 것은?

① 산소는 산소병에 35℃, 150기압으로 충전한다.
② 아세틸렌의 사용압력은 15기압으로 제한한다.
③ 산소통의 메인 밸브가 얼면 약 40℃ 이하의 물로 녹인다.
④ 산소의 누출 여부는 비눗물로 확인한다.

🔍 아세틸렌의 사용 압력은 1기압이며, 1.5기압 이상이면 폭발할 위험성이 있다.

36 세척작업 중에 알칼리 또는 세척유가 눈에 들어갔을 경우 가장 먼저 조치하여야 하는 응급 처치는?

① 수돗물로 씻어낸다.
② 눈을 크게 뜨고 바람 부는 쪽을 향해 눈물을 흘린다.
③ 알칼리성 세척유가 눈에 들어가면 붕산수를 구입하여 중화시킨다.
④ 산성 세척유가 눈에 들어가면 병원으로 호송하여 알칼리성으로 중화시킨다.

🔍 먼저 수돗물로 씻어내고 병원으로 후송 조치한다.

37 일반작업 환경에서 지켜야 할 안전사항으로 틀린 것은?

① 안전모를 착용한다.
② 해머는 반드시 장갑을 끼고 작업한다.
③ 주유시는 시동을 끈다.
④ 정비나 청소 작업은 기계를 정지 후 실시한다.

🔍 해머 작업 시에는 안전을 위하여 장갑을 사용하지 않아야 한다.

38 작업장에서 휘발유 화재가 일어났을 경우 가장 적합한 소화방법은?

① 물 호스의 사용
② 불의 확대를 막는 덮개의 사용
③ 소다 소화기 사용
④ 탄산가스 소화기의 사용

🔍 유류 화재는 B급 화재에 해당되며, 탄산가스 소화기, CO_2 소화기 등의 질식소화를 통해 불길을 잡아야 한다.

39 작업장의 안전을 위해 작업장의 시설을 정기적으로 안전 점검을 하여야 하는데 그 대상이 아닌 것은?

① 설비의 노후화 속도가 빠른 것
② 노후화의 결과로 위험성이 큰 것
③ 작업자의 출퇴근 시 사용하는 것
④ 조작에 현저한 위험을 수반하는 것

🔍 작업자의 출퇴근 시 사용하는 것은 작업장 시설에 해당되지 않는다.

40 건설기계용 작업장치가 고압전선에 근접 접촉하여 발생할 수 있는 사고 유형이 아닌 것은?

① 화재
② 화상
③ 휴전
④ 감전

🔍 휴전은 전기 공급이 중지된 것을 말한다.

41 로더의 유압배관은 작동압력의 최소 몇 배를 견딜 수 있어야 하는가?

① 2배
② 3배
③ 4배
④ 5배

🔍 로더의 유압배관은 작동 압력의 최소 4배를 견딜 수 있어야 한다.

42 휠 로더와 비교한 크롤러 로더의 장점으로 알맞은 것은?

① 연약지반에서 작업이 가능하다.
② 기동성이 좋다.
③ 작업속도가 빠르다.
④ 방향전환이 편리하다.

🔍 크롤러 로더는 굴착력과 견인력이 좋고 연약 지반에서의 작업이 가능하다. 반면에 기동성이 떨어지고 작업속도가 늦다.

43 로더의 버킷 용도별 분류 중 굴착된 골재와 암석 중 큰 것만 골라내는 작업에 적합한 버킷은?

① 스켈리턴 버킷
② 다목적 버킷
③ 암석용 버킷
④ 로그 버킷

🔍 스켈리턴 버킷(Skeleton bucket) : 강가에서의 골재 채취 등에 적합하며 작은 골재, 물 등이 빠져나가는 구조로 굴착된 골재와 암석 중 큰 것만 골라내는 작업에 사용된다.

44 로더의 버킷을 정지 위치에 놓았는데 앞으로 숙여지는 경향이 있다면, 그 고장 원인으로 가장 적절한 것은?

① 버킷 후퇴회로 과부하 안전밸브의 결함
② 안전밸브의 조정 압력이 너무 낮음
③ 버킷 전원회로 과부하 안전밸브의 결함
④ 붐 상승회로 과부하 안전밸브의 결함

🔍 안전밸브의 조정 압력이 너무 낮으면 버킷을 정지 위치에 놓아도 앞으로 숙여지는 경향이 있다.

45 크롤러 로더의 트랙이 잘 벗겨지는 이유로 거리가 먼 것은?

① 고속 주행 시 급방향 전환하는 경우
② 경사면을 측면으로 주행하는 경우
③ 리코일 스프링의 장력이 클 경우
④ 트랙과 롤러 사이에 돌이 낀 상태로 조향하는 경우

🔍 트랙이 잘 벗겨지는 경우
• 고속 주행 시 급선회하였을 경우
• 경사면을 측면으로 주행하는 경우
• 트랙의 장력이 현저히 작을 경우
• 트랙과 롤러 사이에 돌이 낀 상태로 조향하는 경우
• 프런트 아이들러와 스프로킷의 중심이 틀릴 때
• 리코일 스프링의 장력이 약할 때
• 측면을 경사시켜 작업할 때

46 로더의 시간당 작업량을 증대시키는 방법에 대한 설명으로 옳지 않은 것은?

① 로더의 버킷 용량이 큰 것을 사용한다.
② 굴착 작업이 수반되지 않을 때는 무한궤도식 로더를 사용한다.
③ 현장 조건에 적합한 적재 방법을 선택한다.
④ 운반기계의 진입, 회전 및 로더의 적재 작업 시에 지장이 없도록 한다.

🔍 무한궤도식 로더는 휠 로더에 비해 기동성과 작업 효율성이 떨어진다.

47 다음 중 로더에서 허리꺾기 조향방식에 대한 설명으로 거리가 먼 것은?

① 해상 구조물 설치에 주로 사용된다.
② 좁은 장소에서의 작업에 유리하다.
③ 유압 실린더를 사용하여 굴절한다.
④ 선회 반경이 적다.

🔍 허리꺾기 조향방식은 유압 실린더를 사용하여 굴절하여 조향하며, 선회 반경이 작아 좁은 장소에서의 작업에 유리하다.

48 로더 주행 중 동력 조향 핸들의 조작이 무거운 이유가 아닌 것은?

① 유압이 낮다.
② 호스나 부품 속에 공기가 침입했다.
③ 오일펌프의 회전이 빠르다.
④ 오일이 부족하다.

🔍 조향 핸들이 무거운 이유
- 조향 오일 펌프가 불량하다.
- 조향 유압조절밸브가 불량하다.
- 조향 기어 박스 내의 조향 오일이 부족하다.
- 조향 기어의 백래시가 작다.
- 유압이 낮다.
- 호스나 부품 속에 공기가 침입했다.

49 휠 로더의 동력 전달 장치에서 슬립 이음의 변화를 가능하게 하는 것은?

① 축의 길이   ② 회전 속도
③ 드라이브 각 ④ 축의 진동

🔍 슬립 이음을 사용하는 이유는 추진축의 길이에 변화를 주기 위해서이다.

50 타이어식 로더의 앞 타이어를 손쉽게 교환할 수 있는 방법은 무엇인가?

① 뒤쪽 타이어를 빼고 장비를 기울여서 교환한다.
② 버킷을 들고 작업한다.
③ 잭으로만 고인다.
④ 버킷을 이용하여 차체를 들고 잭을 고인다.

🔍 앞 타이어를 교환할 때는 버킷을 이용하여 차체를 들고 잭을 고인 후 작업한다.

51 겨울철 한랭 시 로더 장비의 작동유 온도를 적정한 상태로 올리기 위해 실시하는 운전은?

① 예비 운전
② 본 운전
③ 난기 운전
④ 한기 운전

🔍 로더 장비의 적정 작동유 온도는 50℃이다. 따라서, 겨울철 한랭 시에는 작업하기 전에 작동유가 25~30℃ 이상이 되도록 난기운전을 실시하여야 한다.

52 로더로 퇴적 토사를 작업하는 방법으로 틀린 것은?

① 토사에 파고들기 어려울 때는 버킷의 투스 부분을 상하로 움직이며 전진한다.
② 버킷이 토사에 충분히 파고들면 전진하면서 붐을 상승시킨다. 이때 버킷을 수평으로 유지하면서 토사를 담는다.
③ 흙을 퍼 실으면서 전진을 하면 하중이 증가하여 타이어가 헛돌기 시작한다. 이때 버킷을 조금 올려서 하중을 줄여준다.
④ 앞바퀴가 들린 상태에서는 구동력이 저하되고, 뒷바퀴 파손의 위험이 크기 때문에 이런 상태로는 작업을 진행하지 않는다.

🔍 버킷이 토사에 충분히 파고들면 전진하면서 붐을 상승시키고 버킷을 오므리면서 토사를 담는다.

53 로더를 조정하거나 작업할 때 안전수칙으로 옳지 않은 것은?

① 로더에는 운전자 이외에는 승차를 금지한다.
② 연속으로 사용하는 로더는 일상 점검을 생략하도록 한다.
③ 로더를 사용하지 않을 때는 버킷을 지면에 내려놓는다.
④ 타이어나 차축을 정비할 때는 고임 장치를 확실하게 한다.

> 연속으로 사용하는 로더는 장비의 일상 점검이 더욱 중요하다.

54 로더로 토사를 적재할 때 덤프트럭을 토사 더미 가장자리에 몇 도(°)로 세워두는 것이 좋은가?

① 20~30°   ② 135°
③ 45~55°   ④ 90°

> 로더로 토사를 적재할 때는 덤프트럭을 토사 더미 가장자리에 90°로 세워두는 것이 좋다.

55 로더 작업 시 주의해야 할 사항으로 적절하지 않는 것은?

① 장비를 운전하기 전에 경적을 울려 주의를 환기시킨다.
② 경사지에서는 횡방향으로 운전하도록 한다.
③ 낙석위험이 있는 현장에서는 운전실 보호장치를 한다.
④ 로더는 굴착, 적재기이므로 인양 작업을 하지 않는다.

> 경사지에서의 횡방향 주행은 전도 및 횡방향 미끄러짐의 위험이 크므로 피한다.

56 로더를 조종하거나 작업할 때 안전수칙으로 옳지 않은 것은?

① 버킷에 토사를 채우지 않았으면 항상 높이 들고 이동한다.
② 후진 시에는 뒤를 살핀다.
③ 앞바퀴를 교환할 때에는 버킷으로 지면을 누르고 고임목을 고인다.
④ 버킷에 흙을 담아 급한 경사지를 내려갈 때는 후진으로 한다.

> 휠 로더 작업을 할 때는 버킷을 지표면에서 약 40~50cm 들고 이동한다.

57 타이어식 로더로 트럭에 적재할 때 덤핑 클리어런스를 올바르게 설명한 것은?

① 덤핑 클리어런스가 있으면 안 된다.
② 후진시 덤핑 클리어런스가 필요한 것이다.
③ 덤핑 클리어런스는 적재함보다 높아야 한다.
④ 무조건 낮은 것이 좋다.

> 로더의 덤핑 클리어런스는 버킷을 상승시켰을 때 버킷 투스 하단과 지면과의 거리를 말하는 것으로 트럭 적재함보다 높아야 적재작업을 할 때 버킷이 적재함에 닿지 않게 된다.

58 로더가 버킷에 토사를 채운 후에 덤프트럭이 토사 더미와 버킷 사이로 들어오면 상차하는 방법을 무엇이라 하는가?

① I형 상차법   ② T형 상차법
③ L형 상차법   ④ V형 상차법

> 직진·후진법(I형)은 로더가 버킷에 작업물을 담아 후퇴하고 곧바로 로더와 작업 대상물 사이에 덤프트럭이 들어오는 방식으로 연약지반에서 대형 로더가 작업할 때 주로 이용된다.

59 로더를 이용한 적재물 다듬기 방법 중 지면 고르기 작업에서 주로 실시하는 것으로 버킷 투스 또는 블레이드로 로더를 후진시키면서 바닥을 다듬는 방법은?

① 밀어서 다듬기   ② 당겨서 다듬기
③ 지그재그 다듬기   ④ 눌러서 다듬기

> 적재물 다듬기의 종류
> • 밀어서 다듬기 : 상차 작업에서 많이 사용하는 것으로 작업 대상물을 밀어서 반대편으로 넘기는 것이다.
> • 당겨서 다듬기 : 지면 고르기 작업에서 주로 실시하는 것으로 버킷 투스 또는 블레이드로 로더를 후진시키면서 바닥을 다듬는 방법이며, 적재함의 리브 파손 우려가 있어 상차 작업에서는 사용하지 않는다.
> • 지그재그 다듬기 : 적재함 높이보다 아랫면에서 다듬기 작업을 할 때 사용한다.

60 로더 작업과 관련하여 주의해야 할 사항으로 틀린 것은?

① 수중 작업 시에는 특히 액슬 하우징이 물에 잠기지 않도록 한다.
② 엔진 허용 운전 경사각을 초과한 상태로 절대 운전하지 않는다.
③ 진로 변경은 경사가 완만하고 지반이 견고한 위치에서 실시한다.
④ 지면이 고르지 않거나 장애물을 통과할 때는 가속하여 빠르게 통과한다.

🔍 지면이 고르지 않거나 장애물을 통과할 때는 서행한다. 특히, 장애물을 통과할 때에는 장비의 무게 중심이 급격하게 이동되지 않도록 한다.

정답 CBT 복원문제 04회

01 ③	02 ③	03 ②	04 ②	05 ①
06 ④	07 ④	08 ④	09 ④	10 ①
11 ②	12 ③	13 ④	14 ②	15 ③
16 ②	17 ④	18 ③	19 ①	20 ③
21 ③	22 ②	23 ①	24 ④	25 ①
26 ③	27 ③	28 ①	29 ①	30 ③
31 ①	32 ④	33 ③	34 ④	35 ②
36 ①	37 ②	38 ④	39 ③	40 ③
41 ③	42 ①	43 ①	44 ②	45 ③
46 ②	47 ①	48 ③	49 ①	50 ④
51 ③	52 ②	53 ②	54 ④	55 ②
56 ①	57 ③	58 ①	59 ②	60 ④

05 CBT 복원문제 ○ QUESTIONS FROM PREVIOUS TESTS

01 건설기계조종사의 면허취소 사유에 해당하는 것은? (단, 산업안전보건법에 따른 중대재해가 아닌 경우이다.)

① 과실로 인하여 1명을 사망하게 하였을 경우
② 면허의 효력정지기간 중 건설기계를 조종한 경우
③ 과실로 인하여 10명에게 경상을 입힌 경우
④ 건설기계로 1천만원 이상의 재산 피해를 냈을 경우

🔍 건설기계조종사의 면허취소
- 거짓이나 그 밖의 부정한 방법으로 건설기계조종사면허를 받은 경우
- 건설기계조종사면허의 효력정지기간 중 건설기계를 조종한 경우
- 면허 취득의 결격사유에 해당하게 된 경우
- 고의로 인명피해(사망, 중상, 경상을 말함)를 입힌 경우
- 건설기계 조종 중 과실로 산업안전보건법에 따른 다음의 중대재해가 발생한 경우
  - 사망자가 1명 이상 발생한 재해
  - 3개월 이상의 요양이 필요한 부상자가 동시에 2명 이상 발생한 재해
  - 부상자 또는 직업성질병자가 동시에 10명 이상 발생한 재해
- 건설기계조종사면허증을 다른 사람에게 빌려 준 경우
- 술에 취한(혈중알코올농도 0.03% 이상 0.08% 미만)상태에서 건설기계를 조종하다가 사고로 사람을 죽게하거나 다치게 한 경우
- 만취상태(혈중알코올농도 0.08% 이상)에서 건설기계를 조종한 경우
- 2회 이상 술에 취한 상태에서 건설기계를 조종하여 면허효력 정지를 받은 사실이 있는 사람이 다시 술에 취한 상태에서 건설기계를 조종한 경우
- 마약, 대마, 향정신성 의약품 및 환각물질을 투여한 상태에서 건설기계를 조종한 경우
- 정기적성검사를 받지 않고 1년이 지난 경우
- 정기적성검사 또는 수시적성검사에서 불합격한 경우

02 건설기계관리법령상 정기검사 유효기간이 3년인 건설기계는?(단, 연식 20년 이하인 경우이다.)

① 덤프트럭
② 콘크리트믹서트럭
③ 트럭적재식 콘크리트펌프
④ 무한궤도식 굴착기

🔍 건설기계의 정기검사 유효기간

기종	검사유효기간	
	연식 20년 이하	연식 20년 초과
굴착기(타이어식)	1년	
덤프트럭	1년	6개월
콘크리트 믹서트럭	1년	6개월
콘크리트펌프(트럭적재식)	1년	6개월
그 밖의 건설기계(특수건설기계 제외)	3년	1년

※ 무한궤도식 굴착기는 그 밖의 건설기계에 해당한다.

03 건설기계의 연료 주입구는 배기관의 끝으로부터 얼마 이상 떨어져 설치하여야 하는가?

① 5cm
② 10cm
③ 30cm
④ 50cm

🔍 건설기계의 연료탱크, 주입구 및 가스배출구
- 연료탱크, 연료펌프, 연료배관 및 각종 이음장치에서 연료가 새지 아니할 것
- 연료 주입구 부근에는 사용하는 연료의 종류를 표시하여야 하며, 연료 등의 용제에 의하여 쉽게 지워지지 아니할 것
- 노출된 전기단자 및 전기개폐기로부터 20cm 이상 떨어져 있을 것(연료탱크는 제외)
- 연료 주입구는 배기관의 끝으로부터 30cm 이상 떨어져 있을 것

04 건설기계의 출장검사가 허용되는 경우가 아닌 것은?

① 도서지역에 있는 건설기계
② 너비가 2.0미터를 초과하는 건설기계
③ 최고속도가 시간당 35킬로미터 미만인 건설기계
④ 자체중량이 40톤을 초과하거나 축중이 10톤을 초과하는 건설기계

🔍 출장검사가 허용되는 경우
- 도서지역에 있는 경우
- 자체중량이 40톤을 초과하거나 축중이 10톤을 초과하는 경우
- 너비가 2.5m를 초과하는 경우
- 최고속도가 시간당 35km 미만인 경우

05 정기검사에 불합격한 건설기계의 정비명령 기간으로 옳은 것은?

① 7일 이내
② 10일 이내
③ 15일 이내
④ 31일 이내

> 🔍 검사에 불합격된 건설기계에 대하여는 31일 이내의 기간을 정하여 해당 건설기계의 소유자에게 검사를 완료한 날(검사를 대행하게 한 경우에는 검사결과를 보고받은 날)부터 10일 이내에 정비명령을 하여야 한다.

06 시·도지사가 지정한 교육기관에서 당해 건설기계의 조종에 관한 교육과정을 이수한 경우 건설기계조종사면허를 받은 것으로 보는 소형 건설기계는?

① 5톤 미만의 불도저
② 5톤 미만의 지게차
③ 5톤 미만의 굴착기
④ 5톤 미만의 타워크레인

> 🔍 교육과정을 이수한 경우 면허를 받은 것으로 보는 소형 건설기계
> • 5톤 미만의 불도저   • 5톤 미만의 로더
> • 3톤 미만의 지게차   • 3톤 미만의 굴착기
> • 3톤 미만의 타워크레인 • 공기압축기
> • 이동식 콘크리트펌프   • 쇄석기
> • 준설선
> • 5톤 미만의 천공기(트럭적재식은 제외)

07 소유자의 신청이나 시·도지사의 직권으로 건설기계의 등록을 말소할 수 있는 경우가 아닌 것은?

① 건설기계를 수출하는 경우
② 건설기계를 도난당한 경우
③ 건설기계 정기검사에 불합격된 경우
④ 건설기계의 차대가 등록 시의 차대와 다른 경우

> 🔍 등록의 말소 사유(주요 사항)
> • 거짓이나 그 밖의 부정한 방법으로 등록을 한 경우(시·도지사 직권 말소)
> • 건설기계가 천재지변 또는 이에 준하는 사고 등으로 사용할 수 없게 되거나 멸실된 경우
> • 건설기계의 차대(車臺)가 등록 시의 차대와 다른 경우
> • 건설기계안전기준에 적합하지 아니하게 된 경우
> • 시·도지사의 정기검사 명령, 수시검사 명령 또는 정비 명령에 따르지 아니한 경우(시·도지사 직권 말소)
> • 건설기계를 수출하는 경우
> • 건설기계를 도난당한 경우
> • 건설기계를 폐기한 경우(시·도지사 직권 말소)
> • 구조적 제작 결함 등으로 건설기계를 제작자 또는 판매자에게 반품한 때
> • 건설기계를 교육·연구 목적으로 사용하는 경우

08 건설기계조종사면허를 받지 아니하고 건설기계를 조종한 자에 대한 벌칙 기준은?

① 2년 이하의 징역 또는 1천만 원 이하의 벌금
② 1년 이하의 징역 또는 1천만 원 이하의 벌금
③ 2백만 원 이하의 벌금
④ 1백만 원 이하의 벌금

> 🔍 1년 이하의 징역 또는 1천만원 이하의 벌금(주요사항)
> • 거짓이나 그 밖의 부정한 방법으로 건설기계 등록을 한 자
> • 건설기계의 등록번호를 지워 없애거나 그 식별을 곤란하게 한 자
> • 법에서 정한 건설기계의 구조변경검사 또는 수시검사를 받지 아니한 자
> • 건설기계의 정비명령을 이행하지 아니한 자
> • 매매용 건설기계의 운행금지 등의 의무를 위반하여 매매용 건설기계를 운행하거나 사용한 자
> • 건설기계조종사면허를 받지 아니하고 건설기계를 조종한 자
> • 건설기계조종사면허를 거짓이나 그 밖의 부정한 방법으로 받은 자
> • 건설기계조종사면허가 취소되거나 건설기계조종사면허의 효력정지처분을 받은 후에도 건설기계를 계속하여 조종한 자
> • 건설기계를 도로나 타인의 토지에 버려둔 자

09 등록번호표를 가리거나 훼손하여 알아보기 곤란하게 한 자 또는 그러한 건설기계를 운행한 자에 대한 처벌은?

① 100만원 이하의 과태료
② 300만원 이하의 과태료
③ 1년 이하의 징역 또는 1천만원 이하의 벌금
④ 2년 이하의 징역 또는 2천만원 이하의 벌금

> 🔍 • 등록번호표를 부착하지 아니하거나 봉인하지 아니한 건설기계를 운행한 자 : 300만원 이상
> • 건설기계에 등록번호표를 부착·봉인하지 아니하거나 등록번호를 새기지 아니한 자 : 100만원 이상
> • 등록번호표를 가리거나 훼손하여 알아보기 곤란하게 한 자 또는 그러한 건설기계를 운행한 자 : 100만원 이상

10 건설기계관리법상 건설기계의 구조를 변경할 수 있는 범위에 해당되는 것은?

① 원동기의 형식 변경
② 건설기계의 기종 변경
③ 육상작업용 건설기계의 규격을 증가시키기 위한 구조 변경
④ 육상작업용 건설기계의 적재함 용량을 증가시키기 위한 구조 변경

🔍 **구조의 변경 및 개조의 범위**
- 원동기·동력전달장치·제동장치·주행장치·유압장치·조종장치·조향장치·작업장치의 형식변경. 다만, 가공작업을 수반하지 아니하고 작업장치를 선택부착하는 경우에는 작업장치의 형식변경으로 보지 아니한다.
- 건설기계의 길이·너비·높이 등의 변경
- 수상작업용 건설기계의 선체의 형식변경

※다만, 건설기계의 기종변경, 육상작업용 건설기계규격의 증가 또는 적재함의 용량증가를 위한 구조변경은 이를 할 수 없다.

11 다음 중 윤활유의 기능으로 모두 옳은 것은?

① 마찰감소, 스러스트작용, 밀봉작용, 냉각작용
② 마멸방지, 수분흡수, 밀봉작용, 마찰증대
③ 마찰감소, 마멸방지, 밀봉작용, 냉각작용
④ 마찰증대, 냉각작용, 스러스트작용, 응력분산

🔍 윤활유의 기능 : 감마(마찰감소), 냉각, 세척, 밀봉, 부식방지, 소음완화, 응력분산

12 열에너지를 기계적 에너지로 변환시켜 주는 장치는?

① 펌프 ② 모터
③ 엔진 ④ 밸브

🔍 엔진은 열에너지를 기계적 에너지로 바꾸는 장치로, 기계적인 동력을 발생시키기 위해 연료를 연소시킨다.

13 디젤기관에서 압축압력이 저하되는 가장 큰 원인은?

① 냉각수 부족
② 엔진오일 과다
③ 기어오일의 열화
④ 피스톤 링의 마모

🔍 실린더 벽이 마모되거나 피스톤 링이 마모되면 압축압력이 저하되어 블로바이 현상이나 오일의 희석, 피스톤 슬랩 현상이 일어난다.

14 노킹이 발생되었을 때 디젤기관에 미치는 영향이 아닌 것은?

① 배기가스의 온도가 상승한다.
② 연소실 온도가 상승한다.
③ 엔진에 손상이 발생할 수 있다.
④ 출력이 저하된다.

🔍 노킹이 발생하면 화염속도가 빨라져 연소실 온도가 상승하고, 불완전연소가 일어나 배기가스 온도는 낮아진다.

15 수온조절기의 종류가 아닌 것은?

① 벨로즈 형식
② 펠릿 형식
③ 바이메탈 형식
④ 마몬 형식

🔍 수온조절기에는 바이메탈형, 벨로즈형, 펠릿형 등이 있으며, 현재는 펠릿형 이외에는 사용하지 않고 있다. 펠릿형은 수온이 규정 온도까지 높아지면 펠릿 안의 왁스가 팽창하여 밸브가 열리는 방식이다.

16 디젤엔진의 연소실에는 연료가 어떤 상태로 공급되는가?

① 기화기와 같은 기구를 사용하여 연료를 공급한다.
② 노즐로 연료를 안개와 같이 분사한다.
③ 가솔린 엔진과 동일한 연료 공급펌프로 공급한다.
④ 액체 상태로 공급한다.

🔍 디젤 엔진은 공기만을 압축하므로 노즐에서 연료를 안개 상태로 하여 연소실에 분사한다.

17 크랭크축의 비틀림 진동에 대한 설명 중 틀린 것은?

① 각 실린더의 회전력 변동이 클수록 커진다.
② 크랭크축이 길수록 커진다.
③ 강성이 클수록 커진다.
④ 회전부분의 질량이 클수록 커진다.

🔍 크랭크축의 비틀림 진동은 각 실린더의 크랭크 회전력이 클수록, 회전부분의 질량이 클수록, 크랭크 축이 길수록, 강성이 작을수록 커진다.

18 건설기계 운전 작업 중 온도 게이지가 "H" 위치에 근접되어 있다. 운전자가 취해야 할 조치로 가장 알맞은 것은?

① 작업을 계속해도 무방하다.
② 잠시 작업을 중단하고 휴식을 취한 후 다시 작업한다.
③ 윤활유를 즉시 보충하고 계속 작업한다.
④ 작업을 중단하고 냉각수 계통을 점검한다.

> 온도 게이지가 "H" 위치에 근접한 경우 작업을 중단하고 냉각수 계통을 점검하여야 한다.

19 4행정 사이클 기관에 주로 사용되고 있는 오일펌프는?

① 원심식과 플런저식
② 기어식과 플런저식
③ 로터리식과 기어식
④ 로터리식과 나사식

> 4행정 사이클 기관에 주로 사용되는 오일펌프는 로터리식과 기어식이다.

20 전기자 철심을 두께 0.35~1.0mm의 얇은 철판을 각각 절연하여 겹쳐 만든 주된 이유는?

① 열 발산을 방지하기 위해
② 코일의 발열 방지를 위해
③ 맴돌이 전류를 감소시키기 위해
④ 자력선의 통과를 차단시키기 위해

> 전기자 철심(core)은 자력선을 잘 통과시키고 맴돌이 전류를 감소시키기 위해 두께 0.35~1.0mm의 얇은 철판을 각각 절연하여 겹쳐 만든다.

21 전조등의 구성품으로 틀린 것은?

① 전구
② 렌즈
③ 반사경
④ 플래셔 유닛

> 플래셔 유닛은 방향지시등의 구성품으로 전자열선식, 축전기식, 수은식, 바이메탈식 등이 있다.

22 일반적인 축전지 터미널의 식별법으로 적합하지 않은 것은?

① (+), (−) 의 표시로 구분한다.
② 터미널의 요철로 구분한다.
③ 굵고 가는 것으로 구분한다.
④ 적색과 흑색 등 색으로 구분한다.

> 축전지 터미널의 식별
> • 양극 : (+) 또는 (P), 적색, 직경이 굵음
> • 음극 : (−) 또는 (N), 흑색, 직경이 얇음

23 교류 발전기에서 높은 전압으로부터 다이오드를 보호하는 구성품은 어느 것인가?

① 콘덴서
② 필드 코일
③ 정류기
④ 로터

> 교류(AC) 발전기에서 높은 전압으로부터 다이오드를 보호하는 것은 콘덴서이다.

24 변속기의 필요성과 관계가 없는 것은?

① 시동 시 장비를 무부하 상태로 한다.
② 기관의 회전력을 증대시킨다.
③ 장비의 후진 시 필요로 한다.
④ 환향을 빠르게 한다.

> 변속기의 필요성
> • 엔진을 무부하 상태로 유지하기 위해
> • 엔진의 회전력(토크) 증대를 위해
> • 주행속도를 증감속하게 하기 위해
> • 후진이 가능하게 하기 위해

25 트랙 슈의 종류가 아닌 것은?

① 고무 슈
② 4중 돌기 슈
③ 3중 돌기 슈
④ 반이중 돌기 슈

> 트랙 슈의 종류에는 일반(단일 돌기) 슈, 2중 돌기 슈, 3중 돌기 슈, 세미(반) 2중 돌기 슈, 암반용 슈, 스노우 슈, 평활 슈, 습지용 슈, 고무 슈 등이 있다.

26 유압회로에 사용되는 유압밸브의 역할이 아닌 것은?

① 일의 관성을 제어한다.
② 일의 방향을 변환시킨다.
③ 일의 속도를 제어한다.
④ 일의 크기를 조정한다.

> 유압밸브
> • 압력제어 밸브 : 일의 크기 조정(릴리프 밸브, 감압 밸브, 시퀀스 밸브, 언로더 밸브, 카운터 밸런스 밸브)
> • 유량제어 밸브 : 일의 속도 제어(스로틀 밸브, 압력보상 유량제어 밸브 등)
> • 방향제어 밸브 : 일의 방향을 변환(체크 밸브, 스풀 밸브, 감속 밸브)

27 유압기기의 단점으로 틀린 것은?

① 에너지 손실이 적다.
② 오일은 가연성이므로 화재위험이 있다.
③ 회로구성이 어렵고 누설되는 경우가 있다.
④ 오일은 온도변화에 따라 점도가 변하여 기계의 작동속도가 변한다.

> 유압기기의 단점
> • 고압 사용으로 인한 위험성 및 이물질에 민감하다.
> • 폐유에 의한 환경 오염 우려가 있다.
> • 유압 장치의 점검이 어렵다.
> • 작동유의 온도 영향으로 정밀한 속도와 제어가 어렵다. 즉, 작동유 온도에 따라 속도가 변화한다.
> • 고장 원인의 발견이 어렵고 구조가 복잡하다.
> • 작동유가 높은 압력이 될 때는 누설의 우려가 있다.

28 유압 실린더의 종류에 해당하지 않은 것은?

① 복동 실린더 싱글로드형
② 복동 실린더 더블로드형
③ 단동 실린더 배플형
④ 단동 실린더 램형

> 구조 및 동작방식에 따른 유압 실린더의 종류
> • 단동 실린더 : 램형, 다이어프램형(비실린더형)
> • 복동 실린더 : 싱글로드형, 더블로드형

29 순차 작동 밸브라고도 하며, 각 유압 실린더를 일정한 순서로 순차 작동시키고자 할 때 사용하는 것은?

① 릴리프 밸브
② 감압 밸브
③ 시퀀스 밸브
④ 언로더 밸브

> 유압밸브
> • 릴리프 밸브 : 유압 펌프와 제어 밸브 사이에 설치되어 회로 내의 압력을 규정값으로 유지
> • 감압 밸브 : 유압 회로에서 분기 회로의 압력을 주회로의 압력보다 감압
> • 시퀀스 밸브 : 2개 이상의 분기 회로에서 유압 회로의 압력에 의하여 작동 순서를 제어
> • 언로더 밸브 : 유압회로의 압력이 설정압력에 이르면 펌프로부터 전유량을 직접 탱크로 리턴시켜 펌프를 무부하

30 건설기계의 작동유 탱크 역할로 틀린 것은?

① 유온을 적정하게 유지하는 역할을 한다.
② 작동유를 저장한다.
③ 오일 내 이물질의 침전작용을 한다.
④ 유압을 적정하게 유지하는 역할을 한다.

> 유압을 적정하게 유지하는 것은 릴리프 밸브를 통해 이루어진다.

31 불안전한 조명, 불안전한 환경, 방호장치의 결함으로 인하여 오는 산업재해 요인은?

① 지적 요인
② 물적 요인
③ 신체적 요인
④ 정신적 요인

> 재해의 직접원인과 간접원인
> • 직접원인(물적 요인) : 불안전한 행동 및 불안전한 상태
> • 간접원인 : 기술적 원인, 교육적 원인, 관리적 원인

32 산업 재해의 통상적인 분류 중 통계적 분류에 대한 설명으로 틀린 것은?

① 사망 : 업무로 인해서 목숨을 잃게 되는 경우
② 중경상 : 부상으로 인하여 30일 이상의 노동 상실을 가져온 상해 정도
③ 경상해 : 부상으로 1일 이상 7일 이하의 노동 상실을 가져온 상해 정도
④ 무상해 사고 : 응급처치 이하의 상처로 작업에 종사하면서 치료를 받는 상해 정도

> 중경상은 부상으로 인하여 8일 이상의 노동 상실을 가져온 상해 정도를 말한다.

33 안전표지의 종류 중 안내표지에 속하지 않는 것은?

① 녹십자표지
② 응급구호표지
③ 비상구
④ 출입금지

🔍 안내표지의 종류

| 401 녹십자 표지 | 402 응급구호 표지 | 403 들것 | 404 세안장치 |
| 405 비상구 | 406 비상구 | 407 좌측비상구 | 408 우측비상구 |

34 전기화재에 적합하며 화재 때 화점에 분사하는 소화기로 산소를 차단하는 소화기는?

① 포말 소화기
② 이산화탄소 소화기
③ 분말 소화기
④ 증발 소화기

🔍 포말 소화기는 유류화재에 적합하지만 이산화탄소 소화기는 유류와 전기화재 모두에 사용되는 소화기이다.

35 다음 중 가스누설 검사에 가장 좋고 안전한 것은?

① 아세톤 ② 성냥불
③ 순수한 물 ④ 비눗물

🔍 가스누출 여부 및 위치는 비눗물로 확인·점검한다.

36 건설기계 작업 시 주의사항으로 틀린 것은?

① 운전석을 떠날 경우에는 기관을 정지시킨다.
② 작업 시에는 항상 사람의 접근에 특별히 주의한다.
③ 주행 시는 가능한 한 평탄한 지면으로 주행한다.
④ 후진 시는 후진 후 사람 및 장애물 등을 확인한다.

🔍 후진 시는 후진하기 전에 사람 및 장애물 등을 확인해야 한다.

37 기계의 회전부분(기어, 벨트, 체인)에 덮개를 설치하는 이유는?

① 좋은 품질의 제품을 얻기 위하여
② 회전부분의 속도를 높이기 위하여
③ 제품의 제작과정을 숨기기 위하여
④ 회전부분과 신체의 접촉을 방지하기 위하여

🔍 회전부분의 덮개는 안전사고를 예방하기 위해 설치된다.

38 일반적인 보호구의 구비조건으로 맞지 않는 것은?

① 착용이 간편할 것
② 햇볕에 잘 열화 될 것
③ 재료의 품질이 양호할 것
④ 위험 유해 요소에 대한 방호성능이 충분할 것

🔍 열화란 재료의 품질이 떨어지는 현상이다.

39 수공구 사용방법으로 옳지 않은 것은?

① 좋은 공구를 사용할 것
② 해머의 쐐기 유무를 확인할 것
③ 스패너는 너트에 잘 맞는 것을 사용할 것
④ 해머의 사용면이 넓고 얇아진 것을 사용할 것

🔍 해머 작업 시 절대로 장갑을 착용해서는 안 되며, 사용면이 마모되어 얇아지고 경사진 것은 사용하지 않아야 한다.

40 줄 작업시 주의사항으로 틀린 것은?

① 줄은 반드시 자루를 끼워서 사용한다.
② 줄은 반드시 바이스 등에 올려놓아야 한다.
③ 줄은 부러지기 쉬우므로 절대로 두드리거나 충격을 주어서는 안 된다.
④ 줄은 사용하기 전에 균열의 유무를 충분히 점검하여야 한다.

줄은 다듬질 공구로 바이스 등에 올려놓아서는 안 되며 공구함 등에 넣어 사용하여야 한다.

41 휠 로더(wheel loader)의 특징으로 올바르지 않은 것은?

① 버킷 혹은 포크를 2~3m 정도 들어 올리거나 내릴 수 있다.
② 카운터 웨이트를 필요로 한다.
③ 자동차와 같은 속도로 주행할 수 있다.
④ 암에 부착된 실린더 링크에 의해 버킷이나 포크를 전방으로 보낼 수 있다.

일반적으로 휠 로더는 최고 속도 15~30km/h 정도로 자동차보다 저속으로 주행한다.

42 휠 로더를 활용하여 작업할 수 있는 것과 가장 거리가 먼 것은?

① 송토 작업
② 지면 고르기 작업
③ 인양 작업
④ 트럭에 모래 상차 작업

휠 로더로 물건을 들어 올리거나 사람을 운송하는 수단으로 사용해서는 안 된다.(인양작업 금지)

43 전면에는 로더 버킷, 후면에는 굴착기 버킷을 장착하여 상차와 소규모의 굴착작업이 가능한 로더는?

① 크롤러 로더(Crawler loader)
② 휠형 로더(Wheel loader)
③ 스키드 스티어 로더(Skid steer loader)
④ 백호 로더(Backhoe loader)

백호 로더는 전면에 로더 버킷을 장착하고 작업 대상물을 상차하는 작업을 하며 후면에는 굴착기 버킷을 장착하여 소규모의 굴착 작업을 할 수 있다.

44 로더에 사용되는 버킷의 종류 중 터널이나 도로 작업과 같은 협소한 장소에서 작업을 수행하는 데 가장 효과적인 버킷은?

① 일반 작업 버킷
② 암석 작업 버킷
③ 사이드 덤프 버킷
④ 로그 포크 버킷

사이드 덤프 버킷은 로더의 조향 조작이 없이도 버킷의 작업물을 덤프 트럭에 상차할 수 있는 버킷으로 터널이나 도로 작업과 같은 협소한 장소에서 작업을 수행할 수 있다.

45 로더의 클러치 컷오프 밸브의 설명 중 관계가 없는 것은?

① 브레이크 페달을 밟았을 때 엔진의 동력이 차축까지 전달되지 않도록 하는 장치이다.
② 경사지 작업에서는 다운(down) 위치에 놓고 작업한다.
③ 브레이크를 밟으면 변속기 클러치가 차단된다.
④ 기관의 동력을 로딩이나 적재에 사용하기 위해서 작동된다.

클러치 컷오프는 브레이크 페달을 밟았을 때 변속 클러치가 떨어져 엔진의 동력이 차축까지 전달되지 않도록 하는 장치이며, 경사지 작업 시에는 이 밸브를 상향(up)으로 선택하여 로더가 굴러 내려가는 것을 방지하여야 한다. 설치 목적은 로더를 정지시켰을 때 기관의 동력 모두를 로딩이나 적재에 사용하기 위한 것이다.

46 허리꺾기식 휠 로더의 구동 방식은?

① 앞바퀴 구동식
② 뒷바퀴 구동식
③ 앞·뒷바퀴 구동식
④ 중간 액슬 구동식

허리꺾기식(차체 굴절식) 로더는 앞 차체와 뒷 차체를 등분하여 앞·뒤 차체 사이를 핀과 조인트로 결합시켜 자유롭게 조향할 수 있도록 구성된 로더로 장비 크기에 비해 회전 반경이 작다.

47 로더의 종류 중 360° 회전이 가능하여 창고 내부나 협소한 공간에서도 효과적으로 사용되는 로더는?

① 크롤러 로더(Crawler loader)
② 스키드 스티어 로더(Skid steer loader)
③ 휠형 로더(Wheel loader)
④ 백호 로더(Backhoe loader)

스키드 스티어 로더는 방향을 전환할 때 한쪽 바퀴는 전진하고 다른 쪽 바퀴는 후진하게 되어 방향 전환이 되므로 제자리에서 360° 회전이 가능하다.

48 로더로 굴착 작업을 할 때의 방법으로 옳지 않은 것은?

① 지면이 단단하면 버킷에 투스를 부착한다.
② 버킷에 흙을 가득 채웠을 때는 뒤로 오므려서 큰 힘을 받도록 한다.
③ 굴착 작업의 밑면은 평탄이 되도록 굴착한다.
④ 붐과 버킷 밑은 지렛대 장치의 받침대 역할을 하므로 오므리지 않아도 된다.

49 경사지에서 로더를 주행할 때 버킷과 지면의 간격은 얼마 정도로 하는 것이 적당한가?

① 60~90cm ② 40~50cm
③ 20~30cm ④ 5~10cm

🔍 경사지 주행 시 로더의 버킷과 지면과의 간격은 20~30cm 정도로 하고, 특히 내려올 때는 중립 상태로 주행하지 않고 반드시 기어를 넣고 주행하여야 한다.

50 로더 운전의 연계 작업과 거리가 먼 것은?

① 덤프트럭 상차 작업
② 굴착기 공조 작업
③ 도로 보수 트럭 작업
④ 지면 고르기 작업

🔍 로더 운전의 연계 작업에는 덤프트럭 상차 작업, 굴착기 공조 작업, 불도저 작업, 노면 파쇄 작업, 도로 보수 트럭 작업 등이 있다.

51 로더를 이용한 작업 요령으로 틀린 것은?

① 굴착 작업 시 버킷의 한쪽에만 굴착력이 걸리는 방지한다.
② 정지작업은 반드시 장비를 전진시키면서 해야 한다.
③ 버킷을 지면에 너무 강하게 누르면 견인력이 손실되므로 주의한다.
④ 작업 대상물이 단단할 때는 투스 타입이나 커팅 에지 타입 버킷을 사용한다.

🔍 정지작업은 반드시 장비를 후진시키면서 해야 한다.

52 로더로 토사를 상차할 때 덤프트럭과 토사 더미 사이는 몇 도(°)를 유지하면서 작업하는 것이 좋은가?

① 20~30° ② 135°
③ 45°   ④ 90°

🔍 토사를 상차할 때 로더는 덤프트럭과 토사 더미 사이에 45°를 유지하면서 작업하고, 덤프트럭은 토사 더미 가장자리에 90°로 세워두는 것이 좋다.

53 로더를 이용한 적재물 다듬기에 대한 설명으로 거리가 먼 것은?

① 밀어서 다듬기. 당겨서 다듬기, 지그재그 다듬기가 있다.
② 밀어서 다듬기는 상차 작업에서 많이 사용한다.
③ 당겨서 다듬기는 적재함 리브 파손 우려가 있어 상차 작업에서는 사용하지 않는다.
④ 지그재그 다듬기는 현장에서의 사용 빈도가 높다.

🔍 지그재그 다듬기는 적재함 높이보다 아랫면에서 다듬기 작업을 할 때 사용하며, 버킷이 클 경우 적재함을 파손할 우려가 커서 현장에서의 사용 빈도가 낮다.

54 덤프트럭에 토사를 상차하기 위해 로더의 방향을 바꾸고자 할 때 버킷과 트럭의 옆 거리로 적당한 것은?

① 1.0~1.7m
② 2.0~2.7m
③ 3.0~3.7m
④ 최대한 가깝게 한다.

🔍 덤프트럭에 토사를 상차하기 위해 로더의 방향을 바꿀 때 버킷과 트럭의 옆 거리는 3.0~3.7m 정도가 좋다.

55 로더의 계기판과 관련된 사항으로 틀린 것은?

① 속도계의 큰 글씨는 km/h를 나타내고 작은 글씨는 mph를 나타낸다.
② 시동 스위치를 OFF로 하여 연료계 지침이 내려가지 않으면 고장이므로 점검한다.
③ 엔진 예열 경고등 램프가 소등되면 예열이 완료된 것으로 시동을 건다.

④ 엔진이 가동된 뒤에도 배터리 충전 경고등이 소등되지 않으면 배터리 계통의 전기회로를 점검한다.

🔍 시동 스위치를 OFF로 해도 연료계 지침은 내려가지 않고 현재의 연료량을 표시하기 때문에 지침이 내려가지 않더라도 고장은 아니다.

56 휠 로더로 주행할 경우 운전자의 운전방법으로 옳지 않은 것은?

① 급출발, 급제동을 해서는 안 된다.
② 한 눈을 팔고 운전을 해서는 안 된다.
③ 주행 중 뛰어오르거나 뛰어내려서는 안 된다.
④ 제한속도를 준수하고 추월을 한다.

🔍 건설기계 주행 시 제한속도를 준수하고 추월을 하지 않는 것이 좋다.

57 로더 작업시 주의사항으로 틀린 것은?

① 운전석을 떠날 경우에는 기관을 정지시킨다.
② 주행시 작업장치는 진행방향으로 한다.
③ 주행시는 평탄한 지면으로 주행한다.
④ 붐을 하강시키려면 조종레버를 당긴다.

🔍 붐 하강은 조종레버를 밀고, 상승시키려면 조종레버를 당긴다.

58 로더 작업 중 기계장치에서 이상한 소리가 날 경우 가장 적절한 작업자의 행위는?

① 작업 종료 후 조치한다.
② 즉시 작동을 멈추고 점검한다.
③ 속도가 너무 빠르지 않은지 살핀다.
④ 장비를 멈추고 열을 식힌 후 계속 작업한다.

🔍 작업 중 이상 음이 있는 경우에는 즉시 장비의 작동을 멈추고 점검 후 필요한 조치를 하여야 한다.

59 타이어식 로더에서 카운터 웨이트에 대한 설명으로 가장 적합한 것은?

① 굴착작업시 더욱 무거운 중량을 들 수 있도록 임의로 조절하는 장치이다.
② 접지면적을 넓게 해주는 장치이다.
③ 굴착작업시 균형을 맞추는 장치로 앞으로 넘어지는 것을 막아준다.
④ 접지압을 높여주는 장치이다.

🔍 휠 로더는 화물이 차체의 앞부분에 있기 때문에 차체의 뒷부분에 카운터 웨이트(counter weight)를 두어 균형을 맞춘다.

60 로더 운전자가 운전위치를 이탈할 때 안전측면에서 조치사항으로 가장 거리가 먼 것은?

① 일시 작업을 멈춘다.
② 기관을 정지시킨다.
③ 브레이크를 확실히 건다.
④ 버킷을 올리고 버팀목을 받친다.

🔍 장비를 주기(주차)하고 운전실을 이탈할 때는 버킷을 지면에 완전히 내리고, 조종레버를 중립으로 한 뒤 시동키를 빼고 운전실도 잠그도록 한다.

정답 CBT 복원문제 05회

01 ②	02 ④	03 ③	04 ②	05 ④
06 ①	07 ③	08 ②	09 ①	10 ①
11 ③	12 ③	13 ④	14 ①	15 ④
16 ②	17 ③	18 ④	19 ③	20 ③
21 ④	22 ②	23 ①	24 ④	25 ②
26 ①	27 ①	28 ②	29 ③	30 ④
31 ②	32 ②	33 ④	34 ②	35 ④
36 ④	37 ④	38 ②	39 ④	40 ④
41 ③	42 ④	43 ④	44 ③	45 ②
46 ③	47 ②	48 ④	49 ③	50 ④
51 ②	52 ③	53 ④	54 ③	55 ②
56 ④	57 ④	58 ②	59 ③	60 ④

06 CBT 복원문제

01 다음 중 건설기계의 범위에 해당하지 않는 것은?

① 자체중량 2톤 미만의 불도저
② 자체중량 1톤 미만의 굴착기
③ 자체중량 2톤 미만의 로더
④ 자체중량 2톤 미만의 엔진식 지게차

🔍 로더는 무한궤도 또는 타이어식으로 적재장치를 가진 자체중량 2톤 이상인 것을 말한다.

02 다음 중 특별 또는 경고표지 부착 대상 건설기계에 관한 설명이 아닌 것은?

① 대형건설기계에는 조종실 내부의 조종사가 보기 쉬운 곳에 경고 표지판을 부착하여야 한다.
② 길이가 16.7m를 초과하는 건설기계는 특별 표지 부착 대상이다.
③ 특별표지판은 등록번호가 표시되어 있는 면에 부착해야 한다.
④ 최소 회전반경 12m를 초과하는 건설기계는 특별표지 부착 대상이 아니다.

🔍 특별표지 부착 대상 대형건설기계
- 길이가 16.7m를 초과하는 건설기계
- 너비가 2.5m를 초과하는 건설기계
- 높이가 4.0m를 초과하는 건설기계
- 최소회전반경이 12m를 초과하는 건설기계
- 총중량이 40톤을 초과하는 건설기계
- 총중량 상태에서 축하중이 10톤을 초과하는 건설기계

03 등록건설기계의 기종별 표시 방법으로 옳은 것은?

① 01 : 불도저
② 02 : 모터그레이더
③ 03 : 지게차
④ 04 : 덤프트럭

🔍 모터그레이더 : 08, 지게차 : 04, 덤프트럭 : 06

04 건설기계의 구조 변경 및 범위에 해당하지 않는 것은?

① 원동기의 형식 변경
② 육상 작업용 건설기계의 규격 증가를 위한 구조 변경
③ 작업 장치의 형식 변경
④ 건설기계의 길이·너비·높이 등의 변경

🔍 구조 변경이 안 되는 사항
- 건설기계의 기종 변경
- 육상 작업용 건설기계의 규격 증가를 위한 구조 변경
- 적재함의 용량 증가를 위한 구조 변경

05 제작자로부터 건설기계를 구입한 자가 무상으로 사후 관리를 받을 수 있는 법정기간은?

① 3개월
② 6개월
③ 12개월
④ 18개월

🔍 건설기계의 제작자는 건설기계를 판매한 날부터 12개월(당사자 간에 12개월을 초과하여 별도 계약하는 경우에는 그 해당기간)동안 무상으로 건설기계의 정비 및 정비에 필요한 부품을 공급하여야 한다.

06 고의로 경상 1명의 인명피해를 입힌 건설기계조종사에 대한 면허의 취소, 정지처분 기준으로 맞는 것은?

① 면허효력정지 45일
② 면허효력정지 30일
③ 면허효력정지 90일
④ 면허 취소

🔍 인명피해 관련 건설기계조종사면허 취소 사유
- 고의로 인명피해(사망·중상·경상)를 입힌 경우
- 건설기계 조종 중 과실로 산업안전보건법에 따른 다음의 중대재해가 발생한 경우
  - 사망자가 1명 이상 발생한 재해
  - 3개월 이상의 요양이 필요한 부상자가 동시에 2명 이상 발생한 재해
  - 부상자 또는 직업성질병자가 동시에 10명 이상 발생한 재해

07 건설기계조종사의 적성검사 기준으로 가장 거리가 먼 것은?

① 두 눈을 동시에 뜨고 잰 시력이 0.7 이상이고, 두 눈의 시력이 각각 0.3 이상일 것
② 시각은 150도 이상일 것
③ 언어분별력이 80% 이상일 것
④ 50데시벨(보청기를 사용하는 사람은 40데시벨)의 소리를 들을 수 있을 것

🔍 적성검사 기준
• 두 눈을 동시에 뜨고 잰 시력(교정시력을 포함)이 0.7 이상이고 두 눈의 시력이 각각 0.3 이상일 것
• 55데시벨(보청기를 사용하는 사람은 40데시벨)의 소리를 들을 수 있고, 언어분별력이 80% 이상일 것
• 시각은 150도 이상일 것
• 정신병자 · 지적장애인 · 뇌전증환자, 마약 · 대마 · 향정신성의약품 · 알코올 중독자가 아닐 것

08 건설기계관리법상 중상이란?

① 5일 미만의 치료를 요하는 진단이 있을 때
② 3주 이상의 치료를 요하는 진단이 있을 때
③ 3주 미만의 치료를 요하는 진단이 있을 때
④ 7일 이상의 치료를 요하는 진단이 있을 때

🔍 건설기계관리법상 중상과 경상
• 중상 : 3주 이상의 치료를 요하는 진단이 있을 때
• 경상 : 3주 미만의 치료를 요하는 진단이 있을 때

09 등록된 건설기계의 주요 구조를 변경 또는 개조하였을 때는 사유 발생일로부터 며칠 이내에 검사를 받아야 하는가?

① 10일 이내
② 20일 이내
③ 30일 이내
④ 2개월 이내

🔍 등록된 건설기계의 주요 구조를 변경 또는 개조하였을 때 실시하는 검사는 구조변경검사로 사유 발생일로부터 20일 이내에 검사를 받아야 한다.

10 건설기계 등록신청 시 첨부하지 않아도 되는 서류는?

① 호적등본
② 건설기계 소유자임을 증명하는 서류
③ 건설기계제작증
④ 건설기계제원표

🔍 건설기계를 등록하려는 건설기계의 소유자는 건설기계등록신청서에 다음 각 호의 서류(전자문서를 포함)를 첨부하여 건설기계소유자의 주소지 또는 건설기계의 사용본거지를 관할하는 특별시장 · 광역시장 · 도지사 또는 특별자치도지사에게 제출하여야 한다.
• 다음 각 목의 구분에 따른 해당 건설기계의 출처를 증명하는 서류
 - 국내에서 제작한 건설기계 : 건설기계제작증
 - 수입한 건설기계 : 수입면장 등 수입사실을 증명하는 서류
 - 행정기관으로부터 매수한 건설기계 : 매수증서
• 건설기계의 소유자임을 증명하는 서류
• 건설기계제원표
• 보험 또는 공제의 가입을 증명하는 서류

11 건설기계에서 사용하는 경유의 중요한 성질이 아닌 것은?

① 옥탄가
② 비중
③ 착화성
④ 세탄가

🔍 건설기계 기관은 대부분 디젤기관으로 경유를 사용하며 경유에서 가장 중요한 성질은 세탄가이다. 참고로 옥탄가는 가솔린(휘발유)의 폭발성을 나타낸 것이다.

12 기관 과열의 주요 원인이 아닌 것은?

① 라디에이터 코어의 막힘
② 냉각장치 내부의 물때 과다
③ 냉각수의 부족
④ 오일량 과다

🔍 기관 과열은 주로 냉각장치의 작동이 원활하지 않을 때 일어나는 것으로 오일량 과다는 기관 과열의 원인과 거리가 멀다.

13 과급기를 부착하였을 때의 장점이 아닌 것은?

① 고지대에서도 출력의 감소가 적다.
② 회전력이 증가한다.
③ 기관 출력이 향상된다.
④ 압축온도의 상승으로 착화지연 시간이 길어진다.

🔍 착화지연이란 연료를 분사하여 연소가 시작될 때까지를 말하며 과급기 부착 여부에 따라 변화되는 것이 아니고 연소조건 및 상태에 따라 변한다.

14 건설기계에서 기동전동기가 회전이 안 될 경우 점검할 사항이 아닌 것은?

① 축전지의 방전 여부
② 배터리 단자의 접촉 여부
③ 팬벨트의 이완 여부
④ 배선의 단선 여부

> 전동기의 회전은 축전지 상태와 회로의 접촉 및 단선여부에 의해 영향을 받으며 팬벨트 이완은 냉각계통에 영향을 미친다.

15 같은 축전지 2개를 직렬로 접속하면 어떻게 되는가?

① 전압은 2배가 되고 용량은 같다.
② 전압은 같고 용량은 2배가 된다.
③ 전압과 용량은 변화 없다.
④ 전압과 용량 모두 2배가 된다.

> 축전지 연결을 직렬로 하면 전압이 상승하고 병렬 연결하면 전류가 상승한다.

16 배터리의 충·방전 작용은 다음 어떤 작용을 이용한 것인가?

① 발열 작용   ② 자기 작용
③ 화학 작용   ④ 발광 작용

> 축전지의 (+), (-) 두 단자 사이에 부하를 접속시키고 축전지로부터 전류를 흐르게 하는 것을 방전이라 하며, 반대로 충전기나 발전기 등의 직류 전원을 접속하여 축전지에 전류가 흘러 들어가게 하는 것을 충전이라 한다. 이러한 충·방전 과정은 축전지 내부에서는 (+)극판과 (-)극판, 전해액 사이에 화학반응에 의한 것이다.

17 축전지 전해액이 자연 감소되었을 때 보충에 가장 적합한 것은?

① 증류수   ② 황산
③ 경수   ④ 수돗물

> 증류수를 극판 위로부터 10~13mm 정도 보충하면 된다.

18 토크 컨버터의 동력전달 매체로 맞는 것은?

① 클러치 판   ② 유체
③ 벨트   ④ 기어

> 토크 컨버터는 유체 클러치와 같이 내부에 유체로 채우고 임펠러와 터빈 등의 회전 시 압력에 의해 동력이 전달된다.

19 건설기계 작업 중 계기판의 정보가 다음과 같았다. 조치해야 할 사항은?

① 냉각수를 보충한다.
② 연료를 보충한다.
③ 시동을 끄고 냉각계통을 점검한다.
④ 작업을 멈추고 일일점검을 실시한다.

> 그림의 계기판 정보는 연료량을 표시하는 것으로 연료가 부족한 상태이므로 연료를 보충하여야 한다.

20 동력전달장치에서 추진축의 밸런스 웨이트에 대한 설명으로 맞는 것은?

① 추진축의 비틀림을 방지한다.
② 변속 조작 시 변속을 용이하게 한다.
③ 추진축의 회전수를 높인다.
④ 추진축의 회전 시 진동을 방지한다.

> 추진축은 강한 비틀림을 받으면서 고속 회전하는 부분으로 이에 견딜 수 있도록 속이 빈 강관을 사용하며, 회전평형을 유지하고 회전 시 진동을 방지하기 위해 밸런스 웨이트(평형추)가 부착되어 있다.

21 유압 회로에 사용되는 유압 밸브의 역할이 아닌 것은?

① 일의 관성을 제어한다.
② 일의 방향을 변환시킨다.
③ 일의 속도를 제어한다.
④ 일의 크기를 조정한다.

> 유압 밸브
> • 압력제어 밸브 : 일의 크기를 조정한다.(릴리프 밸브, 리듀싱 밸브, 시퀀스 밸브, 언로더 밸브, 카운터 밸런스 밸브)
> • 유량제어 밸브 : 일의 속도를 제어한다.(교축 밸브, 압력 보상유량제어 밸브, 분류 밸브, 감속 밸브)
> • 방향제어 밸브 : 일의 방향을 변환시킨다.(체크 밸브, 스풀 밸브, 셔틀 밸브)

22 축압기(어큐뮬레이터)의 사용 목적이 아닌 것은?

① 유압 회로 내의 압력 상승
② 충격압력 흡수
③ 유체의 맥동 감쇠
④ 압력 보상

🔍 어큐뮬레이터의 용도
- 대유량의 작동유를 순간적으로 공급한다.
- 유압 펌프의 맥동을 제거한다.
- 충격압력을 흡수한다.
- 압력을 보상해 준다.

23 유압장치의 장점이 아닌 것은?

① 속도제어(speed control)가 용이하다.
② 힘의 연속적 제어가 용이하다.
③ 온도의 영향을 많이 받는다.
④ 윤활성, 내마멸성, 방청성이 좋다.

🔍 유압장치의 단점
- 오일 누설의 염려가 있다.
- 화재의 위험이 있다.
- 온도 변화에 의해 영향을 받기 쉽다.
- 배관작업이 복잡하다.
- 공기가 혼입되기 쉽다.

24 유압유 관내에 공기가 혼입되었을 때 일어날 수 있는 현상과 가장 거리가 먼 것은?

① 공동 현상
② 기화 현상
③ 숨돌리기 현상
④ 열화 현상

🔍 유압 회로 내의 공기 영향
- 실린더 숨돌리기 현상이 생긴다.
- 유압유의 열화가 촉진된다.
- 공동현상으로 소음발생, 온도상승, 포화상태가 된다.

25 유압 실린더를 행정 최종단에서 실린더의 속도를 감속하여 서서히 정지시키고자 할 때 사용되는 밸브는?

① 디셀러레이션 밸브
② 셔틀 밸브
③ 프레필 밸브
④ 디콤프레션 밸브

🔍 셔틀 밸브는 저압 측 통로를 막고 고압 측의 유압유만 통과시키는 전환 밸브이고, 디셀러레이션 밸브는(감속밸브) 유량을 서서히 제한하여 유압 실린더의 속도를 감속 또는 정지시켜 준다.

26 유압기기의 과부하 방지를 위한 밸브로 맞는 것은?

① 분류 밸브
② 방향제어 밸브
③ 릴리프 밸브
④ 스로틀 밸브

🔍 릴리프 밸브(relief valve)는 유압 펌프와 제어 밸브 사이에 설치되어 회로 내의 압력을 규정값으로 유지시키는 역할 즉, 유압 장치 내의 압력을 일정하게 유지하고 최고 압력을 제어하여 회로를 보호한다.

27 유압 모터를 선택할 때 고려 사항과 가장 거리가 먼 것은?

① 동력
② 부하
③ 효율
④ 점도

🔍 유압 모터를 선택할 때는 부하, 동력, 효율 등을 고려하며, 점도는 유압유 선택 시의 해당 사항이다.

28 유압기기에서 캐비테이션(Cavitation)을 방지하기 위한 방법으로 적합하지 않은 것은?

① 적당한 점도의 작동유를 선택한다.
② 작동유 중에 공기와 수분 등의 이물질 유입을 방지한다.
③ 유압 펌프의 운전 속도를 규정 속도 이상으로 하지 않는다.
④ 하이드로릭 실린더에 부하가 걸리지 않도록 한다.

🔍 캐비테이션(공동현상) 방지 방법
- 적당한 점도의 작동유를 선택한다.
- 작동유 중에 공기와 수분 등의 이물질 유입을 방지한다.
- 유압 펌프의 운전 속도를 규정 속도 이상으로 하지 않는다.
- 오일 필터를 정기적으로 점검 및 교환한다.

29 유압 오일 실의 종류 중 O-링이 갖추어야 할 조건은?

① 탄성이 양호하고 압축변형이 적을 것
② 작동 시 마모가 클 것
③ 체결력(죄는 힘)이 작을 것
④ 오일의 누설이 클 것

🔍 오일 실(seal)은 오일 회로에서 오일이 외부로 누출되는 것을 방지하기 위한 것으로 O-링은 내열성, 내구성, 내마모성 등이 좋아야 한다.

30 유압 회로 내에 잔압을 설정해 두는 이유로 가장 적절한 것은?

① 제동 해제 방지
② 유로 파손 방지
③ 오일 산화 방지
④ 작동 지연 방지

> 유압회로 내에 잔압을 두는 이유
> • 작동 지연을 방지한다.
> • 오일의 누출을 방지한다.
> • 회로 내 베이퍼 록 발생을 방지한다.
> • 회로 내로 공기 유입을 방지한다.

31 동력 전달장치에서 가장 재해가 많이 발생하는 것은?

① 차축
② 기어
③ 피스톤
④ 벨트

> 동력 전달장치 중 재해가 가장 많이 발생되는 장치는 벨트, 체인, 기어 순이다.

32 재해예방의 4원칙으로 틀린 것은?

① 손실 우연의 원칙
② 원인 계기의 원칙
③ 예방 가능의 원칙
④ 사고 조사의 원칙

> 재해방지의 기본원칙
> • 손실 우연의 원칙 : 사고에 의해서 생기는 손실(상해)의 종류와 정도는 우연적이다.
> • 원인 계기의 원칙 : 모든 재해는 필연적인 원인에 의해서 발생한다.
> • 예방 가능의 원칙 : 재해는 원칙적으로 모두 방지가 가능하다.
> • 대책 선정의 원칙 : 재해방지 대책은 신속하고 확실하게 실시되어야 한다.

33 화재예방 조치로서 적합하지 않은 것은?

① 가연성 물질을 인화장소에 두지 않는다.
② 유류취급 장소에는 방화수를 준비한다.
③ 흡연은 정해진 장소에서만 한다.
④ 화기는 정해진 장소에서만 취급한다.

> 유류 취급 장소는 유류화재의 진압에 적합한 B급 소화기나 방화사를 준비하여야 한다.

34 화재 발생 시 초기 진화를 위해 소화기를 사용하고자 할 때, 다음 보기에서 소화기 사용 방법에 따른 순서로 맞는 것은?

> a. 안전핀을 뽑는다.
> b. 안전핀 걸림 장치를 제거한다.
> c. 손잡이를 움켜잡아 분사한다.
> d. 노즐을 불이 있는 곳으로 향하게 한다.

① a → b → c → d
② c → a → b → d
③ d → b → c → a
④ b → a → d → c

> 소화기 사용법 : 안전핀 걸림 장치를 제거한다. → 안전핀을 뽑는다. → 노즐을 불이 있는 곳으로 향하게 한다. → 손잡이를 움켜잡아 분사한다.

35 볼트 등을 조일 때 조이는 힘을 측정하기 위하여 쓰는 렌치는?

① 복스 렌치
② 오픈엔드 렌치
③ 소켓 렌치
④ 토크 렌치

> 토크 렌치는 볼트나 너트의 조임력을 규정값에 정확히 일치하도록 하기 위해 사용하며, 오픈 엔드 렌치는 연료 파이프 피팅을 풀고 조일 때 사용한다. 또한, 복스 렌치는 볼트, 너트 주위를 완전히 감싸게 되어 사용 중에 미끄러지지 않는 장점이 있다.

36 수공구를 사용하여 일상정비를 할 경우의 필요 사항으로 가장 부적합한 것은?

① 수공구를 서랍 등에 정리할 때는 잘 정돈한다.
② 수공구는 작업 시 손에서 놓치지 않도록 주의한다.
③ 용도 외의 수공구는 사용하지 않는다.
④ 작업을 빠르게 하기 위해 장비 위에 놓고 사용하는 것이 좋다.

> 공구는 지정된 장소에 보관 및 공구함에 넣어 놓고 작업을 하여야 한다.

37 안전사고의 원인 중 불안전한 행위에 해당되지 않는 것은?

① 안전수칙의 무시
② 부적당한 배치
③ 기량의 부족
④ 불안전한 작업행동

🔍 불안전한 행위
• 안전수칙의 무시
• 불안전한 작업행동
• 방심(태만)
• 기량의 부족
• 불안전한 위치
• 신체조건의 불량
• 주의산만
• 업무량의 과다
• 무관심

38 안전관리의 근본 목적으로 가장 적합한 것은?

① 생산의 경제적 운용
② 근로자의 생명 및 신체의 보호
③ 생산과정의 시스템화
④ 생산량 증대

🔍 안전관리의 근본적인 목적은 근로자 및 사용자의 생명과 신체 보호, 안전사고를 미연에 방지하는데 그 목적이 있다.

39 작업자가 실시하는 안전점검과 가장 거리가 먼 것은?

① 안전에 대한 기본방침과 실시 상황 보고
② 장비 및 공구의 상태
③ 안전보호구의 적정성 여부
④ 작업장 정리·정돈

🔍 안전에 대한 기본방침과 실시 상황보고는 안전관리자의 담당 업무로 작업자가 직접 실시하는 안전점검과는 거리가 멀다.

40 산업안전보건법령상 안전보건표지의 종류와 형태에서 그림의 표지로 맞는 것은?

① 산화성 물질 경고
② 폭발성 물질 경고
③ 급성 독성물질 경고
④ 인화성 물질 경고

🔍 안전보건표지

인화성 물질경고	산화성 물질경고	폭발성 물질경고	급성독성 물질경고

41 건설기계관리법상 로더의 정의에 대한 내용이다. ( ) 안에 들어갈 내용으로 옳은 것은?

로더란 무한궤도(크롤러) 또는 타이어식으로 적재장치를 가진 자체중량 (㉠) 이상인 것을 말한다. 다만, 차체굴절식 조향장치가 있는 자체중량 (㉡) 미만인 것은 제외한다.

① ㉠ 2톤, ㉡ 4톤
② ㉠ 4톤, ㉡ 2톤
③ ㉠ 3톤, ㉡ 4톤
④ ㉠ 4톤, ㉡ 3톤

🔍 로더란 무한궤도(크롤러) 또는 타이어식으로 적재장치를 가진 자체중량 2톤 이상인 것을 말한다. 다만, 차체굴절식 조향장치가 있는 자체중량 4톤 미만인 것은 제외한다.

42 건설기계관련법령상 건설기계 운전중량 산정 시 조종사 1명의 체중으로 맞는 것은?

① 50kg
② 60kg
③ 65kg
④ 75kg

🔍 운전중량 : 자체중량에 건설기계의 조종에 필요한 최소의 조종사가 탑승한 상태의 중량을 말하며, 조종사 1명의 체중은 65kg으로 본다.

43 다음은 로더 장비에 대한 설명이다. 틀린 것은?

① 버킷과 연결된 붐 및 암 등은 균열, 만곡 및 절단된 곳이 없어야 한다.
② 로더를 주차하거나 운반할 때 로더 본체의 굴절부가 굴절되지 않도록 고정하는 장치를 설치하여야 한다.
③ 출입문이 전방에 설치된 로더의 전경각은 35° 이상, 후경각은 25° 이상이어야 한다.
④ 로더의 유압배관은 작동 압력의 최소 2배를 견딜 수 있어야 한다.

🔍 로더의 유압배관은 작동 압력의 최소 4배를 견딜 수 있어야 한다.

44 휠 로더와 크롤러 로더의 특징을 비교한 설명으로 틀린 것은?

① 견인력은 휠 로더보다 크롤러 로더가 양호하다.
② 기동성은 크롤러 로더보다 휠 로더가 양호하다.
③ 접지력은 크롤러 로더보다 휠 로더가 양호하다.
④ 연약지반 또는 습지에서의 작업은 휠 로더보다 크롤러 로더가 유리하다.

🔍 접지력은 휠 로더보다 크롤러 로더가 양호하다.

45 스키드 로더에 대한 설명으로 틀린 것은?

① 방향을 전환할 때 타이어의 방향이 틀어지지 않고 그대로 직선상에 있다.
② 휠 로더나 크롤러 로더와 달리 방향 전환이 어려운 단점이 있다.
③ 작고 좁은 공간에서 작업이 필요할 경우 효과적이다.
④ 다양한 작업장치 부착으로 적재 및 제설작업, 굴착, 운반, 작은 콘크리트나 암반 파쇄, 도로 청소 등에서 사용된다.

🔍 스키드 로더는 방향을 전환할 때 한쪽 바퀴는 전진하고 다른 쪽 바퀴는 후진하게 되어 방향 전환이 되므로 제자리에서 360° 회전이 가능하다.

46 로더를 버킷 중 골재 채취장 등에서 주로 토사와 암석 분리에 효과적인 것은?

① 스켈리턴 버킷
② 사이드 덤프 버킷
③ 래크 블레이드 버킷
④ 로그 포크 버킷

🔍 스켈리턴 버킷(Skeleton bucket) : 강가에서의 골재 채취 등에 적합하며 작은 골재, 물 등이 빠져나가는 구조로 굴착된 골재와 암석 중 큰 것만 골라내는 작업에 사용된다.

47 로더에 대한 설명으로 옳지 않은 것은?

① 타이어식 로더는 이동성이 좋아 고속작업이 용이하다.
② 쿠션형 로더는 튜브리스 타이어 대신 강철제 트랙을 사용한다.
③ 무한궤도식 로더는 습지작업이 용이하다.
④ 무한궤도식 로더는 기동성이 떨어진다.

🔍 쿠션형 로더 : 휠 로더와 크롤러형 로더의 단점을 보완한 것으로 타이어에 트랙을 감아 기동성을 향상시킨 형태이다.

48 로더의 작업 장치와 관계가 없는 것은?

① 리프트 암
② 아우트리거
③ 스켈리턴 버킷
④ 킥아웃 장치

🔍 아우트리거(outrigger)는 타이어식 기중기에서 전·후·좌·우 방향에 안전성을 주어서 기중 작업 시 전도되는 것을 방지해 주는 역할을 한다.

49 로더의 작업 장치에 대한 설명으로 틀린 것은?

① 붐은 리프트 레버로 조작하며 상승, 유지, 하강, 부동의 4가지 위치가 있다.
② 버킷은 틸트 레버로 조작하며 전경, 후경(뒤쪽으로 기울임)의 2가지 위치가 있다.
③ 버킷 투스는 굴착력을 높이기 위해 버킷에 부착하는 장치로 소모품이다.
④ 덤핑 클리어런스는 버킷을 상승시켰을 때 버킷 투스 하단과 지면과의 거리를 말한다.

🔍 버킷은 틸트 레버(tilt lever)로 조작하며 전경(앞쪽으로 기울임), 후경(뒤쪽으로 기울임), 유지의 3가지 위치가 있다. 또한, 틸트 레버에는 버킷을 지면에 내려놓을 때 굴착각도가 적당히 되도록 미리 설정해 주는 포지션(position) 장치가 있다.

50 로더의 자동 유압 붐 킥 아웃의 기능으로 옳은 것은?

① 붐이 일정한 높이에 이르면 자동적으로 멈추어 작업능률과 안전성을 기하는 장치이다.
② 버킷 링크를 조정하여 덤프 실린더가 수평이 되게 하는 장치이다.
③ 가끔 침전물이나 물을 뽑아내고 이물질을 걸러내는 장치이다.
④ 로더의 이동 시 자동적으로 버킷의 수평을 조정하는 장치이다.

> 킥 아웃 기능은 붐(boom)이 일정한 높이에 이르면 자동으로 멈추어 작업능률과 안정성을 꾀하는 장치이다.

51 차체 굴절식 로더의 조향장치에 필요한 부품이 아닌 것은?

① 유압실린더
② 유압펌프
③ 제어밸브
④ 언로더 밸브

> 조향장치는 유압 발생장치인 유압펌프, 제어장치인 제어밸브, 작동장치인 유압실린더로 구성되어 있다. 참고로 언로더 밸브는 일정 조건 하에서 펌프를 무부하시키기 위해 사용하는 밸브를 말한다.

52 로더의 조향방식 중 허리꺾기 조향식(굴절식)에 대한 설명으로 틀린 것은?

① 회전반경이 작다.
② 작업 능률을 향상시킬 수 있다.
③ 좁은 장소에서의 작업이 불리하다.
④ 조향용 유압 실린더에 의해 차체가 굴절된다.

> 허리꺾기 조향식(차체 굴절식)
> • 회전반경이 작아 좁은 장소에서의 작업이 용이하다.
> • 작업시간을 단축하여 작업능률을 향상시킬 수 있다.
> • 작업 시 안정성이 결여된다.
> • 핀과 조인트 부분의 고장이 빈번하다.
> • 앞·뒷바퀴 구동식이다.

53 타이어식 로더로 골재장에서 적하 작업 시 작업성능에 미치는 영향이 가장 적은 것은?

① 원동기 성능
② 건설기계의 중량
③ 토사의 재질과 량
④ 타이어의 마모상태

54 로더 유압장치의 운전 전 점검 사항 중 틀린 것은?

① 종류가 다른 유압유를 혼합해서 사용한다.
② 유압 작동유의 누유가 있는가를 확인한다.
③ 건설기계는 평탄한 곳에 주차하고 점검한다.
④ 유압 작동유 탱크의 유량을 확인하고 부족할 경우 보충한다.

> 유압유는 혼합해서 사용해서는 안 된다. 특히 유압유에 점도가 다른 2종류의 오일을 혼합하여 사용할 경우 열화현상이 촉진된다.

55 로더의 기능과 작업에 대한 설명으로 틀린 것은?

① 굴착작업이란 적재, 운반, 투입을 연속적으로 하는 작업이다.
② 로더 작업 시 붐을 하강시키려면 조종레버를 밀고, 상승시키려면 당긴다.
③ 붐과 버킷 레버를 동시에 당기면 붐은 상승하고 버킷은 오므려진다.
④ 덤핑 클리어런스는 적재함보다 높아야 한다.

> 적재, 운반, 투입을 연속적으로 하는 작업은 운반작업이다.

56 로더의 작업 중 그레이딩 작업은 무엇을 말하는가?

① 굴착 작업
② 깎아내기 작업
③ 지면 고르기 작업
④ 적재 작업

> 그레이딩(Grading) 작업은 지면 고르기 작업, 정지 작업 또는 평탄 작업을 말한다.

57 로더의 이동 운반작업 시 일반적으로 버킷은 지상으로부터 약 얼마 정도 들고 이동하는 것이 적당한가?

① 10cm
② 50cm
③ 90cm
④ 150cm

> 주행 시에는 버킷을 지면에서 40~50cm 정도 위로 올리고 이동한다.

58 타이어식 로더를 운전할 때의 주의 사항으로 잘못된 것은?

① 새로 구축한 구조물 가까운 부분은 연약지반이므로 주의한다.
② 경사지에서 내려올 때는 중립 상태로 주행한다.
③ 로더를 작업 받침판이나 작업 플랫폼으로 사용하지 않는다.
④ 토사를 적재한 버킷은 항상 최대한 오므리고 위치를 낮춘 상태로 운반한다.

> 경사지에서 내려올 때에는 중립 상태로 주행하지 말고 반드시 기어를 넣고 주행한다. 또한, 버킷을 지면에서 20~30cm 정도로 하고 운행하여 긴급 시에는 브레이크 역할을 할 수 있도록 한다.

59 로더의 적재 작업 중 90° 회전법의 설명으로 틀린 것은?

① 협소한 장소에서 작업 시 이용된다.
② I형과 V형에 비해 작업 효율이 떨어진다.
③ 연약지반에서 대형로더가 작업할 때 주로 이용된다.
④ 로더가 90° 선회를 하여 적재하는 방식이다.

> 로더가 버킷에 작업물을 담아 후퇴하고 곧바로 로더와 작업 대상물 사이에 덤프트럭이 들어오는 방식의 I형(전진·후진법 또는 직후진법)은 연약지반에서 대형 로더가 작업할 때 주로 이용되는 방법이다.

60 로더의 토사깎기 작업 방법으로 옳지 않은 것은?

① 항상 로더가 평행이 되도록 한다.
② 로더의 무게가 버킷과 함께 작용되도록 한다.
③ 토사깎기의 깊이 조정은 붐을 약간 상승시키거나 버킷을 복귀시켜서 한다.
④ 버킷의 각도는 35~45°로 깎기 시작하는 것이 좋다.

> 로더로 제방이나 쌓여있는 흙더미에서 작업할 때 버킷을 수평 또는 5° 정도 앞으로 기울이는 것이 좋다.

정답 CBT 복원문제 06회

01 ③	02 ④	03 ①	04 ②	05 ③
06 ④	07 ④	08 ②	09 ②	10 ①
11 ①	12 ④	13 ④	14 ③	15 ①
16 ③	17 ①	18 ②	19 ②	20 ④
21 ①	22 ①	23 ③	24 ②	25 ①
26 ③	27 ④	28 ②	29 ①	30 ④
31 ④	32 ④	33 ②	34 ④	35 ④
36 ④	37 ②	38 ②	39 ①	40 ④
41 ①	42 ③	43 ④	44 ③	45 ②
46 ①	47 ②	48 ②	49 ②	50 ①
51 ④	52 ②	53 ②	54 ①	55 ①
56 ③	57 ②	58 ②	59 ③	60 ④

CBT 복원문제

QUESTIONS FROM PREVIOUS TESTS

01 건설기계관리법에서 정의한 건설기계 형식을 가장 잘 나타낸 것은?

① 엔진구조 및 성능을 말한다.
② 형식 및 규격을 말한다.
③ 성능 및 용량을 말한다.
④ 구조·규격 및 성능 등에 관하여 일정하게 정한 것을 말한다.

> 건설기계관리법에서 정의한 건설기계 형식이란 건설기계의 구조·규격 및 성능 등에 관하여 일정하게 정한 것을 말한다.

02 건설기계 안전기준에 관한 규칙상 건설기계 높이의 정의로 옳은 것은?

① 앞차축의 중심에서 건설기계의 가장 윗부분까지의 최단거리
② 작업장치를 부착한 자체중량 상태의 건설기계의 가장 위쪽 끝이 만드는 수평면으로부터 지면까지의 최단거리
③ 뒷바퀴의 윗부분에서 건설기계의 가장 윗부분까지의 수직 최단거리
④ 지면에서부터 적재할 수 있는 최고의 최단거리

> 건설기계 용어의 정의
> • 길이 : 작업장치를 부착한 자체중량 상태인 건설기계의 앞뒤 양쪽 끝이 만드는 두 개의 횡단방향의 수직평면 사이의 최단거리
> • 너비 : 작업장치를 부착한 자체중량 상태의 건설기계의 좌우 양쪽 끝이 만드는 두 개의 종단방향의 수직평면 사이의 최단거리
> • 높이 : 작업장치를 부착한 자체중량 상태의 건설기계의 가장 위쪽 끝이 만드는 수평면으로부터 지면까지의 최단거리를 말한다.

03 건설기계 등록을 말소한 때에는 등록번호표를 며칠 이내에 시·도지사에게 반납하여야 하는가?

① 10일   ② 15일
③ 20일   ④ 30일

> 건설기계의 등록이 말소된 경우 해당 건설기계의 소유자는 10일 이내에 등록번호표의 봉인을 떼어낸 후 그 등록번호표를 국토교통부령으로 정하는 바에 따라 시·도지사에게 반납하여야 한다.

04 건설기계사업을 영위하고자 하는 자는 누구에게 등록하여야 하는가?

① 시·도지사
② 전문 건설기계정비업자
③ 국토교통부장관
④ 시장·군수 또는 구청장

> 건설기계사업을 하려는 자(지방자치단체는 제외)는 대통령령으로 정하는 바에 따라 사업의 종류별로 시장·군수 또는 구청장(자치구의 구청장)에게 등록하여야 한다.

05 건설기계 조종사의 면허 취소 사유가 아닌 것은?

① 거짓 또는 부정한 방법으로 건설기계의 면허를 받은 때
② 면허정지처분을 받은 자가 그 정지기간 중 건설기계를 조종한 때
③ 건설기계의 조종 중 고의로 인명피해를 입힌 때
④ 정기검사를 받지 않은 건설기계를 조종한 때

> 건설기계조종사의 면허 취소 사유
> • 거짓이나 그 밖의 부정한 방법으로 건설기계조종사면허를 받은 경우
> • 건설기계조종사면허의 효력정지기간 중 건설기계를 조종한 경우
> • 건설기계조종사면허의 결격사유에 해당하게 된 경우
> • 건설기계 조종 중 고의로 인명피해(사망·중상·경상)를 입힌 경우
> • 건설기계 조종 중 과실로 산업안전보건법에 따른 다음의 중대재해가 발생한 경우
>   - 사망자가 1명 이상 발생한 재해
>   - 3개월 이상의 요양이 필요한 부상자가 동시에 2명 이상 발생한 재해
>   - 부상자 또는 직업성질병자가 동시에 10명 이상 발생한 재해

06 건설기계 임시번호표의 도색은?

① 청색 페인트판에 흰색 문자
② 흰색 페인트판에 검은색 문자
③ 녹색 페인트판에 검은색 문자
④ 검은색 페인트판에 흰색 문자

> 건설기계의 임시번호표 및 등록번호표
> • 임시번호표(미등록 및 등록된 건설기계) : 흰색 페인트판에 검은색 문자
> • 등록번호표
> – 비사업용(관용 또는 자가용) : 흰색 바탕에 검은색 문자
> – 대여사업용 : 주황색 바탕에 검은색 문자

07 다음 중 건설기계정비업의 등록구분이 맞는 것은?

① 종합건설기계정비업, 부분건설기계정비업, 전문건설기계정비업
② 종합건설기계정비업, 단종건설기계정비업, 전문건설기계정비업
③ 부분건설기계정비업, 전문건설기계정비업, 개별건설기계정비업
④ 종합건설기계정비업, 특수건설기계정비업, 전문건설기계정비업

> 건설기계정비업의 등록 및 구분
> • 등록 : 건설기계정비업의 등록을 하려는 자는 건설기계정비업등록신청서에 국토교통부령이 정하는 서류를 첨부하여 시장·군수 또는 구청장에게 제출하여야 한다.
> • 구분 : 종합건설기계정비업, 부분건설기계정비업, 전문건설기계정비업

08 건설기계의 임시 운행 사유에 해당되는 것은?

① 작업을 위하여 건설현장에서 건설기계를 운행하는 경우
② 정기검사를 받기 위하여 건설기계를 검사장소로 운행하는 경우
③ 등록신청을 위하여 건설기계를 등록지로 운행하는 경우
④ 등록말소를 위하여 건설기계를 폐기장으로 운행하는 경우

> 임시운행 사유
> • 등록신청을 하기 위하여 건설기계를 등록지로 운행하는 경우
> • 신규등록검사 및 확인검사를 받기 위하여 건설기계를 검사장소로 운행하는 경우
> • 수출을 하기 위하여 건설기계를 선적지로 운행하는 경우
> • 수출을 하기 위하여 등록말소한 건설기계를 점검·정비의 목적으로 운행하는 경우
> • 신개발 건설기계를 시험·연구의 목적으로 운행하는 경우
> • 판매 또는 전시를 위하여 건설기계를 일시적으로 운행하는 경우

09 건설기계 검사 중 성능이 불량하거나 사고가 빈발하는 건설기계의 안전성 등을 점검하기 위하여 수시로 실시하는 검사와 건설기계 소유자의 신청에 의하여 실시하는 검사는?

① 신규등록검사
② 정기검사
③ 수시검사
④ 구조변경검사

> 건설기계의 검사
> • 신규등록검사 : 건설기계를 신규로 등록할 때 실시하는 검사
> • 정기검사 : 건설공사용 건설기계로서 3년의 범위 내에서 국토교통부령이 정하는 검사유효기간이 끝난 후에 계속하여 운행하고자 할 때 실시하는 검사와 대기환경보전법에 따른 운행차의 정기검사
> • 구조변경검사 : 등록된 건설기계의 주요 구조를 변경 또는 개조하였을 때 실시하는 검사(사유 발생일로부터 20일 이내에 검사를 받아야 한다)
> • 수시검사 : 성능이 불량하거나 사고가 빈발하는 건설기계의 안전성 등을 점검하기 위하여 수시로 실시하는 검사와 건설기계 소유자의 신청에 의하여 실시하는 검사

10 건설기계관리법상 등록되지 않는 건설기계를 사용하거나 운행한 자에 대한 벌칙은?

① 2년 이하의 징역 또는 2천만원 이하의 벌금
② 1년 이하의 징역 또는 1천만원 이하의 벌금
③ 100만원 이하의 벌금
④ 100만원 이하의 과태료

> 2년 이하의 징역 또는 2천만원 이하의 벌금
> • 등록되지 아니한 건설기계를 사용하거나 운행한 자
> • 등록이 말소된 건설기계를 사용하거나 운행한 자
> • 시·도지사의 지정을 받지 않고 등록번호표를 제작하거나 등록번호를 새긴 자
> • 법 규정을 위반하여 건설기계의 주요 구조나 원동기, 동력전달장치, 제동장치 등 주요 장치를 변경 또는 개조한 자
> • 무단 해체한 건설기계를 사용·운행하거나 타인에게 유상·무상으로 양도한 자
> • 제작결함에 따른 시정명령을 이행하지 아니한 자
> • 등록을 하지 아니하고 건설기계사업을 하거나 거짓으로 등록을 한 자
> • 등록이 취소되거나 사업의 전부 또는 일부가 정지된 건설기계사업자로서 계속하여 건설기계사업을 한 자

11 디젤기관의 연료 계통에서 고압 부분은?

① 탱크와 공급 펌프 사이
② 인젝션 펌프와 탱크 사이
③ 연료 필터와 탱크 사이
④ 인젝션 펌프와 노즐 사이

🔍 연료 분사 시스템의 주요 부분은 저압 부분과 고압 부분으로 나뉘며 저압부는 연료 탱크, 연료 필터 및 연료 공급 펌프이며, 고압 부분은 인젝션 펌프, 연료 인젝터, 어큐뮬레이터, 연료 인젝터 노즐이 포함된다.

12 디젤기관 연료의 구비 조건에 속하지 않는 것은?

① 발열량이 클 것
② 카본의 발생이 적을 것
③ 연소 속도가 느릴 것
④ 착화가 용이할 것

🔍 디젤 연료의 구비 조건
• 적당한 점도를 가지며 점도지수가 높을 것
• 발열량이 크고 착화점이 낮을 것
• 유황분 함량이 적을 것
• 세탄가가 높고 카본의 생성이 적을 것

13 디젤기관에만 해당하는 회로는?

① 예열플러그 회로
② 시동 회로
③ 충전 회로
④ 등화 회로

🔍 가솔린기관에는 예열장치가 없다.

14 기관에서 피스톤 링의 작용으로 틀린 것은?

① 기밀 작용
② 완전 연소 억제 작용
③ 오일제어 작용
④ 열전도 작용

🔍 피스톤 링의 3대 작용
• 기밀유지 작용
• 열전도 작용
• 오일제어 작용

15 냉각팬의 벨트 유격이 너무 클 때 일어나는 현상으로 옳은 것은?

① 베어링의 마모가 심하다.
② 강한 텐션으로 벨트가 절단된다.
③ 기관 과열의 원인이 된다.
④ 점화시기가 빨라진다.

🔍 팬벨트의 유격이 크다는 것은 벨트가 헐겁다는 것으로 냉각팬의 작동이 원활하지 않아 기관 과열의 원인이 된다.

16 다음 중 교류 발전기의 부품이 아닌 것은?

① 다이오드   ② 슬립링
③ 스테이터 코일   ④ 전류 조정기

🔍 직류(DC) 발전기는 조정기로 컷 아웃 릴레이, 전압 조정기, 전류 조정기만 필요하지만, 교류(AC) 발전기는 전압 조정기만 있으면 된다.

17 납산 축전지에서 극판의 수를 많게 하면 어떻게 되는가?

① 전압이 낮아진다.
② 전압이 높아진다.
③ 용량이 커진다.
④ 전해액의 비중이 올라간다.

🔍 극판의 수를 늘리면 극판이 전해액과 대항하는 면적이 증가하므로 축전지의 용량이 증가하여 이용 전류가 많아진다.

18 무한궤도식 건설기계에서 트랙이 자주 벗겨지는 원인으로 가장 거리가 먼 것은?

① 유격이 규정보다 커 트랙이 늘어졌다.
② 트랙의 상·하부 롤러가 마모되었다.
③ 최종 구동기어가 마모되었다.
④ 트랙의 중심 정렬이 맞지 않았다.

🔍 트랙이 벗겨지는 원인
• 프런트 아이들러와 스프로킷 및 상부 롤러의 마모가 클 때
• 고속주행 시 급선회하였을 경우
• 프런트 아이들러와 스프로킷의 중심이 다를 때
• 트랙의 유격이 너무 클 때(느슨할 때)
• 리코일 스프링의 장력이 약할 때
• 측면을 경사시켜 작업할 때

19 브레이크가 잘 작동되지 않을 때의 원인으로 가장 거리가 먼 것은?

① 라이닝에 오일이 묻었을 때
② 휠 실린더 오일이 누출되었을 때
③ 브레이크 페달 자유 간극이 적을 때
④ 브레이크 드럼 간극이 클 때

> 브레이크 페달의 자유 간극이 적으면 브레이크의 작동은 잘 되나 브레이크가 풀리지 않게 된다.

20 라디에이터의 구비 조건으로 틀린 것은?

① 냉각수 흐름에 대한 저항이 적을 것
② 공기 저항이 클 것
③ 강도가 크고, 가볍고 작을 것
④ 단위 면적당 발열량이 많을 것

> 라디에이터의 구비 조건
> • 냉각수 흐름에 대한 저항이 적을 것
> • 공기 저항이 적을 것
> • 가볍고 작을 것
> • 강도가 클 것
> • 단위 면적당 발열량이 많을 것

21 유압장치에서 사용되는 오일의 점도가 너무 낮은 경우 나타날 수 있는 현상이 아닌 것은?

① 펌프 효율 저하
② 오일 누출 현상
③ 계통 내의 압력 저하
④ 시동 시 저항 증가

> 오일 점도가 낮은 경우 나타나는 현상
> • 펌프 효율 저하
> • 액추에이터의 효율 저하
> • 회로 내의 누유
> • 유압 저하
> • 유압장치 각 부의 누유

22 유압기에서 회전 펌프가 아닌 것은?

① 기어 펌프
② 피스톤 펌프
③ 베인 펌프
④ 나사 펌프

> 피스톤 펌프는 플런저 펌프를 말하는 것으로 왕복운동에 의해 오일의 압송이 이루어진다.

23 유압 실린더의 종류가 아닌 것은?

① 단동형
② 복동형
③ 레이디얼형
④ 다단형

> 유압 실린더의 종류
> • 단동식(싱글액팅 형식)
> • 복동식(더블액팅 형식)
> • 특수 실린더
> • 텔레스코핑형(단형, 다단형)
> • 스프링 삽입 실린더
> • 스윙 실린더

24 유압 실린더의 구성 부품이 아닌 것은?

① 피스톤 로드
② 피스톤
③ 실린더
④ 커넥팅 로드

> 커넥팅 로드는 엔진의 피스톤과 크랭크축을 연결하는 부품으로 피스톤의 상하운동을 회전운동으로 바꾸어 주는 역할을 한다.

25 유압 모터의 장점이 될 수 없는 것은?

① 소형 경량으로서 큰 출력을 낼 수 있다.
② 공기와 먼지 등이 침투하여도 성능에는 영향이 없다.
③ 변속, 역전의 제어도 용이하다.
④ 속도나 방향의 제어가 용이하다.

> 유압 모터의 특징
> • 무단 변속이 용이하다.
> • 신호 시에 응답성이 빠르다.
> • 관성력이 작으며, 소음이 적다.
> • 출력 당 소형이고 가벼워 큰 출력을 낼 수 있다.
> • 작동이 신속하고 정확하다.
> • 속도나 방향제어가 용이하다.
> • 변속, 역전의 제어가 용이하다.

26 필터의 여과 입도 수(mesh)가 너무 높을 때 발생할 수 있는 현상으로 가장 적절한 것은?

① 블로바이 현상
② 맥동 현상
③ 베이퍼록 현상
④ 캐비테이션 현상

🔍 캐비테이션 현상(공동현상) 방지 대책
- 한랭 시에는 작동유의 온도를 최소한 20℃ 이상이 되도록 난기운전을 한다.
- 적당한 점도의 작동유를 선택한다.
- 작동유에 수분 등의 이물질이 혼입되는 것을 방지한다.
- 필터의 여과 입도 수를 낮은 것으로 사용한다.

27 다음 중 유압 압력계의 기호는?

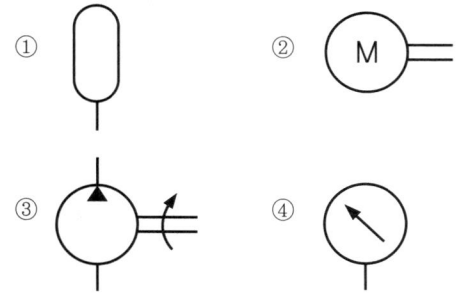

🔍 ① 어큐뮬레이터(축압기), ② 전동기, ③ 유압 펌프, ④ 압력계

28 유압장치 내에 국부적인 높은 압력과 소음·진동이 발생하는 현상은?

① 필터링
② 오버 랩
③ 캐비테이션
④ 하이드로 록킹

🔍 캐비테이션(공동현상) : 유압장치에서 오일 속의 용해 공기가 기포로 되어 있는 현상으로 오일의 압력이 국부적으로 저하되어 포화 증기압에 이르면 증기를 발생하거나 용해 공기 등이 분리되어 기포가 발생되며, 이 상태로 오일이 흐르면 기포가 파괴되면서 국부적인 고압이나 소음이 발생한다.

29 방향제어 밸브의 종류가 아닌 것은?

① 셔틀 밸브(shuttle valve)
② 교축 밸브(throttle valve)
③ 체크 밸브(check valve)
④ 방향 변환 밸브(direction control valve)

🔍 교축 밸브(throttle valve)는 밸브 내 오일 통로의 단면적을 외부로부터 변환하여 점도가 달라져도 유량이 변화하지 않도록 설치한 밸브로 유량제어 밸브에 해당한다.

30 유압장치에서 고압 소용량, 저압 대용량 펌프를 조합 운전할 때 작동압이 규정 압력 이상으로 상승 시 동력 절감을 하기 위해 사용하는 밸브는?

① 감압 밸브
② 릴리프 밸브
③ 시퀀스 밸브
④ 무부하 밸브

🔍 언로더 밸브(무부하 밸브) : 유압 회로 내의 압력이 규정 압력에 도달하면 펌프에서 송출되는 모든 유량을 탱크로 리턴(return)시켜 유압 펌프를 무부하가 되도록 하는 역할을 한다.

31 재해발생의 주요원인 중 불안전한 행동이 아닌 것은?

① 권한 없이 행한 조작
② 보호구 미착용
③ 안전장치의 기능 제거
④ 숙련도 부족

🔍 재해의 직접원인
- 불안전한 행동 : 위험장소 접근, 안전장치의 기능 제거, 복장·보호구의 잘못 사용, 기계·기구의 잘못 사용, 운전 중인 기계장치의 손질, 불안전한 속도 조작, 위험물 취급 부주의, 불안전한 상태 방치, 불안전한 자세 동작, 감독 및 연락 불충분
- 불안전한 상태 : 물 자체 결함, 안전 방호장치 결함, 복장·보호구의 결함, 물의 배치 및 작업장소 결함, 작업환경의 결함, 생산 공정의 결함, 경계표시·설비의 결함

32 안전사고와 부상의 종류에서 재해의 분류상 중상해란 어느 정도의 상해를 말하는가?

① 부상으로 1주 이상의 노동손실을 가져온 상해 정도
② 부상으로 2주 이상의 노동손실을 가져온 상해 정도
③ 부상으로 3주 이상의 노동손실을 가져온 상해 정도
④ 부상으로 4주 이상의 노동손실을 가져온 상해 정도

🔍 사고와 부상의 종류
- 중상해 : 부상으로 인하여 2주 이상의 노동손실을 가져온 상해 정도
- 경상해 : 부상으로 인하여 1일 이상 14일 미만의 노동손실을 가져온 상해 정도
- 경미상해 : 부상으로 8시간 이하의 휴무 또는 작업에 종사하면서 치료를 받는 상해 정도

33 전기 기기에 의한 감전 사고를 방지하기 위하여 필요한 설비로 가장 중요한 것은?

① 고압계 설비
② 접지 설비
③ 방폭등 설비
④ 대지 전위 상승장치 설비

🔍 감전사고를 방지하기 위한 가장 중요한 설비는 접지이다.

34 공구 사용 시 주의해야 할 사항으로 틀린 것은?

① 주위 환경에 주의해서 작업할 것
② 강한 충격을 가하지 않을 것
③ 해머 작업 시 보호안경을 쓸 것
④ 손이나 공구에 기름을 바른 다음에 작업할 것

🔍 작업자의 손이나 공구에 기름이 묻어 있으면 공구 사용 시 미끄러질 수 있으므로 깨끗이 닦아낸 다음 작업하여야 한다.

35 수공구 취급 시 지켜야 할 안전 수칙으로 옳은 것은?

① 줄질 후 쇳가루는 입으로 불어 낸다.
② 해머 작업 시 손에 장갑을 끼고 한다.
③ 사용 전에 충분한 사용법을 숙지하고 익히도록 한다.
④ 큰 회전력이 필요한 경우 스패너에 파이프를 끼워서 사용한다.

🔍 수공구 취급 시 안전 수칙
• 줄질 후 쇳가루의 제거는 붓이나 솔을 이용한다.
• 해머 작업 시에는 절대로 장갑을 착용하여서는 안 된다.
• 공구를 사용함에 있어 연장대로 연결 사용해서는 안 된다.

36 볼트나 너트를 죄거나 푸는 데 사용하는 각종 렌치(wrench)에 대한 설명으로 틀린 것은?

① 조정 렌치 : 제한된 범위 내에서 어떠한 규격의 볼트나 너트에도 사용할 수 있다.
② 엘 렌치 : 6각형 봉을 "L"자 모양으로 구부려서 만든 렌치이다.
③ 복스 렌치 : 연료 파이프 피팅 작업에 사용한다.
④ 소켓 렌치 : 다양한 크기의 소켓을 바꿔가며 작업할 수 있도록 만든 렌치이다.

🔍 연료 파이프의 피팅을 풀고 조일 때는 오픈엔드 렌치를 사용한다.

37 산업안전보건법령에 따른 안전보건표지에서 그림이 표시하는 것으로 맞는 것은?

① 독극물 경고
② 폭발물 경고
③ 고압전기 경고
④ 낙하물 경고

🔍 안전보건표지

독극물 경고	폭발물 경고	낙하물 경고

38 보호구의 구비 조건으로 틀린 것은?

① 착용이 간편해야 한다.
② 작업에 방해가 안 되어야 한다.
③ 구조와 끝마무리가 양호해야 한다.
④ 유해·위험 요소에 대한 방호성능이 경미해야 한다.

🔍 보호구의 구비 조건
• 착용이 간편할 것
• 작업에 방해가 되지 않도록 할 것
• 유해·위험요소에 대한 방호성능이 충분할 것
• 재료의 품질이 양호할 것
• 구조와 끝마무리가 양호할 것
• 외양과 외관이 양호할 것

39 기계 운전 중 안전 측면에서 적합한 것은?

① 빠른 속도로 작업 시는 일시적으로 안전장치를 제거한다.
② 기계장비의 이상으로 정상가동이 어려운 상황에서는 중속 회전 상태로 작업한다.
③ 기계운전 중 이상한 냄새, 소음. 진동이 날 때는 정지하고, 전원을 OFF 한다.
④ 작업의 속도 및 효율을 높이기 위해 작업 범위 이외의 기계도 동시에 작동한다.

🔍 기계작업 중 안전장치를 절대로 제거하여서는 안 되며, 장비에 이상이 발생하면 즉시 작업을 중지하고 이상 부위를 점검 수리한 후 작업에 임한다.

40 용접기에서 사용되는 아세틸렌 도관은 어떤 색으로 구별하는가?

① 흑색
② 청색
③ 녹색
④ 적색

🔍 도관의 색
• 산소 : 흑색
• 아세틸렌 : 적색

41 유류 화재 시 소화방법으로 가장 부적절한 것은?

① B급 화재 소화기를 사용한다.
② 다량의 물을 부어 끈다.
③ 모래를 뿌린다.
④ ABC 소화기를 사용한다.

🔍 유류 화재의 소화를 위한 물의 사용은 금한다. 이는 물에 기름이 떠 화재를 더욱 키우기 때문이다. 참고로 유류 화재는 B급 화재에 해당한다.

42 작업장에서 일상적인 안전 점검의 가장 주된 목적은?

① 시설 및 장비의 설계 상태를 점검한다.
② 안전작업 표준의 적합 여부를 점검한다.
③ 위험을 사전에 발견하여 시정한다.
④ 관련법에 따른 적합 여부를 점검하는데 있다.

🔍 안전 점검의 주된 목적은 사고를 미연에 방지하기 위하여 실시하는 것이다.

43 로더의 규격 표시로 옳은 것은?

① 표준 버킷의 산적용량(m³)
② 로더의 자체 중량(톤)
③ 작업 장치의 중량(kg)
④ 기관의 출력(kW)

🔍 로더의 규격은 표준 버킷의 산적용량(m³)으로 표시한다. 참고로 산적이란 평적(버킷의 평적면 또는 평적면 아래 부분의 용적)과 덧쌓인 용적(평적의 윗부분에 쌓여있는 굴착물의 용적)을 합한 것을 말한다.

44 로더 작업 시 안전으로 옳지 않은 것은?

① 일반적인 로더의 주행 가능한 오르막 경사도는 25°이다.
② 일반적인 로더의 허용 운전 경사각은 45°이다.
③ 지면 고르기를 할 때는 동서남북 순으로 진행한 다음 로더를 45° 회전시켜 작업하는 것이 좋다.
④ 일반적인 로더의 주행 가능한 내리막 경사도는 30~35°이다.

🔍 일반적인 로더의 허용 운전 경사각은 30°이므로 어떤 경우라도 초과한 상태로 운전하면 엔진의 과열로 인한 손상, 주요 윤활부의 조기 마모를 초래한다.

45 로더(Loader)에 관한 설명으로 옳지 않은 것은?

① 버킷 틸트 레버는 전경, 후경, 유지의 3가지 위치가 있다.
② 붐 리프트 레버는 전경과 후경의 2가지 위치가 있다.
③ 버킷 틸트 레버에는 버킷을 지면에 내려놓았을 때 굴착각도가 적당히 되게 미리 설정해주는 포지션장치가 있다.
④ 붐 실린더에는 자동적으로 상승의 위치에서 유지 위치로 돌아가도록 하는 킥 아웃 장치가 있다.

🔍 붐 리프트 레버에는 상승, 유지, 하강, 부동의 4가지 위치가 있다.

46 타이어식 로더 사용에 따른 주의 사항으로 틀린 것은?

① 눈이 덮인 비탈길에서 미끄러짐이 있을 때는 버킷을 접지시켜 멈춘다.
② 경사지에서는 작동 중에 변속기 레버를 중립에 놓는다.
③ 버킷에 적재 후 주행 시에는 버킷을 가능한 낮게 한다.
④ 제방이나 쌓여있는 흙더미에서 작업할 때는 버킷의 날을 지면과 수평으로 유지한다.

🔍 경사지 작업 시 변속기 레버는 전진, 저속 위치로 두어야 로더가 흘러내리지 않는다.

47 로더의 동력조향장치 구성을 열거한 것이다. 적당치 않은 것은?

① 유압펌프
② 복동 유압 실린더
③ 제어밸브
④ 하이포이드 피니언

🔍 하이포이드 피니언은 차량의 구동계나 변속기 등에서 사용되는 부품으로 로더의 동력조향장치 구성과는 관련이 없다.

48 로더의 조향장치가 차체굴절식(허리꺾기식)인 경우 사용되는 유압 실린더 형식으로 옳은 것은?

① 복동식
② 다단로드식
③ 단동식
④ 램형

🔍 허리꺾기식 : 앞뒤로 차체를 2등분하고 앞뒤 차체 사이를 핀과 조인트로 결합·연결하여 자유롭게 조향할 수 있도록 하는 방식이다. 앞뒤 차체 사이에는 복동식 유압 실린더를 좌우 1개씩 설치하여 조향 핸들을 작동할 때마다 유압 실린더의 신축 작용으로 차체를 꺾어 조향한다.

49 로더의 작업 용도로 가장 적절하지 않은 것은?

① 적하 작업
② 운반 작업
③ 수직 굴토 작업
④ 평탄 작업

🔍 수직 굴토 작업은 기중기의 작업에 해당한다.

50 무한궤도식 로더의 특징으로 옳지 않은 것은?

① 기동성이 낮아 장거리 작업에 불리하다.
② 접지압이 낮아 습지나 모래 지형에서 작업하기 힘들다.
③ 지면이 고르지 않거나 장애물 통과 시에는 서행하여야 한다.
④ 견인력이 크고, 트랙 깊이의 수중에서도 작업이 가능하다.

🔍 무한궤도식 로더의 장·단점

구분	내용
장점	• 접지력이 좋아 운전이 안전하다. • 주행장치의 내구성이 좋다.
단점	• 기동성이 떨어져 작업속도가 느리다. • 급조향 시 트랙이 벗겨질 우려가 있다. • 도로이동 시 트레일러 등의 운반장치가 필요하다.

51 로더와 버킷의 특징으로 옳지 않은 것은?

① 백호로더는 전면에 로더 버킷, 후면에 굴착기 버킷을 장착하여 상차와 소규모 굴착작업이 가능하다.
② 그레이딩 버킷은 나무뿌리 뽑기, 제초, 제석 등 지반이 매우 굳은 땅의 굴착 등에 적합하다.
③ 다목적 버킷은 버킷이 열리게 되어 있고 송토 작업, 집게작업 등을 동시에 할 수 있다.
④ 사이드 덤프 버킷은 로더의 조향작업이 없어도 버킷의 작업물을 트럭에 상차할 수 있다.

🔍 보기 ②항은 래크 블레이드 버킷에 대한 설명이다. 그레이딩 버킷은 표토 제거, 소규모 도저작업, 조경, 평탄 작업에 사용된다.

52 타이어식 로더의 붐 제어 레버 작동 위치가 아닌 것은?

① 상승
② 틸트
③ 하강
④ 부동

🔍 붐의 상승 및 하강은 리프트 레버로 조작하며, 붐 리프트 레버에는 상승, 유지, 하강, 부동의 4가지 위치가 있다.

53 크롤러형(무한궤도식) 로더의 주행 방법에 대한 설명으로 틀린 것은?

① 가능하면 평탄한 길을 택하여 주행한다.
② 요철이 심한 곳은 최대한 신속히 통과한다.
③ 돌 등이 스프로킷에 부딪치거나 올라타지 않도록 한다.
④ 연약한 땅은 피해서 간다.

🔍 요철이 심한 곳에서는 엔진 회전수를 낮추고 천천히 정속 주행한다.

54 휠 로더의 휠 허브에 있는 유성기어 장치에서 유성기어가 핀과 융착되었을 때 일어날 수 있는 현상은?

① 바퀴의 회전속도가 빨라진다.
② 바퀴의 회전속도가 늦어진다.
③ 바퀴가 돌지 않는다.
④ 관계없다.

> 휠 로더의 휠 허브에 있는 유성기어 장치에서 유성기어가 핀과 융착되면 동력전달이 원활하지 않아 바퀴가 돌지 않는다.

55 로더의 상차 적재 방법 중 좁은 장소에서 주로 이용되며 비교적 효율이 낮은 방법은?

① 45° 상차법
② 직·후진 상차법(I형)
③ 90° 회전법(T형)
④ V형 상차법

> 로더의 상차 적재 방법
> • 직·후진법(I형) : 로더가 버킷에 작업물을 담아 후퇴하고 곧바로 로더와 작업 대상물 사이에 덤프트럭이 들어오는 방식으로 연약지반에서 대형 로더가 작업할 때 주로 이용된다.
> • 90° 회전법(L형과 T형) : 협소한 장소에서 작업 시 이용되며, I형과 V형에 비해 비교적 작업 효율이 떨어진다.
> • V형 상차법(45° 상차법) : 덤프트럭은 작업 대상물에 60°로 진입하여 정지하고, 로더만 45° 선회를 2회 하여 싣는 방식이다.

56 로더를 이용한 정지(整地) 작업에 대한 설명으로 틀린 것은?

① 버킷에 토사를 퍼 담아 장비를 후진시키면서 버킷을 조금씩 덤프하면서 토사를 붓는다.
② 버킷을 덤프하여 버킷 날 부분을 접지시키고 끌듯이 후진하여 지면을 고른다.
③ 버킷에 토사를 넣어 버킷을 수평 상태로 하고 조종 레버를 붐 프런트 위치로 하여 후진하며 마무리 작업을 한다.
④ 정지 작업은 반드시 장비를 전진시키면서 한다.

> 정지 작업은 반드시 장비를 후진시키면서 한다.

57 로더의 토사 작업, 적재물을 운반할 때의 유의 사항으로 옳지 않은 것은?

① 버킷을 지면과 평행하게 하고 장비를 전진시키면서 퇴적 토사에 넣는다.
② 버킷이 토사에 충분히 파고들면 전진하면서 붐을 상승시킨다. 이때 버킷을 수평으로 유지하면서 토사를 담는다.
③ 토사로 파고들기 어려울 때는 버킷 조종 레버를 전후로 움직여 버킷의 투스 부분을 상하로 움직인다.
④ 적재물 운반 시 장비가 전방으로 전도되면 즉시 버킷을 하강시켜 균형을 유지하도록 한다.

> 버킷이 토사에 충분히 파고들면 장비를 전진시키면서 조종 레버를 상승 위치로 한다. 그리고 조종 레버를 버킷 롤백(Roll back, 오므려짐) 위치로 하여 버킷에 가득 싣는다.

58 휠(Wheel)형 건설기계 타이어의 정비점검 중 틀린 것은?

① 적절한 공구와 절차를 이용하여 수행한다.
② 휠 너트를 풀기 전에 차체에 고임목을 고인다.
③ 타이어와 림의 정비 및 교환 작업은 위험하므로 반드시 숙련공이 한다.
④ 림 부속품의 균열이 있는 것은 재가공, 용접, 땜질, 열처리하여 사용한다.

> 균열이 있는 부품은 재사용하지 않아야 하며 반드시 새 제품으로 교체하도록 한다.

59 휠 로더의 일상정비에 포함되지 않는 것은?

① 냉각수량의 점검
② 변속기 유압의 점검
③ 엔진오일 압력계 점검확인
④ 각 부분의 오일누설 점검

> 변속기(트랜스미션) 오일과 오일량 등의 교환 및 점검은 제작사에서 제시하는 점검 주기에 따라 시행한다.

60 연식이 20년 이하인 타이어식 로더의 정기검사 유효기간은?

① 6개월
② 1년
③ 2년
④ 3년

건설기계의 정기검사 유효기간(특수건설기계 제외)

기종	검사유효기간	
	연식 20년 이하	연식 20년 초과
굴착기(타이어식)	1년	
로더(타이어식)	2년	1년
지게차(1톤 이상)	2년	1년
덤프트럭	1년	6개월
기중기	1년	
모터그레이더	2년	1년
콘크리트 믹서트럭	1년	6개월
콘크리트펌프(트럭적재식)	1년	6개월
아스팔트살포기	1년	
천공기	1년	
항타 및 항발기	1년	
타워크레인	6개월	
그 밖의 건설기계 (특수건설기계 제외)	3년	1년

정답 CBT 복원문제 07회

01 ④	02 ②	03 ①	04 ④	05 ④
06 ②	07 ①	08 ③	09 ③	10 ①
11 ④	12 ③	13 ①	14 ②	15 ③
16 ④	17 ③	18 ③	19 ③	20 ②
21 ④	22 ②	23 ③	24 ④	25 ②
26 ④	27 ④	28 ③	29 ②	30 ④
31 ④	32 ②	33 ②	34 ④	35 ③
36 ③	37 ③	38 ④	39 ③	40 ④
41 ②	42 ③	43 ①	44 ②	45 ②
46 ②	47 ④	48 ①	49 ③	50 ②
51 ②	52 ②	53 ②	54 ③	55 ③
56 ④	57 ②	58 ④	59 ②	60 ③

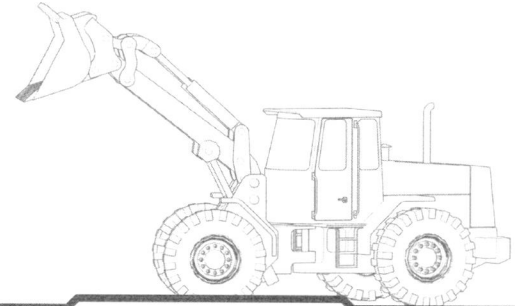

로더운전기능사

 필기

2026년 01월 05일 인쇄
2026년 01월 20일 발행

저자 　건설기계교육아카데미
발행처 　(주)도서출판 책과상상
등록번호 제2020-000205호
발행인 　이강복
주소 　경기도 고양시 일산동구 장항로 203-191
대표전화 (02)3272-1703~4
팩스 　(02)3272-1705

홈페이지 www.sangsangbooks.co.kr
ISBN 　979-11-6967-305-1

정가 15,000원

Copyright© 2026
Book & SangSang Publishing Co.

※저자와의 협의하에 인지를 생략합니다.